제2판

통계적 추정과 가설검정

강석복 지음

KM 경문사

제2판

통계적 추정과 가설검정

지은이 강석복
펴낸이 조경희
펴낸곳 경문사
펴낸날 2002년 8월 30일 1판 1쇄
2019년 9월 1일 2판 2쇄
등 록 1979년 11월 9일 제313-1979-23호
주 소 04057, 서울특별시 마포구 와우산로 174
전 화 (02)332-2004 팩스 (02)336-5193
이메일 kyungmoon@kyungmoon.com
facebook facebook.com/kyungmoonsa

값 25,000원

ISBN 979-11-6073-068-5

★ 경문사 홈페이지에 오시면 즐거운 일이 생깁니다.
http://www.kyungmoon.com

한국과학기술출판협회 회원사

제2판 머리말

통계학 분야에서 추정 및 검정부분은 매우 중요한 분야이다. 근래에 통계적 추정 및 검정과 관련된 서적이 국내에서 번역되거나 저서로 출판되어 추정과 검정의 원리 및 이론을 필요로 하는 통계학전공 학생들과 통계학에 관심이 있는 분들에게 많은 도움이 되고 있다. 그러나 여러 해 동안 수리통계학을 강의하면서 이 분야의 국내서적이 부족하다는 생각이 들었고, 가르치고 배우는 데 조금이나마 도움이 되는 우리 글로 된 책의 필요성을 느껴 2002년에 《통계적 추정과 가설검정》을 출판하게 되었다. 그리고 이 책을 더 보완해야겠다는 생각에 제2판을 출판하게 되었다. 내용에서 필요한 부분을 보완 수정했지만 이 책을 접하는 사람들이 더 쉽게 읽을 수 있도록 예제 등을 편집했다.

이 책은 학부 3, 4학년이나 대학원 석사과정의 수준에 적합하리라 생각된다. 통계학을 전공하거나 통계학과 관련된 분야에서 한 학기 3학점 단위의 수리통계학(추정 및 검정)과 관련된 과목의 교재로 또는 통계학 관련자나 관심 있는 분들에게 추정과 검정의 원리와 이론을 이해하는 데 적당하리라 생각한다. 또한 이 책은 확률분포 중심의 통계학 지식과 미분과 적분 정도의 수학 지식이 필요하다. 물론 확률분포이론에 관련된 내용에 대해서는 경문사에서 이미 출간한 《통계적 확률분포이론, 제2판》(2015)을 참고하기 바란다. 이 책은 《통계적 확률분포이론》(2015)의 연결 판이며 전개과정이나 기호 등 모든 것을 통일시켜 자연스럽게 연결되도록 하였다. 내용이 상이하거나 생략해도 내용 연결에 지장을 주지 않는 부분은 절의 번호 앞에 '*' 표시를 해 두었기 때문에 이 부분을 생략해도 책을 읽거나 강의하는 데 문제가 없을 것이다. 한 학기 교재로 강의하고자 한다면, 제1장에서 제3장까지의 내용을 중점적으로 강의하고 나머지는 여러 여건에 따라 필요한 부분만 선별하여 강의하면 적합할 것이다.

여러 통계적 추정과 검정의 원리와 방법을 좀 더 쉽게 이해하도록 각 절에는 다양한 예제와 연습문제를 많이 다루도록 노력하였으며, 앞으로 계속 보충·보완해 나갈 것이다. 연습문제의 해답이 필요하다는 학생들의 의견에 따라 이 책에서 다룬 연습문제 중 증명문제를 제외한 모든 문제의 해답을 책 뒷부분에 첨부해 두었으니 조금이라도 도움이 되었으면 한다.

이 책에서 사용한 통계학 용어는 한국통계학회에서 발행한 《통계학용어집》을 참조하였다. 이 책에서는 가능한 모든 분포에 대해 기호를 사용하고 있는데 기호에 대해서는 여러 책을 조사해 보았으나 몇몇 분포를 제외하고는 통일된 기호가 없어 통일된 기호 외에는 타당하다고 생각되는 기호를 사용하기로 하였다. 기호와 분포의 주요한 성질(확률밀도함수, 확률질량함수, 적률생성함수, 평균, 분산)에 대해서는 이 책의 뒷부분에 첨부한 '부록 A(특별한 분포들의 기호와 특성)'을 참고하기 바란다.

이 책이 출판되기까지 수고해주신 경문사 사장님과 꼼꼼하게 교정과 편집에 신경써준 편집부 여러분께 진심으로 감사의 마음을 전한다. 유독 무더위가 심한 올해 그것도 대프리카라는 대구에서 교정을 보면서 힘들기도 했지만 이 책이 필요한 사람들에게 조금이라도 도움이 되길 희망하며 그것으로 위안을 삼고자 한다.

마지막으로 책과 오랫동안 씨름하며 밤늦게까지 시간을 보낼 수 있도록 여러 면으로 도와준 사랑하는 아내와 딸들에게 이 책을 바치고자 한다.

2017년 8월
압량벌 연구실에서

머리말

통계학 분야에서 추정 및 검정부분은 매우 중요한 분야이다. 근래에 통계적 추정 및 검정과 관련된 서적이 국내에서 번역되거나 저서로 출판되어 추정과 검정의 원리 및 이론을 필요로 하는 통계학 전공 학생들과 통계학에 관심이 있는 분들에게 많은 도움이 되고 있다. 그러나 아직도 이 분야의 국내서적은 부족한 실정이며 여러 해 동안 수리통계학을 강의하면서 가르치고 배우는데 조금이나마 도움이 되는 우리 글로 된 책의 필요성을 많이 느껴왔다.

이 책은 학부 3, 4학년이나 대학원 석사과정의 수준에 적합하리라 생각된다. 통계학을 전공하거나 통계학과 관련된 분야에서 한 학기 3학점 단위의 수리통계학(추정 및 검정)과 관련된 과목의 교재로 또는 통계학 관련자나 관심 있는 분들에게 추정과 검정의 원리와 이론을 이해하는데 적당하리라 생각한다. 또한 이 책은 확률분포 중심의 통계학 지식과 미분·적분 정도의 수학 지식이 필요하다. 물론 확률분포이론에 관련된 내용에 대해서는 경문사에서 이미 출간된 「통계적 확률분포이론」을 참고하기 바란다. 이 책은 「통계적 확률분포이론」의 연결 판이며 전개과정이나 기호 등 모든 것을 통일시켜 자연스럽게 연결되도록 하였다. 내용이 상이하거나 생략해도 내용 연결에 지장을 주지 않는 부분은 절의 번호 앞에 "*" 표시를 해 두었기 때문에 이 책을 처음 읽는 분이나 강의 내용에는 이 부분을 생략해도 책을 읽거나 강의하는데 문제가 없을 것이다. 한 학기 교재로 강의하고자 한다면, 제 1 장에서 제 3 장까지의 내용을 중점적으로 강의하고 나머지는 여러 여건에 따라 필요한 부분만 선별하여 강의하면 적합할 것이다.

여러 통계적 추정과 검정의 원리와 방법을 좀더 쉽게 이해하도록 각 절에는 다양한 예제와 연습문제를 많이 다루도록 노력하였으나 부족한 점이 많으리라 생각한다. 앞으로 계속 보충·보완해 나갈 것이다. 연습문제의 해답이 필요하다는 학생들의 의견에 따라 이 책에서 다룬 연습문제 중 증명문제를 제외한 모든 문제의 해답을 책 뒷부분에 첨부해 두었으니 조금이라도 도움이 되었으면 한다.

이 책에서 사용한 통계학 용어는 한국통계학회에서 발행한 「통계학용어집」을 참조하였다. 이 책에서는 가능한 모든 분포에 대해 기호를 사용하고 있는데 기호에 대해서는 여러 책을 조사해 보았으나 몇 몇 분포를 제외하고는 통일된 기호가 없어 통일된 기호 외에는 타당하다고 생각되는 기호를 사용하기로 하였다. 기호와 분포의 주요한 성질(확률밀도함수, 확률질량함수, 적률생성함수, 평균, 분산)에 대해서는 이 책의 뒷부분 부록 A에 첨부해둔, <특별한 분포들의

기호와 특성>을 참고하기 바란다.

이 책이 출간되도록 도움을 준 많은 분들께 감사 드리며, 특히 오랜 기간 동안 여러 가지로 도움을 준 사랑하는 아내와 원고 작성에 방해되지 않도록 늘 조심하며 마음으로 큰 힘을 준 사랑스런 아이들에게 고마움을 전한다.

이 책의 초안 원고를 작성하던 1998년 여름에도 지금과 같이 게릴라식 폭우가 온 나라를 떠들썩하게 만들었던 것으로 기억된다. 하루속히 하늘의 태양을 볼 수 있길 바라며, 아울러 다시는 같은 피해가 되풀이되지 않기를 간절히 희망해 본다.

끝으로 이 책이 출판될 수 있도록 여러 가지로 힘써 주신 도서출판 경문사 편집부 여러분들께 감사한다.

2002년 8월

압량벌 연구실에서 저자 씀

차 례

제1장 점추정

제2장 가설검정

제3장 구간추정

제4장 카이제곱 검정

*제5장 회귀분석과 상관분석

*제6장 비모수통계

부록

특별한 이산분포

기호와 모수	pmf $f(x)$	mgf $M_X(t)$	평균	분산
베르누이 분포 $X \sim \text{Bin}(1, p)$ $0 < p < 1$ $q = 1 - p$	$p^x q^{1-x}$ $x = 0,1$	$pe^t + q$	p	pq
이항분포 $X \sim \text{Bin}(n, p)$ $0 < p < 1$ $q = 1 - p$	$\binom{n}{x} p^x q^{n-x}$ $x = 0, 1, \cdots, n$	$(pe^t + q)^n$	np	npq
초기하분포 $X \sim \text{Hyp}(n, M, N)$ $n = 1, 2, \cdots, N$ $M = 0, 1, \cdots, N$	$\binom{M}{x}\binom{N-M}{n-x} \Big/ \binom{N}{n}$ $x = 0, 1, \cdots, n$	*	$\frac{nM}{N}$	$n\frac{M}{N}\left(1 - \frac{M}{N}\right)\frac{N-n}{N-1}$
푸아송 분포 $X \sim \text{Poi}(\mu)$ $\mu > 0$	$\frac{e^{-\mu}\mu^x}{x!}$ $x = 0, 1, \cdots$	$e^{\mu(e^t - 1)}$	μ	μ
기하분포 $X \sim \text{Geo}(p)$ $0 < p < 1$ $q = 1 - p$	pq^{x-1} $x = 1, 2, \cdots$	$\frac{pe^t}{1 - qe^t}$	$\frac{1}{p}$	$\frac{q}{p^2}$
음이항분포 $X \sim \text{NB}(r, p)$ $0 < p < 1$ $q = 1 - p$ $r = 1, 2, \cdots$	$\binom{x-1}{r-1} p^r q^{x-r}$ $x = r, r+1, \cdots$	$\left(\frac{pe^t}{1 - qe^t}\right)^r$	$\frac{r}{p}$	$\frac{rq}{p^2}$
이산균일분포 $X \sim \text{DU}(N)$ $N = 1, 2, \cdots$	$\frac{1}{N}$ $x = 1, 2, \cdots, n$	$\frac{1}{N}\frac{e^t - e^{(N+1)t}}{1 - e^t}$	$\frac{N+1}{2}$	$\frac{N^2-1}{12}$

* 다루기 어려움.

특별한 연속분포

기호와 모수	pdf $f(x)$	mgf $M_X(t)$	평균	분산
균일분포 $X \sim \mathrm{U}(a, b)$ $b > a$	$\frac{1}{b-a}$ $a < x < b$	$\frac{e^{bt} - e^{at}}{(b-a)t}$	$\frac{a+b}{2}$	$\frac{(b-a)^2}{12}$
감마분포 $X \sim \mathrm{Gam}(\alpha, \beta)$ $\alpha > 0$ $\beta > 0$	$\frac{1}{\beta^\alpha \Gamma(\alpha)} x^{\alpha-1} e^{-x/\beta}$ $x > 0$	$\left(\frac{1}{1-\beta t}\right)^\alpha$	$\alpha\beta$	$\alpha\beta^2$
지수분포 $X \sim \mathrm{Exp}(\theta)$ $\theta > 0$	$\frac{1}{\theta} e^{-x/\theta}$ $x > 0$	$\frac{1}{1-\theta t}$	θ	θ^2
와이블 분포 $X \sim \mathrm{Wei}(\alpha, \beta)$ $\alpha > 0$ $\beta > 0$	$\frac{\alpha}{\beta^\alpha} x^{\alpha-1} e^{-(x/\beta)^\alpha}$ $x > 0$	*	$\beta\Gamma\left(1+\frac{1}{\alpha}\right)$	$\beta^2\left[\Gamma\left(1+\frac{2}{\alpha}\right) - \left\{\Gamma\left(1+\frac{1}{\alpha}\right)\right\}^2\right]$
파레토 분포 $X \sim \mathrm{Par}(\theta, \alpha)$ $\theta > 0$ $\alpha > 0$	$\frac{\alpha}{\theta(1+x/\theta)^{\alpha+1}}$ $x > 0$	**	$\frac{\theta}{\alpha-1}$ $\alpha > 1$	$\frac{\theta^2\alpha}{(\alpha-2)(\alpha-1)^2}$ $\alpha > 2$
정규분포 $X \sim \mathrm{N}(\mu, \sigma^2)$ $\sigma^2 > 0$	$\frac{1}{\sqrt{2\pi}\,\sigma} e^{-(x-\mu)^2/2\sigma^2}$	$e^{\mu t + \sigma^2 t^2/2}$	μ	σ^2
2-모수 지수분포 $X \sim \mathrm{Exp}(\theta, \eta)$ $\theta > 0$	$\frac{1}{\theta} e^{-(x-\eta)/\theta}$ $x > \eta$	$\frac{e^{\eta t}}{1-\theta t}$	$\eta + \theta$	θ^2
이중지수분포 $X \sim \mathrm{DE}(\theta, \eta)$ $\theta > 0$	$\frac{1}{2\theta} e^{-\|x-\eta\|/\theta}$	$\frac{e^{\eta t}}{1-\theta^2 t^2}$	η	$2\theta^2$

특별한 연속분포(계속)

기호와 모수	pdf $f(x)$	mgf $M_X(t)$	평균	분산
극단값분포 $X\sim \mathrm{EV}(\theta,\eta)$ $\theta>0$	$\frac{1}{\theta}\exp\left\{\frac{x-\eta}{\theta} - \exp\left(\frac{x-\eta}{\theta}\right)\right\}$	$e^{\eta t}\Gamma(1+\theta t)$	$\eta-\gamma\theta$ $\gamma \doteq 0.5772$ (Euler 상수)	$\frac{\pi^2\theta^2}{6}$
코시 분포 $X\sim \mathrm{Cau}(\theta,\eta)$ $\theta>0$	$\frac{1}{\theta\pi\left\{1+\left(\frac{x-\eta}{\theta}\right)^2\right\}}$	**	**	**
카이제곱분포 $X\sim \chi^2(k)$ $k=1,2,\cdots$	$\frac{1}{2^{k/2}\Gamma(k/2)} \times x^{k/2-1}e^{-x/2}$ $x>0$	$\left(\frac{1}{1-2t}\right)^{k/2}$	k	$2k$
스튜던트 t-분포 $X\sim t(k)$ $k=1,2,\cdots$	$\frac{\Gamma\left(\frac{k+1}{2}\right)}{\Gamma\left(\frac{k}{2}\right)}\frac{1}{\sqrt{k\pi}} \times \frac{1}{(1+x^2/k)^{(k+1)/2}}$	**	0 $k>1$	$\frac{k}{k-2}$ $k>2$
스네데커 F-분포 $X\sim F(k_1,k_2)$ $k_1=1,2\cdots$ $k_2=1,2\cdots$	$\frac{\Gamma\left(\frac{k_1+k_2}{2}\right)}{\Gamma\left(\frac{k_1}{2}\right)\Gamma\left(\frac{k_2}{2}\right)}\left(\frac{k_1}{k_2}\right)^{k_1/2} \times \frac{x^{k_1/2-1}}{(1+k_1x/k_2)^{(k_1+k_2)/2}}$, $x>0$	**	$\frac{k_2}{k_2-2}$ $k_2>2$	$\frac{2k_2^2(k_1+k_2-2)}{k_1(k_2-2)^2(k_2-4)}$ $k_2>4$
베타분포 $X\sim \mathrm{Beta}(a,b)$ $a>0$ $b>0$	$\frac{\Gamma(a+b)}{\Gamma(a)\Gamma(b)}x^{a-1} \times (1-x)^{b-1}$ $0<x<1$	*	$\frac{a}{a+b}$	$\frac{ab}{(a+b+1)(a+b)^2}$

* 다루기 어려움.
** 존재하지 않음.

Statistical Estimation & Hypothesis Testing

제1장 점추정

1.1 서론

이 장에서는 추정량을 선택하는 기준에 대해 알아보고 추정량을 구하는 방법을 소개하며 다양한 예제를 통해 설명하고자 한다.

모르는 어떤 수를 한 값으로 추정하는 점추정의 이론적 근거는 아주 간단하다. 표본을 확률질량함수(probability mass function: pmf)나 확률밀도함수(probability density function: pdf)가 $f(x;\theta)$로 표시되는 모집단에서 추출할 때, θ를 알면 모집단이 완전히 결정된다. 그러므로 θ의 좋은 추정량을 구하는 방법을 찾는 것은 당연하다. 모수 θ가 모평균의 경우와 같이 의미 있는 물리적 성질을 갖기 때문에 θ의 좋은 점추정량을 구하는 것이 직접 관심의 대상이 되는 것이다. 물론 θ의 어떤 함수 $\tau(\theta)$가 관심의 대상일 수도 있다. 예를 들어, θ^2, $\sqrt{\theta}$, $e^{-\theta}$ 등에 관심이 있을 수도 있다. 따라서 이 책에서는 추정하고자 하는 모수를 일반적으로 $\tau(\theta)$로 표시할 것이다.

몇몇 경우에 어떤 계산문제에서와 같이 모집단에 관한 공리적 가정이나 다른 사실에 근거하여 특정한 모형에 이르는 것은 가능하다. 종종 실험자는 완전하게 pdf를 지정할 수는 없지만 $f(x;\theta)$가 몇 가지 알려진 분포(정규, 감마, 와이블, 지수, 베타, 푸아송, 베르누이, 기하, 음이항 등) 중 하나이고 θ는 그 분포의 평균이나 분산과 같은 미지의 모수라고 가정할 수 있다. 점추정의 목적은 그 모집단으로부터 관측된 자료에 근거하여 θ에 대한 적절한 값을 추측하는 것이다.

이 장에서는 관심 있는 모집단 분포가 **모수**(parameter) θ로 표현된 몇몇 특정한 pdf (pmf)중 하나라고 가정한다. 어떤 경우에는 모수가 벡터이고 이런 경우는 볼드체 $\boldsymbol{\theta}$로 나타내기도 한다. 그러나 꼭 구분하여 사용하지 않아도 되는 경우는 볼드체를 사용하지 않고 동일하게 표시할 것이다.

모수 θ의 값으로 가정할 수 있는 모든 가능한 값들의 집합을 **모수공간**(parameter space)이라 하고 Ω로 표시한다. 만일 θ가 벡터이면, Ω는 같은 차원의 유클리드 공간의 부분집합이고 Ω의 차원은 미지의 실수인 모수의 개수에 대응된다. 1.5.3절의 베이즈 추정법에서는 모수 θ를 확률변수의 한 값으로 취급하기도 한다.

$X_1, \cdots, X_n$은 pdf(pmf)가 $f(x;\theta)$인 모집단에서 추출한 확률표본이고 $\tau(\theta)$는 θ의 실숫값 함수이며, $X_{1:n}, \cdots, X_{n:n}$은 확률표본의 순서통계량이다.

정 의 1.1.1

미지의 모수를 포함하지 않는 확률표본 $X_1, \cdots, X_n$의 함수 $T = T(X_1, \cdots, X_n)$을 **통계량**(statistic)이라 한다.

통계량은 역시 확률변수이다. 통계량의 분포를 모집단의 분포와 구별하기 위해 **표집분포**(sampling distribution)라 한다.

예 제 1.1.1 $X_1, \cdots, X_n$을 정규분포 $\mathrm{N}(\mu, \sigma^2)$에서 추출한 확률표본이라 하자. 표본평균

$$\overline{X} = T_1(X_1, \cdots, X_n) = \frac{1}{n}\sum_{i=1}^{n} X_i$$

와 표본분산

$$S^2 = T_2(X_1, \cdots, X_n) = \frac{1}{n-1}\sum_{i=1}^{n}(X_i - \overline{X})^2$$

은 통계량이고 $\overline{X}$의 표집분포는 $\mathrm{N}(\mu, \sigma^2/n)$이다. ……………●

정 의 1.1.2

$\tau(\theta)$를 추정하기 위해 사용되는 통계량 $T = T(X_1, \cdots, X_n)$을 $\tau(\theta)$의 **추정량**(estimator)이라 하고 그 통계량의 관측값 $t = T(x_1, \cdots, x_n)$을 $\tau(\theta)$의 **추정값**(estimate)이라 한다.

모든 통계량은 추정량이다. 통계학에서는 대부분 대문자와 소문자로 구분하여 사용한다. 정의 1.1.2에서와 같이 대문자 T는 통계량을 의미하며 소문자 t는 관측된 자료로부터 얻어진 관측값 또는 추정값을 의미한다. 즉, 추정량은 표본의 함수인 반면 추정값은 표본이 실제로 택해졌을 때 얻어진 추정량의 함수값이다. 따라서 표본이 택해지면, 추정량은 확률변수들 $X_1, \cdots, X_n$의 함수인 반면 추정값은 실제의 값 $x_1, \cdots, x_n$의 함수이다.

미지의 모수와 그 추정량을 구별하기 위해 널리 이용되는 표현법은 모수 위에 기호 $\wedge$를 사용하여 $\hat{\theta}$으로 추정량을 표시하는 것이다. 물론 다른 기호를 사용하여 여러 가지로 나타낼 수도 있다.

예제 1.1.2 $X_1, \cdots, X_n$이 푸아송 분포 $\text{Poi}(\theta)$에서 추출한 확률표본일 때, $\overline{X} = \sum_{i=1}^{n} X_i / n$은 θ의 추정량이고, 실제 관측 데이터가 $x_1, \cdots, x_n$일 때, $\overline{x} = \sum_{i=1}^{n} x_i / n$은 θ의 추정값이다. 물론 $[2/n(n+1)] \sum_{i=1}^{n} i X_i$도 θ의 추정량이다. ……………●

1.2 점추정량의 선택 기준

앞 절에서 설명한 모수의 함수 $\tau(\theta)$를 추정하고자 할 때, 많은 추정량 중에서 의미 있는 추정량을 구하기 위해 합리적인 성질을 가지고 있는 좋은 추정량을 선택해야 할 것이다. 이때 여러 추정량 중에서 어떤 기준에 근거하여 어느 추정량을 어떻게 선택할 것인지의 문제에 직면하게 된다.

추정량을 선택하는 매우 일반적인 기준은 추정하고자 하는 모수의 실제값에 가장 가깝거나 실제값 주위에 가장 집중되어 있는 경향을 갖는 추정량을 선택하는 것이다. 즉, 추정하고자 하는 모수 $\tau(\theta)$에 가장 가까운 추정량 $T(X_1, \cdots, X_n)$을 찾고자 할 것이다. 그러나 $\tau(\theta)$는 알수는 없지만 실숫값을 갖는 상수이고 추정량은 표본의 함수이므로 추정량과 모수를 직접 비교하여 가까운 정도를 알 수 없기 때문에 추정량의 추정값들이 $\tau(\theta)$ 근방에 가장 집중되는 추정량을 찾으면 된다. 이러한 조건을 만족하기 위해서는 추정량 T의 평균이 $\tau(\theta)$에 가깝고 분산이 작은 추정량이 될 것이다.

이 절에서는 이러한 문제를 해결하기 위해 추정량의 선택 기준으로 널리 이용되고 있는 몇 가지 기본적인 판단 기준을 소개하고 이 기준에 관한 성질을 알아본다. 먼저 가장 일반적인 선택 기준을 정의한다.

정의 1.2.1

$T_1 = T_1(X_1, \cdots, X_n)$과 $T_2 = T_2(X_1, \cdots, X_n)$을 $\tau(\theta)$의 두 추정량이라 하자. 만일 모든 $\varepsilon > 0$에 대해

$$P[|T_1 - \tau(\theta)| < \varepsilon] \geq P[|T_2 - \tau(\theta)| < \varepsilon] \tag{1.2.1}$$

이면, T_1은 T_2보다 $\tau(\theta)$의 **더 집중된 추정량**(more concentrated estimator)이라 한다. 만일 $T^* = T^*(X_1, \cdots, X_n)$이 다른 모든 추정량보다 $\tau(\theta)$의 더 집중된 추정량이면, T^*

를 $\tau(\theta)$의 **가장 집중된 추정량**이라 한다(그림 1.2.1 참조).

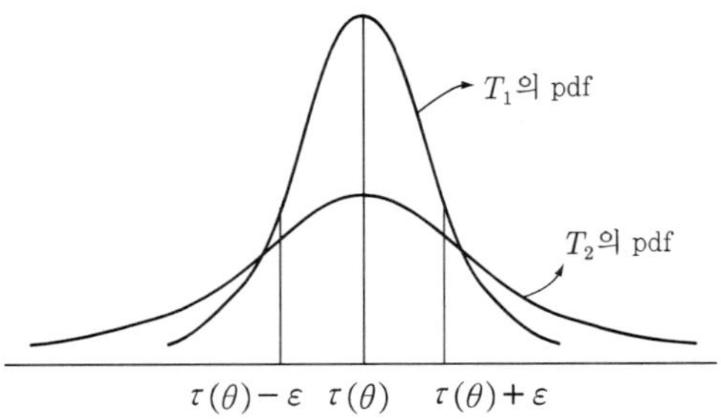

그림 1.2.1 $\tau(\theta)$의 집중된 추정량

1.2.1 비편향성

정의 1.2.2

모든 $\theta \in \Omega$에 대해 어떤 추정량 $T = T(X_1, \cdots, X_n)$이

$$E(T) = \tau(\theta) \tag{1.2.2}$$

이면, 추정량 T를 $\tau(\theta)$의 **비편향추정량**(또는 **불편추정량**) (unbiased estimator)이라 한다. 또한

$$E(T) \neq \tau(\theta)$$

이면, 추정량 T를 $\tau(\theta)$의 **편향추정량**(또는 **편의추정량**) (biased estimator)이라 한다. 편향추정량 T에 대해

$$b_\theta(T) = E(T) - \tau(\theta) \tag{1.2.3}$$

를 추정량 T의 **편향**(또는 **편의**) (bias)이라 한다.

만일 $\tau(\theta)$의 값을 추정하기 위해 $\tau(\theta)$의 비편향추정량 T를 이용한다면, 어떠한 추정값도 구하고자 하는 $\tau(\theta)$의 값과 정확히 일치하지는 않지만 T의 평균은 $\tau(\theta)$가 될 것이다. 그림 1.2.2에서 T_1은 비편향추정량이고 T_2는 편향추정량을 나타낸 것이다. 만일 추정량들의 편차를 고려하지 않는다면 편의가 작을수록 더 집중된 추정량이 된다. 따라서 편의면에서 추정량을 비교한다면 편의가 작은 추정량이 더 좋은 추정량이라 할 수 있다.

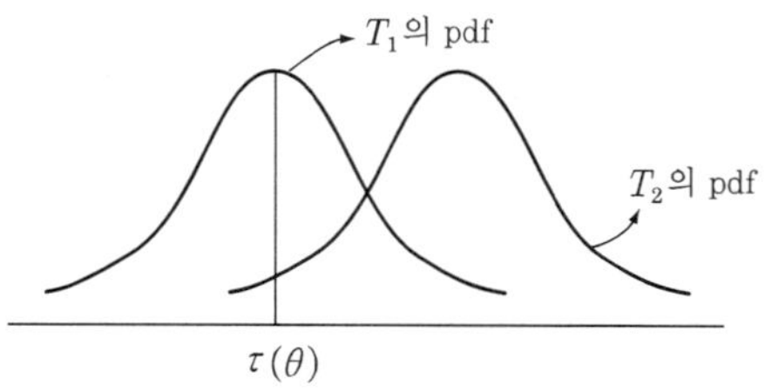

그림 1.2.2 추정량의 편의

예제 1.2.1 $X_1, \cdots, X_n$은 척도모수가 $\theta = 1$인 2-모수 지수분포 $\text{Exp}(1, \eta)$에서의 확률표본이라 하자. 그러면 pdf는

$$f(x;\eta) = e^{-(x-\eta)},\ \ x > \eta$$

이고 $E(\overline{X}) = E(X) = 1 + \eta$이므로, $\overline{X}$는 η의 편향추정량이다. 편의가

$$E(\overline{X}) - \eta = 1$$

이므로, $\overline{X} - 1$이 η의 비편향추정량이다. ……………●

예제 1.2.2 $X_1, \cdots, X_n$을 유한평균을 갖는 어떤 모집단에서의 확률표본이고 r차 모적률 $\mu_r{}' = E(X^r)$이 존재하면, r차 표본적률 $M_r{}'$은 $\mu_r{}'$의 비편향추정량이 된다. 그러므로 표본평균 $\overline{X}$는 모평균 μ의 비편향추정량이다. 또한 모분산 σ^2이 유한이면, 표본분산 S^2은 모분산의 비편향추정량이다. 이 사실은 《통계적 확률분포이론》의 정리 8.2.2와 정리 8.2.4에서 이미 증명했다. 여기서는 다음과 같이 다른 방법으로 생각해 보자.

$$\begin{aligned} E(S^2) &= \frac{1}{n-1} E\left[\sum_{i=1}^{n} (X_i - \overline{X})^2\right] \\ &= \frac{1}{n-1} E\left[\sum_{i=1}^{n} X_i^2 - n\overline{X}^2\right] \\ &= \frac{n}{n-1} \left[E(X_1^2) - E(\overline{X}^2)\right] \end{aligned}$$

$$= \frac{n}{n-1}[\mathrm{Var}(X_1) + (E(X_1))^2 - \mathrm{Var}(\overline{X}) - (E(\overline{X}))^2]$$

$$= \frac{n}{n-1}[\mathrm{Var}(X_1) - \mathrm{Var}(\overline{X})]$$

$$= \sigma^2$$

이다. 그러나

$$S_1^2 = \frac{1}{n}\sum_{i=1}^{n}(X_i - \overline{X})^2$$

은 σ^2의 편향추정량이다. 이것이 표본분산을 S^2으로 정의하는 이유 중 하나이다. 그리고 S도 일반적으로 σ의 비편향추정량이 아니다. 그 이유를 살펴보자. 만일 $X_1, \cdots, X_n$을 $\mathrm{N}(\mu, \sigma^2)$에서 추출한 확률표본이라 하면,

$$\frac{(n-1)S^2}{\sigma^2} \sim \chi^2(n-1)$$

이므로

$$E(\sqrt{n-1}\, S/\sigma) = \int_0^{\infty} \sqrt{x}\, \frac{1}{2^{(n-1)/2}\,\Gamma[(n-1)/2]}\, x^{(n-1)/2-1} e^{-x/2} dx$$

$$= \sqrt{2}\,\Gamma\left(\frac{n}{2}\right)\Big/\Gamma\left(\frac{n-1}{2}\right)$$

이다. 그러므로

$$E(S) = \sigma\left[\sqrt{\frac{2}{n-1}}\,\Gamma\left(\frac{n}{2}\right)\Big/\Gamma\left(\frac{n-1}{2}\right)\right]$$

이다. 따라서 S의 편의는 다음과 같다.

$$b_\sigma(S) = \sigma\left[\sqrt{\frac{2}{n-1}}\,\Gamma\left(\frac{n}{2}\right)\Big/\,\Gamma\left(\frac{n-1}{2}\right) - 1\right] \qquad \cdots\cdots\cdots\cdots\cdots\bullet$$

일반적으로 T가 $\tau(\theta)$의 비편향추정량이라도 g가 선형함수가 아니면 $g(T)$가 $g(\tau(\theta))$의 비편향추정량이 되지 못한다.

다음 예제에서 볼 수 있듯이 가끔 비편향추정량이 불합리한 경우도 있다.

예제 1.2.3 X를 평균이 μ인 푸아송 확률변수라 하고 $\tau(\mu) = e^{-3\mu}$이라 하자. $T(X) = (-2)^X$이 $\tau(\mu)$의 비편향추정량임은 다음과 같이 보일 수 있다.

$$E(T(X)) = e^{-\mu} \sum_{x=0}^{\infty} (-2)^x \frac{\mu^x}{x!} = e^{-\mu} \sum_{x=0}^{\infty} \frac{(-2\mu)^x}{x!}$$
$$= e^{-\mu} e^{-2\mu} = \tau(\mu)$$

그러나 만일 x가 짝수이면 $T(x) = (-2)^x > 0$ 이고 x가 홀수이면 $T(x) < 0$이므로 항상 양인 $\tau(\mu)$의 추정량으로 적합하지 못하다. ……………●

예제 1.2.4 $X_1, \cdots, X_n$을 평균이 μ인 푸아송 분포에서의 확률표본이라 하자. 평균과 분산이 모두 μ로 동일하기 때문에, $\overline{X}$와 S^2이 모두 μ의 비편향추정량이다. 사실 $\alpha\overline{X} + (1-\alpha)S^2$ $(0 \le \alpha \le 1)$ 모두 μ의 비편향추정량이다. ……………●

예제 1.2.4와 같이 한 모수에 대해 두 개 이상의 비편향추정량이 존재한다면 어느 추정량을 선택해야 하는가? 당연히 편차가 작아야 더 집중된 추정량이므로 편차가 작은 추정량이 좋은 추정량임을 쉽게 이해할 수 있다. 즉, 분산이 작은 추정량을 선택해야 할 것이다.

이제 비편향추정량 중에서 분산이 가장 작은 추정량인 최소분산비편향추정량을 정의한다. 그리고 이 최소분산비편향추정량을 찾는 방법은 다음 절에서 소개할 것이다.

정의 1.2.3

$X_1, \cdots, X_n$은 pdf (pmf)가 $f(x;\theta)$인 분포에서 추출한 크기 n인 확률표본이다. $\tau(\theta)$의 추정량 T^*가 다음 두 조건을 만족하면, T^*를 $\tau(\theta)$의 **균일최소분산비편향추정량** (uniformly minimum variance unbiased estimator : UMVUE) 또는 **최량비편향추정량** (best unbiased estimator)이라 한다.

(1) T^*는 $\tau(\theta)$의 비편향추정량이다. 즉 $E(T^*) = \tau(\theta)$이다.

(2) $\tau(\theta)$의 모든 비편향추정량 T와 모든 $\theta \in \Omega$에 대해,

$$\mathrm{Var}(T^*) \le \mathrm{Var}(T)$$

이다.

연습문제

1.2.1.1 $X_1, \cdots, X_n$은 독립인 $\mathrm{N}(\mu, 1)$확률변수이다. 표본평균 $\overline{X}$의 함수인 μ^2의 비편향추정량을 구하라.

1.2.1.2 $X_1, \cdots, X_n$이 독립이며 pdf가 $f(x;\lambda) = \lambda e^{-\lambda x},\ x>0,\ \lambda>0$인 확률변수이다.

(a) $\hat{\lambda} = 1/\overline{X}$가 편향추정량임을 보이고 그 추정량의 편의 $b_\lambda(\hat{\lambda})$을 계산하라.

(b) (a)에 근거하여 λ의 비편향추정량을 구하라.

1.2.1.3 $X_1, \cdots, X_n$은 베르누이 분포 $\mathrm{Bin}(1, p)$에서 추출한 확률표본이고 $\overline{X} = \sum_{i=1}^{n} X_i/n$일 때,

(a) $\overline{X}$가 p의 비편향추정량임을 보여라.

(b) $\overline{X}$의 함수인 $\mathrm{Var}(X)$의 비편향추정량을 구하라.

1.2.1.4 $X_1, \cdots, X_n$이 베르누이 분포 $\mathrm{Bin}(1, p)$에서의 확률표본일 때, $\tau(p) = p^2$의 비편향추정량을 구하라.

1.2.1.5 T_1과 T_2가 θ의 비편향추정량일 때, $aT_1 + bT_2$가 θ의 비편향추정량이 되는 a와 b의 관계식을 구하라.

1.2.1.6 $Y_1, \cdots, Y_n$은 다음을 만족하는 확률변수이다.

$$Y_i = \beta x_i + \varepsilon_i,\ i = 1, \cdots, n$$

여기서 $x_1, \cdots, x_n$은 고정된 상수이고, $\varepsilon_1, \cdots, \varepsilon_n$은 정규분포 $\mathrm{N}(0, \sigma^2)$에서의 확률표본이다. 여기서 σ^2은 미지의 모수이다.

(a) $\sum_{i=1}^{n} Y_i \Big/ \sum_{i=1}^{n} x_i$가 β의 비편향추정량임을 보여라.

(b) $\frac{1}{n}\sum_{i=1}^{n}(Y_i/x_i)$ 역시 β의 비편향추정량임을 보여라.

(c) 두 추정량의 분산을 각각 구하라.

1.2.1.7 $X_1, \cdots, X_n$은 평균이 μ이고 분산이 σ^2인 모집단에서의 확률표본이다.

(a) $a_1, \cdots, a_n$ 은 상수이고 $\sum_{i=1}^{n} a_i = 1$일 때, $\sum_{i=1}^{n} a_i X_i$가 μ의 비편향추정량임을 보여라.

(b) $\mathrm{Var}\left(\sum_{i=1}^{n} a_i X_i\right)$가 최소가 되는 a_i값을 구하라.

1.2.1.8 $X_1, \cdots, X_n$은 정규분포 $\mathrm{N}(0, \sigma^2)$에서 추출한 확률표본이다. 표본적률을 이용하여 σ^2의 비편향추정량을 구하라.

1.2.1.9 X는 연속확률변수이고 pdf $f(x;\theta)$가 θ에 관해 대칭이다. 즉, 모든 $x>0$에 대해 $f(\theta+x;\theta) = f(\theta-x;\theta)$이다.

(a) 표본크기 n인 확률표본 $X_1, \cdots, X_n$의 순서통계량을 $X_{1:n}, \cdots, X_{n:n}$이라 할 때, $n=2k-1$이면 표본중앙값 $X_{k:n}$이 θ의 비편향추정량임을 보여라.

(b) $Z = X_{1:n} - \theta$와 $W = \theta - X_{n:n}$이 같은 분포를 가짐을 보이고, 이 사실을 이용해 표본범위의 중앙 $(X_{1:n} + X_{n:n})/2$가 θ의 비편향추정량임을 보여라.

1.2.1.10 $X_1, \cdots, X_n$은 균일분포 $\mathrm{U}(\theta-1, \theta+1)$에서 추출한 확률표본이고 $X_{1:n}, \cdots, X_{n:n}$은 이 확률표본의 순서통계량이다. 연습문제 1.2.1.9번을 이용하여 다음을 증명하라.

(a) 표본평균 $\overline{X}$가 θ의 비편향추정량이다.

(b) 표본범위의 중앙 $(X_{1:n} + X_{n:n})/2$가 θ의 비편향추정량이다.

1.2.1.11 $X_1, \cdots, X_n$이 균일분포 $\mathrm{U}(0, \theta)$, $\theta>0$에서 추출한 확률표본이고 $X_{1:n}, \cdots, X_{n:n}$은 순서통계량이며, 다음은 θ의 추정량이다.

$$T_1 = X_{n:n},\ T_2 = \frac{n+1}{n} X_{n:n},$$
$$T_3 = X_{1:n} + X_{n:n},\ T_4 = (n+1)X_{1:n},\ T_5 = 2\overline{X}$$

(a) 각 추정량의 편의를 구하라.

(b) $\mathrm{Var}(X_{1:n}) = \mathrm{Var}(X_{n:n})$임을 보여라.

1.2.1.12 $X_1, \cdots, X_n$은 균일분포 $\mathrm{U}(\theta, 2\theta)$, $\theta>0$에서 추출한 확률표본이고 $X_{1:n}, \cdots, X_{n:n}$은 순서통계량이다.

(a) $Y_1 = X_{1:n}$과 $Y_n = X_{n:n}$은 편향추정량임을 보여라.

(b) $T_1 = \dfrac{n+1}{2n+1}X_{n:n}$과 $T_2 = \dfrac{n+1}{5n+4}(2X_{n:n} + X_{1:n})$의 편의를 구하라.

1.2.2 평균제곱오차

실제로 추정량의 판단 기준으로 편의만을 생각할 수는 없다. 편의는 다른 추정량보다 약간 더 크지만 근접성에 관한 척도인 분산이 상당히 작다면 오히려 더 바람직한 추정량이 될 수 있다. 물론 추정량들을 비편향추정량들에 국한하여 생각한다면, 이 추정량들 중 분산이 가장 작은 최소분산비편향추정량을 택하면 될 것이다. 따라서 편의와 분산을 동시에 고려한 다음 척도를 소개한다.

정의 1.2.4

T가 모수 θ의 함수 $\tau(\theta)$의 추정량일 때

$$\mathrm{MSE}(T) = E[(T - \tau(\theta))^2] \tag{1.2.4}$$

을 T의 **평균제곱오차**(mean squared error : MSE)라 한다.

평균제곱오차는 편의와 분산을 동시에 고려한 척도이다. 물론 평균제곱오차가 작은 추정량을 좋은 추정량으로 선택할 것이다. 다음은 평균제곱오차의 편의와 분산과의 관계를 나타낸 정리이다.

정리 1.2.1

T가 $\tau(\theta)$의 추정량일 때, 다음이 성립된다.

(a) $\mathrm{MSE}(T) = \mathrm{Var}(T) + [b_\theta(T)]^2$ (1.2.5)

(b) T가 $\tau(\theta)$의 비편향추정량이면, $\mathrm{MSE}(T) = \mathrm{Var}(T)$이다.

• 증명 •

(a) $$\begin{aligned}\mathrm{MSE}(T) &= E[(T - \tau(\theta))^2] \\ &= E[T - E(T) + E(T) - \tau(\theta)]^2 \\ &= E[(T - E(T))^2] + [E(T) - \tau(\theta)]^2\end{aligned}$$

$$= \mathrm{Var}(T) + [b_\theta(T)]^2$$

이다. (b)는 비편향추정량의 정의에 의해 (a)의 결과에서 쉽게 증명된다.

……………… ■

예제 1.2.5 $X_1, \cdots, X_n$을 정규분포 $\mathrm{N}(\mu, \sigma^2)$에서의 확률표본이라 하자. $\overline{X}$와 S^2은 각각 μ와 σ^2의 비편향추정량이므로, 이 추정량들의 MSE는

$$\mathrm{MSE}(\overline{X}) = E[(\overline{X} - \mu)^2] = \mathrm{Var}(\overline{X}) = \frac{\sigma^2}{n}$$
$$\mathrm{MSE}(S^2) = E[(S^2 - \sigma^2)^2] = \mathrm{Var}(S^2) = \frac{2\sigma^4}{n-1}$$

이다. 또한 예제 1.2.2에서 설명했듯이

$$S_1^2 = \frac{1}{n}\sum_{i=1}^{n}(X_i - \overline{X})^2 = \frac{n-1}{n}S^2$$

의 기댓값은

$$E(S_1^2) = E\left(\frac{n-1}{n}S^2\right) = \frac{n-1}{n}\sigma^2$$

이므로 S_1^2은 σ^2의 편향추정량이다. 한편

$$\mathrm{Var}(S_1^2) = \mathrm{Var}\left(\frac{n-1}{n}S^2\right) = \left(\frac{n-1}{n}\right)^2 \mathrm{Var}(S^2) = \frac{2(n-1)\sigma^4}{n^2}$$

이므로 평균제곱오차는

$$\begin{aligned}\mathrm{MSE}(S_1^2) = E[(S_1^2 - \sigma^2)^2] &= \mathrm{Var}(S_1^2) + [b_{\sigma^2}(S_1^2)]^2 \\ &= \frac{2(n-1)\sigma^4}{n^2} + \left(\frac{n-1}{n}\sigma^2 - \sigma^2\right)^2 \\ &= \left(\frac{2n-1}{n^2}\right)\sigma^4\end{aligned}$$

이다. 따라서

$$\text{MSE}(S_1^2) = \left(\frac{2n-1}{n^2}\right)\sigma^4 \ < \ \left(\frac{2}{n-1}\right)\sigma^4 = \text{MSE}(S^2)$$

이므로 S_1^2의 MSE가 S^2의 MSE보다 더 작다. ……………●

앞의 예는 S^2을 σ^2의 추정량으로 단념해야 된다는 것은 아니다. MSE가 척도로 사용된다면, 평균적으로 S_1^2이 S^2보다 σ^2에 더 집중된다는 것이다. 그러나 S_1^2은 편향추정량이고 평균적으로 σ^2을 작게 추정할 것이다. 이 사실이 S_1^2을 σ^2의 추정량으로 이용하기 곤란하게 할 수도 있다. 더구나 MSE는 위치모수에 대해서는 합리적인 기준이지만 척도모수에 대해서는 합리적이지 못하다고 말할 수도 있다. 그러므로 좋은 추정량을 얻기 위해선 추정량들에 관해 더 많은 정보를 수집하는 것 외에는 절대적인 답이 없다.

일반적으로 MSE가 모수의 함수이므로 '최상'의 추정량이 존재하지 않을 것이다. 두 추정량들의 MSE들이 서로 교차하여 각 추정량이 일부분의 모수공간에서만 다른 추정량에 비해 MSE가 작게 되는 경우도 종종 있다. 그러나 이런 부분적인 정보조차도 가끔 추정량들의 선택에 대한 지침을 제공해 줄 수 있다.

예제 1.2.6 $X_1, \cdots, X_n$을 척도함수가 θ인 지수분포 $\text{Exp}(\theta)$에서의 확률표본이라 하자. $\hat{\theta} = \overline{X}$의 MSE를 구해 보자.

$E(\overline{X}) = \theta$이므로 $\overline{X}$는 θ의 비편향추정량이다. 그리고

$$\text{Var}(\overline{X}) = \frac{\theta^2}{n}$$

이므로

$$\text{MSE}(\overline{X}) = \text{Var}(\overline{X}) = \frac{\theta^2}{n}$$

이다. ……………●

예제 1.2.7 $X_1, \cdots, X_n$을 평균이 θ인 푸아송 분포 $\text{Poi}(\theta)$에서의 확률표본이라 하자.

$$\hat{\theta} = \frac{\sum_{i=1}^{n} X_i}{n+1}$$

의 MSE를 구해 보자.

$E(\hat{\theta}) = \dfrac{n}{n+1}\theta$이고 $\mathrm{Var}(\hat{\theta}) = \dfrac{n}{(n+1)^2}\theta$이므로

$$\begin{aligned}\mathrm{MSE}(\hat{\theta}) &= \mathrm{Var}(\hat{\theta}) + \left(\frac{n}{n+1}\theta - \theta\right)^2 \\ &= \frac{n}{(n+1)^2}\theta + \frac{\theta^2}{(n+1)^2} \\ &= \frac{n\theta + \theta^2}{(n+1)^2}\end{aligned}$$

이다. .... ●

예제 1.2.8 $X_1, \cdots, X_n$을 척도모수가 $\theta = 1$인 2-모수 지수분포 $\mathrm{Exp}(1, \eta)$에서의 확률표본이라 하자. 여기서 η의 두 추정량 $\hat{\eta}_1 = \overline{X} - 1$과 $\hat{\eta}_2 = X_{1:n}$을 비교하고자 한다. $\overline{X} - \eta \sim \mathrm{Gam}(n, 1/n)$이고 《통계적 확률분포이론》의 정리 7.5.10에 의해 $X_{1:n} - \eta \sim \mathrm{Exp}(1/n)$이므로

$$E(\hat{\eta}_1) = E(\overline{X} - 1) = E(\overline{X}) - 1 = 1 + \eta - 1 = \eta$$

이고

$$E(\hat{\eta}_2) = E(X_{1:n}) = E(X_{1:n} - \eta + \eta) = E(X_{1:n} - \eta) + \eta = \frac{1}{n} + \eta$$

이다. 따라서 $\hat{\eta}_1$은 비편향추정량이고 $\hat{\eta}_2$은 편향추정량이며 편의가 $b_\eta(\hat{\eta}_2) = 1/n$이다. 그러므로

$$\mathrm{MSE}(\hat{\eta}_1) = \mathrm{Var}(\overline{X} - 1) = \mathrm{Var}(\overline{X}) = 1/n$$

이고

$$\begin{aligned}\mathrm{MSE}(\hat{\eta}_2) &= \mathrm{Var}(\hat{\eta}_2) + (1/n)^2 \\ &= \mathrm{Var}(X_{1:n}) + (1/n)^2 \\ &= \mathrm{Var}(X_{1:n} - \eta) + (1/n)^2 \\ &= (1/n)^2 + (1/n)^2 = \frac{2}{n^2}\end{aligned}$$

이다. 그러므로 $n > 2$에 대해 편향추정량이 비편향추정량보다 더 작은 MSE를 갖는다.

만일 $\hat{\eta}_3 = \hat{\eta}_2 - 1/n = X_{1:n} - 1/n$이라 하면, $\hat{\eta}_3$은 비편향추정량이므로

$$\text{MSE}(\hat{\eta}_3) = \text{Var}(\hat{\eta}_2) = 1/n^2$$

이 되어 $\hat{\eta}_3$이 세 추정량 중에서 가장 작은 MSE를 갖는다. ……………●

예제 1.2.9 $X_1, \cdots, X_n$은 균일분포 $\text{U}(0, \theta)$에서의 확률표본이다. 즉, pdf가 다음과 같다(《통계적 확률분포이론》의 예제 7.5.10 참조).

$$f(x;\theta) = \begin{cases} \dfrac{1}{\theta}, & 0 < x < \theta \\ 0, & \text{그 외} \end{cases}$$

(a) $T_1 = X_{n:n}$에 관해 생각해 보자. $T_1 < \theta$이므로 추정량이 편의되어 있다. 최대 순서통계량 T_1의 pdf는

$$f_{T_1}(t) = \frac{nt^{n-1}}{\theta^n}, \quad 0 < t < \theta$$

이므로

$$E(T_1) = \frac{n}{\theta^n}\int_0^\theta t^n dt = \frac{n}{n+1}\theta$$

이다. 따라서 T_1의 편의는

$$b_\theta(T_1) = \frac{n}{n+1}\theta - \theta = -\frac{\theta}{n+1}$$

이다. 또한

$$E(T_1^2) = \int_0^\theta t^2 f_{T_1}(t)\,dt = \frac{n}{\theta^n}\int_0^\theta t^{n+1} dt = \frac{n}{n+2}\theta^2$$

이므로

$$\text{Var}(T_1) = \frac{n}{n+2}\theta^2 - \left(\frac{n}{n+1}\theta\right)^2 = \frac{n}{(n+1)^2(n+2)}\theta^2$$

이다. 따라서 T_1의 평균제곱오차는 다음과 같다.

$$\text{MSE}(T_1) = \text{Var}(T_1) + [b_\theta(T_1)]^2 = \frac{2\theta^2}{(n+1)(n+2)}$$

(b) $T_2 = [(n+1)/n]\,T_1$ 이라 하자. 그러면 T_2의 편의는 $b_\theta(T_2) = 0$이고 평균제곱오차는

$$\text{MSE}(T_2) = \text{Var}(T_2) = \frac{(n+1)^2}{n^2}\text{Var}(T_1) = \frac{\theta^2}{n(n+2)}$$

이다.

$$\frac{\text{MSE}(T_2)}{\text{MSE}(T_1)} = \frac{n+1}{2n} < 1$$

이므로 큰 n에 대해서는 T_2의 MSE가 T_1의 MSE의 반 정도이다. ……………●

연습문제

1.2.2.1 $X_1, \cdots, X_n$은 정규분포 $\text{N}(\mu, \sigma^2)$에서의 확률표본이다. 여기서 두 모수 모두 미지이다.

(a) $S^2 = \frac{1}{n-1}\sum_{i=1}^{n}(X_i - \overline{X})^2$, $S_1^2 = \frac{1}{n}\sum_{i=1}^{n}(X_i - \overline{X})^2$, $S_2^2 = \frac{1}{n+1}\sum_{i=1}^{n}(X_i - \overline{X})^2$ 은 모두 σ^2의 추정량이다. 세 추정량의 MSE를 구하고 어느 추정량이 MSE 면에서 더 좋은지 결정하라.

(b) $S_k^2 = k\sum_{i=1}^{n}(X_i - \overline{X})^2$을 σ^2의 추정량으로 생각할 때, 가장 작은 MSE를 갖는 k 값을 구하라.

1.2.2.2 X_1, X_2, X_3이 지수분포 $\text{Exp}(\theta)$에서 추출한 확률표본이고

$$T_1 = \frac{1}{2}(X_2 + X_3),\ T_2 = \frac{1}{3}(X_1 + 2X_2),\ T_3 = \overline{X}$$

가 θ의 추정량일 때, 다음을 구하라.

(a) 각 추정량의 편의 (b) 각 추정량의 MSE

1.2.2.3 $X_1, \cdots, X_n$이 평균이 μ이고 분산이 σ^2인 모집단에서의 확률표본이고 T가 다음과 같을 때

$$T = \frac{1}{n+2}(X_1 + \cdots + X_{n-1} + 3X_n)$$

(a) T는 μ의 비편향추정량인가?

(b) $\mathrm{MSE}(T)$를 구하라.

(c) $\overline{X}$와 T의 MSE를 비교하라.

1.2.2.4 연습문제 1.2.1.5번에서 T_1과 T_2가 독립이고 분산이 $\mathrm{Var}(T_i) = \sigma_i^2,\ i = 1, 2$일 때, 비편향추정량 $aT_1 + bT_2$의 MSE가 최소인 a와 b를 구하라.

1.2.2.5 연습문제 1.2.1.11번에서 각 추정량의 MSE를 구하라.

1.2.3 크래머-라오 하한

X가 pdf (pmf) $f(x;\theta)$를 갖는 확률변수일 때, $X = x$인 사건에서 θ에 관한 정보의 양을 정의하자.

정의 1.2.5

확률변수 X의 pdf (pmf) $f(x;\theta)$가 모든 x에 대해 θ에 관해 미분가능하다고 가정할 때

$$I(\theta) = E\left[\left(\frac{\partial}{\partial\theta}\ln f(X;\theta)\right)^2\right] \tag{1.2.6}$$

을 X**에서의** θ**에 관한 피셔정보**(Fisher information)라 하고, $X_1, \cdots, X_n$의 결합 pdf (pmf)가 $f(\boldsymbol{x};\theta)$일 때

$$I_n(\theta) = E\left[\left(\frac{\partial}{\partial\theta}\ln f(\boldsymbol{X};\theta)\right)^2\right] \tag{1.2.7}$$

을 $X_1, \cdots, X_n$**에서의** θ**에 관한 피셔정보**라 한다.

연속확률변수 X의 경우

$$I(\theta) = \int \left(\frac{\partial}{\partial\theta} \ln f(x;\theta) \right)^2 f(x;\theta)\,dx$$
$$= \int \left(\frac{\partial f(x;\theta)}{\partial\theta} \right)^2 \frac{1}{f(x;\theta)}\,dx \qquad (1.2.8)$$

이며, 이산인 경우는 적분기호를 합의 기호로 바꾸면 된다.

예제 1.2.10 X를 $\mathrm{N}(\theta, \sigma^2)$인 정규확률변수라 하자. 그러면

$$\ln f(x;\theta) = -\ln(\sigma\sqrt{2\pi}) - (x-\theta)^2/2\sigma^2$$

이고

$$\frac{\partial}{\partial\theta} \ln f(x;\theta) = \frac{x-\theta}{\sigma^2}$$

이므로 θ에 관한 정보는 다음과 같다.

$$I(\theta) = E\left(\frac{X-\theta}{\sigma^2}\right)^2 = \frac{1}{\sigma^4}E(X-\theta)^2 = \frac{\sigma^2}{\sigma^4} = \frac{1}{\sigma^2} \qquad \cdots\cdots\cdots\cdots\cdots \bullet$$

예제 1.2.11 X를 성공할 확률이 θ인 베르누이 확률변수라 하자. 그러면 X의 pmf는

$$f(x;\theta) = \theta^x(1-\theta)^{1-x}, \quad x = 0, 1$$

이므로

$$\ln f(x;\theta) = x\ln\theta + (1-x)\ln(1-\theta)$$

이고

$$\frac{\partial}{\partial\theta} \ln f(x;\theta) = \frac{x}{\theta} - \frac{1-x}{1-\theta} = \frac{x-\theta}{\theta(1-\theta)}$$

이다. 따라서 피셔정보는 다음과 같다.

$$I(\theta) = E\left[\left(\frac{\partial}{\partial\theta}\ln f(X;\theta)\right)^2\right] = E\left[\left(\frac{X-\theta}{\theta(1-\theta)}\right)^2\right] = \frac{\mathrm{Var}(X)}{\theta^2(1-\theta)^2} = \frac{1}{\theta(1-\theta)} \qquad \cdots \bullet$$

이 절의 나머지 부분에서는 모집단이 연속인 경우로 가정하고 정리한다. 그러나 이산인 경우에는 소개된 수식에서 적분기호를 합기호로 바꿔 생각하면 된다.

먼저 앞으로 이론을 전개하면서 필요한 **정칙조건**(regularity condition)을 소개한다. 이산인 경우는 적분기호 대신 합의 기호를 사용하면 된다.

확률변수 $X_1, \cdots, X_n$의 결합 pdf(pmf)를 $f(\boldsymbol{x};\theta)$라 하자.

(i) 모수공간은 $\Omega = \{\theta = (\theta_1, \cdots, \theta_k) \mid a_i < \theta_i < b_i,\ i = 1, \cdots, k\}$이다. 여기서 a_i, b_i는 각각 $-\infty$, ∞ 일수도 있다.

(ii) $A = \{\boldsymbol{x} \mid f(\boldsymbol{x};\theta) > 0\}$이 모수 θ에 종속되지 않는다.

(iii) 모든 $\boldsymbol{x} \in A$에 대해 $f(\boldsymbol{x};\theta)$가 θ_j에 관해 미분가능이다(즉, 모든 $\theta \in \Omega$에 대해 $\frac{\partial}{\partial \theta_j} f(\boldsymbol{x};\theta)$가 존재한다).

(iv) $$\frac{\partial}{\partial \theta_j} \int \cdots \int f(\boldsymbol{x};\theta) dx_1 \cdots dx_n = \int \cdots \int \frac{\partial}{\partial \theta_j} f(\boldsymbol{x};\theta) dx_1 \cdots dx_n \tag{1.2.9}$$

(v) 모든 θ에 대해 $E[T(\boldsymbol{X})^2] < \infty$ 인 $\tau(\theta)$의 임의의 비편향추정량 $T(\boldsymbol{X})$에 대해 다음이 성립된다.

$$\begin{aligned} &\frac{\partial}{\partial \theta_j} \int \cdots \int T(\boldsymbol{x}) f(\boldsymbol{x};\theta) dx_1 \cdots dx_n \\ &= \int \cdots \int T(x) \frac{\partial}{\partial \theta_j} f(\boldsymbol{x};\theta) dx_1 \cdots dx_n \end{aligned} \tag{1.2.10}$$

예를 들어, pdf가 $f(x;\theta)$인 단일 확률변수에 대해서는 조건 (iv)와 (v)는 다음과 같다.

(iv)′ $$\frac{\partial}{\partial \theta_j} \int f(x;\theta) dx = \int \frac{\partial}{\partial \theta_j} f(x;\theta) dx \tag{1.2.11}$$

(v)′ $$\frac{\partial}{\partial \theta_j} \int T(x) f(x;\theta) dx = \int T(x) \frac{\partial}{\partial \theta_j} f(x;\theta) dx \tag{1.2.12}$$

위에서 소개한 조건하에서 성립되는 몇 가지 유용한 정리를 소개한다. 여기서 θ는 단일 모수이다.

정리 1.2.2

확률변수 X의 pdf(pmf) $f(x;\theta)$가 정칙조건 (i)~(iv)를 만족하면, 다음이 성립된다.

(a) $E\left(\frac{\partial}{\partial\theta}\ln f(X;\theta)\right)=0$ (1.2.13)

(b) $I(\theta)=\mathrm{Var}\left(\frac{\partial}{\partial\theta}\ln f(X;\theta)\right)$ (1.2.14)

• 증 명 •

(a)
$$\begin{aligned}E\left(\frac{\partial}{\partial\theta}\ln f(X;\theta)\right)&=\int\left(\frac{\partial}{\partial\theta}\ln f(x;\theta)\right)f(x;\theta)\,dx\\&=\int\left(\frac{1}{f(x;\theta)}\frac{\partial}{\partial\theta}f(x;\theta)\right)f(x;\theta)dx\\&=\int\frac{\partial}{\partial\theta}f(x;\theta)dx\\&=\frac{d}{d\theta}\int f(x;\theta)dx\quad\text{((iv)번 조건에 의해)}\\&=\frac{d}{d\theta}(1)=0\end{aligned}$$

(b) 분산의 성질과 (a)에 의해 성립된다.

…………… ■

다음은 pdf (pmf)가 모수 θ에 관해 두 번 미분가능할 경우 피셔정보를 구하는 또 다른 공식을 제공해 주는 정리이다.

정 리 1.2.3

정리 1.2.2의 조건이 만족되고 확률변수 X의 pdf $f(x;\theta)$가 θ에 관해 두 번 미분가능하며

$$\int\frac{\partial^2}{\partial\theta^2}f(x;\theta)\,dx=\frac{d^2}{d\theta^2}\int f(x;\theta)\,dx \tag{1.2.15}$$

이면

$$I(\theta)=-E\left(\frac{\partial^2}{\partial\theta^2}\ln f(X;\theta)\right) \tag{1.2.16}$$

이다.

• 증 명 •

$$\frac{\partial^2}{\partial\theta^2}\ln f(x;\theta)=\frac{\partial}{\partial\theta}\left(\frac{1}{f(x;\theta)}\frac{\partial}{\partial\theta}f(x;\theta)\right)$$
$$=\frac{\left(\frac{\partial^2}{\partial\theta^2}f(x;\theta)\right)f(x;\theta)-\left(\frac{\partial}{\partial\theta}f(x;\theta)\right)^2}{[f(x;\theta)]^2}$$
$$=\frac{\frac{\partial^2}{\partial\theta^2}f(x;\theta)}{f(x;\theta)}-\left(\frac{\partial}{\partial\theta}\ln f(x;\theta)\right)^2$$

이며 가정에 의해

$$\int\frac{\partial^2}{\partial\theta^2}f(x;\theta)\,dx=\frac{d^2}{d\theta^2}\int f(x;\theta)\,dx=\frac{d^2}{d\theta^2}(1)=0 \tag{1.2.17}$$

이므로

$$E\left(\frac{\partial^2}{\partial\theta^2}\ln f(X;\theta)\right)=\int\frac{\partial^2}{\partial\theta^2}f(x;\theta)dx-E\left[\left(\frac{\partial}{\partial\theta}\ln f(X;\theta)\right)^2\right]$$
$$=-I(\theta) \tag{1.2.18}$$

이다. 따라서 정리가 증명된다.

……………… ■

다음은 크기 n인 확률표본에서 θ에 관한 피셔정보는 단일 확률변수 X에서의 θ에 관한 피셔정보로부터 간단히 구할 수 있음을 보여주는 정리이다.

정 리 1.2.4

$X_1,\cdots,X_n$이 pdf (pmf)가 $f(x;\theta)$인 모집단에서 추출한 확률표본이면, 다음이 성립한다.

$$I_n(\theta)=n\,I(\theta) \tag{1.2.19}$$

여기서 $I_n(\theta)$는 $X_1,\cdots,X_n$에서의 θ에 관한 피셔정보이다.

• 증 명 •

$X_1,\cdots,X_n$이 확률표본이므로 $X_1,\cdots,X_n$의 결합 pdf (pmf)는

$$f(\boldsymbol{x};\theta)=f(x_1,\cdots,x_n;\theta)=f(x_1;\theta)\cdots f(x_n;\theta)$$

이다. 따라서

$$\begin{aligned}\frac{\partial}{\partial\theta}\ln f(\boldsymbol{x};\theta)&=\frac{\partial}{\partial\theta}\sum_{i=1}^{n}\ln f(x_i;\theta)\\&=\sum_{i=1}^{n}\frac{\partial}{\partial\theta}\ln f(x_i;\theta)\end{aligned} \tag{1.2.20}$$

이다. 양변을 미분하면

$$\frac{\partial^2}{\partial\theta^2}\ln f(\boldsymbol{x};\theta)=\sum_{i=1}^{n}\frac{\partial^2}{\partial\theta^2}\ln f(x_i;\theta) \tag{1.2.21}$$

이므로

$$E\left(\frac{\partial^2}{\partial\theta^2}\ln f(\boldsymbol{X};\theta)\right)=nE\left(\frac{\partial^2}{\partial\theta^2}\ln f(X;\theta)\right) \tag{1.2.22}$$

가 성립된다. 따라서 정리가 증명된다.

……………… ■

비편향추정량 중에서는 분산이 최소인 균일최소분산비편향추정량(또는 최량비편향추정량)이 가장 좋은 추정량이므로 이 추정량을 유도하는 방법을 알아 보고자 한다. 먼저 여기서는 비편향추정량들의 분산에 대한 하한을 생각해 보자. 어떤 비편향추정량의 분산이 이 하한과 같다면, 이 추정량이 UMVUE가 된다. 이제 이런 하한을 유도해 보자.

정리 1.2.5 크레머-라오 부등식(Cramer-Rao Inequality)

정칙조건 (i)~(v)가 만족되고 $T(\boldsymbol{X})$는 $\tau(\theta)$의 임의의 비편향추정량으로 $\tau(\theta)$가 θ의 미분가능 함수이며 $I_n(\theta)>0$이라 하자. 그러면

$$\mathrm{Var}(T(\boldsymbol{X}))\ge\frac{\left(\frac{d}{d\theta}\tau(\theta)\right)^2}{I_n(\theta)} \tag{1.2.23}$$

가 성립된다. 이 분산의 하한을 **크레머-라오 하한**(Cramer-Rao Lower Bound)이라 하고, 간단히 CRLB로 나타낼 것이다.

• 증 명 •

정리 1.2.2와 식 (1.2.20)에 의해

$$E\left(\frac{\partial}{\partial\theta}\ln f(\boldsymbol{X};\theta)\right) = nE\left(\frac{\partial}{\partial\theta}\ln f(X;\theta)\right) = 0 \tag{1.2.24}$$

이다. 또한

$$\tau(\theta) = E[T(\boldsymbol{X})] = \int\cdots\int T(\boldsymbol{x}) f(\boldsymbol{x};\theta)dx_1\cdots dx_n$$

이므로

$$\begin{aligned}
\tau'(\theta) &= \frac{d}{d\theta}\int\cdots\int T(\boldsymbol{x}) f(\boldsymbol{x};\theta)dx_1\cdots dx_n \\
&= \int\cdots\int T(\boldsymbol{x})\frac{\partial}{\partial\theta} f(\boldsymbol{x};\theta)dx_1\cdots dx_n \\
&= \int\cdots\int T(\boldsymbol{x})\left(\frac{\partial}{\partial\theta}\ln f(\boldsymbol{x};\theta)\right) f(\boldsymbol{x};\theta)dx_1\cdots dx_n \\
&= E\left[T(\boldsymbol{X})\left(\frac{\partial}{\partial\theta}\ln f(\boldsymbol{X};\theta)\right)\right] \\
&= \mathrm{Cov}\left(T(\boldsymbol{X}),\ \frac{\partial}{\partial\theta}\ln f(\boldsymbol{X};\theta)\right)
\end{aligned} \tag{1.2.25}$$

이다. 왜냐하면 $E\left(\frac{\partial}{\partial\theta}\ln f(\boldsymbol{X};\theta)\right) = 0$ 이므로 마지막 등식이 성립된다.

상관계수의 절댓값이 1 이하라는 사실 (또는 《통계적 확률분포이론》의 정리 4.4.9의 코시-슈바르츠 부등식 (Cauchy-Schwarz inequality))에 의해

$$\begin{aligned}
&\left[\mathrm{Cov}\left(T(\boldsymbol{X}),\ \frac{\partial}{\partial\theta}\ln f(\boldsymbol{X};\theta)\right)\right]^2 \\
&\qquad \le \mathrm{Var}(T(\boldsymbol{X}))\,\mathrm{Var}\left(\frac{\partial}{\partial\theta}\ln f(\boldsymbol{X};\theta)\right)
\end{aligned} \tag{1.2.26}$$

이므로 $\mathrm{Var}(T(\boldsymbol{X}))E\left[\left(\frac{\partial}{\partial\theta}\ln f(\boldsymbol{X};\theta)\right)^2\right] \ge (\tau'(\theta))^2$ 이 성립된다. 따라서

$$\mathrm{Var}(T(\boldsymbol{X})) \ge \frac{(\tau'(\theta))^2}{I_n(\theta)} = \frac{\left(\frac{d}{d\theta}\tau(\theta)\right)^2}{I_n(\theta)}$$

이다.

……………■

다음 정리는 정리 1.2.4와 정리 1.2.5에 의해 쉽게 얻을 수 있다.

정리 1.2.6

$X_1, \cdots, X_n$이 pdf (pmf) $f(x;\theta)$를 갖는 모집단에서의 확률표본이고 정리 1.2.5의 조건을 만족하면, 다음이 성립된다.

$$\mathrm{Var}\,(T(\boldsymbol{X})) \geq \frac{(\tau'(\theta))^2}{n\,I(\theta)} \tag{1.2.27}$$

…………… ■

예제 1.2.12 $X_1, \cdots, X_n$을 베르누이 분포 $\mathrm{Bin}(1, \theta)$에서의 확률표본이라 하자. 예제 1.2.11에서

$$I(\theta) = \mathrm{Var}\left(\frac{\partial}{\partial\theta}\ln f(X;\theta)\right) = \frac{\mathrm{Var}(X-\theta)}{\theta^2(1-\theta)^2} = \frac{1}{\theta(1-\theta)}$$

임을 알았다. 그러므로 $\tau(\theta)=\theta$의 비편향추정량에 대한 CRLB는 $\theta(1-\theta)/n$이다. 또한 $\mathrm{Var}(\overline{X}) = \theta(1-\theta)/n$이므로 $\overline{X}$는 θ의 UMVUE이다. …………… •

예제 1.2.13 $X_1, \cdots, X_n$을 지수분포 $\mathrm{Exp}(\theta)$에서의 확률표본이라 하자. 그러면 pdf가

$$f(x;\theta) = \frac{1}{\theta}e^{-x/\theta},\ x>0$$

이므로

$$\ln f(x;\theta) = -x/\theta - \ln\theta$$

이다. 따라서

$$\frac{\partial}{\partial\theta}\ln f(x;\theta) = \frac{x}{\theta^2} - \frac{1}{\theta} = \frac{x-\theta}{\theta^2}$$

이고

$$I(\theta) = \mathrm{Var}\left(\frac{\partial}{\partial\theta}\ln f(X;\theta)\right) = \frac{\mathrm{Var}(\mathrm{X}-\theta)}{\theta^4} = \frac{1}{\theta^2}$$

이다. 그러므로 $\tau(\theta)=\theta$의 비편향추정량에 대한 CRLB는 θ^2/n이다. 또한 $\mathrm{Var}(\overline{X})$

$= \theta^2/n$이므로 $\overline{X}$는 θ의 UMVUE이다. ……………●

일반적으로 CRLB와 같은 분산을 갖는 비편향추정량이 항상 존재하는 것은 아니다. 즉, UMVUE의 분산이 CRLB보다 큰 경우도 있다. CRLB와 같은 분산을 갖는 비편향추정량이 존재할 조건을 찾아보자.

식 (1.2.23)에서 등식이 성립될 필요충분조건은 식 (1.2.26)에서 등식이 성립되는 것이다. 식 (1.2.26)에서 등식이 성립된다는 것은

$$T(\boldsymbol{X}) \text{와 } \frac{\partial}{\partial\theta}\ln f(\boldsymbol{X};\theta)$$

의 상관계수의 절댓값이 1임을 의미한다. 즉, 상관계수의 절댓값이 1인 경우는 두 변수가 선형관계이므로, 적당한 상수 $a \neq 0$와 b에 대해

$$\begin{aligned} T(\boldsymbol{X}) &= a\frac{\partial}{\partial\theta}\ln f(\boldsymbol{X};\theta)+b \\ &= a\sum_{i=1}^{n}\frac{\partial}{\partial\theta}\ln f(X_i;\theta)+b \end{aligned} \tag{1.2.28}$$

가 성립되어야 한다. 즉, 추정량 T의 분산이 $\tau(\theta)$의 비편향추정량에 대한 CRLB와 같기 위해서는 추정량 $T(\boldsymbol{X})$가

$$\sum_{i=1}^{n}\frac{\partial}{\partial\theta}\ln f(X_i;\theta) \tag{1.2.29}$$

의 선형함수가 되어야 한다.

예제 1.2.14 $X_1, \cdots, X_n$이 모수가 θ인 푸아송 분포 Poi(θ)에서의 확률표본일 때, $\tau(\theta)=\theta$의 UMVUE를 구해 보자. pmf가

$$f(x;\theta)=\frac{e^{-\theta}\theta^x}{x!},\quad x=0,1,\cdots$$

이므로

$$\ln f(x;\theta) = -\theta + x\ln\theta - \ln x!$$

이고

$$\frac{\partial}{\partial\theta}\ln f(x;\theta) = -1 + \frac{x}{\theta} = \frac{x-\theta}{\theta}$$

이다. 따라서

$$I(\theta) = \mathrm{Var}\left(\frac{\partial}{\partial\theta}\ln f(X;\theta)\right) = \frac{\mathrm{Var}(\mathrm{X}-\theta)}{\theta^2} = \frac{1}{\theta}$$

이므로 $\tau(\theta) = \theta$의 비편향추정량들에 관한 CRLB는 θ/n이다. 또한 θ^2의 비편향추정량들에 대한 CRLB는 $\dfrac{(2\theta)^2}{nI(\theta)} = 4\theta^3/n$이다. 한편 어떤 비편향추정량 T의 분산이 CRLB와 같기 위해서는 적절한 상수 a, b, c, d에 대해

$$\begin{aligned} T(\boldsymbol{X}) &= a\sum_{i=1}^{n}(X_i - \theta)/\theta + b \\ &= c\overline{X} + d \end{aligned}$$

로 표시할 수 있어야 한다. $\overline{X}$가 θ의 비편향추정량이므로, $c=1$이고 $d=0$으로 $T(\boldsymbol{X}) = \overline{X}$임을 알 수 있다. $\mathrm{Var}(\overline{X}) = \theta/n$이므로 CRLB와 같다. ……………●

다음 예제는 정칙조건이 만족되지 않을 경우 정리 1.2.5의 결과가 성립되지 않는 예이다. 즉 CRLB가 비편향추정량들의 분산에 대한 하한이 되지 않는다.

예제 1.2.15 $X_1, \cdots, X_n$을 균일분포 $\mathrm{U}(0, \theta)$에서의 확률표본이라 하자. 그러면 pdf가

$$f(x;\theta) = \begin{cases} \dfrac{1}{\theta}, & 0 < x < \theta \\ 0, & \text{그 외} \end{cases}$$

이므로

$$\frac{\partial}{\partial\theta}\ln f(x;\theta) = -1/\theta$$

이고

$$I(\theta) = E\left[\left(\frac{\partial}{\partial\theta}\ln f(X;\theta)\right)^2\right] = \frac{1}{\theta^2}$$

이다. 따라서 이 경우의 CRLB는 θ^2/n이다. 예제 1.2.9에서

$$T_2 = \frac{n+1}{n} X_{n:n}$$

은 θ의 비편향추정량이고

$$\mathrm{Var}(T_2) = \frac{\theta^2}{n(n+2)}$$

임을 보였다. 따라서

$$\mathrm{Var}(T_2) = \frac{\theta^2}{n(n+2)} < \frac{\theta^2}{n} = \mathrm{CRLB}$$

이다. 사실 T_2가 θ의 UMVUE이다. 그러므로 이 경우에는 정리 1.2.5가 성립되지 않는다. 왜냐하면 정칙조건을 만족하지 않기 때문이다. 정칙조건을 점검해 보자. $A = \{x \mid f(x;\theta) > 0\} = (0, \theta)$가 모수 θ에 종속되므로 정칙조건이 만족되지 않는다. 또한

$$\begin{aligned}\frac{d}{d\theta}\int_0^\theta T(x)f(x;\theta)dx &= \frac{d}{d\theta}\int_0^\theta T(x)\frac{1}{\theta}dx \\ &= \frac{T(\theta)}{\theta} + \int_0^\theta T(x)\frac{\partial}{\partial\theta}\left(\frac{1}{\theta}\right)dx \\ &\neq \int_0^\theta T(x)\frac{\partial}{\partial\theta}f(x;\theta)\,dx\end{aligned}$$

이다. 사실 모든 θ에 대해 $T(\theta)/\theta = 0$이 아닌 경우 위에서와 같이 정칙조건이 만족되지 않는다. ……………●

연습문제

1.2.3.1 기하분포 Geo(p)에서의 크기 n인 확률표본을 생각해 보자.

(a) X에서의 p에 관한 피셔정보 $I(p)$를 구하라.

(b) p의 비편향추정량들의 분산에 관한 CRLB를 구하라.

(c) $1/p$의 비편향추정량들의 분산에 관한 CRLB를 구하라.

(d) $1/p$의 UMVUE를 구하라.

1.2.3.2 $X_1, \cdots, X_n$이 다음의 pdf를 갖는 모집단에서 추출한 확률표본이다.

$$f(x;\theta) = \begin{cases} \theta(1+x)^{-(1+\theta)}, & x>0,\ \theta>0 \\ 0, & x \le 0 \end{cases}$$

(a) X에서의 θ에 관한 피셔정보 $I(\theta)$를 구하라.

(b) $1/\theta$의 비편향추정량들의 분산에 관한 CRLB를 구하라.

1.2.3.3 다음 분포들이 정칙조건을 만족하는가? 만족하면 표본크기 n에 근거한 비편향추정량들의 분산에 관한 CRLB를 구하라.

(a) $f(x;\theta) = e^{-(x-\theta)},\ \theta < x < \infty$

(b) $f(x;\sigma^2) = \dfrac{1}{\sqrt{2\pi}\,\sigma} e^{-x^2/2\sigma^2},\ -\infty < x < \infty,\ \sigma^2 > 0$

(c) (b)에서 σ의 비편향추정량의 분산에 관한 CRLB를 구하라.

1.2.3.4 $X_1, \cdots, X_n$은 정규분포 $\mathrm{N}(\theta, 1)$에서 추출한 확률표본이다. θ^2의 비편향추정량들의 분산에 관한 CRLB를 구하라.

1.2.3.5 푸아송 분포 $\mathrm{Poi}(\mu)$에서의 크기 n인 확률표본 $X_1, \cdots, X_n$을 생각해 보자.

(a) $\theta = e^{-\mu}$의 비편향추정량들의 분산에 관한 CRLB를 구하라.

(b) $T = [(n-1)/n]^{\sum_{i=1}^{n} X_i}$가 θ의 비편향추정량인가?

(c) $\mathrm{Var}(T)$를 구하고 (a)의 CRLB와 비교하라.

1.2.3.6 $X_1, \cdots, X_n$은 지수분포 $\mathrm{Exp}(\theta)$에서 추출한 크기 n인 확률표본이다. $\mathrm{Var}(X)$의 비편향추정량들의 분산에 관한 CRLB를 구하라.

1.2.3.7 X는 누적분포함수 $F(x)$를 갖는 확률변수이다.

(a) $E[(X-c)^2]$은 $c = E(X)$일 때, 최소임을 보여라.

(b) X가 연속확률변수이면 $E[|X-c|]$는 c가 중앙값, 즉 $F(c) = 1/2$일 때 최소임을 보여라.

1.2.4 효율성

두 개의 비편향추정량을 비교하기 위해 분산의 대소를 비교하기 보다는 두 분산의 비를 비교하는 것이 훨씬 효과적일 수 있다. 두 분산의 비를 효율이라 하는데 효율의 개념을 소개한다.

정의 1.2.6 효율(efficiency)

T_1과 T_2가 $\tau(\theta)$의 비편향추정량이고 $E(T_1^{\,2})<\infty$, $E(T_2^{\,2})<\infty$이면, 두 추정량들의 분산비

$$\text{eff}(T_1 | T_2) = \frac{\text{Var}(T_2)}{\text{Var}(T_1)} \tag{1.2.30}$$

를 T_2**에 관한** T_1**의 효율**(efficiency)이라 하고

$$\text{eff}(T_1 | T_2) < 1 \tag{1.2.31}$$

이면, T_2가 T_1보다 **더 효율적** 또는 **더 좋은 추정량**이라 한다.

정의 1.2.7

만일 T^*가 $\tau(\theta)$의 비편향추정량이며, $\tau(\theta)$의 모든 비편향추정량 T에 대해

$$\text{eff}(T | T^*) \le 1 \tag{1.2.32}$$

이면, T^*를 $\tau(\theta)$의 **효율추정량**(efficient estimator)이라 한다.

만일 T^*가 $\tau(\theta)$의 효율추정량일 때, $\tau(\theta)$의 비편향추정량 T의 **효율**은

$$\text{eff}(T) = \text{eff}(T | T^*) \tag{1.2.33}$$

로 정의한다.

효율추정량은 비편향추정량 중에서 분산이 가장 작은 추정량이므로 UMVUE가 바로 효율추정량이다. 간혹 T의 효율을 $\text{CRLB}/\text{Var}(T)$로 정의하기도 한다.

정의 1.2.6과 1.2.7에서는 비편향추정량의 경우에 대해서만 생각했다. 그러나 일반적으로 편의추정량들을 비교하고자 할 경우는 추정량의 선택 기준으로 앞 절에서 평균제곱오차를 소개했다. 따라서 평균제곱오차를 이용한 상대효율을 소개한다.

정의 1.2.8

T_1과 T_2가 $\tau(\theta)$의 추정량이고 $E(T_1{}^2) < \infty$, $E(T_2{}^2) < \infty$이면, 두 추정량들의 평균제곱오차의 비

$$\mathrm{re}(T_1 | T_2) = \frac{\mathrm{MSE}(T_2)}{\mathrm{MSE}(T_1)} \tag{1.2.34}$$

을 **T_2에 관한 T_1의 상대효율**(relative efficiency)이라 한다.

예제 1.2.16 $X_1, \cdots, X_n$을 균일분포 $\mathrm{U}(0, \theta)$에서의 확률표본이라 하자. 이때 θ의 추정량으로

$$T_1 = 2\overline{X}\text{와 } T_2 = \frac{n+1}{n} X_{n:n}$$

을 생각해 보자. 예제 1.2.9에서 T_2는 θ의 비편향추정량이고 분산이

$$\mathrm{Var}(T_2) = \frac{\theta^2}{n(n+2)}$$

임을 보였다. 그리고

$$E(T_1) = 2E(\overline{X}) = \theta,\ \mathrm{Var}(T_1) = \mathrm{Var}(2\overline{X}) = \frac{4}{n}\left(\frac{\theta^2}{12}\right) = \frac{\theta^2}{3n}$$

이므로 T_1 역시 θ의 비편향추정량이다. 따라서 T_2에 관한 T_1의 효율은

$$\mathrm{eff}(T_1 | T_2) = \frac{\mathrm{Var}(T_2)}{\mathrm{Var}(T_1)} = \frac{\theta^2/n(n+2)}{\theta^2/3n} = \frac{3}{n+2}$$

이다. $n > 1$이면 $\mathrm{eff}(T_1 | T_2) = \dfrac{3}{n+2} < 1$이므로 T_2가 T_1보다 더 좋은 추정량임을 알 수 있다. ……………●

예제 1.2.17 $X_1, \cdots, X_n$을 지수분포 $\mathrm{Exp}(\theta)$에서의 확률표본이라 하자. 이때 $T_1 = \overline{X}$와 $T_2 = nX_{1:n}$은 모두 θ의 비편향추정량임을 알 수 있다. 또한

$$\mathrm{Var}(T_1) = \frac{\theta^2}{n},\ \mathrm{Var}(T_2) = \theta^2$$

이며 $T_1 = \overline{X}$가 θ의 UMVUE임은 예제 1.2.13에서 보였다. 따라서 T_1은 θ의 효율추정량이므로 $T_2 = nX_{1:n}$의 효율은

$$\text{eff}(T_2) = \text{eff}(T_2 | T_1) = \frac{\theta^2/n}{\theta^2} = \frac{1}{n}$$

이다. n이 크면 T_2의 효율이 작기 때문에 T_2는 매우 좋지 않은 추정량이다. ⋯ ●

예제 1.2.18 $X_1, \cdots, X_n$이 정규분포 $\mathrm{N}(\theta, \sigma^2)$에서의 확률표본이라 하자. 예제 1.2.10에서 $I(\theta) = 1/\sigma^2$임을 알았다. 가장 많이 사용되는 표본평균을 생각해 보자. 표본평균 $\overline{X}$는 비편향추정량이고 $\mathrm{Var}(\overline{X}) = \sigma^2/n$이다. θ의 모든 비편향추정량들의 분산에 관한 CRLB는 $1/(nI(\theta)) = \sigma^2/n$이므로 $\overline{X}$는 효율추정량이다. ⋯⋯⋯ ●

연습문제

1.2.4.1 $X_1, \cdots, X_n$은 푸아송 분포 $\mathrm{Poi}(\theta)$에서 추출한 확률표본이며, $T_1 = \frac{1}{n}\sum_{i=1}^{n} X_i(X_i - 1)$과 $T_2 = \overline{X}^2$은 θ^2의 추정량이다.

(a) 두 추정량의 MSE를 구하라.

(b) T_2에 관한 T_1의 상대효율을 구하라.

1.2.4.2 연습문제 1.2.2.2번에서 정의한 추정량에 대해 다음을 구하라.

(a) T_3에 관한 T_1의 효율

(b) T_3에 관한 T_2의 효율

1.2.4.3 $X_1, \cdots, X_n$은 평균이 μ이고 분산이 σ^2인 모집단에서의 확률표본이다.

$$T_1 = \frac{1}{2}(X_1 + X_2),\ T_2 = \frac{1}{4}(X_1 + X_n) + \frac{X_2 + \cdots + X_{n-1}}{2(n-2)},\ T_3 = \overline{X}$$

일 때, 다음을 구하라.

(a) T_3에 관한 T_1의 효율

(b) T_3에 관한 T_2의 효율

1.2.4.4 $\overline{X}_n$을 평균이 θ이고 분산이 σ^2(σ^2은 알고 있는 상수)인 정규분포에서 추출한 크기 n인 확률표본의 표본평균이라 할 때, $\overline{X}_{[n/2]}$의 효율을 구하라. 여기서 $[x]$는 x 이하인 최대의 정수이다.

1.2.4.5 $X_1, \cdots, X_n$은 평균이 μ이며 유한분산 σ^2을 갖는 모집단에서의 확률표본이다. $\overline{X}$에 관한 μ의 비편향추정량 $[2/n(n+1)]\sum_{i=1}^{n} i\,X_i$의 효율은 얼마인가?

1.2.4.6 $X_1, \cdots, X_n$은 베르누이 분포 $\mathrm{Bin}(1, \theta)$에서 추출한 확률표본이다. θ의 효율추정량을 구하고, 그 추정량의 평균과 분산을 구하라.

1.2.4.7 연습문제 1.2.1.11번에서 정의한 추정량에 대해 다음을 구하라.

(a) T_2에 관한 T_1의 상대효율

(b) T_2에 관한 T_3의 효율

(c) T_2에 관한 T_4의 효율

1.3 일치성

지금까지 고려한 판단 기준은 유한표본에 근거한 것이다. 여기서는 표본의 크기 n이 무한히 커질 경우의 성질로 추정량의 선택에 도움을 줄 수 있는 기준을 소개한다. 좋은 추정량이라면 당연히 표본의 크기가 증가할 때 추정하고자 하는 모수 θ에 관한 정보의 정확성이 증가해야 할 것이다. 따라서 다음 정의를 소개한다.

정의 1.3.1

모수 $\tau(\theta)$의 추정량 $T_n = T_n(X_1, \cdots, X_n)$이 임의의 $\varepsilon > 0$과 모든 $\theta \in \Omega$에 대해

$$\lim_{n\to\infty} P[|T_n - \tau(\theta)| < \varepsilon] = 1 \tag{1.3.1}$$

이 성립되면, T_n을 모수 $\tau(\theta)$의 **일치추정량**(consistent estimator)이라 한다.

《통계적 확률분포이론》에서 정의한 확률수렴으로 나타내면 식 (1.3.1)은

$$T_n \xrightarrow{p} \tau(\theta)$$

이다. 위에서 정의한 추정량을 **단순일치추정량**(simple consistent estimator) 또는 **약일치추정량**(weakly consistent estimator)이라고 한다.

예제 1.3.1 $X_1, \cdots, X_n$이 정규분포 $N(\mu, \sigma^2)$에서의 확률표본이라 하자. $\overline{X}$는 표본평균이고 $S^2 = \sum_{i=1}^{n}(X_i - \overline{X})^2/(n-1)$은 표본분산이라 하면, $E(\overline{X}) = \mu$이고 $\mathrm{Var}(\overline{X}) = \dfrac{\sigma^2}{n}$이며 $(n-1)S^2/\sigma^2 \sim \chi^2(n-1)$이므로 $E(S^2) = \sigma^2$이고 $\mathrm{Var}(S^2) = 2\sigma^4/(n-1)$이다. 그러므로 체비셰프 부등식에 의해

$$P[|\overline{X} - \mu| > \varepsilon] \le \frac{\mathrm{Var}(\overline{X})}{\varepsilon^2} = \frac{\sigma^2/n}{\varepsilon^2} = \frac{\sigma^2}{n\varepsilon^2} \to 0,\ n \to \infty$$

이며

$$P[|S^2 - \sigma^2| > \varepsilon] \le \frac{\mathrm{Var}(S^2)}{\varepsilon^2} = \frac{2\sigma^4}{(n-1)\varepsilon^2} \to 0,\ n \to \infty$$

가 성립된다. 따라서 $\overline{X}$는 μ의 일치추정량이고 S^2은 σ^2의 일치추정량이다. …●

《통계적 확률분포이론》에서 소개한 중요한 확률수렴의 성질인 정리 9.2.7과 정리 9.2.9의 내용을 일치추정량의 개념으로 바꿔 다시 소개한다.

정리 1.3.1

T_n이 $\tau(\theta)$의 일치추정량이고 $g(t)$가 $\tau(\theta)$에서 연속이면, $g(T_n)$은 $g(\tau(\theta))$의 일치추정량이다. …………… ■

정리 1.3.1은 T_n이 k-차원 벡터인 경우도 성립되기 때문에 다음 정리를 쉽게 얻을 수 있다.

정리 1.3.2

T_n이 θ_1의 일치추정량이고 U_n이 θ_2의 일치추정량이며 a와 b가 상수이면, 다음이 성립된다.

(a) $aT_n + bU_n$은 $a\theta_1 + b\theta_2$의 일치추정량이다.

(b) $T_n U_n$은 $\theta_1\theta_2$의 일치추정량이다.

(c) $\theta_1 \neq 0$이면 U_n / T_n은 θ_2/θ_1의 일치추정량이다. ■

다음 정리는 원점에 관한 r차 표본적률이 r차 모적률의 일치추정량임을 보여준다.

정리 1.3.3

$X_1, \cdots, X_n$이 확률표본이며, 어떤 양의 정수 k에 대해 $E(|X|^k) < \infty$이면, $1 \le r \le k$에 대해 $M_r' = \frac{1}{n}\sum_{i=1}^{n} X_i^r$은 $\mu_r' = E(X^r)$의 일치추정량이다. ■

일치성에 관한 종류도 수학에서 수렴의 종류와 같이 다양하나 여기서는 간략히 소개하고자 한다. 단순일치추정량보다 좀 더 조건이 강한 일치추정량을 다음과 같이 정의한다.

정의 1.3.2

만일 추정량 $T_n = T_n(X_1, \cdots, X_n)$이 모수 $\tau(\theta)$에 거의 확실하게 수렴(almost sure convergence)하면, 즉

$$P\left[\lim_{n\to\infty} T_n = \tau(\theta)\right] = 1 \tag{1.3.2}$$

이면 $T_n = T_n(X_1, \cdots, X_n)$을 $\tau(\theta)$의 **강일치추정량**(strongly consistent estimator)이라 한다.

《통계적 확률분포이론》의 정리 9.2.14에 의해 다음 정리를 얻을 수 있다.

정리 1.3.4

T_n이 $\tau(\theta)$의 강일치추정량이면, T_n은 $\tau(\theta)$의 단순일치추정량이다. ……………■

다음은 편의가 표본의 크기가 증가함에 따라 0에 수렴하는 추정량을 정의한다.

정의 1.3.3

모수 $\tau(\theta)$의 추정량 $T_n = T_n(X_1, \cdots, X_n)$이 임의의 $\theta \in \Omega$에 대해 T_n의 편의 $b_\theta(T_n)$이 $\lim_{n\to\infty} b_\theta(T_n) = 0$일 때, T_n을 $\tau(\theta)$의 **점근적 비편향추정량**(asymptotically unbiased estimator)이라 한다.

예제 1.3.2 $X_1, \cdots, X_n$은 평균이 μ이고 분산이 σ^2인 분포에서 추출한 확률표본이다. 다음 세 통계량을 생각해 보자.

$$\overline{X} = \sum_{i=1}^{n} X_i/n,\ \ S_n^2 = \sum_{i=1}^{n}(X_i - \overline{X})^2/(n-1),\ \ T_n^2 = \sum_{i=1}^{n}(X_i - \overline{X})^2/n$$

$\overline{X}$와 S_n^2은 각각 μ와 σ^2의 비편향추정량임을 밝혔다. 그러나 T_n^2은 σ^2의 편향추정량이다. 그러나

$$\begin{aligned} b_{\sigma^2}(T_n^2) &= \frac{n-1}{n}\sigma^2 - \sigma^2 \\ &= -\frac{\sigma^2}{n} \to 0,\ (n \to \infty \text{ 일 때}) \end{aligned}$$

이므로, T_n^2은 σ^2의 점근적 비편향추정량이다. ……………●

예제 1.3.3 $X_1, \cdots, X_n$을 척도모수가 θ인 지수분포 $\text{Exp}(\theta)$에서의 확률표본이라 하자. $\hat{\theta}_1 = \overline{X}$는 예제 1.2.6에서 비편향추정량임을 보였지만 $\hat{\theta}_2 = \frac{1}{n+1}\sum_{i=1}^{n} X_i$는 편향추정량이며, 편의가

$$E(\hat{\theta}_2) - \theta = \frac{n}{n+1}\theta - \theta = -\frac{1}{n+1}\theta \to 0,\ \ n \to \infty$$

이므로 $\hat{\theta}_2$는 점근적 비편향추정량이다. ……………●

정의 1.3.4

모수 $\tau(\theta)$의 추정량 $T_n = T_n(X_1, \cdots, X_n)$이 임의의 $\theta \in \Omega$에 대해

$$\lim_{n\to\infty} E[T_n - \tau(\theta)]^2 = 0 \tag{1.3.3}$$

이면, T_n을 **평균제곱오차 일치추정량**(mean squared error consistent estimator), 또는 간단히 **MSE 일치추정량**이라 한다.

정리 1.3.5

T_n이 $\tau(\theta)$의 MSE 일치추정량일 필요충분조건은 T_n이 $\tau(\theta)$의 점근적 비편향추정량이고 $\lim_{n\to\infty} \mathrm{Var}(T_n) = 0$이다. …………… ■

예제 1.3.4 $X_1, \cdots, X_n$이 정규분포 $N(\theta, 1)$에서의 확률표본이고 $T_n = \overline{X}$이면, $E(\overline{X}) = \theta$, $\mathrm{Var}(\overline{X}) = 1/n \to 0$이므로 $T_n = \overline{X}$는 MSE 일치추정량이다. 예제 1.3.3에서

$$\begin{aligned}\mathrm{MSE}(\hat{\theta}_2) &= \mathrm{Var}(\hat{\theta}_2) + [b_\theta(\hat{\theta}_2)]^2 \\ &= \frac{n}{(n+1)^2}\theta^2 + \left(-\frac{\theta}{n+1}\right)^2 \\ &= \frac{\theta^2}{n+1} \to 0,\ n \to \infty\end{aligned}$$

이므로 $\hat{\theta}_2 = \frac{1}{n+1}\sum_{i=1}^{n} X_i$는 θ의 평균제곱오차 일치추정량이다. 마찬가지로 예제 1.2.7에서

$$\mathrm{MSE}(\hat{\theta}_2) = \frac{n\theta + \theta^2}{(n+1)^2} \to 0,\ n \to \infty$$

이므로 역시 $\hat{\theta}_2$은 θ의 평균제곱오차 일치추정량이다. …………… •

정리 1.3.6

T_n이 $\tau(\theta)$의 MSE 일치추정량이면, T_n은 $\tau(\theta)$의 단순일치추정량이다.

• 증 명 •

마르코프 부등식에 의해

$$P[|T_n - \tau(\theta)| < \varepsilon] \geq 1 - \mathrm{MSE}(T_n)/\varepsilon^2$$

이므로, 쉽게 정리가 증명된다.

……………… ■

예제 1.3.5 예제 1.2.8에서 $\hat{\eta}_1$ 과 $\hat{\eta}_2$ 모두 η의 MSE 일치추정량이다. 또한 예제 1.2.17에서 T_1은 MSE 일치추정량이지만 T_2는 단순일치추정량도 되지 못한다. 왜냐하면, $T_2 = nX_{1:n} \sim \mathrm{Exp}(\theta)$이기 때문이다. ……………… •

정리 1.3.7

T_n은 $\tau(\theta)$의 일치추정량이고 $\{a_n\}$과 $\{b_n\}$은 실수들의 수열로 $\lim_{n\to\infty} a_n = 1$이고 $\lim_{n\to\infty} b_n = 0$이면, $U_n = a_n T_n + b_n$은 $\tau(\theta)$의 일치추정량이다. ……………… ■

연습문제

1.3.1 T_1과 T_2가 독립인 확률변수로 모수 θ의 비편향추정량이며 일치추정량이라 하자.

(a) T_1과 T_2의 함수인 θ^2의 비편향추정량을 구하라.

(b) T_1과 T_2의 함수인 $\theta(\theta-1)$의 비편향추정량을 구하라.

(c) (a)와 (b)에서 구한 추정량들이 일치추정량인가?

1.3.2 연습문제 1.2.4.3번에서 어떤 추정량들이 μ의 일치추정량인가?

1.3.3 $X_1, \cdots, X_n$은 pdf 가 $f(x;\theta) = \theta x^{\theta-1}$, $0 < x < 1$, $\theta > 0$인 분포에서 추출한 확률표본이다. $\overline{X}$가 $\theta/(\theta+1)$의 일치추정량임을 보여라.

1.3.4 예제 1.1.2에서 생각한 추정량 $\frac{2}{n(n+1)}\sum_{i=1}^{n} i X_i$ 가 θ 의 일치추정량임을 보여라.

1.3.5 $X_1, \cdots, X_n$은 독립이며 동일한 분포를 따르는 확률변수로 다음을 만족한다.

$$E(X_i) = \theta + b,\ \text{Var}(X_i) = \sigma^2 < \infty$$

여기서 $b \neq 0$는 알고 있는 상수이다. $\overline{X}$가 θ의 일치추정량이 아님을 보여라. 또한 θ의 일치추정량인 비편향추정량을 찾아라.

1.3.6 $X_1, \cdots, X_n$은 다음의 pdf를 갖는 모집단에서 추출한 확률표본이다.

$$f(x;\theta) = (1+\theta x)/2,\ -1 < x < 1,\ -1 < \theta < 1$$

θ 의 일치추정량을 구하라.

1.3.7 $X_1, \cdots, X_n$은 pdf가 $f(x;\theta) = 1 - \theta + \theta/(2\sqrt{x}),\ 0 < x < 1,\ 0 < \theta < 1$ 인 분포에서 추출한 확률표본이다.

(a) 표본평균 $\overline{X}$가 θ의 편향추정량임을 보여라.

(b) $\overline{X}$는 MSE 일치추정량인가?

1.3.8 $X_1, \cdots, X_n$은 균일분포 $\mathrm{U}(0, \theta),\ \theta > 0$에서 추출한 확률표본이다.

(a) $X_{n:n}$은 θ의 점근적 비편향추정량인가?

(b) $X_{n:n}$이 θ의 MSE 일치추정량임을 보여라.

(c) $T_n = 2\overline{X}$는 θ의 일치추정량인가?

1.4 충분성과 완비성

1.4.1 충분통계량

실험자는 미지의 모수 θ에 관해 추론하기 위해 확률표본 $X_1, \cdots, X_n$에서의 정보를 이용한다.

만일 표본크기 n이 크면, 관측된 표본 $x_1, \cdots, x_n$은 너무 많아 설명하기가 어려울 수 있다. 따라서 한 값으로 데이터를 줄일 수 있는 표본의 함수인 통계량으로 표본에서의 정보를 요약하고자 한다. 널리 이용되는 이러한 데이터 정리의 예는 표본평균, 표본분산, 최대 순서통계량, 최소 순서통계량 등을 들 수 있다.

일반적으로 이러한 데이터의 정리는 어떠한 정보의 손실을 가져 올 수 있다. 왜냐하면 데이터 $x_1, \cdots, x_n$ 값을 알면 통계량의 값을 계산할 수 있지만 통계량의 값을 안다고 데이터들의 값을 알 수 없기 때문이다. 그러므로 미지의 모수에 관한 정보의 손실 없이 보다 간결한 통계량으로 데이터를 정리하길 원할 것이다. 이러한 통계량을 충분통계량이라 한다.

정의 1.4.1

$T(\boldsymbol{X}) = t$가 주어졌을 때 $\boldsymbol{X} = (X_1, \cdots, X_n)$의 조건부분포가 임의의 t에 대해 모수 θ에 종속되지 않는다면, 통계량 $T(\boldsymbol{X})$를 θ의 **충분통계량**(sufficient statistic)이라 한다.

예제 1.4.1 성공할 확률이 p인 두 개의 독립 베르누이 확률변수 X_1과 X_2를 생각해 보자. $T = X_1 + X_2$라 하면, T가 주어졌을 때 $\boldsymbol{X} = (X_1, X_2)$의 조건부분포는

$$P[X_1 = 0,\ X_2 = 0 \mid T = 0] = 1$$
$$P[X_1 = 1,\ X_2 = 1 \mid T = 2] = 1$$

이다.

$$P[T = 1] = P[X_1 = 1,\ X_2 = 0] + P[X_1 = 0,\ X_2 = 1] = 2p(1-p)$$

이므로, $T = 1$에 대해

$$P[X_1 = 1,\ X_2 = 0 \mid T = 1] = \frac{P[X_1 = 1,\ X_2 = 0]}{P[T = 1]} = \frac{p(1-p)}{2p(1-p)} = \frac{1}{2}$$

이다. 그러므로 T의 값에 관계없이 $\boldsymbol{X}$의 조건부분포는 모수 p에 종속되지 않는다. 따라서 이 경우 $T = X_1 + X_2$는 p의 충분통계량이다. ……………… ●

예제 1.4.2 X_1과 X_2를 푸아송 분포 $\text{Poi}(\lambda)$에서 추출한 확률표본이라 하자. 이때 $T = X_1 + X_2$가 λ의 충분통계량임을 보이자.

X_1과 X_2가 독립이고 $T=X_1+X_2 \sim \text{Poi}(2\lambda)$라는 사실을 이용하면, $k=0, 1, \cdots, n$에 대해

$$\begin{aligned} P[X_1=k \mid T=n] &= \frac{P[X_1=k,\ T=n]}{P[T=n]} \\ &= \frac{P[X_1=k,\ X_2=n-k]}{P[T=n]} \\ &= \frac{P[X_1=k]\,P[X_2=n-k]}{P[T=n]} \\ &= \frac{\dfrac{\lambda^k}{k!}e^{-\lambda}\dfrac{\lambda^{n-k}}{(n-k)!}e^{-\lambda}}{\dfrac{(2\lambda)^n}{n!}e^{-2\lambda}} \\ &= \binom{n}{k}\left(\frac{1}{2}\right)^n \end{aligned}$$

이다. $T=n$이 주어졌을 때 X_1의 조건부분포는 모수가 n과 $1/2$인 이항분포이고 λ에 의존하지 않으므로 $T=X_1+X_2$는 λ의 충분통계량이다. …………… •

통계량 $T=t$가 주어졌을 때 $X_1, \cdots, X_n$의 조건부분포가 추정하고자 하는 모수에 종속되지 않는다면, 데이터에서 관측된 $X_1, \cdots, X_n$의 특정한 형태에 관한 지식이 모수 θ를 추정하는 데 도움이 되지 않는다. 예를 들어, 예제 1.4.1에서 $T=1$이라면, 두 번의 베르누이 시행에서 한 번은 성공이고 한 번은 실패임을 의미한다. 그러나 첫 번째 시행이 성공인지는 모수를 추정하는 데 아무런 도움이 되지 않는다. 따라서 충분통계량의 값을 안다면 어떠한 통계량의 관측값도 모수에 관한 그 이상의 정보를 제공하지 못한다는 것이다. 이러한 의미에서 '충분통계량'을 생각해 보기 바란다.

이제 충분통계량을 간단히 밝힐 수 있는 정리를 소개하고자 한다.

정리 1.4.1

$f(\boldsymbol{x};\theta)$를 $\boldsymbol{X}$의 결합 pdf (pmf)라 하고 $q(t;\theta)$를 $T(\boldsymbol{X})$의 pdf (pmf)라 하면, $T(\boldsymbol{X})$가 θ의 충분통계량일 필요충분조건은 표본공간에 속하는 모든 $\boldsymbol{x}$에 대해 pdf (pmf)의 비 $f(\boldsymbol{x};\theta)/q(T(\boldsymbol{x});\theta)$가 모수 θ에 대해 상수함수이다. (즉, 모수 θ에 종속하지 않는다.)

…………… ■

1.4.2 인수분해정리

정의에 의해 충분통계량을 찾는 것은 다소 지루한 면이 있다. 그러나 다행스럽게도 표본의 pdf나 pmf를 조사하여 쉽게 충분통계량을 찾을 수 있는 정리가 소개되어 있다.

정 리 1.4.2 인수분해정리 (Fractorization Theorem)

$X_1, \cdots, X_n$은 pdf (pmf)가 $f(x;\theta)$인 모집단에서의 확률표본이다. $T(\boldsymbol{X}) = T(X_1, \cdots, X_n)$이 θ의 충분통계량일 필요충분조건은 적당한 함수 $g(t, \theta)$와 $h(\boldsymbol{x})$가 존재하여, 모든 $\boldsymbol{x} = (x_1, \cdots, x_n)$와 $\theta \in \Omega$에 대해 $X_1, \cdots, X_n$의 결합 pdf (pmf)가

$$f(\boldsymbol{x};\theta) = g(T(\boldsymbol{x}), \theta)h(\boldsymbol{x}) \tag{1.4.1}$$

이다. 여기서 $h(\boldsymbol{x})$는 모수 θ에 종속되지 않는 함수이다.

• 증 명 •

연속인 경우의 증명은 다소 복잡하기 때문에 여기서는 이산인 경우에만 증명한다.

먼저 $T(\boldsymbol{X})$가 θ의 충분통계량이라 하자. 그러면 $P[\boldsymbol{X}= \boldsymbol{x} \mid T(\boldsymbol{X}) = T(\boldsymbol{x})]$는 θ에 종속되지 않는 관측값만의 함수가 된다.

$$P[\boldsymbol{X}= \boldsymbol{x} \mid T(\boldsymbol{X}) = T(\boldsymbol{x})] = \frac{P_\theta[\boldsymbol{X}= \boldsymbol{x}]}{P_\theta[T(\boldsymbol{X}) = T(\boldsymbol{x})]}$$

이므로

$$f(\boldsymbol{x};\theta) = P_\theta[\boldsymbol{X}= \boldsymbol{x}] = P_\theta[T(\boldsymbol{X}) = T(\boldsymbol{x})]\, P[\boldsymbol{X}= \boldsymbol{x} \mid T(\boldsymbol{X}) = T(\boldsymbol{x})]$$

이다. 따라서

$$g(T(\boldsymbol{x}), \theta) = P_\theta[T(\boldsymbol{X}) = T(\boldsymbol{x})]$$
$$h(\boldsymbol{x}) = P[\boldsymbol{X}= \boldsymbol{x} \mid T(\boldsymbol{X}) = T(\boldsymbol{x})]$$

라 하면 식 (1.4.1)이 증명된다.

역으로, $X_1, \cdots, X_n$의 결합 pmf $f(\boldsymbol{x};\theta)$가 적당한 함수 g와 h에 대해 식 (1.4.1)이 성립한다고 가정하고 $q(t, \theta)$를 $T(\boldsymbol{X})$의 pmf라 하자. $T(\boldsymbol{X})$가 θ의 충분통계량임을 보이기 위해 정리 1.4.1을 이용해 보자. 고정된 t_0에 대해

$$P_\theta[T(\boldsymbol{X}) = t_0] = q(t_0, \theta) = \sum_{\boldsymbol{x} \in Q(t_0)} P_\theta[\boldsymbol{X}= \boldsymbol{x}]$$

$$= \sum_{\boldsymbol{x} \in Q(t_0)} g(T(\boldsymbol{x}), \theta) h(\boldsymbol{x})$$

$$= g(t_0, \theta) \sum_{\boldsymbol{x} \in Q(t_0)} h(\boldsymbol{x})$$

이다. 어떤 θ에 대해 $P_\theta[T(\boldsymbol{X}) = t] > 0$이라 하면

$$\frac{f(\boldsymbol{x};\theta)}{q(t, \theta)} = \frac{g(t, \theta) h(\boldsymbol{x})}{g(t, \theta) \sum_{\boldsymbol{x} \in Q(t)} h(\boldsymbol{x})} = \frac{h(\boldsymbol{x})}{\sum_{\boldsymbol{y} \in Q(t)} h(\boldsymbol{y})}$$

가 모수 θ에 종속되지 않으므로, 정리 1.4.1에 의해 $T(\boldsymbol{X})$는 θ의 충분통계량이다. 여기서 $Q(t) = \{\boldsymbol{x} \mid T(\boldsymbol{x}) = t\}$이다.

.... ■

정리 1.4.3

$T(\boldsymbol{X})$가 θ의 충분통계량이고 g가 일대일 함수이면, $g(T(\boldsymbol{X}))$도 θ의 충분통계량이다.

.... ■

예제 1.4.3 성공할 확률이 p인 n번의 베르누이 시행을 생각해 보자. 베르누이 확률변수 $X_1, \cdots, X_n$의 결합 pmf가

$$\begin{aligned} f(\boldsymbol{x};p) &= \prod_{i=1}^{n} p^{x_i}(1-p)^{1-x_i} \\ &= p^{\sum_{i=1}^{n} x_i}(1-p)^{n-\sum_{i=1}^{n} x_i} \\ &= \left(\frac{p}{1-p}\right)^{\sum_{i=1}^{n} x_i}(1-p)^n \\ &= g\left(\sum_{i=1}^{n} x_i, p\right) h(\boldsymbol{x}) \end{aligned}$$

이므로, 성공한 횟수 $T(\boldsymbol{X}) = \sum_{i=1}^{n} X_i$ 가 p의 충분통계량이다. 여기서 $h(\boldsymbol{x}) = 1$ 이다. ……………… •

예제 1.4.4 $X_1, \cdots, X_n$을 평균이 θ인 푸아송 분포 $\mathrm{Poi}(\theta)$에서 추출한 확률표본이라 하면, 결합 pmf가

$$\begin{aligned} f(\boldsymbol{x};\theta) &= \prod_{i=1}^{n} \frac{\theta^{x_i}}{x_i!} e^{-\theta} \\ &= \theta^{\sum_{i=1}^{n} x_i} e^{-n\theta} \frac{1}{x_1! \cdots x_n!} \end{aligned}$$

이므로 $T(\boldsymbol{X}) = \sum_{i=1}^{n} X_i$가 θ의 충분통계량이다. ……………… •

예제 1.4.5 $X_1, \cdots, X_n$을 정규분포 $\mathrm{N}(\mu, \sigma^2)$에서의 확률표본이라 하자. 여기서 σ^2은 알려져 있는 상수이다. 결합 pdf가

$$\begin{aligned} f(\boldsymbol{x};\mu) &= (2\pi\sigma^2)^{-n/2} \exp\left\{-\frac{1}{2\sigma^2}\sum_{i=1}^{n}(x_i-\mu)^2\right\} \\ &= (2\pi\sigma^2)^{-n/2} \exp\left\{-\frac{1}{2\sigma^2}\left(\sum_{i=1}^{n} x_i^2 - 2\mu\sum_{i=1}^{n} x_i + n\mu^2\right)\right\} \\ &= \exp\left(\frac{\mu}{\sigma^2}\sum_{i=1}^{n} x_i - \frac{n\mu^2}{2\sigma^2}\right) h(\boldsymbol{x}) \end{aligned}$$

이므로 $\sum_{i=1}^{n} X_i$가 μ의 충분통계량이다. 여기서

$$h(\boldsymbol{x}) = \frac{\exp\left(-\sum_{i=1}^{n} x_i^2 \Big/ 2\sigma^2\right)}{\sigma^n (2\pi)^{n/2}}$$

이다. ……………… •

예제 1.4.6 예제 1.4.5에서 평균 μ가 알려져 있고 분산 σ^2을 추정하고자 한다면, 결합 pdf가

$$f(\boldsymbol{x};\sigma^2) = (2\pi\sigma^2)^{-n/2}\exp\left\{-\frac{1}{2\sigma^2}\sum_{i=1}^{n}(x_i-\mu)^2\right\}$$

이므로 $h(\boldsymbol{x})=1$로 택하면, $\sum_{i=1}^{n}(X_i-\mu)^2$이 σ^2의 충분통계량이다. ……………●

종종 특정한 형태의 pdf (pmf)를 나타낼 때 다음과 같은 함수를 이용하면 매우 편리하다.

정의 1.4.2

A가 집합일 때,

$$\mathrm{I}_A(x) = \begin{cases} 1, & x \in A \\ 0, & x \notin A \end{cases}$$

로 정의한 함수를 **표시함수**(indicator function)라 한다.

예제 1.4.7 $X_1, \cdots, X_n$을 균일분포 $\mathrm{U}(0, \theta)$로부터 추출한 확률표본이라 하자. 결합 pdf가

$$f(\boldsymbol{x};\theta) = \begin{cases} \dfrac{1}{\theta^n}, & 0 < x_i < \theta \text{이면} \\ 0, & \text{그 외} \end{cases}$$

$$= \frac{1}{\theta^n} I_{(0,\,\infty)}(\min x_i)\, I_{(0,\,\theta)}(\max x_i)$$

이다. 그러므로 $h(\boldsymbol{x}) = I_{(0,\,\infty)}(\min x_i)$와

$$g(\max x_i, \theta) = \frac{1}{\theta^n} I_{(-\infty,\,\theta)}(\max x_i)$$

로 택하면, $X_{n:n} = \max(X_1, \cdots, X_n)$이 θ의 충분통계량이다. ……………●

지금까지의 예제에서는 충분통계량이 모두 표본의 실숫값 함수였다. 그러나 가끔 충분통계량이 하나가 아니고 벡터로 나타나는 경우가 있다. 이런 경우 충분통계량을 $T(\boldsymbol{X}) = (T_1(\boldsymbol{X}), \cdots, T_k(\boldsymbol{X}))$로 표시하며 **결합충분통계량**(jointly sufficient statistic)이라 한다. 또한 종종 모수 역시 벡터 $\theta = (\theta_1, \cdots, \theta_j)$인 경우가 있다. 보통 모수의 개수와 충분통계량의 개수가 같은 경우가 대부분이지만 서로 다른 경우도 있다. 인수분해정리는 결합충분통계량을

찾는 데도 역시 이용할 수 있다. 즉,

$$f(\boldsymbol{x};\theta)=g(T_1(\boldsymbol{x}),\cdots,T_k(\boldsymbol{x}),\theta)h(\boldsymbol{x}) \tag{1.4.2}$$

이면 $T(\boldsymbol{X})=(T_1(\boldsymbol{X}),\cdots,T_k(\boldsymbol{X}))$가 θ의 결합충분통계량이다.

다음 예제를 살펴보자.

예제 1.4.8 예제 1.4.5에서 두 모수 모두 모른다고 하자. 즉 모수가 벡터로 $\theta=(\mu,\sigma^2)$이다. $X_1,\cdots,X_n$의 결합 pdf가

$$f(\boldsymbol{x};\theta)=(2\pi\sigma^2)^{-n/2}\exp\left\{-\frac{1}{2\sigma^2}\left(\sum_{i=1}^n x_i^2-2\mu\sum_{i=1}^n x_i+n\mu^2\right)\right\}$$

이므로 $T(\boldsymbol{X})=\left(\sum_{i=1}^n X_i,\sum_{i=1}^n X_i^2\right)$이 $\theta=(\mu,\sigma^2)$의 결합충분통계량이다. ……………… •

만일 $T(\boldsymbol{X})=(T_1,\cdots,T_k)$가 θ의 결합충분통계량이고 $T^*(\boldsymbol{X})=(T_1^*,\cdots,T_k^*)$가 $(T_1,\cdots,T_k)$의 일대일 변환에 의해 구해지면, $T^*(\boldsymbol{X})$ 역시 θ의 결합충분통계량이다. 따라서 예제 1.4.8에서 $\overline{X}$와

$$S^2=\frac{\sum_{i=1}^n(X_i-\overline{X})^2}{n-1}$$

역시 $\theta=(\mu,\sigma^2)$의 결합충분통계량이다.

예제 1.4.9 $X_1,\cdots,X_n$은 다음 pdf를 갖는 균일분포 $\mathrm{U}(-\theta/2,\theta/2)$에서 추출한 확률표본이다.

$$f(x;\theta)=\begin{cases}\dfrac{1}{\theta}, & -\dfrac{\theta}{2}<x<\dfrac{\theta}{2},\ \theta>0\\ 0, & \text{그 외}\end{cases}$$

그러면 $X_1,\cdots,X_n$의 결합 pdf는

$$f(\boldsymbol{x};\theta)=\frac{1}{\theta^n}\mathrm{I}_A(\boldsymbol{x})$$

이다. 여기서

$$A = \left\{ (x_1, \cdots, x_n) \middle| -\frac{\theta}{2} < \min x_i \le \max x_i < \frac{\theta}{2} \right\}$$

이다. 그러므로 $T(\boldsymbol{X}) = \left(\min_{1 \le i \le n} X_i, \ \max_{1 \le i \le n} X_i \right) = (X_{1:n}, X_{n:n})$이 θ의 충분통계량이다. ……………●

충분통계량이 UMVUE를 찾는 데 유용하게 이용된다. 다음 정리를 살펴보자.

정리 1.4.4 라오-블랙웰(Rao-Blackwell) 정리

T가 θ의 충분통계량이고, W는 $\tau(\theta)$의 비편향추정량이며 모든 θ에 대해 $\text{Var}(W) < \infty$라 하자. $W^* = E(W|T)$라 하면,

(a) W^*는 $\tau(\theta)$의 비편향추정량이고 T의 함수이다.

(b) 모든 θ에 대해 $\text{Var}(W^*) \le \text{Var}(W)$이고,

어떤 θ에 대해 $P_\theta[W^* = W] = 1$이 아니면, $\text{Var}(W^*) < \text{Var}(W)$이다.

• 증 명 •

T가 θ의 충분통계량이기 때문에, $W^*(t) = E(W|T=t)$는 모수에 종속되지 않는다. 따라서 W^*는 T의 함수이며

$$E(W^*) = E[E(W|T)] = E(W) = \tau(\theta)$$

이므로 W^*는 $\tau(\theta)$의 비편향추정량이다. 또한

$$\begin{aligned} \text{Var}(W) &= \text{Var}[E(W|T)] + E[\text{Var}(W|T)] \\ &= \text{Var}(W^*) + E[\text{Var}(W|T)] \\ &\ge \text{Var}(W^*) \end{aligned}$$

이고 등식이 성립할 필요충분조건은 $E[\text{Var}(W|T)] = 0$이며, 이것이 성립할 조건은 확률 1로 $\text{Var}(W|T) = 0$이다. 즉, 확률 1로 $W = E(W|T) = W^*$이다 (《통계적 확률분포이론》의 정리 4.4.4 참조).

……………■

연습문제

1.4.2.1 $X_1, \cdots, X_n$은 다음의 pdf를 갖는 분포에서의 확률표본이다. θ의 충분통계량을 구하라.

$$f(x;\theta) = \begin{cases} \theta/x^2, & \theta \le x < \infty \\ 0, & \text{그 외} \end{cases}$$

1.4.2.2 $X_1, \cdots, X_n$은 정규분포 $\mathrm{N}(0, \theta)$에서 추출한 확률표본이다. θ의 충분통계량을 구하라.

1.4.2.3 $X_1, \cdots, X_n$이 서로 독립이며 각각 $\mathrm{NB}(r_i, p)$, $i = 1, \cdots, n$인 음이항확률변수일 때, p의 충분통계량을 구하라. 여기서 r_i는 알려진 상수이다.

1.4.2.4 $X_1, \cdots, X_n$은 pdf가 다음과 같은 랄리분포에서 추출한 확률표본이다. θ의 충분통계량을 구하라.

$$f(x;\theta) = \begin{cases} \dfrac{x}{\theta^2} e^{-x^2/2\theta^2}, & x > 0,\ \theta > 0 \\ 0, & \text{그 외} \end{cases}$$

1.4.2.5 $X_1, \cdots, X_n$이 $\mathrm{N}(\mu, \mu^2)$에서의 확률표본일 때, μ의 충분통계량을 구하라.

1.4.2.6 $X_1, \cdots, X_n$이 다음의 pdf를 갖는 이중지수분포에서 추출한 확률표본일 때, θ의 충분통계량을 구하라.

$$f(x;\theta) = \frac{1}{2\theta} e^{-|x|/\theta}, \quad -\infty < x < \infty$$

1.4.2.7 $X_1, \cdots, X_n$이 다음의 pdf를 갖는 분포에서 추출한 확률표본일 때, θ의 충분통계량을 구하라.

$$f(x;\theta) = \begin{cases} \theta 5^{\theta} x^{-(\theta+1)}, & x > 5,\ \theta > 1 \\ 0, & \text{그 외} \end{cases}$$

1.4.2.8 $Y_1, \cdots, Y_n$은 다음을 만족하는 확률변수이다.

$$Y_i = \beta x_i + \varepsilon_i,\ \ i = 1, \cdots, n$$

여기서 $x_1, \cdots, x_n$은 고정된 상수이고 $\varepsilon_1, \cdots, \varepsilon_n$은 정규분포 $\mathrm{N}(0,\ \sigma^2)$에서의 확률표본이다. 여기서 σ^2은 미지의 모수이다. $\theta = (\beta,\ \sigma^2)$의 결합충분통계량을 구하라.

1.4.2.9 $X_1, \cdots, X_n$은 2-모수 지수분포 $\mathrm{Exp}(\theta,\ \eta)$에서 추출한 확률표본이다. $\overline{X}$와 $X_{1:n}$이 θ와 η의 결합충분통계량임을 보여라.

1.4.2.10 알려진 값 $x_1, \cdots, x_n$에 대해, Y_i는 $Y_i \sim \mathrm{N}(\alpha + \beta x_i,\ \sigma^2),\ i = 1, \cdots, n$이며 서로 독립인 확률변수라 하자. 여기서 $-\infty < \alpha < \infty,\ -\infty < \beta < \infty,\ \sigma^2 > 0$이다. 이때 모수 $\theta = (\alpha, \beta,\ \sigma^2)$의 결합충분통계량이 $T(\boldsymbol{Y}) = \left(\sum_{i=1}^{n} Y_i,\ \sum_{i=1}^{n} Y_i^2,\ \sum_{i=1}^{n} x_i Y_i\right)$임을 보여라.

1.4.2.11 $X_1, \cdots, X_n$은 베타분포 $\mathrm{Beta}(\theta_1,\ \theta_2)$에서 추출한 확률표본이다.

(a) $\prod_{i=1}^{n} X_i$ 또는 $-\sum_{i=1}^{n} \ln X_i$ 가 θ_2가 알려진 경우 θ_1의 충분통계량임을 보여라.

(b) $\prod_{i=1}^{n} (1 - X_i)$가 θ_1이 알려진 경우 θ_2의 충분통계량임을 보여라.

(c) $\left(\prod_{i=1}^{n} X_i,\ \prod_{i=1}^{n} (1 - X_i)\right)$가 $(\theta_1,\ \theta_2)$의 결합충분통계량임을 보여라.

1.4.2.12 $X_1, \cdots, X_n$은 pdf가 다음과 같은 분포에서 추출한 확률표본이다.

$$f(x\,;\theta) = a(\theta)h(x),\ \ \theta_1 < x < \theta_2$$

여기서 $h(x) \ge 0,\ -\infty < \theta_1 < \theta_2 < \infty,\ a(\theta) = \left(\int_{\theta_1}^{\theta_2} h(x)dx\right)^{-1}$이다. $\theta = (\theta_1,\ \theta_2)$의 결합충분통계량을 구하라. 균일분포 $\mathrm{U}(\theta_1,\ \theta_2)$를 이 결과에 적용해 보라.

*1.4.3 최소충분통계량

표본 $(X_1, \cdots, X_n)$은 항상 결합충분통계량이다. 또한 순서통계량 $(X_{1:n}, X_{2:n}, \cdots, X_{n:n})$ 역시 결합충분통계량이다. 그러므로 결합충분통계량은 항상 존재한다. 또한 정리 1.4.3에서 일대일 함수 g에 대해 $T(\boldsymbol{X})$가 충분통계량이면 $g(T(\boldsymbol{X}))$ 역시 충분통계량임을 알 수 있었다. 즉, 충분통계량이 무수히 많이 존재한다는 것이다. 따라서 충분성은 그대로 유지하면서 데이터를 최대한 축소하길 원할 것이다. 여기서 데이터의 축소는 차수를 줄이는 것과 일대일이 아닌 제곱근과 같은 변환을 사용한다는 의미이다. 충분통계량의 목적이 모수 θ에 관한 정보의 손실 없이 데이터를 축소하는 것이기 때문에 모수에 관한 정보는 그대로 유지하면서 데이터를 가장 축소하는 통계량을 찾고자 한다. 먼저 다음 예제를 살펴보자.

예제 1.4.10 $X_1, \cdots, X_n$은 정규분포 $\mathrm{N}(0, \sigma^2)$에서 추출한 확률표본이다. 이때

$$T_1(\boldsymbol{X}) = (X_1, \cdots, X_n)$$
$$T_2(\boldsymbol{X}) = (X_1^2, \cdots, X_n^2)$$
$$T_3(\boldsymbol{X}) = (X_1^2 + \cdots + X_i^2,\ X_{i+1}^2 + \cdots + X_j^2,\ X_{j+1}^2 + \cdots + X_n^2)$$
$$T_4(\boldsymbol{X}) = (X_1^2 + \cdots + X_j^2,\ X_{j+1}^2 + \cdots + X_n^2)$$
$$T_5(\boldsymbol{X}) = X_1^2 + \cdots + X_n^2$$

이라 하면, 이 통계량 모두 σ^2의 충분통계량이다. 이 충분통계량들은 아래로 내려올수록 데이터는 점점 축소되며 $T_j(\boldsymbol{X})$가 $T_i(\boldsymbol{X})$, $j > i$의 함수임을 알 수 있다. ⋯ •

충분통계량 중 데이터의 최대 축소를 나타내는 최소충분통계량을 다음과 같이 정의한다.

정의 1.4.3

충분통계량 $T(\boldsymbol{X})$가 임의의 다른 충분통계량의 함수이면, $T(\boldsymbol{X})$를 **최소충분통계량**(minimal sufficient statistic)이라 한다.

정리 1.4.5

$T(\boldsymbol{X})$가 최소충분통계량이고 f가 일대일 함수이면, $U(\boldsymbol{X}) = f(T(\boldsymbol{X}))$ 역시 최소충분통계량이다.

• 증 명 •

$T(\boldsymbol{X})$가 충분통계량이므로 정리 1.4.3에 의해 $U(\boldsymbol{X})$ 역시 충분통계량이다. $S(\boldsymbol{X})$를 임의의 다른 충분통계량이라 하자. $T(\boldsymbol{X})$가 최소충분통계량이므로 적당한 함수 k에 대해 $T(\boldsymbol{X})=k(S(\boldsymbol{X}))$이다. 또한

$$U(\boldsymbol{x})=f(T(\boldsymbol{x}))=f\circ k(S(\boldsymbol{x}))=h(S(\boldsymbol{x}))$$

이므로 $U(\boldsymbol{X})$는 최소충분통계량이다. 여기서 $h=f\circ k$이다.

…………… ■

앞에서 언급한 정의에 의해 최소충분통계량임을 보이기는 어렵다. 따라서 최소충분통계량일 조건을 제시한 다음 정리를 증명 없이 소개한다.

정 리 1.4.6

$f(\boldsymbol{x};\theta)$를 $\boldsymbol{X}$의 결합 pdf (pmf)라 하자. 적당한 함수 $T(\boldsymbol{x})$가 존재하여 $\boldsymbol{x}$와 $\boldsymbol{y}$에 대해 $f(\boldsymbol{x};\theta)/f(\boldsymbol{y};\theta)$가 θ에 종속하지 않을 필요충분조건이 $T(\boldsymbol{x})=T(\boldsymbol{y})$이면, $T(\boldsymbol{X})$는 θ의 최소충분통계량이다. …………… ■

예제 1.4.11 $X_1,\cdots,X_n$을 $\mathrm{N}(\mu,\sigma^2)$에서의 확률표본이라 하자. 여기서 두 모수 μ와 σ^2은 미지이다. 이 경우 예제 1.4.8에서 $T(\boldsymbol{X})=(\overline{X},S^2)$이 결합충분통계량임을 보였다. 이제 정리 1.4.6을 이용하여 $T(\boldsymbol{X})=(\overline{X},S^2)$이 결합최소충분통계량임을 보이고자 한다. 먼저 두 표본 관측값 $\boldsymbol{x}$와 $\boldsymbol{y}$에 대응되는 표본평균과 표본분산을 각각 $(\overline{x},s_x^2)$과 $(\overline{y},s_y^2)$이라 하면, 두 pdf의 비가

$$\begin{aligned}\frac{f(\boldsymbol{x};\theta)}{f(\boldsymbol{y};\theta)}&=\frac{(2\pi\sigma^2)^{-n/2}\exp\{-[n(\overline{x}-\mu)^2+(n-1)s_x^2]/(2\sigma^2)\}}{(2\pi\sigma^2)^{-n/2}\exp\{-[n(\overline{y}-\mu)^2+(n-1)s_y^2]/(2\sigma^2)\}}\\&=\exp\left(\frac{1}{2\sigma^2}[-n(\overline{x}^2-\overline{y}^2)+2n\mu(\overline{x}-\overline{y})-(n-1)(s_x^2-s_y^2)]\right)\end{aligned}$$

이므로, μ와 σ^2에 종속하지 않을 필요충분조건은 $\overline{x}=\overline{y}$이고 $s_x^2=s_y^2$이다. 따라서 정리 1.4.6에 의해 $T(\boldsymbol{X})=(\overline{X},S^2)$이 (μ,σ^2)의 결합최소충분통계량이다. …… •

예제 1.4.12 $X_1, \cdots, X_n$을 베르누이 분포 Bin$(1, p)$에서의 확률표본이라 하자.

$$f(\boldsymbol{x};p) = p^{\sum_{i=1}^{n} x_i}(1-p)^{n-\sum_{i=1}^{n} x_i}, \quad x_i = 0,1$$

이므로

$$\frac{f(\boldsymbol{x};p)}{f(\boldsymbol{y};p)} = \frac{p^{\sum_{i=1}^{n} x_i}(1-p)^{n-\sum_{i=1}^{n} x_i}}{p^{\sum_{i=1}^{n} y_i}(1-p)^{n-\sum_{i=1}^{n} y_i}}, \quad x_i, y_i = 0,1$$

이다. 따라서 정리 1.4.6에 의해 $f(\boldsymbol{x};p)/f(\boldsymbol{y};p)$가 모수 p에 종속하지 않기 위해서는 $\sum_{i=1}^{n} x_i = \sum_{i=1}^{n} y_i$이어야 한다. 그러므로 $T(\boldsymbol{X}) = \sum_{i=1}^{n} X_i$가 p의 최소충분통계량이다.

충분통계량과 마찬가지로 최소충분통계량도 두 개 이상 존재한다. 정리 1.4.5에 의해 최소충분통계량의 임의의 일대일 함수 역시 최소충분통계량이 된다. 그러므로 예제 1.4.11에서 $T_1(\boldsymbol{X}) = \left(\sum_{i=1}^{n} X_i, \sum_{i=1}^{n} X_i^2\right)$ 역시 (μ, σ^2)의 최소충분통계량이다.

연습문제

1.4.3.1 연습문제 1.4.2.3번에서 p의 최소충분통계량을 구하라.

1.4.3.2 연습문제 1.4.2.4번에서 θ의 최소충분통계량을 구하라.

1.4.3.3 $X_1, \cdots, X_n$이 다음의 pdf를 갖는 분포에서 추출한 확률표본일 때, θ의 최소충분통계량을 구하라.

$$f(x;\theta) = \begin{cases} \theta(1+x)^{-(\theta+1)}, & 0 < x < \infty,\ 0 < \theta < \infty \\ 0, & \text{그 외} \end{cases}$$

1.4.3.4 $X_1, \cdots, X_n$이 균일분포 U$(\theta, \theta+1)$에서 추출한 확률표본일 때, θ의 최소충분통계량을 구하라.

1.4.3.5 연습문제 1.4.2.11번에서 $\theta = (\theta_1, \theta_2)$의 최소충분통계량을 구하라.

1.4.3.6 $X_1, \cdots, X_n$은 감마분포 $\text{Gam}(\theta_1, \theta_2)$에서 추출한 확률표본이다.

(a) $\prod_{i=1}^{n} X_i$는 θ_2가 알려진 경우 θ_1의 충분통계량임을 보여라.

(b) $\sum_{i=1}^{n} X_i$가 θ_1이 알려진 경우 θ_2의 충분통계량임을 보여라.

(c) (b)번 사실을 이용해 $\text{Exp}(\theta)$에서 θ의 충분통계량을 구하라.

(d) $\left(\prod_{i=1}^{n} X_i,\ \sum_{i=1}^{n} X_i\right)$가 (θ_1, θ_2)의 결합충분통계량임을 보여라.

(e) $\left(\prod_{i=1}^{n} X_i,\ \sum_{i=1}^{n} X_i\right)$가 (θ_1, θ_2)의 결합최소충분통계량임을 보여라.

1.4.3.7 균일분포 $\text{U}(\theta_1, \theta_2)$에서 추출한 크기 n인 확률표본을 생각해 보자.

(a) θ_2가 알려져 있는 경우, $X_{1:n}$이 θ_1의 충분통계량임을 보여라.

(b) $T(\boldsymbol{X}) = (X_{1:n}, X_{n:n})$이 $\theta = (\theta_1, \theta_2)$의 결합충분통계량임을 보여라.

(c) $T(\boldsymbol{X}) = (X_{1:n}, X_{n:n})$이 $\theta = (\theta_1, \theta_2)$의 결합최소충분통계량임을 보여라.

1.4.4 완비통계량

다음에 소개할 정의는 충분통계량과 함께 독립성과 UMVUE를 찾는 데 매우 유익하다.

정의 1.4.4

$\{f(t|\theta) \mid \theta \in \Omega\}$를 통계량 $T(\boldsymbol{X})$의 pdf (pmf)들의 모임이라 하자. 만일 모든 θ에 대해 $E[g(T)] = 0$이면, $P[g(T) = 0] = 1$일 때, 확률분포들의 모임을 **완비** (complete)라 하고 $T(\boldsymbol{X})$를 **완비통계량** (complete statistic)이라 한다. $T(\boldsymbol{X})$가 완비통계량이며 충분통계량일 때, $T(\boldsymbol{X})$를 **완비충분통계량** (complete sufficient statistic)이라 한다.

예제 1.4.13 $X_1, \cdots, X_n$을 베르누이 분포 $\text{Bin}(1, p)$, $0 < p < 1$에서의 확률표본이라

하자. 그리고 $T=\sum_{i=1}^{n} X_i$ 라 하면 $T \sim \text{Bin}(n, p)$이다. g가 $E[g(T)]=0$인 함수라 하자. 그러면 모든 $p(0<p<1)$에 대해

$$\begin{aligned} 0 = E[g(T)] &= \sum_{t=0}^{n} g(t)\binom{n}{t} p^t (1-p)^{n-t} \\ &= (1-p)^n \sum_{t=0}^{n} g(t)\binom{n}{t}\left(\frac{p}{1-p}\right)^t \end{aligned}$$

이다. 따라서 모든 $x(0<x<\infty)$에 대해

$$\begin{aligned} 0 &= \sum_{t=0}^{n} g(t)\binom{n}{t}\left(\frac{p}{1-p}\right)^t \\ &= \sum_{t=0}^{n} g(t)\binom{n}{t} x^t \end{aligned}$$

이 성립해야 한다. 그러나 마지막 식은 x^t의 계수가 $g(t)\binom{n}{t}$인 x의 n차 다항식이다. 모든 x에 대해 다항식이 0이 되기 위해서는 모든 계수가 0이 되어야 한다. 그러므로 $t=0, 1, \cdots, n$에 대해 $g(t)=0$이다. 따라서 T가 완비통계량이다. …●

정 리 1.4.7

$T(\boldsymbol{X})$가 완비통계량이면 $T(\boldsymbol{X})$의 함수인 $\tau(\theta)$의 비편향추정량은 유일하게 존재한다.

• 증 명 •

$g_1(T)$와 $g_2(T)$를 모두 $\tau(\theta)$의 비편향추정량이라 하자. 그러면 모든 θ에 대해

$$E[g_1(T)] = E[g_2(T)] = \tau(\theta)$$

이므로 모든 θ에 대해 $E[g_1(T)-g_2(T)]=0$이다. 따라서 완비성에 의해 모든 θ에 대해 $P[g_1(T)-g_2(T)=0]=1$이므로 정리가 증명된다.

……………… ■

예제 1.4.13과 같이 정의에 의해 완비충분통계량을 찾는 것은 그렇게 간단하지 않다. 따라서 특별한 경우 쉽게 완비충분통계량을 찾는 방법이 필요하다. 이제 이에 필요한 정의와 정리를 소개한다.

정의 1.4.5

만일 확률변수 X의 pdf (pmf) $f(x;\theta)$가

$$f(x;\theta)=c(\theta)h(x)\exp\left\{\sum_{i=1}^{k}q_i(\theta)T_i(x)\right\},\ x\in A,\ \theta\in\Omega\subset R^k \tag{1.4.3}$$

의 형태로 표시할 수 있을 때, $\{f(x;\theta)|\theta\in\Omega\}$을 **$k$-모수 지수족**($k$-parameter exponential family)이라 한다. 여기서 $\theta=(\theta_1,\cdots,\theta_k)$는 k개의 모르는 모수 벡터이고 $c(\theta)$는 모수공간에서 정의된 θ만의 함수이며 $h(x)$는 x의 함수이다. 더구나 다음 조건을 만족해야 한다.

(a) $A=\{x|f(x;\theta)>0\}$는 모수 θ에 종속되지 않는다.

(b) 함수들 $q_1(\theta),\cdots,q_k(\theta)$는 연속이고 함수적으로 독립이다(즉, 어느 것도 다른 것들의 함수가 될 수 없다).

(c) 함수들 $T_1(x),\cdots,T_k(x)$는 선형독립이고(즉, 그들의 어느 선형조합도 모든 계수가 0이 아니면, 0과 같을 수 없다), $f(x;\theta)$가 연속확률변수의 밀도함수이면, $T_1(x),\cdots,T_k(x)$는 미분 가능하다.

예제 1.4.14 이항분포 $\text{Bin}(n,p)$를 생각해 보자. $x=0,1,\cdots,n$에 대해

$$\begin{aligned}f(x;p)&=\binom{n}{x}p^x(1-p)^{n-x}\mathrm{I}_A(x)=\binom{n}{x}(1-p)^n\left(\frac{p}{1-p}\right)^x\mathrm{I}_A(x)\\&=\binom{n}{x}(1-p)^n\mathrm{I}_A(x)\exp\left\{x\ln\left(\frac{p}{1-p}\right)\right\}\end{aligned}$$

이다. 여기서 $A=\{0,1,\cdots,n\}$이다. $k=1$, $c(p)=(1-p)^n$, $h(x)=\binom{n}{x}\mathrm{I}_A(x)$, $q_1(p)=\ln[p/(1-p)]$ 그리고 $T_1(x)=x$로 정의 1.4.5를 만족하므로, 이항분포는 1-모수 지수족에 속한다. ……………●

예제 1.4.15 정규분포 $\mathrm{N}(\mu,\sigma^2)$을 생각해 보자. 여기서 μ와 σ^2은 모두 미지의 모수이다.

$$\theta=(\mu,\sigma^2),\ \Omega=\{(\mu,\sigma^2)|-\infty<\mu<\infty,\ \sigma^2>0\}$$

이고

$$f(x;\theta)=\frac{1}{\sqrt{2\pi}\,\sigma}\exp\left(-\frac{x^2-2\mu x+\mu^2}{2\sigma^2}\right)$$
$$=\frac{1}{\sqrt{2\pi}\,\sigma}\exp\left(-\frac{x^2}{2\sigma^2}+\frac{2\mu x}{2\sigma^2}-\frac{\mu^2}{2\sigma^2}\right)$$

이므로

$$c(\theta)=\frac{1}{\sqrt{2\pi}\,\sigma}\exp\left(-\frac{\mu^2}{2\sigma^2}\right),\ h(x)=1,$$
$$q_1(\theta)=-\frac{1}{2\sigma^2},\ q_2(\theta)=\frac{\mu}{\sigma^2},$$
$$T_1(x)=x^2,\ T_2(x)=x$$

로 정의를 만족하고, 따라서 정규분포는 2-모수 지수족에 속한다. ……………●

다음 정리는 $X_1,\cdots,X_n$이 지수족인 모집단에서 추출한 확률표본일 때, 모수의 완비충분통계량을 찾는 매우 유익한 정리이다.

정리 1.4.8

$X_1,\cdots,X_n$을 다음과 같은 k-모수 지수족에 속하는 분포에서 추출한 확률표본이라 하자.

$$f(x;\theta)=c(\theta)h(x)\exp\left\{\sum_{i=1}^{k}q_i(\theta)T_i(x)\right\},\ x\in A$$

그러면

$$\left(\sum_{i=1}^{n}T_1(X_i),\cdots,\sum_{i=1}^{n}T_k(X_i)\right)$$

는 모수 θ의 완비충분통계량이다. ……………■

예제 1.4.16 베르누이 분포 $\mathrm{Bin}(1,p)$에서 추출한 크기 n인 확률표본을 생각해 보자. 정의에 의해 예제 1.4.13에서 밝혔지만 예제 1.4.14와 정리 1.4.8에 의해 $T=\sum_{i=1}^{n}X_i$가 p의 완비충분통계량임을 쉽게 알 수 있다. ……………●

정의 1.4.6

X는 pdf (pmf) $f(x;\theta)$를 갖는 확률변수라 하자.

a) 만일 $X-\theta$의 pdf (pmf)가 θ에 종속되지 않는 $f_0(x)$이면, θ를 **위치모수**(location parameter)라 한다. 즉,

$$f(x;\theta)=f_0(x-\theta).$$

b) 만일 X/θ의 pdf (pmf)가 θ에 종속되지 않는 $f_0(x)$이면, θ를 **척도모수**(scale parameter)라 한다. 즉,

$$f(x;\theta)=\frac{1}{\theta}f_0(x/\theta).$$

c) 만일 $\theta=(\mu,\sigma)$이고 $(X-\mu)/\sigma$의 pdf (pmf)가 μ와 σ에 종속되지 않으면, θ를 **위치-척도모수**(location-scale parameter)라 한다. 즉, 어떤 pdf (pmf) $f_0(x)$에 대해

$$f(x;\theta)=\frac{1}{\sigma}f_0\left(\frac{x-\mu}{\sigma}\right),\quad \sigma>0.$$

예제 1.4.17 a) $X\sim \mathrm{N}(\mu,1)$이라 하자. $X-\mu\sim \mathrm{N}(0,1)$이므로 μ는 위치모수이다. 즉, 표준정규분포의 pdf를 $\phi(z)$라 하면

$$f(x;\mu)=\frac{1}{\sqrt{2\pi}}e^{-\frac{(x-\mu)^2}{2}}=\phi(x-\mu)$$

이다.

b) $X\sim \mathrm{Exp}(\theta)$라 하자. $X/\theta\sim \mathrm{Exp}(1)$이므로 θ는 척도모수이다. 즉, 표준지수분포 $\mathrm{Exp}(1)$의 pdf를

$$f_0(x)=\begin{cases} e^{-x}, & x>0 \\ 0, & \text{그 외} \end{cases}$$

라 하면,

$$f(x;\theta)=\frac{1}{\theta}e^{-x/\theta}=\frac{1}{\theta}f_0(x/\theta)$$

이다.

c) $X\sim \mathrm{N}(\mu,\sigma^2)$이라 하자. $\dfrac{X-\mu}{\sigma}\sim \mathrm{N}(0,1)$이므로 $\theta=(\mu,\sigma)$는 위치-척도모수

이다. 즉,

$$f(x;\mu,\ \sigma)=\frac{1}{\sqrt{2\pi}\,\sigma}e^{-\frac{(x-\mu)^2}{2\sigma^2}}=\frac{1}{\sigma}\phi\left(\frac{x-\mu}{\sigma}\right)$$

이다. ……………●

이제 독립성을 밝히는 데 매우 유용하게 이용할 수 있는 통계량을 정의한다.

정의 1.4.7

통계량 $S(\boldsymbol{X})$의 분포가 모수 θ에 종속되지 않으면 $S(\boldsymbol{X})$를 **보조통계량**(ancillary statistic)이라 한다.

예제 1.4.18 $X_1, \cdots, X_n$을 cdf가 $F(x-\theta)$, $-\infty<\theta<\infty$인 위치모수 θ를 갖는 분포에서의 확률표본이라 하면, 범위 $R=X_{n:n}-X_{1:n}$은 보조통계량이다. 또한 cdf가 $F(x/\sigma)$, $\sigma>0$인 척도모수 σ를 갖는 분포에서의 확률표본이면, $X_1/X_n, \cdots, X_{n-1}/X_n$의 함수인 통계량은 모두 보조통계량이 된다. 예를 들어,

$$\frac{X_1+\cdots+X_n}{X_n}=\frac{X_1}{X_n}+\cdots+\frac{X_{n-1}}{X_n}+1$$

도 보조통계량이다. ……………●

다음은 독립성을 밝히는 중요한 정리로 증명은 생략한다.

정리 1.4.9 바수의 정리(Basu's Theorem)

$T(\boldsymbol{X})$가 완비충분통계량이고 $S(\boldsymbol{X})$가 보조통계량이면, 두 통계량은 독립이다. …… ■

실제로 많은 책에서 바수의 정리를 소개할 때, 최소충분통계량의 조건을 제시하지만 충분통계량이 완비통계량이면 최소충분통계량이 되기 때문에 최소충분통계량 대신 충분통계량의 조건을 제시했다.

예제 1.4.19 $X_1, \cdots, X_n$을 정규분포 $\mathrm{N}(\mu, \sigma^2)$에서의 확률표본이라 하자. σ^2이 고정되어 있는 경우 μ의 완비충분통계량이 $\overline{X}$임을 쉽게 보일 수 있으며, $X_i - \overline{X}$가 보조통계량이므로 $\sum_{i=1}^{n}(X_i - \overline{X})^2/n$도 보조통계량이다. 따라서 바수의 정리에 의해 $\overline{X}$와 $\sum_{i=1}^{n}(X_i - \overline{X})^2/n$은 독립임을 알 수 있다. 또한 바수의 정리에 의해

$$\frac{X_i - \overline{X}}{\sqrt{\sum_{i=1}^{n}(X_i - \overline{X})^2/n}} \text{이 } \overline{X} \text{와 } \frac{1}{n}\sum_{i=1}^{n}(X_i - \overline{X})^2$$

과 독립임을 쉽게 보일 수 있다. ……………●

예제 1.4.20 $X_1, \cdots, X_n$이 균일분포 $\mathrm{U}(0, \theta)$에서의 확률표본일 때, $X_{n:n}$과 $X_{1:n}/X_{n:n}$은 독립임을 바수의 정리를 이용하여 쉽게 증명할 수 있다. 왜냐하면 예제 1.4.7에 의해 $X_1, \cdots, X_n$의 결합 pdf가

$$\begin{aligned} f(\boldsymbol{x};\theta) &= \frac{1}{\theta^n}\prod_{i=1}^{n}\mathrm{I}_{(0,\,\theta)}(x_i) \\ &= \frac{1}{\theta^n} I_{(0,\,\theta)}(x_{n:n})\, I_{(0,\,\infty)}(x_{1:n}) \end{aligned}$$

이므로 정리 1.4.2의 인수분해정리에 의해 $T(\boldsymbol{X}) = X_{n:n}$이 θ의 충분통계량이다. 이제 $T(\boldsymbol{X})$가 완비통계량임을 보이자.

$T(\boldsymbol{X}) = X_{n:n}$의 pdf가

$$f_T(t) = \frac{nt^{n-1}}{\theta^n}, \quad 0 < t < \theta$$

이다. 모든 θ에 대해

$$E[g(T)] = \int_0^\theta \frac{n}{\theta^n} t^{n-1} g(t)dt = 0$$

이라 하면, 모든 θ에 대해

$$\int_0^\theta t^{n-1} g(t)dt = 0$$

이다. 따라서 $g(t)=0$ 이다. 그러므로 $T(\boldsymbol{X})=X_{n:n}$은 완비충분통계량이다.

$$\frac{X_{1:n}}{X_{n:n}}=\frac{(X_{1:n}/\theta)}{(X_{n:n}/\theta)}=\frac{Y_{1:n}}{Y_{n:n}}$$

으로 표시할 수 있다. 여기서 $Y_{i:n}=X_{i:n}/\theta$는 $\mathrm{U}(0,1)$에서 추출한 확률표본의 순서통계량이다. 따라서 $X_{1:n}/X_{n:n}$은 보조통계량이므로 바수의 정리에 의해 서로 독립이다. ……………●

예제 1.4.21 $X_1,\cdots,X_n$이 지수분포 $\mathrm{Exp}(\theta)$에서 추출한 확률표본이라 하자.

$$S(\boldsymbol{X})=\frac{X_n}{X_1+\cdots+X_n}$$

이라 하면, $S(\boldsymbol{X})$는 보조통계량이다. 왜냐하면 $Y_i=X_i/\theta\sim\mathrm{Exp}(1)$이고

$$S(\boldsymbol{X})=\frac{X_n}{X_1+\cdots+X_n}=\frac{Y_n}{Y_1+\cdots+Y_n}$$

이기 때문이다. 지수분포의 pdf

$$f(x;\theta)=\frac{1}{\theta}e^{-x/\theta},\ \ x>0$$

는 1-모수 지수족이므로 정리 1.4.8에 의해

$$T(\boldsymbol{X})=\sum_{i=1}^{n}X_i$$

는 완비충분통계량이다. 따라서 정리 1.4.9의 바수의 정리에 의해 $S(\boldsymbol{X})$와 $T(\boldsymbol{X})$는 독립이다. 이 사실로부터

$$\begin{aligned}E(X_n)&=E[S(\boldsymbol{X})\,T(\boldsymbol{X})]=E[S(\boldsymbol{X})]\,E[T(\boldsymbol{X})]\\&=n\theta\,E[S(\boldsymbol{X})]\end{aligned}$$

이므로

$$E[S(\boldsymbol{X})]=\frac{1}{n}$$

임을 알 수 있다. ……………●

정리 1.4.4와 정리 1.4.7에 의해 UMVUE를 찾는 매우 유용한 다음 정리를 얻을 수 있다.

정리 1.4.10 레만-쉐페(Lehmann-Scheffe) 정리

$T(\boldsymbol{X})$가 모수 θ의 완비충분통계량이고 $W(\boldsymbol{X})$가 $\tau(\theta)$의 비편향추정량이면, $T^*(\boldsymbol{X}) = E[W(\boldsymbol{X}) \mid T(\boldsymbol{X})]$가 $\tau(\theta)$의 유일한 UMVUE이다. ……………■

예제 1.4.22 $X_1, \cdots, X_n$이 정규분포 $\mathrm{N}(\mu, 1)$에서 추출한 확률표본일 때, $\overline{X}$는 μ의 충분통계량임을 알고 있다. 또한 X_1은 μ의 비편향추정량이다. 따라서 레만-쉐페 정리에 의해

$$\begin{aligned} T^*(\boldsymbol{X}) = E(X_1 \mid \overline{X}) &= E(X_1 - \overline{X} + \overline{X} \mid \overline{X}) \\ &= E(X_1 - \overline{X} \mid \overline{X}) + \overline{X} \\ &= E(X_1 - \overline{X}) + \overline{X} \\ &= \overline{X} \end{aligned}$$

가 UMVUE이다. 여기서 세 번째 등식은 바수의 정리를 이용했다. ……………●

정리 1.4.11

$T^*(\boldsymbol{X})$가 θ의 완비충분통계량의 함수이고 비편향추정량이면, $T^*(\boldsymbol{X})$는 θ의 UMVUE이다. ……………■

예제 1.4.23 $X_1, \cdots, X_n$이 베르누이 분포 $\mathrm{Bin}(1, p)$, $0 < p < 1$에서의 확률표본인 예제 1.4.12를 다시 생각해 보자. 예제 1.4.16에서 $T(\boldsymbol{X}) = \sum_{i=1}^{n} X_i$가 p의 완비충분통계량임을 보였다. 그러므로 $\overline{X}$가 p의 UMVUE이다. 이제 $\tau(p) = p^2$의 UMVUE를 구해 보자. $E(T) = np$, $E(T^2) = np + n(n-1)p^2$이므로 $E(T^2 - T) = n(n-1)p^2$이다. 따라서 $(T^2 - T)/n(n-1)$이 $\tau(p)$의 비편향추정량이며 완비충분통계량 T의 함수이므로, 정리 1.4.11에 의해 $\tau(p) = p^2$의 UMVUE이다. ………●

예제 1.4.24 정규분포 $\mathrm{N}(\mu, \sigma^2)$에서 추출한 크기 n인 확률표본을 생각해 보자.

예제 1.4.15와 정리 1.4.8에 의해, $T_1 = \sum_{i=1}^{n} X_i$ 와 $T_2 = \sum_{i=1}^{n} X_i^2$ 이 μ와 σ^2의 결합완비충분통계량이다. $\overline{X}$와 S^2이 T_1 과 T_2의 일대일 함수이므로, $\overline{X}$와 S^2 역시 결합완비충분통계량이다. 따라서 다음 결과를 얻을 수 있다.

(a) σ^2의 미지 여부에 관계 없이 $\overline{X}$는 μ의 UMVUE이다.

(b) S^2은 μ가 미지의 모수일 때, σ^2의 UMVUE이다.

(c) $\sum_{i=1}^{n}(X_i - \mu_0)^2/n$은 $\mu = \mu_0$가 알려진 상수일 때, σ^2의 UMVUE이다. ……•

연습문제

1.4.4.1 $X_1, \cdots, X_n$이 기하분포 $\mathrm{Geo}(p)$에서의 크기 n인 확률표본일 때,

(a) 인수분해정리를 이용해 $T(\boldsymbol{X}) = \sum_{i=1}^{n} X_i$가 p의 충분통계량임을 보여라.

(b) p의 완비통계량을 구하라.

(c) 연습문제 1.2.3.1번 (d)를 레만-쉐페 정리를 이용하여 구하라.

1.4.4.2 균일분포 $\mathrm{U}(\theta - 1/2, \theta + 1/2)$에서 추출한 크기 n인 확률표본을 생각해 보자. $T(\boldsymbol{X}) = (X_{1:n}, X_{n:n})$이 θ의 충분통계량이지만 완비통계량이 아님을 보여라.

1.4.4.3 $X_1, \cdots, X_n$이 정규분포 $\mathrm{N}(\alpha\theta, \theta^2)$($\alpha$는 알고 있는 상수)에서 추출한 확률표본이다.

(a) $T(\boldsymbol{X}) = \left(\sum_{i=1}^{n} X_i, \sum_{i=1}^{n} X_i^2\right)$이 θ의 충분통계량이지만 완비통계량은 아님을 보여라.

이제 $\alpha = 1$이고 $\theta > 0$이라 가정하고 다음 문제를 풀어라.

(b) $\overline{X}$와 cS가 모두 θ의 비편향추정량임을 보여라.
단, $c = \{\sqrt{n-1}\,\Gamma((n-1)/2)\}/\{\sqrt{2}\,\Gamma(n/2)\}$이다.

(c) 임의의 a에 대해, $a\overline{X} + (1-a)(cS)$가 θ의 비편향추정량임을 보여라.

(d) (c)에서 분산을 최소화하는 a의 값을 구하라.

1.4.4.4 다음 분포들이 지수족에 속함을 보이고, 각 경우 확률표본 $X_1, \cdots, X_n$에 근거하여 완비충분통계량을 구하라.

(a) $\mathrm{Poi}(\mu)$, $\mu > 0$

(b) $\mathrm{NB}(r, p)$, r은 알려진 상수이고 $0 < p < 1$이다.

1.4.4.5 $X_1, \cdots, X_n$이 베르누이 분포 $\mathrm{Bin}(1, p)$에서 추출한 크기 n인 확률표본일 때, $\tau(p) = p(1-p)$의 UMVUE를 구하라.

1.4.4.6 $X_1, \cdots, X_n$은 pdf가 다음과 같은 분포에서의 확률표본이다.

$$f(x;\theta) = \frac{x+1}{\theta(\theta+1)} e^{-x/\theta}, \quad 0 < x < \infty, \quad \theta > 0$$

(a) pdf가 지수족에 속함을 보이고 θ의 완비충분통계량을 구하라.

(b) $\tau(\theta) = \theta(2\theta+1)/(\theta+1)$의 UMVUE를 구하라.

1.4.4.7 $X_1, \cdots, X_n$은 pdf가 $f(x;\theta) = \theta x^{\theta-1}$, $0 < x < 1$, $\theta > 0$인 베타분포 $\mathrm{Beta}(\theta, 1)$에서 추출한 확률표본이다. $1/\theta$의 UMVUE를 구하라. (힌트: $E(-\ln X) = 1/\theta$이다.)

1.4.4.8 $X_1, \cdots, X_n$은 다음과 같은 pdf를 갖는 로그정규분포 $\mathrm{LN}(\mu, \sigma^2)$에서 추출한 확률표본이다.

$$f(x;\mu, \sigma^2) = \frac{1}{\sigma x \sqrt{2\pi}} \exp\left[-\frac{(\ln x - \mu)^2}{2\sigma^2}\right], \quad x > 0$$

(a) $\sum_{i=1}^{n} \ln X_i$가 σ^2이 알려진 경우 μ의 충분통계량임을 보여라.

(b) $\sum_{i=1}^{n} (\ln X_i - \mu)^2$이 μ가 알려진 경우 σ^2의 충분통계량임을 보여라.

(c) $\left(\sum_{i=1}^{n} \ln X_i, \sum_{i=1}^{n} (\ln X_i)^2\right)$이 (μ, σ^2)의 결합충분통계량임을 보여라.

(d) $\frac{1}{n}\sum_{i=1}^{n} \ln X_i$가 μ의 UMVUE인가?

(e) $\frac{1}{n-1}\sum_{i=1}^{n}\left(\ln X_i - \sum_{i=1}^{n} \ln X_i / n\right)^2$이 σ^2의 UMVUE인가?

1.4.4.9 $X_1, \cdots, X_n$은 균일분포 $\mathrm{U}(0, \theta)$에서의 확률표본이다. θ의 UMVUE를 구하라.

1.4.4.10 $X_1, \cdots, X_n$이 푸아송 분포 $\mathrm{Poi}(\mu)$에서의 크기 n인 확률표본일 때, 다음을 구하라.

(a) μ의 UMVUE

(b) $P[X=0] = e^{-\mu}$의 UMVUE

1.4.4.11 $X_1, \cdots, X_n$은 지수분포 $\mathrm{Exp}(\theta)$에서의 확률표본이다. θ^2의 UMVUE를 구하라.

1.4.4.12 $X_1, \cdots, X_n$은 정규분포 $\mathrm{N}(\mu, \sigma^2)$에서의 확률표본이다.

(a) $n=2$일 때 (X_1, X_2)가 충분통계량이지만 완비통계량이 아님을 보여라. (힌트: $T(\boldsymbol{X}) = X_1 - X_2$로 생각하라.)

(b) $\sum_{i=1}^{n} a_i = 0$이면, 표본평균 $\overline{X}$와 $\sum_{i=1}^{n} a_i X_i$가 독립임을 바수의 정리를 이용하여 증명하라.

(c) μ/σ^2의 UMVUE를 구하라.

(d) μ^2/σ^2의 UMVUE를 구하라.

(e) $1/\sigma$의 UMVUE를 구하라.

1.4.4.13 연습문제 1.4.3.6번에서 다음에 답하라.

(a) $\left(\prod_{i=1}^{n} X_i, \sum_{i=1}^{n} X_i\right)$가 (θ_1, θ_2)의 결합완비충분통계량임을 보여라.

(b) 평균 $\mu = \theta_1\theta_2$의 UMVUE를 구하라.

θ_1이 알려진 상수일 때, (c)~(e)에 답하라.

(c) μ^n의 UMVUE를 구하라.

(d) $T = \overline{X} \Big/ \left(\prod_{i=1}^{n} X_i\right)^{1/n}$이 보조통계량임을 보여라.

(e) $\overline{X}$와 T가 독립임을 보여라.

1.4.4.14 $X_1, \cdots, X_n$은 pdf가 다음과 같은 분포에서 추출한 확률표본이다.

$$f(x;\theta) = \theta(1+x)^{-(1+\theta)}, \ x>0, \ \theta>0$$

(a) θ의 완비충분통계량을 구하라.

(b) $1/\theta$의 비편향추정량들의 분산에 관한 CRLB를 구하라.

(c) $1/\theta$의 UMVUE를 구하라.

(d) θ의 UMVUE를 구하라.

1.4.4.15 균일분포 $\mathrm{U}(0, \theta)$에서 추출한 크기 n인 확률표본을 생각해 보자. $T_n = \sum_{i=1}^{n} X_i / X_{n:n}$의 분포가 모수 θ에 종속되지 않음을 보이고 T_n과 $X_{n:n}$이 독립임을 바수의 정리를 이용하여 증명하라.

1.5 추정량을 구하는 방법

앞 절에서 여러 추정량 중에서 추정량을 선택하는 기준에 대해 알아보았다. 그렇다면 추정량은 어떻게 구할 수 있는가? 표본평균이 모평균의 좋은 추정량이 되는 것처럼 몇몇 경우에는 모수를 어떻게 추정하는가를 결정하는 것이 쉬우면서 직관적으로 찾아낸 것이 매우 좋은 추정량이 될 수도 있다. 그러나 실제로 복잡한 모형에서는 더욱더 복잡한 모수 추정방법이 필요하다. 미지의 모수나 모수의 함수를 추정하기 위해서는 추정량이 필요한 데 이 절에서는 추정량을 구하는 방법 중 널리 이용되는 적률법, 최대가능도법, 베이즈 추정법을 소개한다. 최소제곱법은 회귀분석에서 회귀계수의 추정에 널리 이용되고 있으므로, 제5장 회귀분석과 상관분석에서 설명한다.

1.5.1 적률법

모평균 μ의 추정량으로 사용되는 표본평균 $\overline{X}$는 **적률법추정량**(method of moments estimator: MME)으로 알려진 방법에 의해 유도된 추정량이다. 적률법은 아마 점추정량을 구하는 가장 오래된 방법일 것이다. 이 방법은 사용하기가 매우 간단하고 거의 항상 추정값을 제공하는 장점이 있다. 또한 모집단의 분포를 알 수 없어도 모집단의 적률만 알면 추정량을 구할 수 있다. 그러나 불행하게도 이 방법은 종종 더 개선이 필요한 추정량을 제공하는 문제점을 가지고 있다. 그렇지만 다른 방법을 이용하기 어려울 때 처음 시작하기 좋은 방법이다.

$X_1, \cdots, X_n$을 pdf (pmf)가 $f(x; \theta_1, \cdots, \theta_k)$인 모집단에서 추출한 표본이라 하자. 적률법 추정량은 처음 k차 표본적률과 그에 대응되는 k차 모적률을 같게 놓아 얻어진 연립방정식을 풀면 된다.

《통계적 확률분포이론》에서 정의한 표본적률을 다시 소개한다.

정의 1.5.1

$X_1, \cdots, X_n$이 확률표본일 때

$$M_r' = \frac{1}{n}\sum_{i=1}^{n} X_i^r, \quad r = 1, \cdots, k \tag{1.5.1}$$

를 원점에 관한 r**차 표본적률**(sample moment)이라 한다.

원점에 관한 r차 적률 $\mu_r' = E(X^r)$은 일반적으로 모수의 함수이므로

$$\mu_r'(\theta_1, \cdots, \theta_k) = E(X^r), \quad r = 1, 2, \cdots, k \tag{1.5.2}$$

로 나타낼 수 있다.

$(\theta_1, \cdots, \theta_k)$의 적률법추정량 $(\hat{\theta}_1, \cdots, \hat{\theta}_k)$은 다음 연립방정식의 해이다.

$$\begin{aligned} M_1' &= \mu_1'(\hat{\theta}_1, \cdots, \hat{\theta}_k) \\ M_2' &= \mu_2'(\hat{\theta}_1, \cdots, \hat{\theta}_k) \\ &\vdots \\ M_k' &= \mu_k'(\hat{\theta}_1, \cdots, \hat{\theta}_k) \end{aligned} \tag{1.5.3}$$

즉, 한 개의 모수를 갖는 분포에 대해서는 평균이 모수 θ의 함수인 경우는

$$E(X) = \mu_1'(\hat{\theta}) = \overline{X} \tag{1.5.4}$$

의 해가 θ의 적률법추정량이고, 두 개의 모수를 갖는 분포에 대해서는 평균과 2차 적률이 모수 θ의 함수인 경우에는 다음 두 연립방정식의 해가 θ_1과 θ_2의 MME이다.

$$E(X) = \mu_1'(\hat{\theta}_1, \hat{\theta}_2) = \overline{X} \tag{1.5.5}$$

$$E(X^2) = \mu_2'(\hat{\theta}_1, \hat{\theta}_2) = \frac{1}{n}\sum_{i=1}^{n} X_i^2 \tag{1.5.6}$$

예제 1.5.1 $X_1, \cdots, X_n$은 균일분포 $\mathrm{U}(0, \theta)$에서 추출한 확률표본이다. 이 경우

$$E(X) = \frac{\theta}{2}$$

이므로 θ의 MME는 $\hat{\theta} = 2\overline{X}$이다. ……………●

예제 1.5.2 $X_1, \cdots, X_n$을 평균은 μ이고 분산이 σ^2이며 두 모수 모두 알려져 있지 않은 분포에서 추출한 확률표본이라 하자. 그러면 $\mu = \mu_1{}'$이고 $\sigma^2 = E(X^2) - \mu^2 = \mu_2{}' - (\mu_1{}')^2$이므로 MME들은 방정식 $\overline{X} = \hat{\mu}$과 $M_2{}' = \widehat{\sigma^2} + (\hat{\mu})^2$의 해이다. 즉, $\hat{\mu} = \overline{X}$이고 $\widehat{\sigma^2} = \frac{1}{n}\sum_{i=1}^{n} X_i^2 - \overline{X}^2 = \frac{1}{n}\sum_{i=1}^{n}(X_i - \overline{X})^2$ 이다. ……………●

모수가 두 개이고 $E(X)$가 모수의 함수인 경우는 식 (1.5.6) 대신에 예제 1.5.2에서 구한 분산의 MME를 이용한 식

$$\mathrm{Var}(X) = \frac{1}{n}\sum_{i=1}^{n}(X_i - \overline{X})^2 \tag{1.5.7}$$

을 이용하면 된다. 이 경우의 예를 다음 예제에서 살펴보자.

예제 1.5.3 $X_1, \cdots, X_n$은 다음 pdf를 갖는 균일분포 $\mathrm{U}(a, b)$에서 추출한 확률표본이다.

$$f(x\,; a, b) = \begin{cases} \dfrac{1}{b-a}, & a < x < b \\ 0, & \text{그 외} \end{cases}$$

그러면

$$E(X) = \frac{a+b}{2} \text{ 이고 } \mathrm{Var}(X) = \frac{(b-a)^2}{12}$$

이므로 적률법은 $E(X)$를 $\overline{X}$로 $\mathrm{Var}(X)$를 $\sum_{i=1}^{n}(X_i - \overline{X})^2/n$으로 추정하기 때문에 a와 b의 MME는 다음과 같다.

$$\hat{a} = T_1(X_1, \cdots, X_n) = \overline{X} - \sqrt{\frac{3}{n}\sum_{i=1}^{n}(X_i - \overline{X})^2}$$

$$\hat{b} = T_2(X_1, \cdots, X_n) = \overline{X} + \sqrt{\frac{3}{n}\sum_{i=1}^{n}(X_i - \overline{X})^2} \qquad \cdots\cdots\cdots\cdots \bullet$$

예제 1.5.4 $X_1, \cdots, X_n$은 이항분포 $\text{Bin}(k, p)$에서 추출한 확률표본이다. 여기서 k와 p는 미지의 모수이다. k와 p의 적률법추정량은 다음 두 방정식의 해이다.

$$\overline{X} = \hat{k}\hat{p}$$

$$\frac{1}{n}\sum_{i=1}^{n}(X_i - \overline{X})^2 = \hat{k}\,\hat{p}(1-\hat{p})$$

따라서 방정식을 풀면

$$\hat{p} = \frac{\overline{X} - \sum_{i=1}^{n}(X_i - \overline{X})^2/n}{\overline{X}}$$

$$\hat{k} = \frac{\overline{X}}{\hat{p}} = \frac{\overline{X}^2}{\overline{X} - \sum_{i=1}^{n}(X_i - \overline{X})^2/n}$$

이다. $\cdots\cdots\cdots\cdots\cdots \bullet$

예제 1.5.5 $X_1, \cdots, X_n$은 감마분포 $\text{Gam}(\alpha, \beta)$에서 추출한 확률표본이다. 그러면 $\mu_1{}' = \mu = \alpha\beta$이고 $\sigma^2 = \alpha\beta^2$이므로 식 (1.5.7)에 의해

$$\hat{\alpha}\hat{\beta} = \overline{X} \text{ 와 } \hat{\alpha}\hat{\beta}^2 = \frac{1}{n}\sum_{i=1}^{n}(X_i - \overline{X})^2$$

의 방정식을 풀면, MME들은 다음과 같다.

$$\hat{\beta} = \frac{\sum_{i=1}^{n}(X_i - \overline{X})^2}{n\overline{X}} = \frac{(n-1)S^2}{n\overline{X}}, \quad \hat{\alpha} = \frac{n\overline{X}^2}{(n-1)S^2} \qquad \cdots\cdots\cdots\cdots \bullet$$

적률법추정량은 두 개 이상 존재할 수도 있다. 다음 예제를 살펴보자.

예제 1.5.6 $X_1, \cdots, X_n$이 푸아송 분포 $\mathrm{Poi}(\lambda)$에서의 확률표본일 때, 푸아송 분포는 평균과 분산이 모두 λ이기 때문에

$$\hat{\lambda}_1 = \overline{X} \text{와} \quad \hat{\lambda}_2 = \frac{1}{n}\sum_{i=1}^{n}(X_i - \overline{X})^2$$

이 모두 λ의 MME이다. ……………●

예제 1.5.7 $X_1, \cdots, X_n$을 지수분포 $\mathrm{Exp}(\theta)$에서 추출한 확률표본이라 하자. $E(X) = \theta$이므로 θ의 MME는 $\hat{\theta}_1 = \overline{X}$이다. 또한 $\mathrm{Var}(X) = \theta^2$이므로 θ의 또 다른 추정량으로

$$\hat{\theta}_2 = \sqrt{\frac{1}{n}\sum_{i=1}^{n}(X_i - \overline{X})^2}$$

을 생각할 수도 있다. 그리고 $E(X^2) = \mathrm{Var}(X) + [E(X)]^2 = \theta^2 + \theta^2 = 2\theta^2$ 이므로

$$\hat{\theta}_3 = \sqrt{\frac{1}{2n}\sum_{i=1}^{n}X_i^2}$$

역시 적률법에 의해 유도할 수 있다. ……………●

다음은 평균이 알려진 상수로 모수의 함수가 아닌 경우의 예를 살펴보자.

예제 1.5.8 $X_1, \cdots, X_n$을 정규분포 $\mathrm{N}(0, \sigma^2)$에서 추출한 확률표본이라 하자. 이 경우 모수는 σ^2 하나이지만 1차 적률인 평균이 0으로 이미 알려진 상수이다. 따라서 이 경우는 식 (1.5.7)에서 소개한 식을 이용해서는 안되며 식 (1.5.3)의 두 번째 식

$$E(X^2) = M_2' = \frac{1}{n}\sum_{i=1}^{n}X_i^2$$

에서 σ^2의 MME를

$$\widehat{\sigma^2} = \frac{1}{n}\sum_{i=1}^{n}X_i^2$$

으로 구해야 한다.

연습문제

1.5.1.1 $X_1, \cdots, X_n$이 다음의 pdf를 갖는 분포에서 추출한 확률표본일 때, θ의 적률법추정량(MME)을 구하라.

$$f(x;\theta)=\begin{cases}(\theta+1)x^{\theta}, & 0<x<1,\ \theta>-1\\ 0, & \text{그 외}\end{cases}$$

1.5.1.2 다음 분포에서 추출한 크기 n인 확률표본에 근거하여 모수의 MME를 구하라.

(a) $X_i \sim \mathrm{NB}(r, p)$

(b) $X_i \sim \mathrm{Geo}(p)$

(c) $X_i \sim \mathrm{Par}(1, \theta)$

(d) $X_i \sim \mathrm{Exp}(\theta, \eta)$

1.5.1.3 연습문제 1.4.2.7번에서 θ의 MME를 구하라.

1.5.1.4 $X_1, \cdots, X_n$이 와이블 분포 $\mathrm{Wei}(1/2, \beta)$에서 추출한 크기 n인 확률표본일 때, β의 MME를 구하라.

1.5.1.5 $X_1, \cdots, X_n$이 다음 pdf를 갖는 로그정규분포에서 추출한 확률표본일 때, μ와 σ^2의 MME를 구하라.

$$f(x;\mu,\sigma)=\frac{1}{x\sqrt{2\pi}\,\sigma}\exp\left\{-\frac{1}{2\sigma^2}(\ln x-\mu)^2\right\},\quad x>0$$

1.5.1.6 $X_1, \cdots, X_n$이 베타분포 $\mathrm{Beta}(\alpha, \alpha)$에서 추출한 확률표본일 때, α의 MME를 구하라.

1.5.2 최대가능도법

최대가능도법 또는 **최대우도법**(method of maximum likelihood)은 추정량을 유도하는 방법 중 가장 널리 이용되는 방법이다. 만일 $X_1, \cdots, X_n$이 결합확률밀도함수 또는 결합확률질량함수가 $f(x_1, \cdots, x_n; \theta)$인 모집단에서의 확률표본이라 할 때, 대부분의 경우 결합확률밀도함수 또는 결합확률질량함수 $f(x_1, \cdots, x_n; \theta)$는 모수 θ는 상수로 취급하고 $x_1, \cdots, x_n$의 함수로 생각한다. 그러나 모집단에서 표본이 추출되었다면, $X_1 = x_1,\ X_2 = x_2,\ \cdots,\ X_n = x_n$이 주어지므로 $f(x_1, \cdots, x_n; \theta)$를 모수의 함수로 생각할 수 있다. 따라서 다음과 같이 가능도함수를 정의한다.

정의 1.5.2

$X_1, \cdots, X_n$의 결합확률밀도함수(또는 결합확률질량함수)가 $f(x_1, \cdots, x_n; \theta)$, $\theta \in \Omega$이다. 이때 결합확률밀도함수(또는 결합확률질량함수)를 모수 θ의 함수로 생각한

$$L(\theta; \boldsymbol{x}) = f(x_1, \cdots, x_n; \theta) \tag{1.5.8}$$

를 **가능도함수** 또는 **우도함수**(likelihood function)라 한다.

θ는 모수들의 벡터일 수도 있다. 만일 $X_1, \cdots, X_n$이 pdf(pmf) $f(x; \theta)$를 갖는 분포에서의 확률표본이면, 가능도함수는 다음과 같다.

$$L(\theta; \boldsymbol{x}) = \prod_{i=1}^{n} f(x_i; \theta) \tag{1.5.9}$$

정의 1.5.3

주어진 관측값 $\boldsymbol{x} = (x_1, \cdots, x_n)$에 대해 $\hat{\theta} = \hat{\theta}(x_1, \cdots, x_n)$이 가능도함수 $L(\theta; \boldsymbol{x})$를 최대화하는 모수 θ의 값일 때, $\hat{\theta} = \hat{\theta}(x_1, \cdots, x_n)$을 θ의 **최대가능도추정값** 또는 **최대우도추정값**(maximum likelihood estimate : MLE)이라 하고, $\hat{\theta} = \hat{\theta}(X_1, \cdots, X_n)$을 모수 θ의 **최대가능도추정량** 또는 **최대우도추정량**(maximum likelihood estimator : MLE)이라 한다.

일반적으로 최대가능도추정값과 최대가능도추정량 모두 같은 기호 $\hat{\theta}$을 사용하고, 간단히 MLE로 나타낼 것이다. 정의 1.5.3에 의해 최대가능도추정값은

$$L(\hat{\theta}\,;\boldsymbol{x}) = \sup_{\theta \in \Omega} L(\theta\,;\boldsymbol{x}) \tag{1.5.10}$$

를 만족하는 $\hat{\theta}$이다. 이러한 최대가능도추정량은 실제의 관측값이 얻어질 가능성이 가장 높은 θ의 값을 모수 θ의 추정값으로 생각하자는 것이다. 대부분의 경우 MLE는 한 개 존재하지만 두 개 이상 존재하는 경우도 있다.

로그함수는 순증가함수이므로 가능도함수를 최대화하는 θ의 값은 로그가능도함수 $\ln L(\theta;\boldsymbol{x})$를 최대화하는 θ를 찾는 것과 같다. 독립표본에서 가능도함수는 각 pdf (pmf)의 곱으로 표시되므로 로그가능도함수는 pdf (pmf)들의 로그의 합으로 바뀌기 때문에 최댓값을 찾는 문제의 계산이 간단해진다. 즉,

$$\ln L(\hat{\theta}\,;\boldsymbol{x}) = \sup_{\theta \in \Omega} \ln L(\theta\,;\boldsymbol{x}) \tag{1.5.11}$$

를 만족하는 $\hat{\theta}$을 찾으면 된다.

만일 모수공간 Ω가 개구간이고 가능도함수 $L(\theta\,;\boldsymbol{x})$가 θ에서 미분가능하며 Ω에서 최댓값을 갖는다면, MLE는 다음의 **최대가능도방정식** 또는 **최대우도방정식** (maximum likelihood equation)의 해가 된다.

$$\frac{\partial}{\partial\theta} \ln L(\theta\,;\boldsymbol{x}) = 0 \tag{1.5.12}$$

물론 위 식을 만족하는 θ의 값이 최대가능도추정값임은 두 번 미분하여 확인할 수 있다.

모수 θ가 $\theta = (\theta_1, \cdots, \theta_k)$로 벡터인 경우도 위에서 언급한 조건이 만족될 때, 최대가능도추정량 $\hat{\theta} = (\hat{\theta}_1, \cdots, \hat{\theta}_k)$은 다음 연립방정식의 해가 된다.

$$\frac{\partial}{\partial\theta_j} \ln L(\theta\,;\boldsymbol{x}) = 0, \;\; j = 1, 2, \cdots, k \tag{1.5.13}$$

예제 1.5.9 $X_1, \cdots, X_n$은 푸아송 분포 $\mathrm{Poi}(\theta)$에서 추출한 확률표본이다. 가능도함수는

$$L(\theta\,;\boldsymbol{x}) = \prod_{i=1}^{n} f(x_i\,;\theta) = \frac{e^{-n\theta}\theta^{\sum_{i=1}^{n} x_i}}{\prod_{i=1}^{n} x_i!}$$

이므로 로그가능도함수는

$$\ln L(\theta\,;\boldsymbol{x}) = -n\theta + \sum_{i=1}^{n} x_i \ln\theta - \ln\left(\prod_{i=1}^{n} x_i!\right)$$

이다. 따라서 최대가능도방정식

$$\frac{\partial}{\partial\theta}\ln L(\theta\,;\boldsymbol{x}) = -n + \sum_{i=1}^{n} x_i/\theta = 0$$

의 해는 $\hat{\theta} = \sum_{i=1}^{n} x_i/n = \bar{x}$ 이다. 이 값이 최대임을 밝히기 위해 2차 도함수를 구해 보면

$$\frac{\partial^2}{\partial\theta^2}\ln L(\theta\,;\boldsymbol{x}) = -\sum_{i=1}^{n} x_i/\theta^2$$

이 $\hat{\theta} = \bar{x}$ 에서 음이므로 $\hat{\theta} = \overline{X}$ 가 최대가능도추정량이다. ……………●

예제 1.5.10 $X_1, \cdots, X_n$은 정규분포 $\mathrm{N}(\mu, \sigma^2)$에서 추출한 확률표본이다. 분산 σ^2을 아는 경우와 모르는 경우로 나누어 생각해 보자.

(a) σ^2을 알고 있는 경우

가능도함수는

$$\begin{aligned} L(\mu\,;\boldsymbol{x}) &= \prod_{i=1}^{n} \frac{1}{\sqrt{2\pi}\,\sigma}\exp\left[-\frac{(x_i-\mu)^2}{2\sigma^2}\right] \\ &= \frac{1}{(2\pi\sigma^2)^{n/2}}\exp\left[-\frac{1}{2\sigma^2}\sum_{i=1}^{n}(x_i-\mu)^2\right] \end{aligned}$$

이므로

$$\ln L(\mu\,;\boldsymbol{x}) = -\frac{n}{2}\ln(2\pi\sigma^2) - \frac{1}{2\sigma^2}\sum_{i=1}^{n}(x_i-\mu)^2$$

이다. 따라서

$$\frac{\partial}{\partial\mu}\ln L(\mu\,;\boldsymbol{x}) = \frac{1}{\sigma^2}\sum_{i=1}^{n}(x_i-\mu) = 0$$

을 만족하는 해는 $\hat{\mu} = \overline{X}$ 이다. 물론 가능도함수를 두 번 미분하여 $\hat{\mu} = \overline{X}$ 가 최대가능도추정량임을 보일 수 있다.

(b) σ^2 이 미지의 모수인 경우

모수가 두 개이므로 가능도함수는

$$L(\mu, \sigma^2; \boldsymbol{x}) = \frac{1}{(2\pi\sigma^2)^{n/2}} \exp\left[-\frac{1}{2\sigma^2}\sum_{i=1}^{n}(x_i-\mu)^2\right]$$

이고

$$\ln L(\mu, \sigma^2; \boldsymbol{x}) = -\frac{n}{2}\ln(2\pi\sigma^2) - \frac{1}{2\sigma^2}\sum_{i=1}^{n}(x_i-\mu)^2$$

이다. 따라서 식 (1.5.13)의 가능도방정식은

$$\frac{\partial}{\partial\mu}\ln L(\mu, \sigma^2; \boldsymbol{x}) = \frac{1}{\sigma^2}\sum_{i=1}^{n}(x_i-\mu) = 0$$
$$\frac{\partial}{\partial\sigma^2}\ln L(\mu, \sigma^2; \boldsymbol{x}) = -\frac{n}{2}\frac{1}{\sigma^2} + \frac{1}{2\sigma^4}\sum_{i=1}^{n}(x_i-\mu)^2 = 0$$

이다. 그러므로

$$\hat{\mu} = \overline{X}, \ \ \widehat{\sigma^2} = \frac{1}{n}\sum_{i=1}^{n}(X_i - \overline{X})^2$$

이 μ와 σ^2의 최대가능도추정량이다. ……………… •

MLE는 존재하지만 위에서와 같이 최대가능도방정식에 의해 MLE를 구할 수 없는 경우가 있다. 다음 예를 살펴보자.

예제 1.5.11 $X_1, \cdots, X_n$은 다음 pmf를 갖는 분포에서의 확률표본이라 하자.

$$f(x;k) = \begin{cases} \dfrac{1}{k}, & x = 1, 2, \cdots, k \\ 0, & \text{그 외} \end{cases}$$

이때 가능도함수는

$$L(k; \boldsymbol{x}) = \begin{cases} \dfrac{1}{k^n}, & 1 \le \min(x_1, \cdots, x_n) \le \max(x_1, \cdots, x_n) \le k \\ 0, & \text{그 외} \end{cases}$$

이다. 따라서 이 가능도함수는 k의 감소함수이므로 k의 최대가능도추정량은

$$\hat{k} = \max(X_1, \cdots, X_n) = X_{n:n}$$

이다. $\hat{k}$은 인수분해정리에 의해 k의 충분통계량임을 보일 수 있다. ············•

예제 1.5.12 예제 1.4.7에서 생각한 균일분포 $U(0, \theta)$에서의 확률표본 $X_1, \cdots, X_n$에 근거한 θ의 MLE를 구해 보자. 가능도함수는

$$L(\theta; \boldsymbol{x}) = \begin{cases} \dfrac{1}{\theta^n}, & 0 < x_i < \theta,\ i = 1, \cdots, n \\ 0, & \text{그 외} \end{cases}$$
$$= \frac{1}{\theta^n} I_{(0,\,\theta)}(x_{n:n})\, I_{(0,\,\infty)}(x_{1:n})$$

이므로, θ의 감소함수이다. 따라서 θ의 최대가능도추정량은 $\hat{\theta} = X_{n:n}$이다. ······•

예제 1.5.13 $X_1, \cdots, X_n$은 2-모수 지수분포 $\text{Exp}(\theta, \eta)$로부터 추출한 확률표본이다. 이때 가능도함수는

$$L(\theta, \eta; \boldsymbol{x}) = \begin{cases} \dfrac{1}{\theta^n} \exp\left\{-\dfrac{1}{\theta}\sum_{i=1}^{n}(x_i - \eta)\right\}, & x_i \ge \eta,\ i = 1, \cdots, n \\ 0, & \text{그 외} \end{cases}$$
$$= \begin{cases} \dfrac{1}{\theta^n} \exp\left\{-\dfrac{1}{\theta}\sum_{i=1}^{n}(x_i - \eta)\right\}, & x_{1:n} \ge \eta \\ 0, & \text{그 외} \end{cases}$$

이다. $L(\theta, \eta; \boldsymbol{x})$는 $\eta \le x_{1:n}$인 경우 η의 증가함수이므로 $\eta = x_{1:n}$일 때 최대이다. 따라서 η의 MLE는 $\hat{\eta} = X_{1:n}$이다. 이제 θ의 MLE를 구해 보자. 가능도함수가 θ에 대해 미분가능이므로 로그가능도함수를 미분하여 구할 수 있다.

$$\ln L(\theta, \eta; \boldsymbol{x}) = -n\ln\theta - \frac{1}{\theta}\sum_{i=1}^{n}(x_i - \eta)$$
$$\frac{\partial}{\partial\theta}\ln L(\theta, \eta; \boldsymbol{x}) = -\frac{n}{\theta} + \frac{1}{\theta^2}\sum_{i=1}^{n}(x_i - \eta) = 0$$

이므로

$$\hat{\theta} = \frac{1}{n}\sum_{i=1}^{n}(X_i - \hat{\eta}) = \frac{1}{n}\sum_{i=1}^{n}(X_i - X_{1:n}) = \overline{X} - X_{1:n}$$

이 θ의 최대가능도추정량이다. ……………●

다음 예는 모수의 MLE가 무수히 많이 존재할 수 있음을 보여 준다.

예제 1.5.14 $X_1, \cdots, X_n$이 균일분포 $U(\theta-1/2, \theta+1/2)$에서 추출한 확률표본이면, 가능도함수는

$$L(\theta;\boldsymbol{x}) = \begin{cases} 1, & \theta-\dfrac{1}{2} < \min(x_1, \cdots, x_n) < \max(x_1, \cdots, x_n) < \theta+\dfrac{1}{2} \\ 0, & \text{그 외} \end{cases}$$

이므로

$$\theta-\frac{1}{2} < \min(x_1, \cdots, x_n) = x_{1:n} \text{이고} \quad \theta+\frac{1}{2} > \max(x_1, \cdots, x_n) = x_{n:n}$$

일 때, 즉

$$\theta < x_{1:n}+\frac{1}{2} \text{이고} \quad \theta > x_{n:n}-\frac{1}{2}$$

일 때 $L(\theta;\boldsymbol{x})$가 최대이다. 따라서

$$X_{n:n}-\frac{1}{2} < T(X_1, \cdots, X_n) < X_{1:n}+\frac{1}{2}$$

을 만족하는 모든 통계량 $T(X_1, \cdots, X_n)$이 θ의 최대가능도추정량이다. 사실 임의의 $\alpha(0<\alpha<1)$에 대해

$$T_\alpha(X_1, \cdots, X_n) = X_{n:n}-\frac{1}{2}+\alpha(1+X_{1:n}-X_{n:n})$$

이 θ의 최대가능도추정량이다. 특별히 $\alpha=\dfrac{1}{2}$이면

$$T_{1/2}(X_1, \cdots, X_n) = \frac{X_{1:n}+X_{n:n}}{2}$$

인 표본범위의 중앙 역시 θ의 최대가능도추정량이다. ……………●

예제 1.5.15 $X \sim \text{Bin}(1, p)$, $p \in [1/3, 2/3]$라 하자. 이 경우 가능도함수는 $L(p;x) = p^x(1-p)^{1-x}$, $x=0,\ 1$이다. 일반적인 방법과 같이 가능도함수를 미분하여 p의 최대가능도추정량을 구한다면 $\hat{p} = X$는 모수공간 $\Omega = [1/3,\ 2/3]$에 포함되지 않기 때문에 미분하여 구할 수 없다. 가능도함수가

$$L(p;x) = \begin{cases} p, & x=1 \\ 1-p, & x=0 \end{cases}$$

이므로, $x=0$일 때는 $\hat{p}=1/3$로 $x=1$일 때는 $\hat{p}=2/3$로 선택하면 가능도함수가 최대가 된다. 따라서 p의 최대가능도추정량은

$$\hat{p} = \frac{X+1}{3}$$

이다. ……………●

다음은 최대가능도추정량의 중요한 성질을 증명 없이 소개한다.

정리 1.5.1 최대가능도추정량의 불변성

$\hat{\theta}$이 θ의 최대가능도추정량이면, 임의의 함수 h에 대해 $h(\hat{\theta})$이 $h(\theta)$의 최대가능도추정량이다. ……………■

예제 1.5.16 $X_1, \cdots, X_n$은 베르누이 분포 $\text{Bin}(1, p)$, $0 \le p \le 1$에서 추출한 확률표본이고 $h(p) = \text{Var}(X) = p(1-p)$라 하자. 표본크기 n에 기초한 p의 MLE는 $\hat{p} = \overline{X}$이므로, $h(p)$의 MLE는 최대가능도추정량의 불변성에 의해 $h(\overline{X}) = \overline{X}(1-\overline{X})$이다. ……………●

예제 1.5.17 $X_1, \cdots, X_n$은 지수분포 $\text{Exp}(\theta)$에서의 확률표본이다. 그러면 가능도함수는

$$L(\theta\,;\boldsymbol{x}) = \frac{1}{\theta^n} e^{-\sum_{i=1}^{n} x_i/\theta},\ \ 0 < x_i < \infty,\ \ i = 1, \cdots, n$$

이고

$$\ln L(\theta\,;\boldsymbol{x}) = -n\ln\theta - \frac{1}{\theta}\sum_{i=1}^{n} x_i$$

이므로

$$\frac{\partial}{\partial\theta}\ln L(\theta\,;\boldsymbol{x}) = -\frac{n}{\theta} + \frac{1}{\theta^2}\sum_{i=1}^{n} x_i$$

이다. 따라서 θ의 최대가능도추정량은 $\hat{\theta} = \overline{X}$이다. $p(\theta) = \mathrm{Var}(X) = \theta^2$의 MLE는 정리 1.5.1에 의해 $p(\hat{\theta}) = \overline{X}^2$임을 쉽게 알 수 있다. ……………●

정리 1.5.1은 모수가 $\theta = (\theta_1, \cdots, \theta_k)$와 같이 벡터인 경우도 성립된다. 다음 예제를 살펴보자.

예제 1.5.18 $X_1, \cdots, X_n$은 기하분포 Geo(p), $0 < p < 1$에서 추출한 확률표본이라 하자. 그러면 가능도함수는

$$L(p\,;\boldsymbol{x}) = p^n q^{\sum_{i=1}^{n} x_i - n},\ x_i = 1,\ 2, \cdots$$

이고

$$\begin{aligned}\ln L(p\,;\boldsymbol{x}) &= n\ln p + \left(\sum_{i=1}^{n} x_i - n\right)\ln q \\ &= n\ln p + \left(\sum_{i=1}^{n} x_i - n\right)\ln(1-p)\end{aligned}$$

이므로

$$\frac{\partial}{\partial p}\ln L(p\,;\boldsymbol{x}) = \frac{n}{p} - \frac{\sum_{i=1}^{n} x_i - n}{1-p} = \frac{n - p\sum_{i=1}^{n} x_i}{p(1-p)}$$

이다. 따라서 p의 MLE는 $\hat{p} = n / \sum_{i=1}^{n} X_i = 1/\overline{X}$이다. X의 분산 $h(p) = \mathrm{Var}(X) = q/p^2 = \frac{1}{p}\frac{1-p}{p} = \frac{1}{p}\left(\frac{1}{p} - 1\right)$의 MLE는 정리 1.5.1에 의해

$$\hat{h}(p) = \overline{X}(\overline{X} - 1)$$

이다. ……………●

사실 최대가능도법이 추정량을 구하는 방법으로 널리 이용되는 이유는 최대가능도법에 의해 구한 MLE가 매우 바람직한 성질을 가지고 있기 때문이다. 먼저 정칙조건하에서 최대가능도방정식의 해 $\hat{\theta}$은 다음 성질을 갖는다.

(a) $\hat{\theta}$은 유일하게 존재한다.

(b) $\hat{\theta}$은 θ의 일치추정량이다.

(c) $\hat{\theta}$은 점근평균이 θ이고 점근분산이 $1\Big/\left[nE\left(\frac{\partial}{\partial\theta}\ln f(X;\theta)\right)^2\right]=\text{CRLB}$ 인 정규분포를 근사적으로 따른다. 즉, 큰 n에 대해 근사적으로 $\hat{\theta}\sim \text{N}(\theta, \text{CRLB})$이다.

다음 정리는 MLE가 최소충분통계량의 함수라는 바람직한 성질을 갖는다는 것이다.

정리 1.5.2

θ의 MLE가 유일하게 존재하면, MLE는 최소결합충분통계량의 함수이다. 만일 MLE가 유일하게 존재하지 않으면, 최소결합충분통계량의 함수인 MLE가 존재한다. ………… ■

예제 1.5.19 예제 1.4.6에서 σ^2의 MLE $\widehat{\sigma^2}=\sum_{i=1}^{n}(X_i-\mu)^2/n$ 은 충분통계량의 함수이다. 예제 1.4.8에서도 MLE $\hat{\mu}=\overline{X}$와 $\widehat{\sigma^2}=\sum_{i=1}^{n}(X_i-\overline{X})^2/n$은 충분통계량 $T(\boldsymbol{X})$의 함수이다. ……………●

연습문제

1.5.2.1 연습문제 1.5.1.1번에서 정의한 확률표본에 대해, θ의 최대가능도추정량(MLE)을 구하라.

1.5.2.2 연습문제 1.5.1.2번의 (a) (r이 알려진 상수)와 (c)에서 모수의 MLE를 구하라.

1.5.2.3 $X_i\sim \text{Bin}(n_i, p),\ i=1,\cdots,k$들은 독립인 확률변수이다. p의 MLE를 구하라.

1.5.2.4 다음 분포에서 각각 크기 n인 확률표본을 추출할 때, MLE가 존재하면 MLE를 구하라.

(a) $X_i \sim \mathrm{Bin}(1, p),\ p \in [1/2, 3/4]$

(b) $X_i \sim \mathrm{N}(\theta, \theta^2)$

(c) $X_i \sim \mathrm{N}(\theta, \theta),\ 0 < \theta < \infty$

1.5.2.5 $X_1, \cdots, X_n$이 다음 pdf를 갖는 모집단에서의 확률표본일 때, 각 경우 θ의 MLE를 구하라.

(a) $f(x;\theta) = \frac{1}{2}e^{-|x-\theta|},\ -\infty < x < \infty$

(b) $f(x;\theta) = (\theta\alpha)x^{\alpha-1}e^{-\theta x^{\alpha}},\ x > 0$ (α는 알려진 상수)

(c) $f(x;\theta) = \theta(1-x)^{\theta-1},\ 0 \le x \le 1,\ \theta > 1$

(d) $f(x;\theta) = 2\theta^2 x^{-3},\ x \ge \theta$

1.5.2.6 $X_1, \cdots, X_n$이 다음의 pdf를 갖는 모집단에서 추출한 확률표본일 때, θ의 MLE를 구하라.

$$f(x;\theta) = \begin{cases} \theta/x^2, & x \ge \theta \\ 0, & x < \theta \end{cases}$$

1.5.2.7 $X_1, \cdots, X_n$이 균일분포 $\mathrm{U}(\theta_1, \theta_2)$에서 추출한 확률표본일 때, θ_1과 θ_2의 MLE를 구하라.

1.5.2.8 $X_1, \cdots, X_n$이 2-모수 지수분포 $\mathrm{Exp}(\theta, \eta)$에서 추출한 확률표본일 때, $P[X_1 \ge 1]$의 MLE를 구하라.

1.5.2.9 $X_1, \cdots, X_n$이 연습문제 1.5.1.5번에서 언급한 로그정규분포에서 추출한 확률표본일 때, μ와 σ^2의 MLE를 구하라.

1.5.2.10 연습문제 1.4.2.4번에서 정의한 분포에 대해 θ의 MLE를 구하라.

1.5.2.11 $X_1, \cdots, X_n$이 다음의 pdf를 갖는 모집단에서 추출한 확률표본일 때, θ의 MLE를 구하라.

$$f(x;\theta) = \begin{cases} \theta 5^{\theta} x^{-(\theta+1)}, & x \geq 5,\ \theta > 1 \\ 0, & \text{그 외} \end{cases}$$

1.5.2.12 $X_1, \cdots, X_n$이 평균이 θ인 푸아송 분포에서 추출한 확률표본일 때, $P[X=0]$의 MLE를 구하라.

1.5.2.13 $X_1, \cdots, X_n$이 아래의 pdf를 갖는 분포에서 추출한 확률표본일 때 다음을 구하라.

$$f(x;\theta) = \begin{cases} \theta x^{\theta-1}, & 0 < x < 1,\ 0 < \theta < \infty \\ 0, & \text{그 외} \end{cases}$$

(a) θ의 MME

(b) θ의 MLE

1.5.2.14 $X_1, \cdots, X_n$이 감마분포 $\text{Gam}(\alpha, \beta)$에서 추출한 확률표본일 때, 다음을 구하라.

(a) α가 알려진 상수일 때 β의 MLE

(b) β가 알려진 상수일 때 α의 MLE

(c) $\mu = E(X)$의 MLE

1.5.2.15 $X_1, \cdots, X_n$은 정규분포 $\text{N}(\mu, \sigma^2)$에서 추출한 확률표본이다.

(a) μ가 알고 있는 상수일 때, 표준편차 σ의 MLE를 구하라.

(b) μ와 σ^2 모두 미지의 모수일 때, $P[X_1 > c]$의 MLE를 구하라. 여기서 c는 알고 있는 상수이다.

1.5.2.16 연습문제 1.2.1.6을 다시 생각해 보자. $Y_1, \cdots, Y_n$은 다음을 만족하는 확률변수이다.

$$Y_i = \beta x_i + \varepsilon_i,\ \ i = 1, \cdots, n$$

여기서 $x_1, \cdots, x_n$은 고정된 상수이고, $\varepsilon_1, \cdots, \varepsilon_n$은 정규분포 $\text{N}(0, \sigma^2)$에서의 확률표본이다. 여기서 σ^2은 미지의 모수이다.

(a) β의 MLE를 구하고, 그것이 β의 비편향추정량임을 보여라.

(b) β의 MLE의 분포를 구하라.

(c) β의 비편향추정량 $\sum_{i=1}^{n} Y_i \Big/ \sum_{i=1}^{n} x_i$의 분산과 MLE의 분산을 비교하라.

1.5.2.17 $X_1, \cdots, X_m$과 $Y_1, \cdots, Y_n$은 서로 독립이며 각각 $\mathrm{N}(\mu, \sigma_1^2)$과 $\mathrm{N}(\mu, \sigma_2^2)$에서 추출한 크기가 m과 n인 확률표본이다. $\mu, \sigma_1^2, \sigma_2^2$의 MLE를 구하라.

1.5.2.18 두 개의 서로 다른 기계에 대해 일주일 동안 발생한 고장의 횟수를 n주간 조사했다. X_i는 i번째 주에서 첫 번째 기계의 고장횟수이고, X_i들은 서로 독립이며 모수가 λ_1인 푸아송 확률변수이다. 마찬가지로 Y_i는 i번째 주에서 두 번째 기계의 고장횟수이고, Y_i들은 서로 독립이며 모수가 λ_2인 푸아송 확률변수이다.

(a) λ_1과 λ_2의 MLE를 각각 구하라.

(b) $\lambda_1 - \lambda_2$의 MLE를 구하라.

*1.5.3 베이즈 추정법

1.5.3.1 손실함수와 위험함수

1.2절에서 점추정량의 선택 기준으로 평균제곱오차를 소개했다. 여기서는 평균제곱오차를 특별한 경우로 포함하는 추정량의 또 다른 선택 기준이 될 수 있는 함수를 소개하고자 한다. 결정이론에서 어떤 결정을 내렸을 때 발생하는 손실(오차)의 척도인 손실함수와 위험함수를 먼저 정의한다.

정의 1.5.4

T가 $\tau(\theta)$의 추정량이고 t가 추정값이면 **손실함수**(loss function)는 다음 조건을 만족하는 임의의 실숫값 함수 $l(t;\theta)$이다.

(a) 모든 가능한 추정값 t와 θ에 대해, $l(t;\theta) \ge 0$이다. (1.5.14)

(b) $t = \tau(\theta)$일 때, $l(t;\theta) = 0$이다. (1.5.15)

예제 1.5.20 몇 가지 유용한 손실함수를 생각해 보자.

(a) $l(t;\theta)=(t-\tau(\theta))^2$: **제곱오차**(squared error) **손실함수**

(b) $l(t;\theta)=|t-\tau(\theta)|$: **절대오차**(absolute error) **손실함수**

(c) $l(t;\theta)=h(\theta)|t-\tau(\theta)|^k,\ h(\theta)\geq 0,\ k>0$

물론 (c)의 손실함수는 (a)와 (b)의 손실함수를 특별한 경우로 포함하는 일반화된 손실함수이다. ……………●

손실함수는 $\tau(\theta)$가 실제 모수 값일 때 $\tau(\theta)$를 t로 추정함으로 발생되는 손실(또는 오차)의 정도를 나타낸다. 따라서 이러한 손실이 작은 추정량을 선택하고자 할 것이다. 그러나 손실함수는 추정값 t의 함수이고 t는 추정량 $T=T(X_1,\cdots,X_n)$의 값이므로 표본 X_1, $\cdots,X_n$에 종속된다. 그러므로 특정한 표본에서 손실이 작다고 해서 다른 모든 가능한 표본에 대해 손실이 작다고 단정할 수 없다. 이러한 문제점을 해결할 수 있는 한 가지 방법이 평균손실을 생각하는 것이다. 즉, 평균손실이 작은 추정량을 선택한다는 것이다. 이제 손실함수의 평균인 위험함수를 정의한다.

정의 1.5.5

$T=T(X_1,\cdots,X_n)$을 $\tau(\theta)$의 추정량이라 하자. 손실함수의 평균인

$$R(\theta;T)=E[l(T;\theta)] \tag{1.5.16}$$

를 추정량 T의 **위험함수**(risk function)라 한다.

사실 평균제곱오차는 손실함수가 $l(t;\theta)=(t-\tau(\theta))^2$인 제곱오차 손실함수를 사용한 위험함수이다.

앞에서 설명했듯이 평균손실인 위험함수가 작은 추정량을 선택하고자 할 것이다. 이상적으로는 위험함수가 최소인 추정량을 선택하고자 한다. 이제 위험함수가 최소인 허용추정량의 개념을 소개한다.

정의 1.5.6

$T_1=T_1(X_1,\cdots,X_n)$과 $T_2=T_2(X_1,\cdots,X_n)$은 $\tau(\theta)$의 추정량이다.

(a) 모든 $\theta\in\Omega$에 대해

$$R(\theta;T_1) \le R(\theta;T_2) \tag{1.5.17}$$

이고 적어도 한 $\theta \in \Omega$에 대해

$$R(\theta;T_1) < R(\theta;T_2) \tag{1.5.18}$$

이면, T_1이 T_2보다 **더 좋은 추정량**(better estimator)이라 한다.

(b) 추정량 T보다 더 좋은 추정량이 존재하지 않으면, T를 **허용추정량** 또는 **허용가능추정량**(admissible estimator)이라 한다.

정의 1.2.6의 효율과 정의 1.2.7의 효율추정량은 정의 1.5.6의 특별한 경우에 해당된다.

예제 1.5.21 예제 1.2.8에서 $\hat{\eta}_3$이 $\hat{\eta}_1$이나 $\hat{\eta}_2$보다 η의 더 좋은 추정량임을 알 수 있다. 예제 1.2.9에서는 T_2가 T_1보다 θ의 더 좋은 추정량이다. ……………●

허용추정량을 구할 수 있다면, 더 좋은 추정량은 존재하지 않기 때문에 다른 추정량에 관심을 가질 필요가 없다. 그러나 일반적으로 허용추정량을 구할 수 없기 때문에 상대적으로 더 좋은 추정량을 찾게 된다. 때때로 두 추정량을 비교할 때 위험함수가 모수 θ의 값에 따라 서로 교차하는 경우가 있다(그림 1.5.1 참조). 이런 경우는 어느 추정량도 다른 추정량보다 더 좋은 추정량이라 말할 수 없다. 이런 경우에 사용할 수 있는 추정량의 판단 기준 중의 하나가 미니맥스 개념이다.

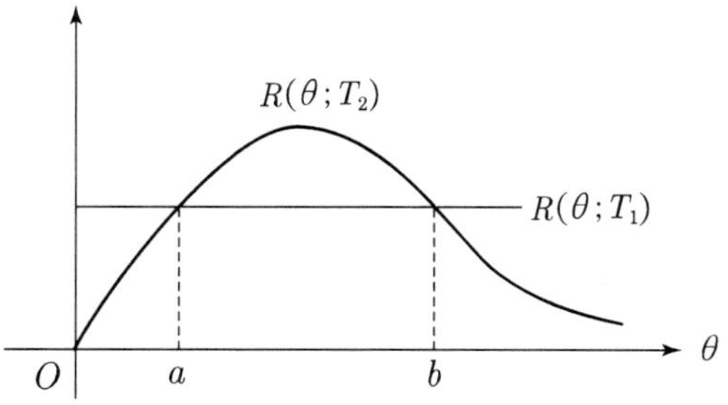

그림 1.5.1

정의 1.5.7

임의의 추정량 T에 대해

$$\max_{\theta} R(\theta\,;T_M) \le \max_{\theta} R(\theta\,;T) \tag{1.5.19}$$

를 만족하면, T_M을 **미니맥스**(minimax) **추정량**이라 한다.

1.5.3.2 베이즈 추정량

베이즈 방법은 우리가 지금껏 사용해온 방법과는 근본적으로 차이가 있다. 그럼에도 불구하고 베이즈 방법은 다른 통계적 방법들에 상당히 도움이 될 수 있다. 베이즈 추정량을 구하는 방법을 소개하기 전에, 먼저 베이즈 방법에 대해 논의해 보자.

지금까지 설명한 방법에서는 모수 θ는 모르는 값이지만 고정된 상수이다. 확률표본 $X_1, \cdots, X_n$은 모수 θ에 의해 결정되는 pdf (pmf)가 $f(x\,;\theta)$인 모집단에서 추출되고, 표본에서 관측된 값들에 근거하여 θ의 값에 관한 정보를 얻는다. 베이즈 방법에서는 θ는 그것의 변이가 확률분포 (사전분포라 한다)에 의해 기술될 수 있는 양으로 생각한다. 즉, θ 자체가 확률밀도함수 (확률질량함수) $\pi(\theta)$를 갖는 어떤 확률변수 Θ의 값으로 가정한다는 것이다. 이 θ의 확률밀도함수 (확률질량함수) $\pi(\theta)$를 θ의 **사전분포**(prior distribution) 또는 **사전밀도함수**(prior density function)라 한다. 여기서 밀도함수는 이산인 경우의 질량함수를 포함하여 대표적으로 나타낸 것이다. 이것은 실험자의 믿음에 기초한 주관적인 분포이고 데이터가 관측되기 전에 공식화된다. 이러한 이유 때문에 사전분포라 명명되었다.

베이즈 추정에서는 θ를 확률변수 Θ의 한 값으로 간주하기 때문에, X의 pdf (pmf) $f(x\,;\theta)$를 θ가 주어진 경우 X의 조건부 pdf (pmf) $f(x|\theta)$로 나타내고, 확률변수 X와 θ의 결합 pdf (pmf)는

$$f(x,\,\theta) = \pi(\theta)f(x|\theta) \tag{1.5.20}$$

로 나타낼 수 있다.

정의 1.5.8

$\boldsymbol{X} = (X_1, \cdots, X_n)$를 pdf (pmf)가 $f(x|\theta)$인 분포에서의 확률표본이라 하고 $\boldsymbol{X}$의 관측값을 $\boldsymbol{x} = (x_1, \cdots, x_n)$이라 할 때, $\boldsymbol{X} = \boldsymbol{x}$가 주어졌을 때 θ의 조건부 pdf (pmf) $\pi(\theta|\boldsymbol{x})$를 θ의 **사후분포**(posterior distribution) 또는 **사후밀도함수**(posterior density function)라 한다.

θ의 사후밀도함수는

$$\pi(\theta|\boldsymbol{x})=\begin{cases}\dfrac{f(\boldsymbol{x}|\theta)\pi(\theta)}{\displaystyle\int f(\boldsymbol{x}|\theta)\pi(\theta)d\theta}, & \theta\text{가 연속이면}\\[2ex] \dfrac{f(\boldsymbol{x}|\theta)\pi(\theta)}{\displaystyle\sum_t f(\boldsymbol{x}|t)\pi(t)}, & \theta\text{가 이산이면}\end{cases} \tag{1.5.21}$$

이다. 실제로 위 식에서 분모의 적분이나 합은 정규화하는 상수의 역이다. 이 책의 수준에서는 이 값은 계산할 필요가 없다. 사실 데이터가 주어진 경우 모수의 사후밀도함수는 데이터의 가능도함수와 사전밀도함수의 곱에 비례한다는 것이다. 즉

$$\begin{aligned}\pi(\theta|\boldsymbol{x})&=h(\boldsymbol{x})f(\boldsymbol{x}|\theta)\pi(\theta)\\&=h(\boldsymbol{x})L(\theta;\boldsymbol{x})\pi(\theta)\end{aligned} \tag{1.5.22}$$

이다. 여기서 $h(\boldsymbol{x})$는 모수 θ에 종속되지 않은 주어진 데이터 $\boldsymbol{x}$의 함수이다.

예제 1.5.22 $X_1,\cdots,X_n$은 푸아송 분포 $\mathrm{Poi}(\theta)$에서 추출한 확률표본이고, θ의 사전분포는 감마분포 $\mathrm{Gam}(\gamma,\beta)$이다. 물론 여기서 γ와 β는 알고 있는 상수이다. 즉,

$$\pi(\theta)=\frac{1}{\beta^{\gamma}\Gamma(\gamma)}\theta^{\gamma-1}e^{-\theta/\beta}$$

이다. 따라서 사후밀도함수는

$$\begin{aligned}\pi(\theta|\boldsymbol{x})&=h(\boldsymbol{x})\left(\frac{e^{-n\theta}\theta^{\sum_{i=1}^n x_i}\theta^{\gamma-1}e^{-\theta/\beta}}{\left(\prod_{i=1}^n x_i!\right)\beta^{\gamma}\Gamma(\gamma)}\right)\\&=h_1(\boldsymbol{x})\theta^{\sum_{i=1}^n x_i+\gamma-1}e^{-(n+1/\beta)\theta}\end{aligned}$$

이다. 즉, 사후분포는 감마분포이다.

$$\theta|\boldsymbol{x}\sim\mathrm{Gam}\left(\sum_{i=1}^n x_i+\gamma,\ (n+1/\beta)^{-1}\right)$$ ……………●

예제 1.5.23 $X_1,\cdots,X_n$은 정규분포 $\mathrm{N}(\theta,\sigma_0^2)$에서의 확률표본이다. 여기서 σ_0^2은

알고 있는 상수이다. θ의 사전분포 역시 정규분포 $\mathrm{N}(\mu, \tau^2)$이라면,

$$\begin{aligned} f(\boldsymbol{x} \mid \theta) &= \left(\frac{1}{\sqrt{2\pi}\,\sigma_0}\right)^n \exp\left\{-\frac{1}{2\sigma_0^2}\sum_{i=1}^n (x_i-\theta)^2\right\} \\ &= \left(\frac{1}{\sqrt{2\pi}\,\sigma_0}\right)^n \exp\left\{-\frac{1}{2\sigma_0^2}\sum_{i=1}^n (x_i-\bar{x})^2\right\} \exp\left\{-\frac{n}{2\sigma_0^2}(\bar{x}-\theta)^2\right\} \\ &= h(\boldsymbol{x}) \exp\left\{-\frac{n}{2\sigma_0^2}(\bar{x}-\theta)^2\right\} \end{aligned}$$

이므로, $\boldsymbol{X}$와 θ의 결합 pdf는

$$\begin{aligned} f(\boldsymbol{x}, \theta) &= f(\boldsymbol{x} \mid \theta)\pi(\theta) \\ &= h_1(\boldsymbol{x}) \exp\left\{-\frac{n}{2\sigma_0^2}(\bar{x}-\theta)^2\right\} \exp\left\{-\frac{1}{2\tau^2}(\theta-\mu)^2\right\} \\ &= h_2(\boldsymbol{x}) \exp\left\{-\frac{1}{2}\left[\left(\frac{n}{\sigma_0^2}+\frac{1}{\tau^2}\right)\theta^2 - 2\left(\frac{n\bar{x}}{\sigma_0^2}+\frac{\mu}{\tau^2}\right)\theta + \left(\frac{n\bar{x}^2}{\sigma_0^2}+\frac{\mu^2}{\tau^2}\right)\right]\right\} \\ &= h_3(\boldsymbol{x}) \exp\left\{-\frac{\sigma_0^2+n\tau^2}{2\sigma_0^2\tau^2}\left(\theta - \frac{\mu\sigma_0^2+n\tau^2\bar{x}}{\sigma_0^2+n\tau^2}\right)^2\right\} \end{aligned}$$

이다. 그러므로 θ의 사후분포는 평균이 $\dfrac{\sigma_0^2}{\sigma_0^2+n\tau^2}\mu + \dfrac{n\tau^2}{\sigma_0^2+n\tau^2}\bar{x}$이고 분산이 $\dfrac{\sigma_0^2\tau^2}{\sigma_0^2+n\tau^2}$인 정규분포이다. .... ●

미니맥스 원리의 문제점은 그림 1.5.2에서와 같이 추정량 T_1이 다른 추정량 T_2에 비해 대부분의 모수공간에서는 위험함수가 작고 극히 일부분의 모수공간에서 위험함수가 크면, 대부분의 경우 T_1이 T_2보다 좋은 추정량이지만 T_2가 미니맥스 추정량이 된다는 것이다.

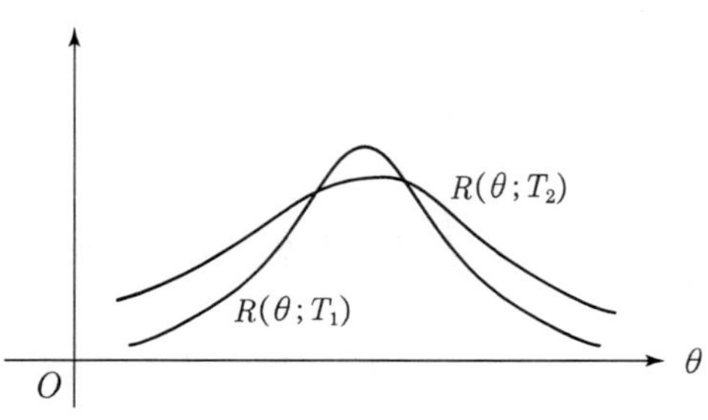

그림 1.5.2

이러한 문제를 해결하기 위해 모수 θ에 관한 사전 지식을 가지고 있다면(즉, 사전분포를 안다면) 모수공간 전체에서 위험함수의 평균이 작은 추정량을 택하는 것이 바람직할 것이다.

정의 1.5.9

사전밀도함수 $\pi(\theta)$에 관한 위험함수 $R(\theta\,;T)$의 평균

$$R(\pi,\, T) = E_\theta[R(\theta\,;T)] = \begin{cases} \displaystyle\int_\Omega R(\theta\,;T)\,\pi(\theta)d\theta, & \theta\text{가 연속이면} \\ \displaystyle\sum_\Omega R(\theta\,;T)\,\pi(\theta), & \theta\text{가 이산이면} \end{cases} \tag{1.5.23}$$

를 추정량 T의 **베이즈 위험**(Bayes risk)이라 한다.

베이즈 추정량은 베이즈 위험을 최소화하는 추정량이다.

정의 1.5.10

임의의 추정량 T에 대해

$$R(\pi,\, T^*) = \min_T R(\pi,\, T) \tag{1.5.24}$$

이면, T^*를 손실함수 $l(T;\theta)$와 사전분포 $\pi(\theta)$에 대한 θ의 **베이즈 추정량**(Bayes estimator)이라 한다.

베이즈 추정량은 $R(\pi,\, T)$를 최소화하는 추정량이다. 만일 θ가 연속확률변수이고 $X_1,\, \cdots,\, X_n$도 연속확률변수이면

$$\begin{aligned} R(\pi,\, T) &= \int_\Omega R(\theta\,;T)\pi(\theta)d\theta \qquad (1.5.25) \\ &= \int_\Omega\int l(T;\theta)f(\boldsymbol{x}\,|\,\theta)\pi(\theta)d\boldsymbol{x}\,d\theta \\ &= \int\int l(T;\theta)f(\boldsymbol{x},\,\theta)\,d\boldsymbol{x}\,d\theta \\ &= \int\int l(T;\theta)\,\pi(\theta\,|\,\boldsymbol{x})\,f_{\boldsymbol{X}}(\boldsymbol{x})\,d\theta\,d\boldsymbol{x} \\ &= E_{\boldsymbol{X}}\left[E_{\theta\,|\boldsymbol{X}}[l(T;\theta)]\right] \end{aligned}$$

이다. 만일 θ가 pmf $\pi(\theta)$를 갖는 이산확률변수이고 $X_1, \cdots, X_n$도 이산확률변수이면 위의 식에서 적분기호 대신에 합의 기호를 사용하면 된다. 그러므로 모든 $\boldsymbol{x}$에 대해 $E_{\theta|\boldsymbol{x}}[l(T;\theta)]$를 최소화하는 추정량 T는 $\boldsymbol{X}$ 상에서 평균을 최소화하기 때문에, 베이즈 추정량은 사후분포에 관한 손실함수의 평균을 최소화하여 구할 수 있다. 따라서 다음 정리를 얻을 수 있다.

정리 1.5.3

$X_1, \cdots, X_n$을 pdf (pmf)가 $f(x|\theta)$인 모집단에서의 확률표본이라 하자. 그러면 베이즈 추정량 T^*는 $\theta|\boldsymbol{X}$의 사후분포에 관한 손실함수의 평균

$$E_{\theta|\boldsymbol{X}}[l(T;\theta)]$$

를 최소화하는 추정량이다. 즉,

$$E_{\theta|\boldsymbol{X}}[l(T^*;\theta)] = \min_T E_{\theta|\boldsymbol{X}}[l(T;\theta)]$$

이다. ■

특정 형태의 손실함수에 대해서는 베이즈 추정량을 사후분포로부터 쉽게 유도할 수 있다. 이런 경우를 살펴보자.

정리 1.5.4

제곱오차 손실함수 $l(T;\theta) = [T - \tau(\theta)]^2$에 대한 $\tau(\theta)$의 베이즈 추정량 T^*는 사후분포 $\pi(\theta|\boldsymbol{X})$에 관한 $\tau(\theta)$의 평균이다. 즉,

$$T^* = E_{\theta|\boldsymbol{X}}[\tau(\theta)] = \begin{cases} \int \tau(\theta)\pi(\theta|\boldsymbol{X})\,d\theta, & \theta\text{가 연속이면} \\ \sum \tau(\theta)\pi(\theta|\boldsymbol{X}), & \theta\text{가 이산이면} \end{cases} \tag{1.5.26}$$

이다. ■

예제 1.5.24 예제 1.5.22를 다시 생각해 보자. 손실함수는 $l(t;\theta) = [t - \tau(\theta)]^2$인 제곱오차 손실함수를 이용한다. 그러면 사후분포가 감마분포이므로 θ의 베이즈 추정량은

$$T^* = \frac{\sum_{i=1}^{n} X_i + \gamma}{n + 1/\beta}$$

이다. ……………●

예제 1.5.25 예제 1.5.23에서 $l(t;\theta) = [t - \tau(\theta)]^2$ 손실함수를 이용한다면, θ의 베이즈 추정량은

$$T^* = \frac{\sigma_0^2}{\sigma_0^2 + n\tau^2}\mu + \frac{n\tau^2}{\sigma_0^2 + n\tau^2}\overline{X}$$

이다. ……………●

예제 1.5.26 $X \sim \text{Bin}(n, p)$이고 손실함수는 $l(t;\theta) = [t - \tau(\theta)]^2$이라 하자. 그리고 p의 사전밀도함수는 $\pi(p) = 1,\ 0 < p < 1$이다. 그러면 사후밀도함수는

$$\begin{aligned}\pi(p \mid x) &= \frac{p^x (1-p)^{n-x}}{\int_0^1 p^x (1-p)^{n-x} dp} \\ &= h(x) p^x (1-p)^{n-x},\ 0 < p < 1\end{aligned} \tag{1.5.27}$$

이므로 사후분포는 베타분포이다. 즉, $p \mid x \sim \text{Beta}(x+1,\ n-x+1)$이다. 그러므로 p의 베이즈 추정량은

$$T^* = E(p \mid X) = \frac{X+1}{n+2}$$

이다. ……………●

예제 1.5.27 $X_1, \cdots, X_n$은 베르누이 분포 $\text{Bin}(1,\ p)$에서의 확률표본이고 p의 사전분포는 베타분포 $\text{Beta}(\alpha, \beta)$이다. 즉, p의 사전밀도함수는

$$\pi(p) = \frac{1}{B(\alpha,\ \beta)} p^{\alpha-1}(1-p)^{\beta-1},\ 0 < p < 1$$

이다. 그러면 사후분포는

$$\begin{aligned}\pi(p|\boldsymbol{x}) &= h(\boldsymbol{x})f(\boldsymbol{x}|p)\pi(p)\\ &= h(\boldsymbol{x})p^{\sum_{i=1}^{n}x_i}(1-p)^{n-\sum_{i=1}^{n}x_i}\frac{1}{B(\alpha,\,\beta)}p^{\alpha-1}(1-p)^{\beta-1}\\ &= h_1(\boldsymbol{x})p^{\sum_{i=1}^{n}x_i+\alpha-1}(1-p)^{n-\sum_{i=1}^{n}x_i+\beta-1},\ 0<p<1\end{aligned}$$

이므로 사후분포는 베타분포 $\text{Beta}\left(\sum_{i=1}^{n}x_i+\alpha,\ n+\beta-\sum_{i=1}^{n}x_i\right)$이다. 그러므로 제곱오차 손실함수 $l(t;\theta)=[t-\tau(\theta)]^2$ 하에서 p의 베이즈 추정량은

$$T^* = \frac{\sum_{i=1}^{n}X_i+\alpha}{n+\alpha+\beta}$$

이다. ……………●

예제 1.5.28 $X_1,\cdots,X_n$은 정규분포 $\text{N}(\mu,\,1)$에서의 확률표본이고 μ의 사전분포가 $\text{N}(0,\,1)$이라 하자. $l(t\,;\theta)=[t-\tau(\theta)]^2$이라면

$$\begin{aligned}\pi(\mu|\boldsymbol{x}) &= h(\boldsymbol{x})\exp\left\{-\frac{1}{2}\sum_{i=1}^{n}(x_i-\mu)^2\right\}\exp(-\mu^2/2)\\ &= h(\boldsymbol{x})\exp\left\{-\frac{1}{2}\left(\sum_{i=1}^{n}(x_i-\mu)^2+\mu^2\right)\right\}\\ &= h(\boldsymbol{x})\exp\left\{-\frac{n+1}{2}\left(\mu^2-\frac{2\mu}{n+1}\sum_{i=1}^{n}x_i+\frac{1}{n+1}\sum_{i=1}^{n}x_i^2\right)\right\}\\ &= h_1(\boldsymbol{x})\exp\left\{-\frac{n+1}{2}\left(\mu-\frac{1}{n+1}\sum_{i=1}^{n}x_i\right)^2\right\}\end{aligned}$$

이므로 사후분포는 평균이 $\sum_{i=1}^{n}x_i/(n+1)$인 정규분포이다. 따라서 베이즈 추정량은

$$T^* = \frac{\sum_{i=1}^{n}X_i}{n+1}$$

이다. ……………●

일반적으로 제곱오차 손실함수를 가장 많이 사용하기 때문에 어떤 책에서는 제곱오차 손실함수로부터 유도된 사후분포 $\pi(\theta|\boldsymbol{X})$에 관한 $\tau(\theta)$의 평균을 베이즈 추정량으로 정의하기도 하지만, 다른 손실함수를 사용하면 결과가 달라진다. 따라서 증명 없이 절대오차 손실함수를 이용할 경우 베이즈 추정량에 대한 정리를 소개한다.

정리 1.5.5

절대오차 손실함수 $l(T;\theta)=|T-\theta|$에 대한 θ의 베이즈 추정량 T^*는 사후분포 $\pi(\theta|\boldsymbol{X})$의 중앙값이다. ……………… ■

정리 1.5.6

추정량 T^*가 모수 θ에 종속되지 않는 위험함수(즉, $R(\theta;T^*)=c$)를 갖는 베이즈 추정량이면, T^*는 미니맥스 추정량이다.

• 증명 •

T^*가 베이즈 추정량이므로, 임의의 추정량 T에 대해

$$R(\pi,\ T^*)=E_\theta[R(\theta\,;T^*)]\le E_\theta[R(\theta\,;T)]=R(\pi,\ T)$$

가 성립한다. $R(\theta\,;T^*)=c$이므로

$$R(\theta\,;T^*)=E_\theta[R(\theta\,;T^*)]\le E_\theta[R(\theta\,;T)]$$

이다. 변수의 평균은 그 변수의 최댓값보다 크지 않기 때문에

$$E_\theta[R(\theta\,;T)]\le \max_\theta R(\theta\,;T)$$

이다. 따라서

$$\max_\theta R(\theta;T^*)=c\le E_\theta[R(\theta;T)]\le \max_\theta R(\theta;T)$$

이다. 따라서 T^*는 미니맥스 추정량이다.

……………… ■

예제 1.5.29 예제 1.5.26의 사후분포를 생각해 보자. 단, 여기서는 다음과 같은 가중제곱 손실함수를 생각해 보자.

$$l(t;p)=\frac{(t-p)^2}{p(1-p)} \tag{1.5.28}$$

그러면

$$\begin{aligned}E_{p|x}[l(t;p)]&=h(x)\int_0^1\frac{(t-p)^2}{p(1-p)}p^x(1-p)^{n-x}dp\\&=h(x)\int_0^1(t-p)^2p^{x-1}(1-p)^{n-x-1}dp\end{aligned}$$

이므로, 기댓값 $E_{p|x}[l(t;p)]$를 최소화하는 것은 마지막 식의 적분을 최소화하는 것과 같다. 이 적분은 사후분포 $\text{Beta}(x, n-x)$에 관한 제곱오차 손실함수 $(t-p)^2$의 기댓값에 해당된다. 그러므로 정리 1.5.4에 의해 베이즈 추정량은 $T^*=X/n$이다. 이 추정량의 위험함수는

$$R(p\,;T^*)=\frac{E[(X/n-p)^2]}{p(1-p)}=\frac{p(1-p)/n}{p(1-p)}=\frac{1}{n}$$

이므로 모수 p에 종속되지 않는 상수이다. 정리 1.5.6에 의해 $T^*=X/n$은 미니맥스 추정량이다. .... ●

예제 1.5.30 예제 1.5.27에서 구한 베이즈 추정량

$$T^*=\frac{\sum_{i=1}^n X_i+\alpha}{n+\alpha+\beta}$$

의 위험함수를 구해 보자.

$$\begin{aligned}R(p\,;T^*)&=E_p[l(T^*;\theta)]=E_p[(T^*-p)^2]\\&=\text{Var}(T^*)+[E(T^*)-p]^2\\&=\frac{1}{(n+\alpha+\beta)^2}\text{Var}\left(\sum_{i=1}^n X_i+\alpha\right)+\left[\frac{1}{n+\alpha+\beta}E\left(\sum_{i=1}^n X_i+\alpha\right)-p\right]^2\\&=\frac{np(1-p)}{(n+\alpha+\beta)^2}+\left(\frac{np+\alpha}{n+\alpha+\beta}-p\right)^2\end{aligned}$$

$$
\begin{aligned}
&= \frac{1}{(n+\alpha+\beta)^2}\left[np(1-p)+[np+\alpha-p(n+\alpha+\beta)]^2\right] \\
&= \frac{1}{(n+\alpha+\beta)^2}\left[np(1-p)+p^2(\alpha+\beta)^2-2\alpha p(\alpha+\beta)+\alpha^2\right] \\
&= \frac{1}{(n+\alpha+\beta)^2}\left[\{(\alpha+\beta)^2-n\}p^2-(2\alpha^2+2\alpha\beta-n)p+\alpha^2\right]
\end{aligned}
$$

이므로 위험함수가 모수 p에 종속되지 않기 위해서는

$$(\alpha+\beta)^2-n=0,\ 2\alpha^2+2\alpha\beta-n=0$$

이어야 한다. 즉, $\alpha=\beta=\sqrt{n}/2$이면 위험함수는 모수 p에 종속되지 않는다. 따라서 정리 1.5.6에 의해

$$T^* = \frac{\sum_{i=1}^{n} X_i + \sqrt{n}/2}{n+\sqrt{n}} = \frac{2\sqrt{n}\,\overline{X}+1}{2(1+\sqrt{n})}$$

이 미니맥스 추정량이다. ……………●

정리 1.5.7

θ의 베이즈 추정량은 θ의 결합충분통계량의 함수이다.

•증명•

$T=(T_1, \cdots, T_k)$가 θ의 결합충분통계량이고 $\pi(\theta)$를 연속확률변수 θ의 사전밀도함수라 하면, 인수분해정리에서 $h(\boldsymbol{x})$는 θ에 종속되지 않으므로 $\boldsymbol{x}$가 주어졌을 때 θ의 사후밀도함수는

$$
\begin{aligned}
\pi(\theta\,|\,\boldsymbol{x}) &= \frac{f(\boldsymbol{x}\,|\,\theta)\pi(\theta)}{\int f(\boldsymbol{x}\,|\,\theta)\pi(\theta)d\theta} \\
&= \frac{h(\boldsymbol{x})g(T(\boldsymbol{x});\theta)\pi(\theta)}{\int h(\boldsymbol{x})g(T(\boldsymbol{x});\theta)\pi(\theta)d\theta} \\
&= \frac{g(T(\boldsymbol{x});\theta)\pi(\theta)}{\int g(T(\boldsymbol{x});\theta)\pi(\theta)d\theta}
\end{aligned}
$$

이다. 따라서 정리가 증명된다. 이산인 경우의 증명은 적분기호 대신에 합의 기호를 사용하면 된다.

……………■

연습문제

1.5.3.1 $X_1, \cdots, X_n$은 정규분포 $\mathrm{N}(0, \theta^2)$, $\theta > 0$에서 추출한 확률표본이고 θ의 사전분포는 감마분포 $\mathrm{Gam}(\alpha, \beta)$이다. θ의 사후분포 $\pi(\theta | \boldsymbol{x})$를 구하라.

1.5.3.2 $X_1, \cdots, X_n$은 균일분포 $\mathrm{U}(0, \theta)$에서 추출한 확률표본이고 θ의 사전분포는 균일분포 $\mathrm{U}(0, 1)$이다. θ의 사후분포 $\pi(\theta | \boldsymbol{x})$를 구하라.

1.5.3.3 $X_1, \cdots, X_n$은 pmf가 $f(x; p) = p(1-p)^x$, $x = 0, 1, 2, \cdots$ 인 분포에서 추출한 확률표본이다. $\theta = (1-p)/p$이고 $\hat{\theta} = n\overline{X}/(n+1)$일 때, 손실함수 $l(t;\theta) = \dfrac{(t-\theta)^2}{\theta(\theta+1)}$을 이용하여 $\hat{\theta}$과 $\overline{X}$의 위험함수를 구하라.

1.5.3.4 $X_1, \cdots, X_n$은 지수분포 $\mathrm{Exp}(\theta)$에서의 확률표본이고 θ의 사전분포가 $\theta \sim \mathrm{Exp}(1)$일 때, 제곱오차 손실함수에 대한 $\overline{X}$의 베이즈 위험을 구하라.

1.5.3.5 $X \sim \mathrm{Poi}(\lambda)$이고 $\lambda \sim \mathrm{Gam}(\alpha, \beta)$이다.

(a) λ의 사후분포가 $\mathrm{Gam}\left(\alpha + x, \dfrac{\beta}{\beta+1}\right)$임을 증명하라.

(b) 제곱오차 손실함수에 대한 λ의 베이즈 추정량을 구하라.

1.5.3.6 $X_1, \cdots, X_n$은 푸아송 분포 $\mathrm{Poi}(\lambda)$에서 추출한 확률표본이다. λ의 사전분포는 $\pi(\lambda) = e^{-\lambda}$, $\lambda > 0$이다. 제곱오차 손실함수에 대한 λ의 베이즈 추정량을 구하라.

1.5.3.7 $X_1, \cdots, X_n$은 베타분포 $\mathrm{Beta}(\theta, 1)$에서 추출한 확률표본이고 θ의 사전분포는 감마분포 $\mathrm{Gam}(\gamma, \beta)$이다.

(a) θ의 사후분포 $\pi(\theta | \boldsymbol{x})$를 구하라.

(b) 제곱오차 손실함수에 대한 θ의 베이즈 추정량을 구하라.

1.5.3.8 $X_1, \cdots, X_n$은 지수분포 $\mathrm{Exp}(1/\theta)$에서 추출한 확률표본이다. θ의 사전분포 역시 지수분포 $\mathrm{Exp}(\beta)$이다. 여기서 β는 알려진 상수이다.

(a) θ의 사후분포는 $\theta | \boldsymbol{x} \sim \text{Gam}\left(n+1, \left(\sum_{i=1}^{n} x_i + 1/\beta\right)^{-1}\right)$임을 보여라.

(b) 제곱오차 손실함수에 대한 θ의 베이즈 추정량을 구하라.

(c) 제곱오차 손실함수에 대한 $\mu = 1/\theta$의 베이즈 추정량을 구하라.

1.5.3.9 $X_1, \cdots, X_n$은 베르누이 분포 $\text{Bin}(1, p)$에서 추출한 크기 n인 확률표본이다. 균일 사전분포 $p \sim \text{U}(0, 1)$과 제곱오차 손실함수에 대해 다음을 구하라.

(a) p의 베이즈 추정량

(b) $p(1-p)$의 베이즈 추정량

1.5.3.10 $X \sim \text{Bin}(n, p)$이고 p의 사전분포는 베타분포 $\text{Beta}(a, b)$이다. 제곱오차 손실함수에 대한 p의 미니맥스 추정량을 구하라.

Statistical Estimation & Hypothesis Testing

제2장 가설검정

2.1 서론

제1장에서 점추정이라는 추론방법에 대해 알아보았다. 이 장에서는 가설검정이라는 또 다른 추론 방법에 대해 알아보자.

현실적인 측면에서 우리는 많은 주장이 과연 옳은 것인지에 관심을 갖게 된다. 어떤 회사에서 새로 개발한 약의 효력이 우수하다고 할 때, 과연 그 주장이 옳다고 할 수 있는가? 새로 개발한 제품의 수명이 기존에 사용되어온 제품보다 길다고 할 수 있는가? 등과 같은 의문에 대해 데이터를 근거로 그 주장을 받아들일 것인지를 결정해야 한다. 이와 같이 실험을 통해 나타난 결과를 토대로 주장의 옳고 그름을 결정하는 과정에 대해 소개한다.

정의 2.1.1

가설(hypothesis)은 모집단의 알지 못하는 모수에 관한 주장이다.

가설의 정의는 다소 막연한 것 같지만 중요한 점은 가설이 모집단의 모수에 관한 특정한 형태를 주장한다는 것이다. 가설검정의 목적은 모집단의 확률표본에 근거하여 서로 상반되는 두 가설 중 어느 것이 참인가를 결정하는 것이다.

정의 2.1.2

가설검정 문제에서 상반되는 두 가설을 **귀무가설**(null hypothesis)과 **대립가설**(alternative hypothesis)이라 하고 각각 H_0와 H_1으로 표시한다.

예제 2.1.1 $X \sim \mathrm{N}(\mu, \sigma_0^2)$이라 하자. σ_0^2은 알고 있는 상수일 때, 모수공간은 $\Omega = (-\infty, \infty)$이다. 따라서 귀무가설은 $H_0 : \mu \le \mu_0$이고 대립가설은 $H_1 : \mu > \mu_0$인 가설을 생각할 수 있다. ·················•

예제 2.1.2 $X_1, \cdots, X_n$은 베르누이 분포 $\mathrm{Bin}(1, p)$에서 추출한 확률표본이다. 몇 가지 관심 있는 가설은 $p = 1/2$, $p \le 1/2$, $p \ge 1/2$ 등을 생각할 수 있다. 일반적으로 $p = p_0$, $p \le p_0$, $p \ge p_0$ 등을 생각할 수 있다. 여기서 p_0는 $0 < p_0 < 1$인 알고 있는 상수이다. ·················•

예제 2.1.3 $X_1, \cdots, X_n$은 지수분포 $\mathrm{Exp}(\theta)$에서 추출한 확률표본이다. 관심 있는 가설로 $H_0 : \theta \le \theta_0$, $H_1 : \theta > \theta_0$인 형태를 생각할 수 있다. 여기서 θ_0는 $\theta_0 > 0$인 알고 있는 상수이다. ……………●

2.2 가설검정의 기본개념

X의 pdf (pmf)가 $f(x;\theta)$라 하자. 앞에서 미지의 모집단 모수에 관한 주장을 통계적 가설이라 정의했다. 가설을 일반적으로 다음과 같이 세분화하여 정의한다.

정의 2.2.1

만일 가설이 완전히 pdf (pmf) $f(x;\theta)$를 명확하게 결정하면 그 가설을 **단순가설**(simple hypothesis)이라 하고, 그렇지 못할 경우 **복합가설**(composite hypothesis)이라 한다.

예제 2.2.1 예제 2.1.1에서 생각한 가설은 귀무가설과 대립가설 모두 복합가설이지만 $H_0 : \mu = \mu_0$, $H_1 : \mu \ne \mu_0$라는 가설을 생각한다면, 귀무가설은 단순가설이고 대립가설은 복합가설이다. ……………●

예제 2.2.2 $X \sim \mathrm{N}(\mu, \sigma^2)$이라 하자. 여기서 μ와 σ^2은 모두 미지의 모수이다. 이 경우 $H_0 : \mu = \mu_0$, $H_1 : \mu \ne \mu_0$의 가설을 생각하면, 두 가설 모두 복합가설이다. 왜냐하면 귀무가설의 경우도 σ^2이 결정되지 않았기 때문이다. ……………●

일반적으로 Ω가 모수공간이고 $\Omega_0 \subset \Omega$일 때, 귀무가설을 $H_0 : \theta \in \Omega_0$로 표시할 수 있으며, 대립가설은$H_1 : \theta \in \Omega_1 = \Omega - \Omega_0$로 표시할 수 있다. 이렇게 나타낼 경우 $\Omega_0(\Omega_1)$가 한 값만 포함하는 집합이면 $H_0(H_1)$는 단순가설이고, 두 개 이상의 값을 포함하면 $H_0(H_1)$은 복합가설이라 정의하는 것과 같다. 예제 2.1.1에서 $\Omega = (-\infty, \infty)$, $\Omega_0 = (-\infty, \mu_0]$, $\Omega_1 = (\mu_0, \infty)$이므로 복합가설이고, 예제 2.2.1에서는 $\Omega_0 = \{\mu_0\}$이므로 귀무가설은 단순가설이며 $\Omega_1 = (-\infty, \mu_0) \cup (\mu_0, \infty)$이므로 대립가설은 복합가설임을 쉽게 알 수 있을 것이다. 예제

2.2.2에서는 $\Omega_0 = \{(\mu_0, \sigma) \mid 0 < \sigma^2 < \infty\}$이므로 복합가설이다.

통계적 가설은 모수공간의 부분집합이므로, 검정은 모수의 참값이 그 부분집합에 속하느냐를 결정하는 것이 된다.

대부분의 실험에서는 통계적인 증거를 가지고 주장하고자 하는 어떤 목적이나 연구가설이 있으며 이 가설을 대립가설로 택한다. 즉, 어떤 회사에서 새로운 제품을 개발했다고 하자. 그러면 당연히 새로 개발한 제품이 지금껏 사용되어온 제품보다 더 좋은 제품일 것으로 기대할 수 있다. 실제로 새로 개발한 제품이 나은 점이 없다면 이 제품을 생산할 필요가 없기 때문에 회사에서는 예를 들어 새로 개발한 제품의 수명이 지금껏 사용되어온 제품에 비해 길다고 주장할 수 있다. 따라서 이 주장을 대립가설에 설정한다는 것이다. 즉, $H_0 : \mu \le \mu_0$, $H_1 : \mu > \mu_0$ 형태의 가설이 될 것이다. 이 이유는 오류에 대한 설명과 함께 다시 설명할 것이다. 하여튼 가설을 세웠다면, 우리는 모집단의 모수에 관한 주장인 가설을 기각할 것인지를 결정해야 한다. 즉, 확률표본에 근거하여 귀무가설을 기각할 충분한 증거가 있는지 없는지를 결정해야 한다. 표본공간을 두 집합 C와 C^c로 분할하여 $\boldsymbol{x} = (x_1, \cdots, x_n) \in C$이면 $H_0 : \theta \in \Omega_0$를 기각하고, 그렇지 않으면 H_0를 기각하지 않을 것이다. 주어진 확률표본 $X_1, \cdots, X_n$에 근거하여 통계적 가설의 증거를 파악하기 위해 사용되는 통계량을 **검정통계량**(test statistic)이라 한다.

정의 2.2.2

귀무가설을 기각하는 표본공간의 부분집합 $C = \{\boldsymbol{x} \mid \boldsymbol{x} \in C$이면 귀무가설 기각$\}$을 **기각역** [critical (또는 rejection) region]이라 한다.

C^c를 채택역(acceptance region)으로 정의하기도 한다. 그러나 법원에서 판사는 충분한 증거가 있는 경우에만 유죄판결을 하게 되고 죄에 대한 의심이 있더라도 확실한 증거를 확보하지 못하면 무죄로 판결한다. 무죄판결을 받았더라도 실제로 해당되는 죄를 지었으나 증거가 불충분할 수도 있기 때문에 무죄판결을 받은 것이 그 해당되는 범죄와 무관하다고 확신할 수 없는 경우처럼 귀무가설을 기각할 충분한 증거가 없으면 기각하지 않는다. 주장하는 것을 일반적으로 대립가설에 설정하기 때문에 귀무가설을 기각한다는 것은 그 주장을 받아들인다는 것이다. 그러나 귀무가설을 기각하지 않는다고 해서 그 주장이 옳지 않다고 확신하기는 어렵다. 즉, 귀무가설을 채택한다는 의미는 H_0가 참임을 확신하는 것이 아니고 단지 H_1이 참임을 확신하지 못한다는 것이다. 이러한 이유 때문에 귀무가설을 기각하지 못

하는 경우 귀무가설을 채택한다는 말을 사용하길 꺼리는 저자가 많다.

확률표본에 근거하여 가설을 검정하기 때문에 오류를 범할 수 있다. 오류에는 두 가지 형태가 있는데, 귀무가설 H_0 가 참인데도 H_0 를 기각하는 **제1종 오류** (Type I error)와 H_0 가 거짓인데도 H_0 를 기각하지 못하는 **제2종 오류** (Type II error)이다.

만일 C 를 기각역이라 하면, $\theta \in \Omega_0$ 에 대해

$$P_\theta[\boldsymbol{X} \in C] \equiv P[\boldsymbol{X} \in C|\theta] = P[\text{제1종 오류}] \tag{2.2.1}$$

는 제1종 오류를 범할 확률이고, $\theta \in \Omega - \Omega_0$ 에 대해

$$\beta = P_\theta\left[\boldsymbol{X} \in C^c\right] = P[\text{제2종 오류}] \tag{2.2.2}$$

는 제2종 오류를 범할 확률이다. 이상적으로는 이 두 확률이 0이 되는 기각역을 구하는 것이지만, 실제로 이러한 경우는 발생하지 않는다. 따라서 제1종 오류를 범할 확률을 미리 정한 어떤 작은 값(보통 0.01 또는 0.05)으로 제한하고 제2종 오류를 범할 확률을 최소화하는 방법이 이용된다.

정의 2.2.3

단순 귀무가설 H_0에 대해 참인 H_0를 기각할 확률 α를 검정의 **유의수준** (significance level)이라 한다. 복합 귀무가설 H_0에 대해, H_0가 참인 경우 H_0를 기각할 확률의 최댓값을 **검정의 크기** (size of the test) 또는 **기각역의 크기** (size of the critical region)라 한다.

실제로 단순 귀무가설이던 복합 귀무가설이던 제1종 오류를 범할 확률의 최댓값을 유의수준 또는 검정의 크기로 정의하기도 한다. 여기서도 혼용해서 사용할 것이다.

기본적인 방법은 먼저 검정의 유의수준을 택하거나 지정하여 유의수준이 α가 되는 기각역을 결정한다. 유의수준이 α인 모든 기각역 중에서 제2종 오류를 범할 확률이 최소인 기각역을 선택한다.

예제 2.2.3 어떤 화학 반응량은 정규분포 $\mathrm{N}(\mu, 16)$을 따른다는 이론이 제시되었다. 과거의 경험에 의하면 어떤 종류의 광물질이 포함되어 있지 않으면 $\mu = 10$이고 광물질이 포함되어 있으면 $\mu = 11$임을 알았다. 어느 것이 참인지를 결정하기 위해 표본을 25개 추출하여 $H_0 : \mu = 10$ 대 $H_1 : \mu = 11$ 가설을 검정하고자 한다면,

유의수준 $\alpha = 0.05$일 때 가능한 기각역은

$$C = \left\{(x_1, \cdots, x_{25}) \mid \bar{x} \geq \mu_0 + z_\alpha \sigma / \sqrt{n} = 10 + 1.645(4)/5 = 11.316\right\}$$

이다.

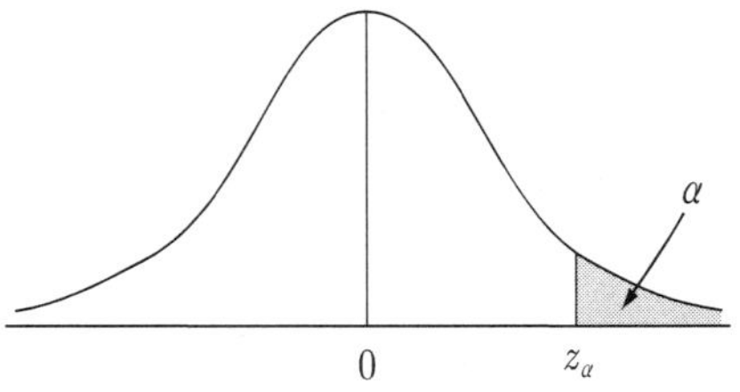

그림 2.2.1 표준정규분포

여기서 z_α는 그림 2.2.1과 같이 $Z \sim \mathrm{N}(0, 1)$일 때, $P[Z > z_\alpha] = \alpha$인 값이다. 이 기각역 C에 대해 제2종 오류를 범할 확률은

$$\begin{aligned}
\beta &= P[\text{제2종 오류}] \\
&= P[\bar{X} < 11.316 \mid \mu = 11] \\
&= P\left[\frac{\bar{X} - 11}{4/5} < \frac{11.316 - 11}{4/5} \middle| \mu = 11\right] \\
&= P[Z < 0.395] \\
&= 1 - P[Z \geq 0.395] \approx 0.654
\end{aligned}$$

임을 알 수 있다. 물론 $\alpha = 0.05$가 되는 기각역은 위에서 제시한 것 외에도 많이 존재할 수 있으나 제2종 오류를 범할 확률이 크질 것이다. 이 예의 경우 제2종 오류를 범할 확률은 상당히 크다. 따라서 $\bar{x} \geq 11.316$이면 귀무가설을 기각하겠지만, 이 조건을 만족하지 않는다면 H_0를 기각할 수 없다. 따라서 이 경우는 제2종 오류를 범하거나 귀무가설이 참이거나 둘 중 하나이다. 제2종 오류를 범할 확률이 크기 때문에 $\mu = 10$이라는 의미보다는 귀무가설을 기각하지 못한다(즉, $\mu = 11$이라는 증거가 명확하지 않다)는 말이 더 타당할 것이다. 표본의 수를 증가하면, 제2종 오류도 상당히 줄일 수 있다.

$n = 100$이면, $\alpha = 0.05$일 때 기각역은 $\bar{x} \geq \mu_0 + z_\alpha \sigma / \sqrt{n} = 10 + 1.645 \times 4/10 = 10.658$이다. 그리고 이 경우 제2종 오류를 범할 확률은

$$P[\overline{X} < 10.658 \mid \mu = 11] = P\left[\frac{\overline{X} - 11}{4/10} < \frac{10.658 - 11}{4/10} \;\middle|\; \mu = 11\right]$$
$$= P[Z < -0.855]$$
$$\approx 0.196$$

이다. 따라서 표본의 크기에 따라 많은 영향을 받는다. 그러므로 미리 정해진 α와 제2종 오류를 범할 확률 β값에 대해 필요한 표본의 수를 결정할 수 있다. 이 식은 간단히 유도할 수 있으며 정리 2.6.1에서 다시 소개한다. ……………●

주어진 유의수준 α에서 제2종 오류를 범할 확률이 최소가 되는 기각역을 찾는 것이 당연하다. 이러한 원리는 다음에 정의할 검정력함수를 이용하면 편리하다.

정의 2.2.4

모수의 참값이 θ일 때 H_0를 기각할 확률,

$$\beta_C(\theta) = P_\theta[\boldsymbol{X} \in C] \tag{2.2.3}$$

를 기각역 C를 갖는 가설검정의 **검정력함수**(power function)라 한다.

정의 2.2.5

$\theta \in \Omega_0^c$이고 C는 검정의 기각역이다. θ가 참일 때 H_0를 기각할 확률 $\beta_C(\theta) = P_\theta[\boldsymbol{X} \in C]$를 θ에 대한 검정의 **검정력**(power)이라 한다.

만일 가설의 기각역이 C이면,

$$\beta_C(\theta) = P_\theta[\boldsymbol{X} \in C] = \begin{cases} \text{제1종 오류를 범할 확률}, & \theta \in \Omega_0 \text{이면} \\ 1 - \text{제2종 오류를 범할 확률}, & \theta \in \Omega_0^c \text{이면} \end{cases} \tag{2.2.4}$$

이다.

이상적인 검정의 검정력함수는 $\theta \in \Omega_0$인 모든 θ에 대해서는 0이고 $\theta \in \Omega_0^c$인 모든 θ에 대해서는 1이지만, 명확한 상황이 아닌 경우에는 그렇게 될 수가 없다. 따라서 바라는 검정은 $\theta \in \Omega_0$인 대부분의 θ에 대해서는 0에 가깝고 $\theta \in \Omega_0^c$인 대부분의 θ에 대해서는 1에 가까운 검정력함수를 갖는 것이다.

예제 2.2.4 어느 과일 상점에서는 각 상자당 약간의 흠이 있는 과일이 10% 미만이라고 주장하는 도매점에서 과일을 구매한다. 이때 $H_0 : p \geq 0.1$ 대 $H_1 : p < 0.1$인 검정을 생각해 보자. 상자에서 25개의 과일을 무작위로 선택하여 흠이 있는 과일의 개수가 a개 이하일 때만 그 과일을 구입한다고 하자. 즉, $X \leq a$일 때 H_0를 기각한다. 여기서 $\Omega_0 = [0.1, 1]$이고 $\Omega_0^c = [0, 0.1)$이다.

(a) 기각역이 $C_1 = \{x | x \leq 0\}$이면, 검정력함수는

$$\beta_{C_1}(p) = P_p[X = 0] = (1-p)^{25}$$

이다. $\beta_{C_1}(p)$는 $\beta_{C_1}(0) = 1$에서 $\beta_{C_1}(1) = 0$까지 감소하는 순감소함수이며

p	0.00	0.01	0.02	0.04	0.06	0.08	0.10	0.15	0.20
$\beta_{C_1}(p)$	1.0000	0.7778	0.6035	0.3604	0.2129	0.1244	0.0718	0.0172	0.0038

이다. 따라서

$$\beta_{C_1}(0.1) = \max_{p \in \Omega_0} \beta_{C_1}(p) \approx 0.0718$$

이다. 즉 제1종 오류를 범할 확률의 최댓값인 유의수준은 0.0718이고 $p = 0.08$일 때 제2종 오류를 범할 확률은 $1 - 0.1244 = 0.8756$이며, $p = 0.04$일 때 $1 - 0.3604 = 0.6396$이므로 $p = 0.04$임에도 과일을 구입하지 않을 확률이 상당히 높음을 알 수 있다.

(b) 기각역이 $C_2 = \{x | x \leq 1\}$이면, 검정력함수는

$$\begin{aligned} \beta_{C_2}(p) &= P_p[X \leq 1] = P_p[X = 0] + P_p[X = 1] \\ &= (1-p)^{25} + \binom{25}{1} p (1-p)^{24} \\ &= (1-p)^{24}(1 + 24p) \end{aligned}$$

이다. 따라서

p	0.00	0.01	0.02	0.04	0.06	0.08	0.10	0.15	0.20
$\beta_{C_2}(p)$	1.0000	0.9742	0.9114	0.7358	0.5527	0.3947	0.2712	0.0931	0.0274

이며

$$\beta_{C_2}(0.1) = \max_{p \in \Omega_0} \beta_{C_2}(p) \approx 0.2712$$

이다. 즉, 유의수준은 0.2712로 (a)의 결과에 비해 증가했지만 제2종 오류를 범할 확률은 $p = 0.08$일 때 $1 - 0.3947 = 0.6053$이고 $p = 0.04$일 때 $1 - 0.7358 = 0.2642$로 감소되었음을 알 수 있다. 또한 두 오류를 범할 확률은 상반되게 움직인다. 그림 2.2.2에 $\beta_{C_1}(p)$와 $\beta_{C_2}(p)$가 나타나 있다. ……………●

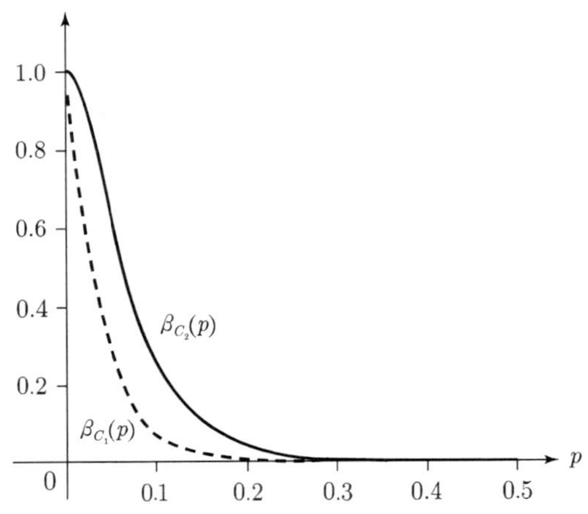

그림 2.2.2 예제 2.2.3의 검정력함수

예제 2.2.3에서 보았듯이 기각역을 변경하면 한 오류를 범할 확률은 줄어들지만 다른 오류를 범할 확률은 오히려 증가하기 때문에 두 오류를 범할 확률을 동시에 줄일 수 없다. 그러나 표본의 수를 증가시켜 두 오류를 범할 확률을 동시에 줄일 수 있다.

가설검정이 이루어진 후에는 어떤 방법으로 통계적으로 의미 있는 결론이 내려져야 한다. 가설검정의 결과를 알리는 한 가지 방법은 사용된 검정의 크기 α와 H_0의 기각여부에 관한 결정을 말하는 것이다. 검정의 크기는 중요한 정보를 가지고 있다. 만일 α가 작으면, H_0를 기각하는 결정을 상당히 확신할 수 있지만, α가 큰 경우는 H_0를 기각하는 결정은 그 결정이 옳지 못할 확률이 크기 때문에 확신할 수 없다.

가설검정의 결과를 발표하는 또 다른 방법은 데이터에 의존하는 정의 2.2.6에서 정의한 p-값을 언급하는 것이다. 예를 들어 두 사람이 동일한 실험결과를 이용하여 가설을 검정할 때 이들이 서로 다른 유의수준을 적용한다면, 다른 결론을 얻을 수도 있다. 실험자 I이 $\alpha = 0.05$를 충분히 작은 값으로 생각한 반면, 실험자 II는 $\alpha = 0.01$을 사용해야 한다고 생각할 수 있다. 동일한 데이터에 근거하여 실험자 II가 기각하지 못한 경우 실험자 I은 기각할 가능성이 있다. 만일 실험자들이 동일한 검정통계량을 이용하기로 한다면, 다음과 같이 정의되는 검정의 p-값으로 실험의 결과를 발표하면 이러한 문제는 해결될 수 있다.

정의 2.2.6

검정통계량의 관측값에 근거하여 H_0를 기각할 수 있는 검정의 크기 α의 최솟값을 **p-값** (p-value) 또는 **유의확률** (significance probability)이라 한다.

검정의 크기가 작은 검정에 의해 H_0를 기각하는 것은 검정의 크기가 큰 검정으로 H_0를 기각하는 것보다 H_1이 참이라는 증거를 더 확신할 수 있으므로, p-값이 작으면 작을수록 H_1이 참이라는 증거가 강하다.

유의수준이 α인 검정의 기각역이 $T(\boldsymbol{X}) \geq c_\alpha$ 형태인 경우를 생각해 보자. 여기서 $T(\boldsymbol{X})$는 적당한 검정통계량이고 c_α는 유의수준이 α가 되도록 선택한 상수이다. 이 경우에 p-값은

$$\sup_{\theta \in \Omega_0} P_\theta[\,T(\boldsymbol{X}) \geq T(\boldsymbol{x})\,] \tag{2.2.5}$$

이다.

예제 2.2.5 정규분포 $\mathrm{N}(\mu, 25)$에서 추출한 크기 $n = 16$인 확률표본에 근거하여 $H_0: \mu \leq 15$ 대 $H_1: \mu > 15$를 검정해 보자. 관측값이 $\overline{x} = 17.25$라 하면, 2.4절에서 자세히 다루겠지만 이 경우의 기각역은 $\overline{X} \geq 15 + z_\alpha \frac{5}{4} = c_\alpha$이다. 따라서 p-값은

$$\sup_{\mu \leq 15} P[\overline{X} \geq 17.25] = P[\overline{X} \geq 17.25 \mid \mu = 15] = P[Z \geq 1.80] = 0.0359$$

이며 $0.01 < 0.0359 < 0.05$이므로, 검정은 $\alpha = 0.05$에서는 기각되지만 $\alpha = 0.01$에서는 기각하지 못한다. 따라서 p-값으로 검정결과를 기록하면, 관심 있는 사람들은 그들 자신의 기준을 적용할 수 있다. ……………•

예제 2.2.6 $X_1, \cdots, X_n$은 정규분포 $\mathrm{N}(\mu, \sigma^2)$에서 추출한 확률표본이다. 이때 $H_0: \mu \leq \mu_0$ 대 $H_1: \mu > \mu_0$를 검정하기 위해 기각역 $C = \{(x_1, \cdots, x_n) \mid \overline{x} \geq a\}$를 이용

한다. 이 검정의 기각역에 대해서는 2.6절에서 소개할 것이다.

$n=9,\ \bar{x}=7.86,\ s^2=9,\ \mu_0=6$이면, 이 검정의 p-값은

$$\begin{aligned} p\text{-값} &= \sup_{\mu \in \Omega_0} P_\mu[\,T(\boldsymbol{X}) \geq T(\boldsymbol{x})] \\ &= \sup_{\mu \leq \mu_0} P_\mu[\,\overline{X} \geq \bar{x}\,] \\ &= \sup_{\mu \leq \mu_0} P_\mu\left[t(8) \geq \frac{\bar{x}-\mu}{3/\sqrt{n}}\right] \\ &= P\left[t(8) \geq \frac{\bar{x}-\mu_0}{3/\sqrt{n}}\right] \\ &= P[t(8) \geq 1.86] = 0.05 \end{aligned}$$

이다. ……………●

예제 2.2.6에서 생각한 검정의 기각역은

$$t_0 = \frac{\bar{x}-\mu_0}{s/\sqrt{n}} \geq t_\alpha(n-1) \tag{2.2.6}$$

이다. 이러한 검정을 단측검정이라 한다. 특히 이런 검정을 **상단단측검정**(upper one-sided test)이라 하고 $H_0: \theta \geq \theta_0$ 대 $H_1: \theta < \theta_0$ 검정을 **하단단측검정**(lower one-sided test)이라 한다. 또는 양측 대립가설을 갖는 $H_0: \theta = \theta_0$ 대 $H_1: \theta \neq \theta_0$ 검정을 **양측검정**(two-sided test)이라 한다.

연습문제

2.2.1 다음 가설검정 문제에서 $X \sim \mathrm{N}(\mu, \sigma^2)$이고 σ^2은 미지이다. 각 가설이 단순가설인지 복합가설인지를 결정하라.

(a) $H: \mu > \mu_0$, μ_0는 알고 있는 상수

(b) $H: \mu \neq \mu_0$, μ_0는 알고 있는 상수

(c) $H: \mu = \mu_0,\ \sigma^2 = \sigma_0^2$, μ_0와 σ_0^2은 알고 있는 상수

2.2.2 다음 각 경우 가설이 단순가설인지 복합가설인지를 결정하라.

(a) H: X가 모수 $\lambda=2.0$인 푸아송 확률변수이다.

(b) H: X가 모수 $\lambda<3$인 푸아송 확률변수이다.

(c) H: X가 분산이 $\sigma^2=16$인 정규확률변수이다.

(d) H: X가 모수 $\theta=5$인 지수확률변수이다.

(e) H: $F_X(x|\theta)=F_X(x|\theta_0)$, θ_0는 알고 있는 상수이다.

2.2.3 $X\sim \text{Geo}(p)$라 하자. X의 관측값 x에 근거하여 $H_0: p=p_0$ 대 $H_1: p=p_1(p_1>p_0)$를 검정하고자 한다. 만일 $x\geq k$일 때 H_0를 기각한다면, 제1종 오류와 제2종 오류를 범할 확률을 구하라.

2.2.4 항아리에 빨간 공 2개와 흰 공 2개 그리고 흰 공인지 빨간 공인지 알 수 없는 공이 한 개 포함되어 있다. p를 항아리에서 빨간 공을 꺼낼 확률이라 하자. $H_0: p=3/5$ 대 $H_1: p=2/5$인 가설을 검정하고자 한다. 4개의 공을 항아리에서 한 번에 한 개씩 무작위로 복원추출한다. 이때 X를 꺼낸 빨간 공의 개수라 하자.

(a) X의 항으로 이 검정에 대한 유의수준이 $\alpha=0.1792$인 기각역 C를 결정하라.

(b) (a)에서 구한 기각역 C에 대해 제2종 오류를 범할 확률을 구하라.

2.2.5 어느 선거인 명부에서 15명을 표본으로 추출하여 A 후보를 지지하는지를 조사했다. A 후보의 지지율 p에 대해 $H_0: p\geq 0.5$ 대 $H_1: p<0.5$를 검정하기 위해 표본으로 추출된 15명 중에서 A 후보를 지지하는 사람의 수를 X라 하고 기각역을 $C=\{x|x\leq 5\}$라 하자.

(a) 유의수준 α를 구하라.

(b) $p=0.3$일 때 제2종 오류를 범할 확률 β를 구하라.

2.2.6 어떤 상자에 10개의 공이 들어 있다. 10개의 공에 대해 색깔은 알지 못한다고 하자. 따라서 이 10개의 공 중에서 2개는 빨간 색이고 8개는 흰 색이라는 귀무가설과 3개 이상이 빨간 색이라는 대립가설을 검정하고자 한다. 만일 2개의 공을 비복원추출하여 모두 빨간 색이면 귀무가설을 기각한다고 할 때, 다음을 구하라.

(a) 유의수준 α

(b) 검정력함수

2.2.7 $X_1, \cdots, X_{10}$을 평균이 λ인 푸아송 분포에서 추출한 크기 $n = 10$인 확률표본이라 하자. $H_0 : \lambda \le 0.4$ 대 $H_1 : \lambda > 0.4$에 대해, $\sum_{i=1}^{10} x_i \ge 8$이면 귀무가설을 기각한다.

(a) 이 검정의 크기를 계산하라.

(b) 푸아송 확률들의 합으로 이 검정의 검정력함수를 구하라.

2.2.8 어떤 데이터에 근거하여 유의수준 $\alpha = 0.05$에서 귀무가설이 기각되었다. 다음의 유의수준에서도 역시 귀무가설이 기각되는가?

(a) 유의수준이 0.01

(b) 유의수준이 0.10

2.2.9 X_1과 X_2는 다음과 같은 pdf를 갖는 분포에서 추출한 크기 2인 확률표본이다.

$$f(x;\theta) = \begin{cases} \theta x^{\theta-1}, & 0 < x < 1,\ \theta > 0 \\ 0, & \text{그 외} \end{cases}$$

만일 기각역 $C = \{(x_1, x_2) | x_1 x_2 \ge 3/4\}$이 $H_0 : \theta = 1$ 대 $H_1 : \theta = 2$를 검정하기 위해 이용된다면 $\theta = 2$에서 이 검정의 검정력은 얼마인가?

2.2.10 $X_1, \cdots, X_n$은 2-모수 지수분포 $\text{Exp}(1, \eta)$에서 추출한 크기 n인 확률표본이다. $H_0 : \eta \le \eta_0$ 대 $H_1 : \eta > \eta_0$를 $X_{1:n}$에 근거하여 검정하고자 한다.

(a) 검정의 크기가 α인 $\{x_{1:n} \ge c\}$ 형태의 기각역을 구하라.

(b) (a) 검정에 대해 검정력함수를 유도하라.

2.2.11 $X \sim \text{U}(0, \theta)$이다. X의 관측값에 근거하여 $H_0 : \theta = 1$ 대 $H_1 : \theta = \theta_1 (\theta_1 > 1)$을 검정하고자 한다. 유의수준이 $\alpha = 0.05$인 기각역 $C = \{x | x \ge a\}$를 구하라. 이 검정의 검정력함수를 구하라.

2.2.12 X_1과 X_2는 독립이며 동일한 $\text{U}(\theta, \theta+1)$균일확률변수이다. $H_0 : \theta = 0$ 대 $H_1 : \theta > 0$의 검정에 대해, 다음 두 가지 기각역을 생각해 보자.

$$C_1 = \{x_1 | x_1 \ge 0.95\},\ C_2 = \{(x_1, x_2) | x_1 + x_2 \ge a\}$$

(a) 두 검정의 크기가 같게 되는 a값을 구하라.

(b) 각 검정의 검정력함수를 구하라.

2.2.13 다음 각 경우에 관측된 데이터의 p-값을 계산하라.

(a) $H_0 : \theta \le 1/2$ 대 $H_1 : \theta > 1/2$ 검정에 대해, 10번의 베르누이 시행에서 7번 성공이 관측되었다. 여기서 θ는 베르누이 시행에서 성공할 확률이며 기각역의 형태는 $C = \{x \mid x \ge a\}$이다.

(b) $H_0 : \lambda \le 1$ 대 $H_1 : \lambda > 1$ 검정에 대해, $x = 3$이 관측되었고 $X \sim \mathrm{Poi}(\lambda)$이며 기각역의 형태는 $C = \{x \mid x \ge a\}$이다.

(c) $H_0 : \lambda \le 1$ 대 $H_1 : \lambda > 1$ 검정에 대해, $x_1 = 3,\ x_2 = 5,\ x_3 = 1$이 관측되었으며 $X_i \sim \mathrm{Poi}(\lambda)$이고 독립이다. 기각역의 형태는 $C = \{\boldsymbol{x} \mid \bar{x} \ge a\}$이다.

2.2.14 어느 작은 대학에 지원한 학생들의 수능성적이 $\mathrm{N}(\mu, 144)$라 하자. $H_0 : \mu \ge 350$ 대 $H_1 : \mu < 350$을 검정하고자 한다. $n = 36$명 수능성적의 확률표본에 대해 기각역을 $C = \{x \mid \bar{x} \le 346.08\}$이라 하자. 여기서 $\bar{x}$는 표본평균이다.

(a) 이 검정의 검정력함수를 구하라.

(b) $\mu = 346.08$일 때의 검정력은 얼마인가?

(c) (i) $\bar{x} = 346.98$ (ii) $\bar{x} = 345.66$에 대응되는 p-값은 얼마인가?

2.2.15 X_1, X_2, X_3은 평균이 $\theta > 0$인 지수분포에서 추출한 크기 $n = 3$인 확률표본이다. $H_0 : \theta \ge 2$ 대 $H_1 : \theta < 2$ 가설에 대해, $\sum_{i=1}^{3} x_i \le 2$이면 귀무가설을 기각한다.

(a) 검정력함수를 적분으로 나타내라.

(b) 부분적분을 이용하여 검정력함수를 구하라.

2.3 최강력검정

앞 절에서는 가설검정의 기본개념과 용어를 소개했으며 기각역에 대한 검정력함수 등을 구해 보았다. 제1장의 점추정에서 미지의 모수를 추정하고자 할 때, 선택 기준에 의해 여러 추정량 중에서 좋은 추정량을 찾는 것과 마찬가지로 검정의 크기가 α인 기각역을 갖는 여러 검정 중에서 좋은 검정은 제2종 오류를 범할 확률이 작은 검정이 될 것이다. 즉 $\theta \in \Omega_0^c$에 대해 검정력함수가 더 큰 검정이 좋은 검정이다. 만일 어떤 검정이 검정의 크기가 α인 검정들 중에서 다른 모든 검정보다 제2종 오류를 범할 확률이 작다면, 그러한 검정들 중에서는 최량의 검정이 될 것이다. 즉, 모수의 대립 값에 대한 최대 검정력을 갖는 검정이 최량의 검정이 된다. 다음 정의를 먼저 살펴보자.

$X_1, \cdots, X_n$은 결합 pdf(pmf) $f(x;\theta)$를 가지며 C를 검정의 기각역이라 하자.

정의 2.3.1

$R_1 = \{C \mid C$는 $H_0 : \theta = \theta_0$ 대 $H_1 : \theta = \theta_1$의 유의수준이 α인 검정의 기각역$\}$이라 하자. 만일

(a) $\beta_{C^*}(\theta_0) = \alpha$ (즉, $C^* \in R_1$)이고 (2.3.1)

(b) 임의의 $C \in R_1$에 대해

$$\beta_{C^*}(\theta_1) \geq \beta_C(\theta_1) \tag{2.3.2}$$

이면, C^*에 근거한 검정을 유의수준이 α인 **최강력검정 (MP 검정)** (most powerful test)이라 하고 C^*를 유의수준이 α인 **최강력 기각역** (most powerful critical region)이라 한다.

다음의 유명한 정리는 단순가설에 대한 검정에서 최강력 기각역을 쉽게 구하는 방법을 제공해 준다.

정리 2.3.1 네이만-피어슨 보조정리 (Neyman-Pearson Lemma)

$\boldsymbol{X} = (X_1, \cdots, X_n)$이 결합 pdf (pmf) $f(\boldsymbol{x};\theta)$를 갖는 확률변수들의 벡터이고, $H_0 : \theta = \theta_0$ 대 $H_1 : \theta = \theta_1$가설의 기각역이 적당한 상수 $k \geq 0$에 대해

$$\begin{aligned} C^* &= \{\boldsymbol{x} \mid f(\boldsymbol{x};\theta_1) \geq k f(\boldsymbol{x};\theta_0)\} \\ &= \left\{\boldsymbol{x} \;\middle|\; \lambda(\boldsymbol{x};\theta_0, \theta_1) \equiv \frac{f(\boldsymbol{x};\theta_1)}{f(\boldsymbol{x};\theta_0)} \geq k \right\} \end{aligned} \tag{2.3.3}$$

라 하자. 여기서

$$\alpha = P_{\theta_0}[\boldsymbol{X} \in C^*] = P[\boldsymbol{X} \in C^* \mid \theta = \theta_0] \tag{2.3.4}$$

이다. 그러면 C^*를 갖는 검정은 유의수준이 α인 최강력검정이다. 즉, C^*가 유의수준이 α인 최강력 기각역이다.

• 증 명 •

여기서는 연속인 경우에 대해 증명한다. 이산인 경우는 적분기호 대신 합기호를 대입하여 유사하게 증명할 수 있다.

만일 $A_1 \subset C^*$ 이면

$$\int_{A_1} kf(\boldsymbol{x};\theta_0)d\boldsymbol{x} \le \int_{A_1} f(\boldsymbol{x};\theta_1)d\boldsymbol{x}$$

이므로

$$kP_{\theta_0}[\boldsymbol{X}\in A_1] \le P_{\theta_1}[\boldsymbol{X}\in A_1] \tag{2.3.5}$$

이다. 마찬가지로 $A_2 \subset (C^*)^c$ 이면

$$\int_{A_2} kf(\boldsymbol{x};\theta_0)d\boldsymbol{x} > \int_{A_2} f(\boldsymbol{x};\theta_1)d\boldsymbol{x}$$

이므로

$$kP_{\theta_0}[\boldsymbol{X}\in A_2] > P_{\theta_1}[\boldsymbol{X}\in A_2] \tag{2.3.6}$$

가 성립한다. 임의의 기각역 C에 대해

$$C = C\cap(C^*\cup(C^*)^c) = (C\cap C^*)\cup(C\cap(C^*)^c)$$

이며

$$C^* = C^*\cap(C\cup C^c) = (C^*\cap C)\cup(C^*\cap C^c)$$

이므로

$$\begin{aligned}\beta_{C^*}(\theta) &= P_\theta[\boldsymbol{X}\in C^*] \qquad (2.3.7)\\ &= P_\theta[\boldsymbol{X}\in C^*\cap C] + P_\theta[\boldsymbol{X}\in C^*\cap C^c]\end{aligned}$$

이고

$$\begin{aligned}\beta_C(\theta) &= P_\theta[\boldsymbol{X}\in C] \qquad (2.3.8)\\ &= P_\theta[\boldsymbol{X}\in C\cap C^*] + P_\theta[\boldsymbol{X}\in C\cap(C^*)^c]\end{aligned}$$

이다. 따라서

$$\beta_{C^*}(\theta) - \beta_C(\theta) = P_\theta[\boldsymbol{X}\in C^*\cap C^c] - P_\theta[\boldsymbol{X}\in C\cap(C^*)^c] \tag{2.3.9}$$

이다. $\theta=\theta_1$일 때, 식 (2.3.5)와 (2.3.6)에 의해

$$\begin{aligned}\beta_{C^*}(\theta_1)-\beta_C(\theta_1) &= P_{\theta_1}[\boldsymbol{X}\in C^*\cap C^c]-P_{\theta_1}[\boldsymbol{X}\in C\cap(C^*)^c]\\ &\geq kP_{\theta_0}[\boldsymbol{X}\in C^*\cap C^c]-kP_{\theta_0}[\boldsymbol{X}\in C\cap(C^*)^c]\\ &= k[\beta_{C^*}(\theta_0)-\beta_C(\theta_0)]\end{aligned}$$

가 성립된다. C가 유의수준이 α인 임의의 기각역이면, $\beta_{C^*}(\theta_0)=\beta_C(\theta_0)=\alpha$이므로 $\beta_{C^*}(\theta_1)\geq\beta_C(\theta_1)$이다. 즉, C^*가 유의수준이 α인 최강력 기각역이다.

……………… ■

정리 2.3.2

$H_0:\theta=\theta_0$ 대 $H_1:\theta=\theta_1$ 가설의 유의수준이 α인 최강력 기각역이 C^*이면,

$$\beta_{C^*}(\theta_1)\geq\alpha$$

가 성립된다.

• 증명 •

기각역 C를

$$\beta_C(\theta)=\alpha,\ \theta=\theta_0,\theta_1$$

이라 하자. 그러면 C는 유의수준이 α인 검정의 기각역이다. C^*는 최강력 기각역이므로

$$\beta_{C^*}(\theta_1)\geq\beta_C(\theta_1)=\alpha$$

가 성립된다.

……………… ■

네이만-피어슨 보조정리는 가설이 단순가설일 때, 두 가능도함수의 비 $\dfrac{f(\boldsymbol{x};\theta_1)}{f(\boldsymbol{x};\theta_0)}$가 적당히 큰 경우 귀무가설을 기각한다는 것이다. 다음 예제를 살펴보자.

예제 2.3.1 $X_1,\cdots,X_n$은 정규분포 $\mathrm{N}(\mu,4)$에서의 확률표본이다. $H_0:\mu=0$ 대

$H_1 : \mu = 1$을 검정하고자 한다. 결합 pdf가

$$f(\boldsymbol{x}; \mu) = (2\pi \times 4)^{-n/2} \exp\left[-\frac{1}{8}\sum_{i=1}^{n}(x_i - \mu)^2\right]$$

이므로 가능도함수의 비는

$$\lambda(\boldsymbol{x}; \mu_0, \mu_1) = \frac{\exp\left[-\frac{1}{8}\sum_{i=1}^{n}(x_i - 1)^2\right]}{\exp\left(-\frac{1}{8}\sum_{i=1}^{n}x_i^2\right)} = \exp\left(\frac{1}{4}\sum_{i=1}^{n}x_i - \frac{n}{8}\right)$$

이다. 따라서 네이만-피어슨 보조정리에 의해, 적당한 상수 $k \geq 0$에 대해

$$\lambda(\boldsymbol{x}; \mu_0, \mu_1) \geq k \Leftrightarrow \sum_{i=1}^{n}x_i \geq k_1, \; k_1 = 4\left(\frac{n}{8} + \ln k\right)$$

이면 H_0를 기각한다. 이제 k_1값을 구해 보면

$$\alpha = P\left[\sum_{i=1}^{n}X_i \geq k_1 \middle| \mu = 0\right]$$

을 만족해야 한다. 귀무가설하에서 $\sum_{i=1}^{n}X_i \sim \mathrm{N}(0, 4n)$이므로

$$\begin{aligned}\alpha &= P\left[\sum_{i=1}^{n}X_i \geq k_1 \middle| \mu = 0\right] \\ &= P[Z \geq k_1/\sqrt{4n}]\end{aligned}$$

을 만족하는 k_1은 $k_1 = z_\alpha\sqrt{4n}$이다. 그러므로 유의수준이 α인 최강력 기각역 C^*는 다음과 같다.

$$\begin{aligned}C^* &= \left\{\boldsymbol{x} \middle| \sum_{i=1}^{n}x_i \geq 2z_\alpha\sqrt{n}\right\} \\ &= \{\boldsymbol{x} \mid \bar{x} \geq 2z_\alpha/\sqrt{n}\}\end{aligned}$$

위에서 구한 최강력 기각역 C^*를 갖는 검정의 검정력 $\beta_{C^*}(1)$을 구해 보자. $\mu = 1$이면, $\sum_{i=1}^{n}X_i \sim \mathrm{N}(n, 4n)$이므로

$$\beta_{C^*}(1) = P\left[\sum_{i=1}^{n} X_i \geq 2z_\alpha \sqrt{n} \,\middle|\, \mu = 1\right]$$
$$= P\left[\frac{\sum_{i=1}^{n} X_i - n}{\sqrt{4n}} \geq \frac{2z_n \sqrt{n} - n}{\sqrt{4n}} \,\middle|\, \mu = 1\right]$$
$$= P\left[Z \geq z_\alpha - \frac{\sqrt{n}}{2}\right]$$
$$> \alpha$$

이다. 따라서 정리 2.3.2가 성립됨을 알 수 있다. ……………●

예제 2.3.2 $X_1, \cdots, X_n$이 지수분포 $\mathrm{Exp}(\theta)$에서 추출한 크기 n인 확률표본일 때, $H_0 : \theta = \theta_0$ 대 $H_1 : \theta = \theta_1$, $\theta_1 > \theta_0$ 를 검정하고자 한다. 결합 pdf가

$$f(\boldsymbol{x};\theta) = \theta^{-n} \exp\left(-\frac{1}{\theta}\sum_{i=1}^{n} x_i\right)$$

이므로

$$\lambda(\boldsymbol{x};\theta_0, \theta_1) = \frac{f(\boldsymbol{x};\theta_1)}{f(\boldsymbol{x};\theta_0)}$$
$$= \frac{\theta_1^{-n} \exp\left(-\frac{1}{\theta_1}\sum_{i=1}^{n} x_i\right)}{\theta_0^{-n} \exp\left(-\frac{1}{\theta_0}\sum_{i=1}^{n} x_i\right)}$$
$$= \left(\frac{\theta_0}{\theta_1}\right)^n \exp\left[-\sum_{i=1}^{n} x_i \left(\frac{1}{\theta_1} - \frac{1}{\theta_0}\right)\right]$$

이다. 따라서 네이만-피어슨 보조정리에 의해

$$\lambda(\boldsymbol{x};\theta_0, \theta_1) \geq k \Leftrightarrow \sum_{i=1}^{n} x_i \geq k_1$$

이면 H_0를 기각한다. 여기서 상수 k는

$$\alpha = P\left[\lambda(\boldsymbol{X};\theta_0, \theta_1) \geq k \mid \theta = \theta_0\right]$$

를 만족하는 값이므로

$$\alpha = P[\lambda(\boldsymbol{X};\theta_0, \theta_1) \ge k \mid \theta = \theta_0] = P\left[\sum_{i=1}^{n} X_i \ge k_1 \,\middle|\, \theta = \theta_0\right]$$

이고, 귀무가설 $H_0 : \theta = \theta_0$ 하에서 $2\sum_{i=1}^{n} X_i/\theta_0 \sim \chi^2(2n)$ 이므로 $k_1 = \frac{1}{2}\theta_0\chi_\alpha^2(2n)$ 이다. 여기서 $\chi_\alpha^2(k)$는 자유도가 k인 카이제곱확률변수 $\chi^2(k)$에 대해 $P[\chi^2(k) \ge \chi_\alpha^2(k)] = \alpha$인 값이다 (그림 2.3.1 참조). 표 B.4에 다양한 값들이 주어져 있다. 따라서 기각역

$$C^* = \left\{\boldsymbol{x} \,\middle|\, \sum_{i=1}^{n} x_i \ge \theta_0\chi_\alpha^2(2n)/2\right\}$$

가 최강력 기각역이다.

이 최강력 기각역을 갖는 검정의 검정력을 구해 보자.

$$\begin{aligned}\beta_{C^*}(\theta_1) &= P\left[\sum_{i=1}^{n} X_i \ge \theta_0\chi_\alpha^2(2n)/2 \,\middle|\, \theta = \theta_1\right] \\ &= P\left[2\sum_{i=1}^{n} X_i/\theta_1 \ge \frac{\theta_0}{\theta_1}\chi_\alpha^2(2n) \,\middle|\, \theta = \theta_1\right] \\ &= P\left[\chi^2(2n) \ge \frac{\theta_0}{\theta_1}\chi_\alpha^2(2n)\right]\end{aligned}$$

이고, $\theta_0/\theta_1 < 1$ 이므로

$$\beta_{C^*}(\theta_1) > \alpha$$

가 성립된다.

만일 $H_0 : \theta = \theta_0$ 대 $H_1 : \theta = \theta_1$, $\theta_1 < \theta_0$ 를 검정하고자 한다면,

$$\lambda(\boldsymbol{x};\theta_0, \theta_1) \ge k \Leftrightarrow \sum_{i=1}^{n} x_i \le k_2$$

이므로, 최강력 기각역은

$$C^* = \left\{\boldsymbol{x} \,\middle|\, \sum_{i=1}^{n} x_i \le \theta_0\chi_{1-\alpha}^2(2n)/2\right\}$$

이다. 이 경우도 θ_1에 대한 검정의 검정력은

$$\begin{aligned}\beta_{C^*}(\theta_1) &= P\left[\sum_{i=1}^{n} X_i \le \theta_0 \chi^2_{1-\alpha}(2n)/2 \,\middle|\, \theta = \theta_1\right] \\ &= P\left[2\sum_{i=1}^{n} X_i/\theta_1 \le \frac{\theta_0}{\theta_1}\chi^2_{1-\alpha}(2n) \,\middle|\, \theta = \theta_1\right] \\ &= P\left[\chi^2(2n) \le \frac{\theta_0}{\theta_1}\chi^2_{1-\alpha}(2n)\right]\end{aligned}$$

이며, $\theta_0/\theta_1 > 1$이므로

$$\beta_{C^*}(\theta_1) > \alpha$$

이다.

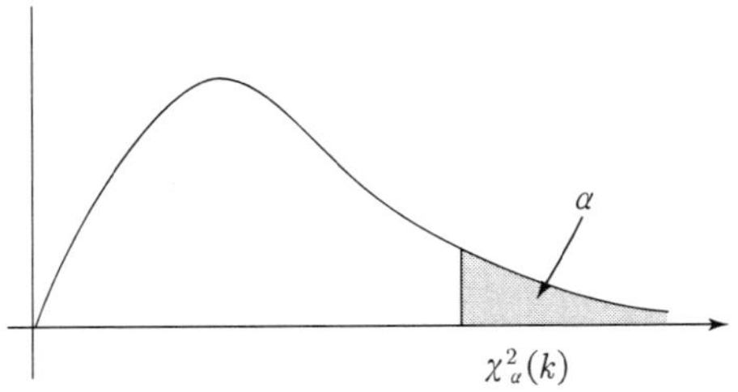

그림 2.3.1 χ^2 분포의 pdf

정리 2.3.3

$X_1, \cdots, X_n$의 결합 pdf(pmf)가 $f(\boldsymbol{x};\theta)$이고 $T(\boldsymbol{X})$를 θ의 충분통계량이라 하면, $H_0: \theta = \theta_0$ 대 $H_1: \theta = \theta_1$가설에 대한 최강력검정은 $T(\boldsymbol{X})$의 함수이다. ………… ■

예제 2.3.3 $X_1, \cdots, X_n$이 정규분포 $\mathrm{N}(0, \sigma^2)$에서 추출한 크기 n인 확률표본일 때, $H_0: \sigma^2 = \sigma_0^2$ 대 $H_1: \sigma^2 = \sigma_1^2$, $\sigma_1^2 > \sigma_0^2$을 검정하고자 한다. 이 경우 가능도함수의 비가

$$\lambda(\boldsymbol{x};\sigma_0^2, \sigma_1^2) = \frac{(2\pi\sigma_1^2)^{-n/2}\exp\left(-\dfrac{1}{2\sigma_1^2}\sum_{i=1}^{n} x_i^2\right)}{(2\pi\sigma_0^2)^{-n/2}\exp\left(-\dfrac{1}{2\sigma_0^2}\sum_{i=1}^{n} x_i^2\right)}$$

$$= \left(\frac{\sigma_0}{\sigma_1}\right)^n \exp\left[-\sum_{i=1}^{n} x_i^2 \left(\frac{1}{2\sigma_1^2} - \frac{1}{2\sigma_0^2}\right)\right]$$

이므로, 네이만-피어슨 보조정리에 의해

$$\lambda(\boldsymbol{x}\,;\sigma_0^2,\ \sigma_1^2) \geq k \Leftrightarrow \sum_{i=1}^{n} x_i^2 \geq k_1$$

이면, H_0를 기각한다. 여기서 상수 k_1은

$$\alpha = P\left[\sum_{i=1}^{n} X_i^2 \geq k_1 \,\middle|\, \sigma^2 = \sigma_0^2\right]$$

을 만족하는 값이고, H_0하에서 $\sum_{i=1}^{n} X_i^2/\sigma_0^2 \sim \chi^2(n)$이므로

$$C^* = \left\{\boldsymbol{x} \,\middle|\, \sum_{i=1}^{n} x_i^2 \geq \sigma_0^2 \chi_\alpha^2(n)\right\}$$

이 최강력 기각역이다. 만일 $\sigma_1^2 < \sigma_0^2$이면, 유의수준이 α인 최강력검정은 $\sum_{i=1}^{n} x_i^2 \leq \sigma_0^2 \chi_{1-\alpha}^2(n)$일 때 H_0를 기각하는 것이다. 따라서 최강력검정은 σ^2의 충분통계량인 $\sum_{i=1}^{n} X_i^2$의 함수임을 알 수 있다. ……………●

앞서 다룬 예들은 연속인 경우이므로 미리 정한 유의수준이 α인 검정을 할 수 있지만, 이산분포에 대해서는 정확하게 유의수준이 α인 검정을 찾지 못할 수도 있다. 그러나 유의수준이 α에 가능한 가까운 값으로 기껏해야 α가 되는 검정은 구할 수 있다. 이 경우 네이만-피어슨 보조정리에 의한 검정은 유의수준이 $\beta_{C^*}(\theta_0) = \alpha_1 (\leq \alpha)$인 최강력검정이 된다. 이러한 검정을 미리 정한 유의수준 α에 대해서는 **보수적 검정** (conservative test)이라 한다.

예제 2.3.4 $X_1, \cdots, X_n$이 베르누이 분포 $\text{Bin}(1, p)$에서 추출한 확률표본일 때, $H_0: p = p_0$ 대 $H_1: p = p_1,\ p_1 > p_0$의 최강력검정의 형태를 결정해 보자. 가능도 함수의 비가

$$\lambda(\boldsymbol{x}; p_0, p_1) = \frac{p_1^{\sum_{i=1}^{n} x_i}(1-p_1)^{n-\sum_{i=1}^{n} x_i}}{p_0^{\sum_{i=1}^{n} x_i}(1-p_0)^{n-\sum_{i=1}^{n} x_i}}$$

$$= \left(\frac{1-p_1}{1-p_0}\right)^n \left(\frac{p_1(1-p_0)}{p_0(1-p_1)}\right)^{\sum_{i=1}^{n} x_i}$$

이고 $\dfrac{p_1(1-p_0)}{p_0(1-p_1)} > 1$이므로, 네이만-피어슨 보조정리에 의해

$$\lambda(\boldsymbol{x}; p_0, p_1) \ge k \Leftrightarrow \left(\frac{p_1(1-p_0)}{p_0(1-p_1)}\right)^{\sum_{i=1}^{n} x_i} \ge k_1$$

$$\Leftrightarrow \sum_{i=1}^{n} x_i \ge k_2$$

이면 H_0를 기각한다. $X = \sum_{i=1}^{n} X_i$라 하면, $X \sim \mathrm{Bin}(n, p)$이므로

$$P[X \ge c \mid p = p_0] = 1 - P[X \le c-1 \mid p = p_0]$$

$$= 1 - \sum_{i=0}^{c-1} \binom{n}{i} p_0^i (1-p_0)^{n-i}$$

이다. 이 값을 α_c라 하면 유의수준이 α_c인 최강력검정은 $X \ge c$이면 귀무가설을 기각하는 검정이다. 즉 최강력 기각역은 $C^* = \{x \mid x \ge c\}$이다. 그러나 α_c와 다른 미리 정해진 유의수준 α인 검정에 대해서는 보수적 검정을 택해야 할 것이다.

…●

네이만-피어슨 보조정리는 보수적 검정이 최강력검정이라는 보장을 하지 못한다. 사실 이 책에서는 기각하거나 아니면 기각하지 않는 단순한 검정에 대해서만 소개하고 있지만, 이산인 경우에는 미리 정한 유의수준 α인 검정을 유도하기 위해 기각하거나, 얼마의 확률로 기각하거나, 기각하지 않는 세 가지 경우가 가능한 검정을 생각할 수 있다. 이와 같이 유의수준이 α인 최강력검정을 유도하기 위해, 예를 들어 위의 예에서 $P[X \ge 7] < \alpha$이고 $P[X \ge 6] > \alpha$라 하면 $X \ge 7$이면 기각하고, $X = 6$이면 유의수준이 α가 되도록 하기 위해 적당한 α_1의 확률로 기각하거나 $1-\alpha_1$의 확률로 기각하지 않으며, $X \le 5$이면 기각하지 않는 검정을 생각하는 것이다. 이와 같은 검정을 **확률화검정** 또는 **임의화검정**(randomized test)이라 한다. 이 책에서는 상세한 설명은 생략한다.

네이만-피어슨 보조정리는 완전히 분포가 결정된 귀무가설 $H_0 : f_0(\boldsymbol{x};\theta_0)$와 역시 완전히 분포가 결정된 대립가설 $H_1 : f_1(\boldsymbol{x};\theta_1)$을 검정하기 위해 적용할 수 있다. 다음 두 예제를 살펴 보자.

예제 2.3.5 $H_0 : X \sim \mathrm{U}(0,1)$ 대 $H_1 : X \sim \mathrm{Beta}(6,1)$의 유의수준이 α인 최강력검정을 구해 보자. 먼저 네이만-피어슨 보조정리를 이용하기 위해 가능도함수의 비를 생각해 보면

$$\lambda(x) = \frac{f_1(x)}{f_0(x)} = \frac{6x^5}{1} = 6x^5$$

이므로, 최강력검정은 $x^5 \geq k$이면 귀무가설 H_0를 기각하는 것이다. $\lambda(x)$가 x의 증가함수이므로, 최강력검정은 $x \geq k_1$이면 H_0를 기각하는 것이다. 따라서 상수 k_1은

$$\begin{aligned}\alpha &= P[X \geq k_1 \mid H_0\text{가 참일 때}] \\ &= \int_{k_1}^{1} dx \\ &= 1 - k_1\end{aligned}$$

을 만족해야 하므로 $k_1 = 1 - \alpha$이다. 그러므로 이 검정의 검정력은

$$\begin{aligned}P[X \geq 1-\alpha \mid X \sim \mathrm{Beta}(6,1)] &= \int_{1-\alpha}^{1} 6x^5 dx \\ &= 1-(1-\alpha)^6\end{aligned}$$

이다. ……………●

예제 2.3.6 $X_1, \cdots, X_n$은 크기가 n인 확률표본이다. 이때 $H_0 : X \sim \mathrm{U}(0,1)$ 대 $H_1 : X \sim \mathrm{Exp}(1)$을 검정하고자 한다면, 예제 2.3.5와 마찬가지로

$$\lambda(\boldsymbol{x}) = \frac{f_1(\boldsymbol{x})}{f_0(\boldsymbol{x})} = \frac{e^{-\sum_{i=1}^{n} x_i}}{1} = e^{-\sum_{i=1}^{n} x_i} \geq k$$

일 때, 귀무가설을 기각하는 검정이 최강력검정이다. 즉 기각역은

$$C^* = \left\{ \boldsymbol{x} \;\middle|\; \sum_{i=1}^{n} x_i \le k_1 \right\}$$

이다. 상수 k_1을 구하려면 $X_1, \cdots, X_n$이 $\mathrm{U}(0, 1)$에서의 확률표본일 때, $\sum_{i=1}^{n} X_i$의 분포를 알아야 하지만, 간단하지 않기 때문에 가능한 한 가지 방법은 중심극한정리를 이용해 근사적인 기각값을 구하는 것이다. $X \sim \mathrm{U}(0, 1)$일 때, $E(X) = \frac{1}{2}$이고 $\mathrm{Var}(\mathrm{X}) = \frac{1}{12}$이므로

$$Z_n = \frac{\overline{X} - 0.5}{\sqrt{1/(12n)}} \xrightarrow{d} Z \sim \mathrm{N}(0, 1)$$

이다. 따라서 근사적으로 유의수준이 α인 검정은

$$z_n = \sqrt{12n}\,(\overline{x} - 0.5) \le -z_\alpha$$

이면 귀무가설 H_0를 기각하는 것이다. ……………●

연습문제

2.3.1 $X_1, \cdots, X_n$이 pdf가 $f(x;\theta) = \theta x^{\theta - 1}$, $0 < x < 1$인 분포에서 추출한 확률표본일 때, $H_0 : \theta = 1$ 대 $H_1 : \theta = 2$인 가설에 대해 $\alpha = 0.05$인 최강력검정(MP 검정)을 유도하라.

2.3.2 X의 pdf는

$$f(x;\theta) = \frac{2}{\theta^2}(\theta - x), \quad 0 < x < \theta$$

이다. 표본크기 1인 확률표본에 근거하여, $H_0 : \theta = \theta_0$ 대 $H_1 : \theta = \theta_1$, $\theta_1 < \theta_0$의 최강력검정을 유도하라.

2.3.3 pdf가 $f(x;\theta) = e^{-(x-\theta)}$, $x > \theta$ 인 분포에서의 크기 n인 확률표본에 근거하여 $H_0 : \theta = \theta_0$ 대 $H_1 : \theta = \theta_1$, $\theta_1 > \theta_0$의 유의수준이 α인 최강력검정을 유도하라.

2.3.4 $X_1, \cdots, X_n$은 다음 pdf를 갖는 분포에서의 확률표본이다.

$$f(x;\theta)=\frac{\theta}{x^2},\ 0<\theta<x<\infty$$

$H_0:\ \theta=\theta_0$ 대 $H_1:\theta=\theta_1,\ \theta_1>\theta_0$의 최강력검정을 유도하라.

2.3.5 $X_1, \cdots, X_n$은 독립이며 동일한 $\mathrm{N}(\mu, \sigma^2)$ 확률변수이다. 여기서 μ와 σ^2은 모두 미지의 모수이다. 이때 $H_0:\mu=\mu_0,\ \sigma^2=\sigma_0^2$ 대 $H_1:\mu=\mu_1,\ \sigma^2=\sigma_0^2$의 유의수준이 α인 최강력검정을 유도하라. 단, $\mu_1>\mu_0$이다.

2.3.6 $X_1, \cdots, X_{20}$은 감마분포 $\mathrm{Gam}(2, \beta)$에서 추출한 표본크기 20인 확률표본이다. $H_0:\beta=1$ 대 $H_1:\beta=2$의 유의수준이 $\alpha=0.01$인 최강력검정을 유도하라.

2.3.7 $X_1, \cdots, X_{10}$이 베르누이 분포 $\mathrm{Bin}(1, p)$에서 추출한 표본크기 10인 확률표본일 때, 다음을 구하라.

(a) $H_0:p=0.4$ 대 $H_1:p=0.2$ 가설의 유의수준이 $\alpha=0.0464$인 최강력검정

(b) 이 검정의 검정력

2.3.8 $X_1, \cdots, X_n$이 푸아송 분포 $\mathrm{Poi}(\mu)$에서 추출한 확률표본일 때, 다음을 구하라.

(a) $H_0:\mu=\mu_0$ 대 $H_1:\mu=\mu_1,\ \mu_1>\mu_0$의 최강력검정

(b) $n=10,\ \mu_0=0.5,\ \mu_1=0.9$라 할 때, 유의수준이 $\alpha=0.0681$인 최강력검정

(c) (b)의 검정에서 $\mu=0.9$에 대한 검정력

2.3.9 X는 이산확률변수이다.

(a) X의 한 관측값에 근거하여 $H_0:X\sim\mathrm{Geo}(0.1)$ 대 $H_1:X\sim\mathrm{Poi}(0.9)$에 대해 $\alpha=0.1$인 최강력검정을 유도하라.

(b) 대립가설하에 이 검정의 검정력을 구하라.

2.3.10 정리 2.3.3을 증명하라.

2.3.11 표본크기 1인 표본에 근거하여 $H_0: X \sim \mathrm{U}(0, 1)$ 대 $H_1: X \sim \mathrm{Beta}(2, 1)$의 유의수준이 α인 최강력검정을 유도하라.

2.3.12 (a) X의 한 관측값에 근거하여 $H_0: X \sim f_0(x)$ 대 $H_1: X \sim f_1(x)$의 유의수준이 α인 최강력검정을 유도하라. 여기서

$$f_0(x) = \begin{cases} 2x, & 0 < x < 1/2 \\ 2 - 2x, & 1/2 \le x < 1 \end{cases}$$

이고 $f_1(x) = 1,\ 0 < x < 1$이다.

(b) (a)에서 구한 검정의 검정력을 구하라.

2.4 균일최강력검정

앞 절에서는 단순가설인 경우 검정력이 가장 큰 검정을 유도하는 방법에 대해 소개하였다. 이 절에서는 복합가설인 경우 대립가설에 해당되는 모수 값들의 변화에 영향을 받지 않는 최강력검정인 균일최강력검정을 정의하고 이 검정을 유도하는 정리들과 이론을 소개한다.

정의 2.4.1

$R_2 = \{C \mid C$는 $H_0: \theta \in \Omega_0$ 대 $H_1: \theta \in \Omega_0^c$의 크기가 α인 검정의 기각역$\}$이라 하자. 만일

(a) $\max_{\theta \in \Omega_0} \beta_{C^*}(\theta) = \alpha$ (즉, $C^* \in R_2$)이다. (2.4.1)

(b) 모든 $\theta \in \Omega_0^c$와 임의의 $C \in R_2$에 대해

$$\beta_{C^*}(\theta) \ge \beta_C(\theta) \tag{2.4.2}$$

이면, 기각역 C^*에 근거한 검정을 크기가 α인 **균일최강력검정(UMP 검정)** (uniformly most powerful test)이라 하고 C^*를 **균일최강력 기각역**이라 한다.

단측인 복합대립가설의 경우에는 대부분의 경우 균일최강력검정이 존재한다. 균일최강력검정을 유도하는 가능한 한 가지 방법은 먼저 대립가설에 해당되는 특정한 한 값에 대해

네이만-피어슨 보조정리를 이용하여 최강력검정을 유도하고 이 검정이 대립가설에 해당되는 모수 값에 영향을 받지 않음을 보여 균일최강력검정을 얻을 수 있다.

예제 2.4.1 $X_1, \cdots, X_n$을 정규분포 $\mathrm{N}(\mu, \sigma_0^2)$에서 추출한 확률표본이라 하자. 여기서 σ_0^2은 알려진 상수이다. $H_0 : \mu \le \mu_0$ 대 $H_1 : \mu > \mu_0$의 크기가 α인 균일최강력검정을 구해 보자. 여기서 μ_0는 특정한 상수이다. 먼저 네이만-피어슨 보조정리를 이용하기 위해 다음의 단순가설에 대해 생각해 보자.

$$H_0 : \mu = \mu_0 \ \text{대} \ H_1 : \mu = \mu_1,\ \mu_1 > \mu_0$$

가능도함수비는

$$\begin{aligned}\lambda(\boldsymbol{x}\,;\mu_0,\,\mu_1) &= \frac{(2\pi\sigma_0^2)^{-n/2}\exp\left[-\sum_{i=1}^{n}(x_i-\mu_1)^2/2\sigma_0^2\right]}{(2\pi\sigma_0^2)^{-n/2}\exp\left[-\sum_{i=1}^{n}(x_i-\mu_0)^2/2\sigma_0^2\right]} \\ &= \exp\left[\frac{n(\mu_1-\mu_0)}{\sigma_0^2}\,\bar{x} - \frac{n}{2\sigma_0^2}(\mu_1^2-\mu_0^2)\right]\end{aligned}$$

이며, $\mu_1 > \mu_0$이므로 $\lambda(\boldsymbol{x}\,;\mu_0,\,\mu_1)$은 μ의 충분통계량 $\overline{X}$의 관측값인 $\bar{x}$의 증가함수이다. 따라서 네이만-피어슨 보조정리에 의해 크기가 α인 최강력검정은

$$\lambda(\boldsymbol{x}\,;\mu_0,\,\mu_1) \ge k \Leftrightarrow \bar{x} \ge k_1$$

일 때 기각하는 것이다. 물론 상수 k_1은

$$\begin{aligned}\alpha &= P[\overline{X} \ge k_1 \mid \mu=\mu_0] \\ &= P\left[\frac{\overline{X}-\mu_0}{\sigma_0/\sqrt{n}} \ge \frac{k_1-\mu_0}{\sigma_0/\sqrt{n}} \,\middle|\, \mu=\mu_0\right] \\ &= P\left[Z \ge \frac{k_1-\mu_0}{\sigma_0/\sqrt{n}}\right]\end{aligned}$$

을 만족하는 값이다. 즉, $k_1 = \mu_0 + \frac{\sigma_0}{\sqrt{n}}z_\alpha$이다. 따라서 가설 $H_0 : \mu = \mu_0$ 대 $H_1 : \mu = \mu_1$의 최강력 기각역 C^*는

$$C^* = \left\{ \boldsymbol{x} \;\middle|\; \overline{x} \geq \mu_0 + z_\alpha \frac{\sigma_0}{\sqrt{n}} \right\}$$

이다.

이제 C^*에 대응되는 검정이 $H_0 : \mu = \mu_0$ 대 $H_1 : \mu > \mu_0$의 크기가 α인 균일최강력검정임을 보일 것이다. 사실 위의 유도과정을 살펴보면 대립가설에 해당되는 값이 μ_0보다 크다는 사실 외에는 μ_1의 값이 어떤 값이든 영향을 받지 않는다. 그러므로 C^*는 $\mu_1 > \mu_0$인 임의의 μ_1에 대해 크기가 α인 최강력 기각역임을 알 수 있다. 따라서 C^*는 $H_0 : \mu = \mu_0$ 대 $H_1 : \mu > \mu_0$의 크기가 α인 균일최강력검정의 기각역이다.

다음은 C^*가 $H_0 : \mu \leq \mu_0$ 대 $H_1 : \mu > \mu_0$에 대해서도 검정의 크기가 α임을 보이고자 한다. 즉, 귀무가설을 $H_0 : \mu = \mu_0$라는 단순가설을 사용하거나 $H_0 : \mu \leq \mu_0$라는 복합가설을 사용하거나 동일한 검정이라는 것이다. 따라서 저자에 따라 귀무가설은 항상 등호만을 이용하기도 한다.

$H_0 : \mu \leq \mu_0$ 대 $H_1 : \mu > \mu_0$가설에 대해 C^*에 대응되는 검정의 검정력함수를 구해 보면

$$\begin{aligned} \beta_{C^*}(\mu) &= P\left[\overline{X} \geq \mu_0 + z_\alpha \frac{\sigma_0}{\sqrt{n}} \;\middle|\; \mu \right] \\ &= P\left[Z \geq \frac{\mu_0 - \mu}{\sigma_0 / \sqrt{n}} + z_\alpha \right] \\ &= 1 - \Phi\left(\frac{\mu_0 - \mu}{\sigma_0 / \sqrt{n}} + z_\alpha \right) \end{aligned}$$

이다. 검정력함수는 μ의 증가함수이다. 따라서 검정의 크기는

$$\max_{\mu \leq \mu_0} \beta_{C^*}(\mu) = 1 - \Phi(z_\alpha) = \alpha$$

이다. 그러므로 C^*는 $H_0 : \mu \leq \mu_0$ 대 $H_1 : \mu > \mu_0$의 크기가 α인 균일최강력검정의 기각역이다. ……………●

2.4.1 단조가능도비

앞에서 네이만-피어슨 보조정리를 이용하여 단측 대립가설에 대해 균일최강력검정을 구하는 방법에 대해 살펴보았으나 좀더 용이하게 균일최강력검정을 구하기 위해 필요한 정의

를 소개하고자 한다. 여기서 정의하고자 하는 분포들의 특별한 모임은 예제 2.4.1에서 다룬 분포도 포함되는 상당히 큰 모임으로 1-모수 지수족도 포함하며, 단측가설에 대해 균일최강력검정을 쉽게 구할 수 있다.

정의 2.4.2

$\{f(\boldsymbol{x};\theta) \mid \theta \in \Omega\}$를 $\boldsymbol{X} = (X_1, \cdots, X_n)$의 결합 pdf (pmf)의 모임이라 하고, $T(\boldsymbol{X})$는 실숫값 통계량이라 하자. $\theta_1, \theta_2 \in \Omega$, $\theta_1 < \theta_2$에 대해 가능도함수비

$$L(\boldsymbol{x};\theta_1, \theta_2) = \frac{f(\boldsymbol{x};\theta_2)}{f(\boldsymbol{x};\theta_1)} \tag{2.4.3}$$

가 $T(\boldsymbol{x})$의 비감소(nondecreasing)함수이면, $\{f(\boldsymbol{x};\theta) \mid \theta \in \Omega\}$가 $T(\boldsymbol{x})$에서 **단조가능도비** 또는 **단조우도비**(monotone likelihood ratio: MLR) 성질을 갖는다고 한다.

예제 2.4.2 $X_1, \cdots, X_n$이 균일분포 $\mathrm{U}(0, \theta)$에서 추출한 확률표본이면, $X_1, \cdots, X_n$의 결합 pdf가

$$f(\boldsymbol{x};\theta) = \begin{cases} \dfrac{1}{\theta^n}, & 0 < x_{1:n} \le x_{n:n} < \theta \\ 0, & \text{그 외} \end{cases}$$

이다. $\theta_1 < \theta_2$라 하면 가능도함수비는

$$\begin{aligned} L(\boldsymbol{x};\theta_1, \theta_2) &= \frac{f(\boldsymbol{x};\theta_2)}{f(\boldsymbol{x};\theta_1)} \\ &= \frac{(1/\theta_2^n)\,\mathrm{I}_{(0,\,\theta_2)}(x_{n:n})}{(1/\theta_1^n)\mathrm{I}_{(0,\,\theta_1)}(x_{n:n})} \\ &= \left(\frac{\theta_1}{\theta_2}\right)^n \frac{\mathrm{I}_{(0,\,\theta_2)}(x_{n:n})}{\mathrm{I}_{(0,\,\theta_1)}(x_{n:n})} \end{aligned}$$

이며, $L(\boldsymbol{x};\theta_1, \theta_2)$가 $T(\boldsymbol{x}) = x_{n:n}$의 비감소함수이므로, 균일분포 $\mathrm{U}(0, \theta)$는 $x_{n:n}$에서 단조가능도비(MLR) 성질을 갖는다. ……………●

예제 2.4.3 $X_1, \cdots, X_n$은 지수분포 $\mathrm{Exp}(\theta)$에서의 확률표본이라 하면, 결합 pdf가

$$f(\boldsymbol{x};\theta)=\left(\frac{1}{\theta}\right)^n\exp\left(-\frac{1}{\theta}\sum_{i=1}^{n}x_i\right)$$

이므로, $\theta_1<\theta_2$일 때 가능도함수비는

$$\begin{aligned}L(\boldsymbol{x};\theta_1,\theta_2)&=\frac{(1/\theta_2)^n\exp\left(-\frac{1}{\theta_2}\sum_{i=1}^{n}x_i\right)}{(1/\theta_1)^n\exp\left(-\frac{1}{\theta_1}\sum_{i=1}^{n}x_i\right)}\\&=\left(\frac{\theta_1}{\theta_2}\right)^n\exp\left[-\sum_{i=1}^{n}x_i\left(\frac{1}{\theta_2}-\frac{1}{\theta_1}\right)\right]\end{aligned}$$

이다. 즉, $L(\boldsymbol{x};\theta_1,\theta_2)$는 $\sum_{i=1}^{n}x_i$의 증가함수이다. 따라서 모수가 θ인 지수분포는 $T(\boldsymbol{x})=\sum_{i=1}^{n}x_i$에서 MLR 성질을 갖는 분포이다. ……………●

정리 2.4.1

다음의 결합 pdf(pmf)를 갖는 1-모수 지수족을 생각해 보자.

$$f(\boldsymbol{x};\theta)=c(\theta)h(\boldsymbol{x})\exp[q(\theta)T(\boldsymbol{x})] \tag{2.4.4}$$

(a) $q(\theta)$가 θ의 비감소함수이면, 지수족은 $T(\boldsymbol{x})$에서 MLR 성질을 갖는다.

(b) $q(\theta)$가 θ의 비증가함수이면, 지수족은 $T^*(\boldsymbol{x})=-T(\boldsymbol{x})$에서 MLR 성질을 갖는다.

• 증명 •

$\theta_1<\theta_2$라 하면, 가능도함수비는

$$\begin{aligned}L(\boldsymbol{x};\theta_1,\theta_2)&=\frac{c(\theta_2)h(\boldsymbol{x})\exp[q(\theta_2)T(\boldsymbol{x})]}{c(\theta_1)h(\boldsymbol{x})\exp[q(\theta_1)T(\boldsymbol{x})]}\\&=\frac{c(\theta_2)}{c(\theta_1)}\exp[\{q(\theta_2)-q(\theta_1)\}T(\boldsymbol{x})]\end{aligned}$$

이다. $q(\theta)$가 θ의 비감소함수이면, $q(\theta_2)-q(\theta_1)\ge 0$이므로 $L(\boldsymbol{x};\theta_1,\theta_2)$는 $T(\boldsymbol{x})$의 비감소함수이다. 또한 $q(\theta)$가 θ의 비증가함수이면, $q(\theta_2)-q(\theta_1)\le 0$이므로 $L(\boldsymbol{x};\theta_1,\theta_2)$는 $T^*(\boldsymbol{x})=-T(\boldsymbol{x})$의 비감소함수이다. 따라서 정리가 증명된다.

위 정리의 예에 해당되는 분포는 정규분포(한 모수를 알 때), 이항분포, 푸아송 분포, 감마분포(한 모수를 알 때), 베타분포(한 모수를 알 때) 등이다.

예제 2.4.4 $X_1, \cdots, X_n$을 정규분포 $N(\mu, \sigma^2)$에서 추출한 확률표본이라 하자.

(a) σ^2이 알려진 상수일 때, 결합 pdf가

$$f(\boldsymbol{x};\mu) = (2\pi\sigma^2)^{-n/2}\exp\left(\frac{\mu}{\sigma^2}\sum_{i=1}^n x_i - \frac{1}{2\sigma^2}\sum_{i=1}^n x_i^2 - \frac{n\mu^2}{2\sigma^2}\right)$$

이므로 $q(\mu) = \mu/\sigma^2$은 μ의 증가함수이고 $T(\boldsymbol{x}) = \sum_{i=1}^n x_i$이므로 분산이 알려진 정규분포는 $T(\boldsymbol{x}) = \sum_{i=1}^n x_i$에서 MLR 성질을 갖는다.

(b) μ는 알려진 상수이고 σ^2이 미지의 모수일 때, 결합 pdf가

$$f(\boldsymbol{x};\sigma^2) = (2\pi\sigma^2)^{-n/2}\exp\left(-\frac{1}{2\sigma^2}\sum_{i=1}^n (x_i-\mu)^2\right)$$

으로 나타낼 수 있으며 $q(\sigma^2) = -1/2\sigma^2$은 σ^2의 증가함수이다. 따라서 $T(\boldsymbol{x}) = \sum_{i=1}^n (x_i-\mu)^2$에서 MLR 성질을 갖는다. ……………●

예제 2.4.5 $X_1, \cdots, X_n$은 이항분포 $\text{Bin}(l, \theta)$에서의 확률표본이다. 결합 pmf가

$$\begin{aligned} f(\boldsymbol{x};\theta) &= \prod_{i=1}^n \binom{l}{x_i}\theta^{x_i}(1-\theta)^{l-x_i} \\ &= \left[\prod_{i=1}^n \binom{l}{x_i}\right]\theta^{\sum_{i=1}^n x_i}(1-\theta)^{nl-\sum_{i=1}^n x_i} \\ &= (1-\theta)^{nl}\left[\prod_{i=1}^n \binom{l}{x_i}\right]\exp\left[\sum_{i=1}^n x_i \ln\left(\frac{\theta}{1-\theta}\right)\right] \end{aligned}$$

이며 $q(\theta) = \ln(\theta/(1-\theta))$는 θ의 증가함수이므로, 이항분포는 $T(\boldsymbol{x}) = \sum_{i=1}^n x_i$에서 MLR 성질을 갖는다. ……………●

다음은 MLR 성질을 갖지 않는 경우의 예이다.

예제 2.4.6 $X \sim \text{Cau}(1,\ \theta)$라 하면, $\theta_1 < \theta_2$에 대해

$$L(x;\theta_1,\ \theta_2) = \frac{f(x;\theta_2)}{f(x;\theta_1)} = \frac{1+(x-\theta_1)^2}{1+(x-\theta_2)^2}$$

이므로 $\theta_1 = 4,\ \theta_2 = 5,\ x = 1,\ y = 2$에 대해

$$L(x;4,\ 5) = \frac{1+(1-4)^2}{1+(1-5)^2} = \frac{10}{17}$$

$$L(y;4,\ 5) = \frac{1+(2-4)^2}{1+(2-5)^2} = \frac{1}{2}$$

이다. 따라서 $L(x;4,\ 5) > L(y;4,\ 5)$이므로 $T(x) = x$에서 MLR 성질을 갖지 못한다. ……………●

앞서 살펴본 MLR 성질은 단측가설인 경우 UMP 검정을 유도하는 데 매우 유용하다. 다음 정리를 살펴보자.

정리 2.4.2

결합 pdf (pmf) $f(\boldsymbol{x};\theta)$를 갖는 분포가 $T(\boldsymbol{x})$에서 MLR 성질을 갖는다면, 다음을 만족한다.

(a) $H_0 : \theta \le \theta_0$ 대 $H_1 : \theta > \theta_0$ 가설에 대해, 검정의 크기가 α인 균일최강력검정의 기각역은

$$C^* = \{\boldsymbol{x} \mid T(\boldsymbol{x}) \ge k\} \tag{2.4.5}$$

이다. 상수 k는 $\alpha = P[T(\boldsymbol{X}) \ge k \mid \theta = \theta_0]$를 만족하는 값이다.

(b) $H_0 : \theta \ge \theta_0$ 대 $H_1 : \theta < \theta_0$ 가설에 대해, 검정의 크기가 α인 균일최강력검정의 기각역은

$$C^* = \{\boldsymbol{x} \mid T(\boldsymbol{x}) \le k\} \tag{2.4.6}$$

이다. 상수 k는 $\alpha = P[T(\boldsymbol{X}) \le k \mid \theta = \theta_0]$를 만족하는 값이다. ……………■

만일 가능도함수비가 $T(\boldsymbol{x})$의 비증가함수이면, 정리 2.4.2에서 기각역의 부등호 방향을 바꾸면 균일최강력검정을 얻을 수 있다.

예제 2.4.7 예제 2.4.4 (a)에서 $H_0 : \mu \le \mu_0$ 대 $H_1 : \mu > \mu_0$의 크기가 α인 균일최강력검정을 구해 보자. $T(\boldsymbol{x}) = \sum_{i=1}^{n} x_i$에서 MLR 성질을 갖기 때문에 정리 2.4.2에 의해 $\alpha = P\left[\sum_{i=1}^{n} X_i \ge k \,\middle|\, \mu = \mu_0\right]$를 만족하는 k에 대해, 균일최강력검정의 기각역은

$$C^* = \left\{\boldsymbol{x} \,\middle|\, \sum_{i=1}^{n} x_i \ge k\right\}$$

이다.

$$\begin{aligned}\alpha &= P\left[\sum_{i=1}^{n} X_i \ge k \,\middle|\, \mu = \mu_0\right] \\ &= P\left[\frac{1}{\sqrt{n\sigma^2}}\left(\sum_{i=1}^{n} X_i - n\mu_0\right) \ge \frac{k - n\mu_0}{\sqrt{n\sigma^2}} \,\middle|\, \mu = \mu_0\right] \\ &= P\left[Z \ge \frac{k - n\mu_0}{\sqrt{n\sigma^2}}\right]\end{aligned}$$

이므로 $k = n\mu_0 + z_\alpha \sqrt{n\sigma^2}$ 이다. 즉, $C^* = \left\{\boldsymbol{x} \,\middle|\, \overline{x} \ge \mu_0 + z_\alpha \frac{\sigma}{\sqrt{n}}\right\}$가 균일최강력검정의 기각역이다. 예제 2.4.1의 결과와 동일하다. ……………●

예제 2.4.8 예제 2.4.5에서 $H_0 : \theta \ge \theta_0$ 대 $H_1 : \theta < \theta_0$의 크기가 α인 균일최강력검정을 구해 보자. $T(\boldsymbol{x}) = \sum_{i=1}^{n} x_i$에서 MLR 성질을 갖기 때문에, 정리 2.4.2에 의해 크기가 α인 균일최강력검정의 기각역은 $\alpha = P[T(\boldsymbol{X}) \le k \mid \theta = \theta_0]$를 만족하는 상수 k에 대해 $C^* = \{\boldsymbol{x} \mid T(\boldsymbol{x}) \le k\}$이다. H_0하에서

$$T(\boldsymbol{X}) = \sum_{i=1}^{n} X_i \sim \mathrm{Bin}(nl, \theta)$$

이므로, 미리 정해진 임의의 α에 대해

$$\begin{aligned}\alpha &= P[T(\boldsymbol{X}) \le k \mid \theta = \theta_0] \\ &= \sum_{x=0}^{k} \binom{nl}{x} \theta_0^x (1-\theta_0)^{nl-x}\end{aligned}$$

를 만족하는 k를 구할 수 없지만, 특정한 α에 대해서는 위 식을 만족하는 k를 구할 수 있다. 임의의 α에 대해서는 확률화검정을 생각하면 되지만 여기서는 생략한다. ……………●

예제 2.4.9 예제 2.4.4 (b)에서 $H_0 : \sigma^2 \le \sigma_0^2$ 대 $H_1 : \sigma^2 > \sigma_0^2$의 크기가 α인 균일최강력검정을 구해 보자. $T(\boldsymbol{x}) = \sum_{i=1}^{n}(x_i - \mu)^2$에서 MLR 성질을 갖기 때문에 정리 2.4.2에 의해 크기가 α인 균일최강력검정의 기각역은

$$\alpha = P\left[\sum_{i=1}^{n}(X_i - \mu)^2 \ge k \,\middle|\, \sigma^2 = \sigma_0^2\right]$$

을 만족하는 상수 k에 대해 $C^* = \left\{\boldsymbol{x} \,\middle|\, \sum_{i=1}^{n}(x_i - \mu)^2 \ge k\right\}$이다. H_0하에서

$$\begin{aligned}\alpha &= P\left[\sum_{i=1}^{n}(X_i - \mu)^2 \ge k \,\middle|\, \sigma^2 = \sigma_0^2\right]\\ &= P\left[\frac{\sum_{i=1}^{n}(X_i - \mu)^2}{\sigma_0^2} \ge \frac{k}{\sigma_0^2} \,\middle|\, \sigma^2 = \sigma_0^2\right]\\ &= P\left[\chi^2(n) \ge k/\sigma_0^2\right]\end{aligned}$$

이므로, $k = \sigma_0^2 \chi_\alpha^2(n)$이다. 즉, $C^* = \left\{\boldsymbol{x} \,\middle|\, \sum_{i=1}^{n}(x_i - \mu)^2 \ge \sigma_0^2 \chi_\alpha^2(n)\right\}$이 UMP 기각역이다. ……………●

*2.4.2 비편향검정

복합가설에 대해 균일최강력검정을 유도하는 방법을 소개했지만 모든 가설에 대해 항상 균일최강력검정이 존재하는 것은 아니다. 따라서 균일최강력검정을 구할 수 없는 경우에는 점추정에서와 같이 특정한 성질을 만족하는 검정 중에서 검정력이 최대가 되는 검정을 구하고자 할 것이다. 검정의 선택 기준이 될 수 있는 특정한 성질을 소개한다.

정의 2.4.3

$H_0 : \theta \in \Omega_0$ 대 $H_1 : \theta \in \Omega_0^c$ 검정이

$$\inf_{\theta \in \Omega_0^c} \beta_C(\theta) \ge \sup_{\theta \in \Omega_0} \beta_C(\theta) \tag{2.4.7}$$

를 만족하면, 이 검정을 **비편향검정**(unbiased test)이라 한다.

C가 검정의 크기가 α인 비편향검정의 기각역일 필요충분조건은 검정력함수 $\beta_C(\theta)$가

$$\beta_C(\theta) \le \alpha, \ \theta \in \Omega_0 \tag{2.4.8}$$

이고

$$\beta_C(\theta) \ge \alpha, \ \theta \in \Omega_0^c \tag{2.4.9}$$

를 만족하는 것이다.

정의 2.4.4

비편향검정 중에서 각 $\theta \in \Omega_0^c$에 대해 검정력이 최대인 검정을 **균일최강력비편향검정** (uniformly most powerful unbiased (UMPU) test)이라 한다.

균일최강력비편향검정의 상세한 내용은 생략한다. 예를 들어 $\mathrm{N}(\mu, \sigma^2)$에서 추출한 표본크기 n인 확률표본에 대해 $H_0 : \mu = \mu_0$ 대 $H_1 : \mu \ne \mu_0$의 균일최강력검정은 존재하지 않는다. 이 경우 널리 이용되는 정규검정과 t-검정이 균일최강력비편향검정이다. 즉, σ^2을 알고 있는 경우

$$\left| \frac{\bar{x} - \mu_0}{\sigma / \sqrt{n}} \right| \ge z_{\alpha/2} \tag{2.4.10}$$

일 때 H_0를 기각하는 검정이 균일최강력비편향검정이다.

예제 2.4.10 예제 2.4.4 (a)에서 $H_0 : \mu = \mu_0$ 대 $H_1 : \mu \ne \mu_0$ 검정을 생각해 보자.

(a) 기각역이 $C_1 = \left\{ \boldsymbol{x} \,\middle|\, \bar{x} \ge \mu_0 + z_\alpha \frac{\sigma}{\sqrt{n}} \right\}$인 검정

$\mu > \mu_0$인 경우에는 예제 2.4.7과 같이 C_1은 검정의 크기가 α인 균일최강력 기각역이다. 이 검정의 검정력함수는

$$\begin{aligned} \beta_{C_1}(\mu) &= P_\mu \left[\bar{X} \ge \mu_0 + z_\alpha \frac{\sigma}{\sqrt{n}} \right] \\ &= P_\mu \left[\frac{\bar{X} - \mu}{\sigma/\sqrt{n}} \ge \frac{\mu_0 - \mu}{\sigma/\sqrt{n}} + z_\alpha \right] \\ &= P_\mu \left[Z \ge \frac{\mu_0 - \mu}{\sigma/\sqrt{n}} + z_\alpha \right] \end{aligned}$$

$$= 1 - \Phi\left(\frac{\mu_0 - \mu}{\sigma/\sqrt{n}} + z_\alpha\right)$$

이므로 임의의 $\mu_2(\mu_2 < \mu_0)$에 대해

$$\beta_{C_1}(\mu_2) = 1 - \Phi\left(\frac{\mu_0 - \mu_2}{\sigma/\sqrt{n}} + z_\alpha\right) < \alpha$$

이다. 따라서 이 검정은 $H_0 : \mu = \mu_0$ 대 $H_1 : \mu \neq \mu_0$의 비편향검정이 아니다.

(b) 기각역이 $C_2 = \left\{\boldsymbol{x} \,\middle|\, \bar{x} \le \mu_0 - z_\alpha \frac{\sigma}{\sqrt{n}}\right\}$인 검정

$\mu < \mu_0$ 인 경우에는 정리 2.4.2 (b)에 의해 C_2는 검정의 크기가 α인 균일최강력검정의 기각역이다. 이 검정의 검정력함수는

$$\begin{aligned}
\beta_{C_2}(\mu) &= P_\mu\left[\overline{X} \le \mu_0 - z_\alpha \frac{\sigma}{\sqrt{n}}\right] \\
&= P_\mu\left[\frac{\overline{X} - \mu}{\sigma/\sqrt{n}} \le \frac{\mu_0 - \mu}{\sigma/\sqrt{n}} - z_\alpha\right] \\
&= P_\mu\left[Z \le \frac{\mu_0 - \mu}{\sigma/\sqrt{n}} - z_\alpha\right] \\
&= \Phi\left(\frac{\mu_0 - \mu}{\sigma/\sqrt{n}} - z_\alpha\right)
\end{aligned}$$

이다. 따라서 임의의 $\mu_1(\mu_1 > \mu_0)$에 대해

$$\beta_{C_2}(\mu_1) = \Phi\left(\frac{\mu_0 - \mu_1}{\sigma/\sqrt{n}} - z_\alpha\right) < \alpha$$

이므로 이 검정도 $H_0 : \mu = \mu_0$ 대 $H_1 : \mu \neq \mu_0$ 의 비편향검정이 아니다.

또한 위 두 사실에 의해 $H_0 : \mu = \mu_0$ 대 $H_1 : \mu \neq \mu_0$의 크기가 α인 균일최강력검정은 존재하지 않는다. 즉 임의의 $\mu_1(\mu_1 > \mu_0)$에 대해

$$\begin{aligned}
\beta_{C_1}(\mu_1) &= 1 - \Phi\left(\frac{\mu_0 - \mu_1}{\sigma/\sqrt{n}} + z_\alpha\right) \\
&> P[Z > z_\alpha] \\
&= P[Z < -z_\alpha]
\end{aligned}$$

$$> \beta_{C_2}(\mu_1)$$

이므로 $\mu(\mu > \mu_0)$에 대해서는 기각역 C_1에 근거한 검정이 C_2에 의한 검정보다 검정력이 높다. 물론 $\mu(\mu < \mu_0)$에 대해서는 반대 현상이 발생한다.

(c) 기각역이 $C_3 = \left\{ \boldsymbol{x} \,\middle|\, |\,\overline{x} - \mu_0\,| \geq z_{\alpha/2} \dfrac{\sigma}{\sqrt{n}} \right\}$인 검정

이 검정의 검정력함수는

$$\begin{aligned}
\beta_{C_3}(\mu) &= P_\mu\left[\,|\,\overline{X} - \mu_0\,| \geq z_{\alpha/2}\frac{\sigma}{\sqrt{n}}\right] \\
&= P_\mu\left[\overline{X} - \mu_0 \geq z_{\alpha/2}\frac{\sigma}{\sqrt{n}}\right] + P_\mu\left[\overline{X} - \mu_0 \leq -z_{\alpha/2}\frac{\sigma}{\sqrt{n}}\right] \\
&= 1 - \Phi\left(\frac{\mu_0 - \mu}{\sigma/\sqrt{n}} + z_{\alpha/2}\right) + \Phi\left(\frac{\mu_0 - \mu}{\sigma/\sqrt{n}} - z_{\alpha/2}\right)
\end{aligned}$$

이므로

$$\beta_{C_3}(\mu) \geq \alpha$$

이다. 따라서 C_3는 검정의 크기가 α인 비편향검정의 기각역이다(그림 2.4.1 참조).

……………●

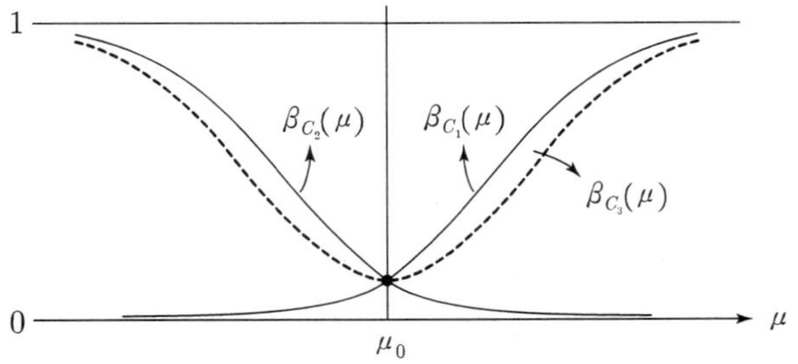

그림 2.4.1 예제 2.4.10의 세 검정의 검정력함수

연습문제

2.4.1 다음 각 분포에서의 확률표본 $X_1, \cdots, X_n$에 대해 명시된 모수에 있어서 MLR 성질을 갖는지를 말하고 통계량 $T(x)$를 구하라.

(a) $\mathrm{Poi}(\mu)$

(b) $\mathrm{Gam}(\theta, \beta)$, 형상모수 θ를 아는 경우

(c) $\mathrm{Gam}(\theta, \beta)$, 척도모수 β를 아는 경우

2.4.2 $X \sim \mathrm{Bin}(n, p)$일 때, 다음을 구하라.

(a) $H_0 : p \leq p_0$ 대 $H_1 : p > p_0$의 크기가 α인 균일최강력(UMP)검정

(b) $n = 20$, $p_0 = 0.3$일 때, $\alpha = 0.048$인 UMP 검정

2.4.3 $X_1, \cdots, X_n$이 푸아송 분포 $\mathrm{Poi}(\mu)$에서 추출한 확률표본일 때, $H_0 : \mu \leq \mu_0$ 대 $H_1 : \mu > \mu_0$의 크기가 α인 균일최강력검정을 유도하라.

2.4.4 $X_1, \cdots, X_n$이 pmf가 다음과 같은 이산분포에서의 확률표본일 때, $H_0 : \theta \geq \theta_0$ 대 $H_1 : \theta < \theta_0$의 크기가 α인 균일최강력검정을 유도하라.

$$f(x;\theta) = \frac{\theta^x}{(\theta+1)^{x+1}}, \quad x = 0, 1, \cdots, \theta\,(\theta > 0)$$

2.4.5 $X_1, \cdots, X_n$이 균일분포 $\mathrm{U}(0, \theta)$에서 추출한 확률표본일 때, $H_0 : \theta \geq \theta_0$ 대 $H_1 : \theta < \theta_0$의 크기가 α인 균일최강력검정을 유도하라.

2.4.6 $X_1, \cdots, X_n$이 지수분포 $\mathrm{Exp}(\theta)$에서 추출한 확률표본일 때, $H_0 : \theta \geq \theta_0$ 대 $H_1 : \theta < \theta_0$의 크기가 α인 균일최강력검정을 유도하라.

2.4.7 $X_1, \cdots, X_n$은 감마분포 $\mathrm{Gam}(2, \beta)$에서 추출한 확률표본이다.

(a) $H_0 : \beta \leq \beta_0$ 대 $H_1 : \beta > \beta_0$의 크기가 α인 균일최강력검정을 유도하라.

(b) (a)에서 구한 검정의 검정력함수를 카이제곱분포로 나타내라.

2.4.8 예제 2.4.2에서 $H_0 : \theta \le \theta_0$ 대 $H_1 : \theta > \theta_0$의 크기가 α인 균일최강력검정을 유도하라.

2.4.9 $X_1, \cdots, X_n$이 2-모수 지수분포 $\text{Exp}(1, \eta)$에서 추출한 확률표본일 때, $H_0 : \eta \le \eta_0$ 대 $H_1 : \eta > \eta_0$의 크기가 α인 균일최강력검정을 유도하라.

2.4.10 pdf가 $f(x;\theta) = \frac{4}{\theta} x^3 e^{-x^4/\theta}$, $x > 0$인 분포에서 크기 n인 확률표본을 생각해 보자. $H_0 : \theta \le \theta_0$ 대 $H_1 : \theta > \theta_0$의 크기가 α인 균일최강력검정의 기각역 형태를 유도하라.

2.4.11 다음의 pdf를 갖는 로지스틱분포를 생각해 보자.

$$f(x;\theta) = \frac{e^{x-\theta}}{(1+e^{x-\theta})^2}, \ -\infty < x < \infty, \ -\infty < \theta < \infty$$

(a) 이 분포가 MLR 성질을 가짐을 보여라.

(b) 한 관측값 x에 근거하여 $H_0 : \theta = 0$ 대 $H_1 : \theta = \theta_1$, $\theta_1 > 0$의 크기가 α인 최강력검정을 유도하라.

(c) (b)에서 구한 검정이 $H_0 : \theta \le 0$ 대 $H_1 : \theta > 0$ 가설에 대해 크기가 α인 균일최강력검정임을 보여라.

2.4.12 다음의 pdf (pmf) $f(x;\theta)$에 대해 n개 확률표본의 관측값에 근거하여 $H_0 : \theta \le \theta_0$ 대 $H_1 : \theta > \theta_0$의 크기가 α인 균일최강력검정을 유도하라.

(a) $f(x;\theta) = \frac{1}{\Gamma(\theta)} x^{\theta-1} e^{-x}$, $x > 0$, $\theta > 0$

(b) $f(x;\theta) = \frac{1}{\theta} x^{\theta-1}$, $0 < x < 1$, $\theta > 0$

2.5 일반화 가능도비 검정

앞 절에서 네이만-피어슨 보조정리를 이용하여 균일최강력검정을 유도하는 방법과 MLR 성질을 이용하여 유도하는 방법 등에 대해 알아보았다. 그러나 지금까지 다룬 방법은 미지의 모수가 한 개일 때 적용했다. 네이만-피어슨 보조정리에서 볼 수 있듯이 가능도비의 분석은 검정통계량을 찾는 좋은 방법이다. 따라서 이 방법을 모수가 두 개 이상인 경우에도 이용할 수 있도록 확장하면 종종 어떤 최적의 성질을 갖는 검정을 유도할 수 있다. $X_1, \cdots, X_n$은 pdf (pmf)가 $f(x;\theta)$인 모집단에서 추출한 확률표본이다. 제1장 최대가능도추정법과 같이 가능도함수를

$$L(\theta;\boldsymbol{x}) = f(\boldsymbol{x};\theta) = \prod_{i=1}^{n} f(x_i;\theta)$$

라 하고 Ω를 모수공간이라 하자.

정의 2.5.1

$H_0: \theta \in \Omega_0$ 대 $H_1: \theta \in \Omega_0^c$ 가설에 대해

$$\lambda(\boldsymbol{x}) = \frac{\sup_{\theta \in \Omega_0} L(\theta;\boldsymbol{x})}{\sup_{\theta \in \Omega} L(\theta;\boldsymbol{x})} \tag{2.5.1}$$

를 **일반화 가능도비(일반화 우도비) 검정통계량**(generalized likelihood ratio (GLR) test statistic)이라 하고, **일반화 가능도비 검정**(generalized likelihood ratio (GLR) test)은 적당한 상수 $0 \le c \le 1$에 대해 기각역이 $C = \{\boldsymbol{x} \mid \lambda(\boldsymbol{x}) \le c\}$인 검정이다. 여기서 c는 다음을 만족하는 상수이다.

$$\alpha = P_{H_0}[\lambda(\boldsymbol{X}) \le c]$$

θ의 MLE $\hat{\theta}$이 존재하고 Ω_0를 모수공간으로 생각하여 귀무가설 H_0하에서 구한 MLE를 $\hat{\theta}_0$이라 하면, GLR 검정통계량은 다음과 같다.

$$\lambda(\boldsymbol{x}) = \frac{L(\hat{\theta}_0;\boldsymbol{x})}{L(\hat{\theta};\boldsymbol{x})} \tag{2.5.2}$$

먼저 이산인 경우의 일반화 가능도비 검정에 대해 알아보자.

예제 2.5.1 어떤 사자는 매일 밤 세 가지 가능한 형태의 행동상태를 가진다. 즉, 매우 활동적(θ_1으로 표시), 보통(θ_2로 표시), 활동적이지 못한(θ_3으로 표시) 세 가지 중 한 가지 형태를 취한다. 이 사자는 매일 저녁 먹이로 짐승을 잡아 먹는데,

i 마리를 잡을 확률이 $f(i;\theta)$, $\theta \in \Omega = \{\theta_1, \theta_2, \theta_3\}$ 이다. 물론 잡은 짐승의 수에 대한 확률분포는 그 사자의 행동상태 $\theta \in \Omega$에 따라 다르다. 그 값이 다음과 같다.

사자의 식육분포

i	0	1	2	3	4
$f(i;\theta_1)$	0.00	0.05	0.15	0.70	0.10
$f(i;\theta_2)$	0.10	0.25	0.60	0.05	0.00
$f(i;\theta_3)$	0.87	0.10	0.03	0.00	0.00

한 확률변수 $X = x_0$가 관측되었을 때, $H_0 : \theta = \theta_3$ 대 $H_1 : \theta \in \{\theta_1, \theta_2\}$를 검정해 보자. $\Omega_0 = \{\theta_3\}$이고 $\Omega = \{\theta_1, \theta_2, \theta_3\}$이므로

$$\lambda(i) = \frac{\sup_{\theta \in \Omega_0} f(i;\theta)}{\sup_{\theta \in \Omega} f(i;\theta)}$$

는 다음과 같이 계산할 수 있다.

i	0	1	2	3	4
$\lambda(i)$	1	0.4	0.05	0.00	0.00

따라서 GLR 검정은 $\lambda(i) \le c$ 일 때 H_0를 기각한다. 여기서 c는 $\alpha = P[\lambda(i) \le c \mid \theta = \theta_3]$를 만족하는 상수이다. 귀무가설 $H_0 : \theta = \theta_3$ 이 참일 때

t	0	0.05	0.4	1
$P[\lambda(i) = t]$	0.00	0.03	0.10	0.87

이므로, $\alpha = 0.03$이면 GLR 검정은 $\lambda(i) \le 0.05$일 때 H_0를 기각한다. 그러므로 $x = 2,3,4$ 가 관측되면 H_0를 기각한다. 따라서 GLR 검정의 기각역은

$$C = \{x \mid x = 2, 3, 4\}$$

이다. ●

예제 2.5.2 $X \sim \text{Bin}(n, p)$일 때, $H_0 : p \le p_0$ 대 $H_1 : p > p_0$의 크기가 α인 일반화 가능도비 검정을 구해 보자.

$$\lambda(x) = \frac{\sup_{0 \le p \le p_0} \binom{n}{x} p^x (1-p)^{n-x}}{\sup_{0 \le p \le 1} \binom{n}{x} p^x (1-p)^{n-x}} = \frac{\sup_{0 \le p \le p_0} p^x (1-p)^{n-x}}{\sup_{0 \le p \le 1} p^x (1-p)^{n-x}}$$

이고 p의 MLE는 $\hat{p} = x/n$이므로

$$\sup_{0 \le p \le 1} p^x (1-p)^{n-x} = \hat{p}^x (1-\hat{p})^{n-x}$$

이다. 함수 $p^x(1-p)^{n-x}$은 처음 증가하다 $p = x/n$에서 최대가 되며, $p > x/n$이면 다시 감소하기 때문에

$$\sup_{0 \le p \le p_0} p^x (1-p)^{n-x} = \begin{cases} p_0^x (1-p_0)^{n-x}, & \hat{p} > p_0 \\ \hat{p}^x (1-\hat{p})^{n-x}, & \hat{p} \le p_0 \end{cases}$$

이다. 따라서

$$\lambda(x) = \begin{cases} 1, & \hat{p} \le p_0 \\ \dfrac{p_0^x (1-p_0)^{n-x}}{\hat{p}^x (1-\hat{p})^{n-x}} = \left(\dfrac{p_0}{\hat{p}}\right)^x \left(\dfrac{1-p_0}{1-\hat{p}}\right)^{n-x}, & \hat{p} > p_0 \end{cases}$$

이다. $\lambda(x)$가 x의 감소함수이므로, $\lambda(x) \le c \Leftrightarrow x \ge c_1$이다. 즉, GLR 검정은 $x \ge c_1$일 때 H_0를 기각한다. c_1은 $\alpha = P[X \ge c_1 | p_0]$를 만족하는 상수이다. …●

예제 2.5.3 $X_1, \cdots, X_n$이 정규분포 $\mathrm{N}(\mu, 1)$에서의 확률표본일 때, $H_0 : \mu = \mu_0$ 대 $H_1 : \mu > \mu_0$를 검정해 보자.

이 경우 $\Omega_0 = \{\mu_0\}$이고 $\Omega = \{\mu \mid \mu \ge \mu_0\}$이다. 따라서 $\hat{\mu}_0 = \mu_0$이고 가능도함수가

$$L(\mu; \boldsymbol{x}) = (2\pi)^{-n/2} \exp\left(-\frac{1}{2}\sum_{i=1}^{n}(x_i - \mu)^2\right) = (2\pi)^{-n/2} \exp\left(-\frac{1}{2}\sum_{i=1}^{n}(x_i - \bar{x})^2 - \frac{n}{2}(\bar{x} - \mu)^2\right)$$

이므로, Ω에서의 MLE는

$$\hat{\mu} = \begin{cases} \bar{x}, & \bar{x} \geq \mu_0 \\ \mu_0, & \bar{x} < \mu_0 \end{cases}$$

이다. 그러므로

$$\lambda(\boldsymbol{x}) = \begin{cases} 1, & \bar{x} < \mu_0 \\ \exp[-n(\bar{x}-\mu_0)^2/2], & \bar{x} \geq \mu_0 \end{cases}$$

이다. 따라서 임의의 $0<c<1$에 대해 GLR 검정의 기각역은

$$\begin{aligned} C &= \{\boldsymbol{x} \mid \lambda(\boldsymbol{x}) \leq c\} \\ &= \left\{\boldsymbol{x} \mid \exp[-n(\bar{x}-\mu_0)^2/2] \leq c \text{이고 } \bar{x} \geq \mu_0\right\} \\ &= \left\{\boldsymbol{x} \mid n(\bar{x}-\mu_0)^2 \geq c_1 \text{이고 } \bar{x} \geq \mu_0\right\} \\ &= \left\{\boldsymbol{x} \mid \sqrt{n}\,(\bar{x}-\mu_0) \geq c_2\right\} \end{aligned}$$

이다. c_2는 $\alpha = P[\sqrt{n}\,(\overline{X}-\mu_0) \geq c_2 \mid \mu = \mu_0]$를 만족하는 상수이므로 기각역은

$$C = \left\{\boldsymbol{x} \mid \sqrt{n}\,(\bar{x}-\mu_0) \geq z_\alpha\right\}$$

이고, 이 검정은 크기가 α인 균일최강력검정임을 알 수 있다. ……………●

예제 2.5.4 예제 2.5.3에서 $H_0 : \mu \leq \mu_0$ 대 $H_1 : \mu > \mu_0$의 GLR 검정을 유도해 보자.

이 경우 $\Omega_0 = \{\mu \mid \mu \leq \mu_0\} = (-\infty, \mu_0]$이고 $\Omega = (-\infty, \infty)$이므로, $\hat{\mu} = \bar{x}$이며

$$\hat{\mu}_0 = \begin{cases} \bar{x}, & \bar{x} \leq \mu_0 \\ \mu_0, & \bar{x} > \mu_0 \end{cases}$$

이므로

$$\lambda(\boldsymbol{x}) = \frac{L(\hat{\mu}_0; \boldsymbol{x})}{L(\hat{\mu}; \boldsymbol{x})} = \begin{cases} 1, & \bar{x} \leq \mu_0 \\ \exp[-n(\bar{x}-\mu_0)^2/2], & \bar{x} > \mu_0 \end{cases}$$

이다. 이 경우의 검정력함수는

$$\begin{aligned} \beta(\mu) &= P_\mu\left[\sqrt{n}\,(\overline{X}-\mu_0) \geq c_2\right] \\ &= P_\mu\left[\sqrt{n}\,(\overline{X}-\mu) \geq \sqrt{n}\,(\mu_0-\mu)+c_2\right] \\ &= \Phi(\sqrt{n}\,(\mu-\mu_0)-c_2) \end{aligned}$$

이므로 μ의 증가함수이다. 따라서 검정의 크기는

$$\sup_{\mu \le \mu_0} \beta(\mu) = \beta(\mu_0) = \Phi(-c_2) = \alpha$$

이다. 따라서 $c_2 = z_\alpha$이므로 기각역은 $\left\{\boldsymbol{x} \,\middle|\, \sqrt{n}(\bar{x} - \mu_0) \ge z_\alpha\right\}$로 예제 2.5.3의 결과와 동일하다. ……………… ●

다른 미지의 **장애모수**(nuisance parameter)가 존재하는 경우 하나의 미지의 모수에 관한 가설을 검정해야 할 경우가 가끔 있다. 다음 예를 살펴보자.

예제 2.5.5 $X_1, \cdots, X_n$을 정규분포 $\mathrm{N}(\mu, \sigma^2)$에서의 확률표본이라 하자. μ와 σ^2은 모두 미지의 모수이다. 이 확률표본에 근거하여 $H_0: \mu = \mu_0$ 대 $H_1: \mu \ne \mu_0$의 검정을 생각해 보자. 이 경우

$$\Omega_0 = \left\{(\mu_0, \sigma^2) \mid \sigma^2 > 0\right\}$$

이고

$$\Omega = \left\{(\mu, \sigma^2) \mid -\infty < \mu < \infty,\ \sigma^2 > 0\right\}$$

이다. 따라서 Ω에서의 MLE는 $\hat{\mu} = \bar{x}$이고 $\widehat{\sigma^2} = \sum_{i=1}^{n}(x_i - \bar{x})^2/n$이며, $\theta = (\mu, \sigma^2)$이라 하면

$$\begin{aligned}\sup_{\theta \in \Omega_0} L(\mu, \sigma^2; \boldsymbol{x}) &= \sup_{\sigma^2 > 0}\left[(2\pi\sigma^2)^{-n/2}\exp\left\{-\frac{1}{2\sigma^2}\sum_{i=1}^{n}(x_i - \mu_0)^2\right\}\right] \\ &= L(\mu_0, \widehat{\sigma_0^2}; \boldsymbol{x})\end{aligned}$$

이다. 여기서 $\widehat{\sigma_0^2} = \sum_{i=1}^{n}(x_i - \mu_0)^2/n$ 이다. 그러므로

$$\begin{aligned}\lambda(\boldsymbol{x}) &= \frac{L(\mu_0, \widehat{\sigma_0^2}; \boldsymbol{x})}{L(\hat{\mu}, \widehat{\sigma^2}; \boldsymbol{x})} \\ &= \frac{(2\pi\widehat{\sigma_0^2})^{-n/2}\exp\left[-\sum_{i=1}^{n}(x_i - \mu_0)^2/2\widehat{\sigma_0^2}\right]}{(2\pi\widehat{\sigma^2})^{-n/2}\exp\left[-\sum_{i=1}^{n}(x_i - \bar{x})^2/2\widehat{\sigma^2}\right]}\end{aligned}$$

$$
\begin{aligned}
&= (\widehat{\sigma_0^2} / \widehat{\sigma^2})^{-n/2} \\
&= \left[\frac{\sum_{i=1}^{n} (x_i - \mu_0)^2}{\sum_{i=1}^{n} (x_i - \overline{x})^2} \right]^{-n/2} \\
&= \left[\frac{\sum_{i=1}^{n} (x_i - \overline{x})^2 + n(\overline{x} - \mu_0)^2}{\sum_{i=1}^{n} (x_i - \overline{x})^2} \right]^{-n/2} \\
&= \left[1 + \frac{n(\overline{x} - \mu_0)^2}{\sum_{i=1}^{n} (x_i - \overline{x})^2} \right]^{-n/2} \\
&= \left[1 + \frac{1}{n-1} \frac{n(\overline{x} - \mu_0)^2}{\sum_{i=1}^{n} (x_i - \overline{x})^2 / (n-1)} \right]^{-n/2} \\
&= \left(1 + \frac{T^2(\boldsymbol{x})}{n-1} \right)^{-n/2} \qquad (2.5.3)
\end{aligned}
$$

이다. 여기서

$$
\begin{aligned}
T(\boldsymbol{x}) &= \frac{\sqrt{n}\,(\overline{x} - \mu_0)}{\sqrt{\sum_{i=1}^{n} (x_i - \overline{x})^2 / (n-1)}} \\
&= \frac{(\overline{x} - \mu_0)}{s / \sqrt{n}} \qquad (2.5.4)
\end{aligned}
$$

이다. $H_0 : \mu = \mu_0$ 하에서 $T(\boldsymbol{X}) \sim t(n-1)$ 이므로 $T^2(\boldsymbol{X}) \sim F(1, n-1)$ 이다. GLR 검정은

$$\lambda(\boldsymbol{x}) \le c \quad \Leftrightarrow \quad T^2(\boldsymbol{x}) \ge c_1$$

일 때 H_0를 기각하는 것이다. c_1은 $\alpha = P[\,T^2(\boldsymbol{X}) \ge c_1 \mid \mu = \mu_0]$를 만족하는 상수이다. 따라서 기각역은

$$
\begin{aligned}
C &= \left\{ \boldsymbol{x} \mid T^2(\boldsymbol{x}) \ge F_{\alpha}(1, n-1) \right\} \\
&= \left\{ \boldsymbol{x} \mid T(\boldsymbol{x}) \le -t_{\alpha/2}(n-1) \ \text{또는}\ T(\boldsymbol{x}) \ge t_{\alpha/2}(n-1) \right\}
\end{aligned}
$$

$$= \{ \boldsymbol{x} \mid |T(\boldsymbol{x})| \geq t_{\alpha/2}(n-1) \} \tag{2.5.5}$$

이다. 사실 이 검정은 균일최강력검정은 아니고 균일최강력비편향검정이다. 자유도가 k인 t-분포의 오른쪽 꼬리 확률이 α인 값 $t_\alpha(k)$는 표 B.5에 다양한 α와 k에 대해 주어져 있다. 즉, $T \sim t(k)$이면

$$P[T > t_\alpha(k)] = \alpha$$

이다(그림 2.5.1 참조). ……………●

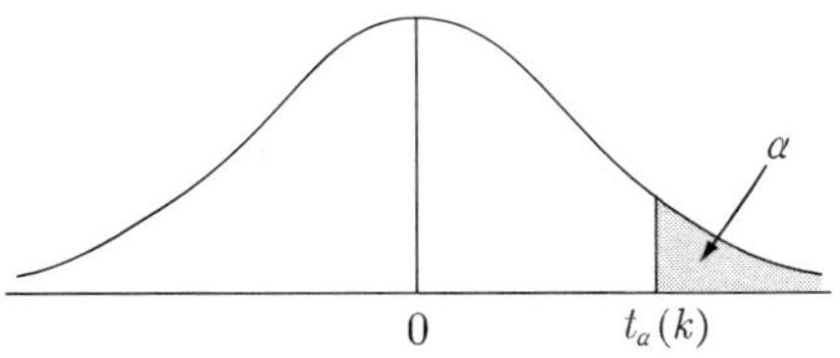

그림 2.5.1 t-분포

다음은 2표본 문제에 관한 검정을 유도하기 위해 GLR 방법을 이용할 수 있음을 보여준다.

예제 2.5.6 $X_1, \cdots, X_{n_1}$과 $Y_1, \cdots, Y_{n_2}$는 각각 $\mathrm{N}(\mu_1, \sigma_1^2)$과 $\mathrm{N}(\mu_2, \sigma_2^2)$에서의 독립인 확률표본이다. $H_0 : \sigma_1^2 = \sigma_2^2 = \sigma^2$ 대 $H_1 : \sigma_1^2 \neq \sigma_2^2$을 검정하고자 한다. 여기서

$$\Omega = \left\{ (\mu_1, \sigma_1^2, \mu_2, \sigma_2^2) \mid -\infty < \mu_i < \infty,\ \sigma_i^2 > 0,\ i = 1, 2 \right\}$$

이고

$$\Omega_0 = \left\{ (\mu_1, \mu_2, \sigma^2) \mid -\infty < \mu_i < \infty,\ i = 1, 2,\ \sigma^2 > 0 \right\}$$

이다. $\theta = (\mu_1, \sigma_1^2, \mu_2, \sigma_2^2)$이라 하면, 가능도함수는

$$L(\theta; \boldsymbol{x}; \boldsymbol{y}) = \left(\frac{1}{2\pi}\right)^{(n_1+n_2)/2} \left(\frac{1}{\sigma_1^2}\right)^{n_1/2} \left(\frac{1}{\sigma_2^2}\right)^{n_2/2}$$
$$\times \exp\left[-\frac{1}{2\sigma_1^2} \sum_{i=1}^{n_1} (x_i - \mu_1)^2 - \frac{1}{2\sigma_2^2} \sum_{j=1}^{n_2} (y_j - \mu_2)^2 \right]$$

$$\ln L(\theta\,;\boldsymbol{x},\,\boldsymbol{y}) = -\frac{n_1+n_2}{2}\ln(2\pi) - \frac{n_1}{2}\ln\sigma_1^2 - \frac{n_2}{2}\ln\sigma_2^2 - \frac{1}{2\sigma_1^2}\sum_{i=1}^{n_1}(x_i-\mu_1)^2 - \frac{1}{2\sigma_2^2}\sum_{j=1}^{n_2}(y_j-\mu_2)^2$$

이므로 μ_1과 μ_2에 관해 각각 미분하여 MLE를 구하면

$$\hat{\mu}_1 = \overline{x},\ \ \hat{\mu}_2 = \overline{y}$$

이고, σ_1^2과 σ_2^2에 관해 각각 미분하여 MLE를 구하면

$$\widehat{\sigma_1^2} = \frac{1}{n_1}\sum_{i=1}^{n_1}(x_i-\overline{x})^2,\ \ \widehat{\sigma_2^2} = \frac{1}{n_2}\sum_{j=1}^{n_2}(y_j-\overline{y})^2$$

이다. 만일 $\sigma_1^2 = \sigma_2^2 = \sigma^2$이면, σ^2의 MLE는

$$\widehat{\sigma_0^2} = \frac{\sum_{i=1}^{n_1}(x_i-\overline{x})^2 + \sum_{j=1}^{n_2}(y_j-\overline{y})^2}{n_1+n_2} \tag{2.5.6}$$

이다. 따라서

$$L(\hat{\theta}_0\,;\boldsymbol{x},\,\boldsymbol{y}) = \left(\frac{1}{2\pi}\right)^{(n_1+n_2)/2}\left(\frac{1}{\widehat{\sigma_0^2}}\right)^{(n_1+n_2)/2} e^{-(n_1+n_2)/2}$$

이고

$$L(\hat{\theta}\,;\boldsymbol{x},\,\boldsymbol{y}) = \left(\frac{1}{2\pi}\right)^{(n_1+n_2)/2}\left(\frac{1}{\widehat{\sigma_1^2}}\right)^{n_1/2}\left(\frac{1}{\widehat{\sigma_2^2}}\right)^{n_2/2} e^{-(n_1+n_2)/2}$$

이므로

$$\begin{aligned}\lambda(\boldsymbol{x},\,\boldsymbol{y}) &= \frac{L(\hat{\theta}_0\,;\boldsymbol{x},\,\boldsymbol{y})}{L(\hat{\theta}\,;\boldsymbol{x},\,\boldsymbol{y})} \\ &= \frac{(\widehat{\sigma_1^2})^{n_1/2}(\widehat{\sigma_2^2})^{n_2/2}}{(\widehat{\sigma_0^2})^{n_1/2+n_2/2}} \\ &= \frac{(n_1+n_2)^{(n_1+n_2)/2}}{n_1^{n_1/2}n_2^{n_2/2}}\frac{\left(\sum_{i=1}^{n_1}(x_i-\overline{x})^2\right)^{n_1/2}\left(\sum_{j=1}^{n_2}(y_j-\overline{y})^2\right)^{n_2/2}}{\left(\sum_{i=1}^{n_1}(x_i-\overline{x})^2 + \sum_{j=1}^{n_2}(y_j-\overline{y})^2\right)^{(n_1+n_2)/2}}\end{aligned}$$

$$= \frac{(n_1+n_2)^{(n_1+n_2)/2}}{n_1^{n_1/2} n_2^{n_2/2}}$$

$$\times \frac{\left[\sum_{i=1}^{n_1}(x_i - \overline{x})^2 \Big/ \sum_{j=1}^{n_2}(y_j - \overline{y})^2\right]^{n_1/2}}{\left[\left(\sum_{i=1}^{n_1}(x_i - \overline{x})^2 + \sum_{j=1}^{n_2}(y_j - \overline{y})^2\right)\Big/ \sum_{j=1}^{n_2}(y_j - \overline{y})^2\right]^{(n_1+n_2)/2}}$$

$$= \frac{(n_1+n_2)^{(n_1+n_2)/2}}{n_1^{n_1/2} n_2^{n_2/2}} \frac{\left[\sum_{i=1}^{n_1}(x_i - \overline{x})^2 \Big/ \sum_{j=1}^{n_2}(y_j - \overline{y})^2\right]^{n_1/2}}{\left[1+\sum_{i=1}^{n_1}(x_i - \overline{x})^2 \Big/ \sum_{j=1}^{n_2}(y_i - \overline{y})^2\right]^{(n_1+n_2)/2}}$$

$$= \frac{(n_1+n_2)^{(n_1+n_2)/2}}{n_1^{n_1/2} n_2^{n_2/2}} \frac{[S(\boldsymbol{x},\, \boldsymbol{y})]^{n_1/2}}{[1+S(\boldsymbol{x},\, \boldsymbol{y})]^{(n_1+n_2)/2}} \tag{2.5.7}$$

이다. 여기서

$$S(\boldsymbol{x},\, \boldsymbol{y}) = \frac{\sum_{i=1}^{n_1}(x_i - \overline{x})^2}{\sum_{j=1}^{n_2}(y_j - \overline{y})^2} \tag{2.5.8}$$

이다.

$$g(x) = \frac{x^{n_1/2}}{(1+x)^{(n_1+n_2)/2}}$$

이라 하면, $g(0)=0$이고 $x \to \infty$ 일 때 $g(x) \to 0$이다. 또한

$$\begin{aligned} g'(x) &= x^{n_1/2-1}(1+x)^{-(n_1+n_2)/2-1}\left[\frac{n_1}{2}(1+x) - \frac{n_1+n_2}{2}x\right] \\ &= \frac{1}{2}x^{n_1/2-1}(1+x)^{-(n_1+n_2)/2-1}(n_1 - n_2 x) \end{aligned}$$

이므로 $g(x)$는 $x = n_1/n_2$에서 최댓값을 가지고 x가 0에서 n_1/n_2까지는 증가하고 x가 n_1/n_2부터는 감소하는 함수이다(그림 2.5.2 참조). 따라서

$$\lambda(\boldsymbol{x},\, \boldsymbol{y}) \le c \Leftrightarrow S(\boldsymbol{x},\, \boldsymbol{y}) \le c_1 \text{ 또는 } S(\boldsymbol{x},\, \boldsymbol{y}) \ge c_2 \tag{2.5.9}$$

이다.

귀무가설 $H_0 : \sigma_1^2 = \sigma_2^2$하에서

$$\frac{n_2-1}{n_1-1}S(\boldsymbol{X},\ \boldsymbol{Y}) = \frac{\sum_{i=1}^{n_1}(X_i-\overline{X})^2/(n_1-1)}{\sum_{j=1}^{n_2}(Y_j-\overline{Y})^2/(n_2-1)} \sim F(n_1-1,\ n_2-1) \quad (2.5.10)$$

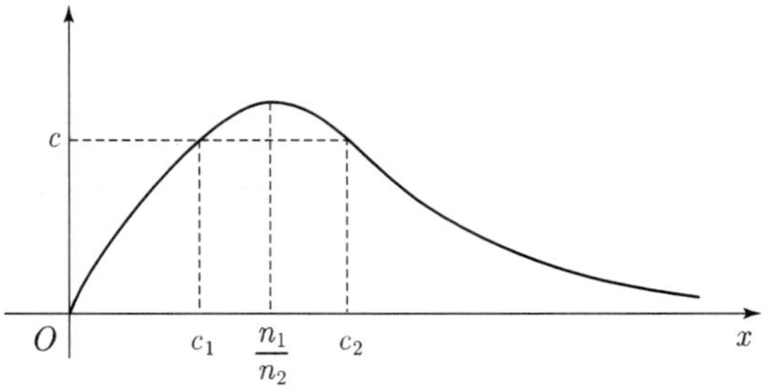

그림 2.5.2

이므로, c_1과 c_2는

$$\begin{aligned}\alpha &= P[S(\boldsymbol{X},\ \boldsymbol{Y}) \le c_1 \text{ 또는 } S(\boldsymbol{X},\ \boldsymbol{Y}) \ge c_2 \mid \sigma_1^2 = \sigma_2^2] \\ &= P[S(\boldsymbol{X},\ \boldsymbol{Y}) \le c_1 \mid \sigma_1^2 = \sigma_2^2] + P[S(\boldsymbol{X},\ \boldsymbol{Y}) \ge c_2 \mid \sigma_1^2 = \sigma_2^2] \quad (2.5.11)\end{aligned}$$

과 $g(c_1) = g(c_2)$를 만족하는 상수이다. 이 c_1과 c_2를 계산하는 게 다소 복잡하기 때문에 실제로는 위의 두 확률 값을 다음과 같이 동일하게 택하여 이용한다.

$$\frac{n_2-1}{n_1-1}c_1 = F_{1-\alpha/2}(n_1-1,\ n_2-1)$$
$$\frac{n_2-1}{n_1-1}c_2 = F_{\alpha/2}(n_1-1,\ n_2-1)$$

즉, 가능도비 검정의 기각역은

$$C = \left\{\boldsymbol{x} \,\middle|\, S(\boldsymbol{x},\ \boldsymbol{y}) \le \frac{n_1-1}{n_2-1}F_{1-\alpha/2}(n_1-1,\ n_2-1) \right.$$
$$\left. \text{또는 } S(\boldsymbol{x},\ \boldsymbol{y}) \ge \frac{n_1-1}{n_2-1}F_{\alpha/2}(n_1-1,\ n_2-1) \right\} \quad (2.5.12)$$

이다. ……………●

가설검정의 가능도비 방법은 최대가능도추정량과 관련이 있으며, 최대가능도추정만큼 가능도비 검정은 널리 이용된다. 실제로 기각역을 구하기 위해서는 귀무가설하에서 가능도비 검정통계량의 분포가 필요하다. 다음은 가능도비의 대표본 성질로 근사적인 분포를 제공해 주는 중요한 정리이다.

정리 2.5.1

결합 pdf (pmf) $f(\boldsymbol{x};\theta)$에 대한 정칙조건이 만족되면, 귀무가설 H_0하에서

$$-2\ln\lambda(\boldsymbol{X})$$

는 근사적으로 자유도가 Ω와 Ω_0에 속하는 독립인 모수들의 개수의 차이인 카이제곱분포를 따른다. 즉, n이 클 때 근사적으로

$$-2\ln\lambda(\boldsymbol{X}) \approx \chi^2(r-q) \tag{2.5.13}$$

이다. 여기서 r은 Ω에 속하는 독립인 모수의 개수이고 q는 Ω_0에 속하는 독립인 모수의 개수이다. …………… ■

예제 2.5.7 예제 2.5.3에서 $\lambda(\boldsymbol{x}) = \exp[-n(\bar{x}-\mu_0)^2/2]$, $\bar{x} \geq \mu_0$이므로, 귀무가설 H_0하에서

$$\begin{aligned}-2\ln\lambda(\boldsymbol{X}) &= n(\overline{X}-\mu_0)^2\\ &= \left(\frac{\overline{X}-\mu_0}{1/\sqrt{n}}\right)^2\\ &\sim \chi^2(1)\end{aligned}$$

이다. 이 예에서는 $r=1$, $q=0$이며 $-2\ln\lambda(\boldsymbol{X})$는 정확하게 자유도가 1인 카이제곱확률변수이다. …………… •

예제 2.5.8 $X_1, \cdots, X_n$이 독립이며 동일한 $\text{Exp}(\theta)$ 확률변수라 하자. $H_0: \theta = \theta_0$ 대 $H_1: \theta \neq \theta_0$의 검정을 생각해 보자.

$$L(\theta;\boldsymbol{x}) = \theta^{-n}\exp\left(-\frac{1}{\theta}\sum_{i=1}^{n}x_i\right)$$

이며, θ의 MLE는 $\hat{\theta} = \bar{x}$이므로

$$\lambda(\boldsymbol{x}) = \frac{\theta_0^{-n}\exp\left(-\frac{1}{\theta_0}\sum_{i=1}^{n}x_i\right)}{(\overline{x})^{-n}e^{-n}}$$
$$= \left(\frac{\overline{x}}{\theta_0}\right)^n \exp\left(-\frac{1}{\theta_0}\sum_{i=1}^{n}x_i + n\right)$$

이다. 따라서

$$\begin{aligned} -2\ln\lambda(\boldsymbol{x}) &= -2n\ln\left(\frac{\overline{x}}{\theta_0}\right) + 2\left(\frac{1}{\theta_0}\sum_{i=1}^{n}x_i - n\right) \\ &= -2n\ln\left(1+\frac{\overline{x}-\theta_0}{\theta_0}\right) + 2n\frac{\overline{x}-\theta_0}{\theta_0} \\ &= -2n\left[\frac{\overline{x}-\theta_0}{\theta_0} - \frac{(\overline{x}-\theta_0)^2}{2\theta_0^2} + R_n\right] + \frac{2n(\overline{x}-\theta_0)}{\theta_0} \\ &= \frac{n(\overline{x}-\theta_0)^2}{\theta_0^2} - 2nR_n \end{aligned} \tag{2.5.14}$$

이다. 여기서 R_n은 로그함수를 급수전개할 때의 나머지 항이다. 귀무가설 $H_0 : \theta = \theta_0$하에서, 중심극한정리에 의해

$$\frac{\overline{X}-\theta_0}{\theta_0/\sqrt{n}} \xrightarrow{d} Z \sim \mathrm{N}(0,\ 1) \tag{2.5.15}$$

이고, $nR_n \xrightarrow{p} 0$이므로 슬러츠키의 정리에 의해 정리 2.5.1의 결과인

$$-2\ln\lambda(\boldsymbol{X}) \xrightarrow{d} \chi^2(1) \tag{2.5.16}$$

임을 보일 수 있다 ……………●

정리 2.5.1에 의해 $\lambda(\boldsymbol{X})$의 정확한 분포를 알 수 없는 경우 $-2\ln\lambda(\boldsymbol{X})$가 근사적으로 $\chi^2(r-q)$분포를 따르기 때문에, 근사적으로 크기가 α인 GLR 검정의 기각역은

$$C = \left\{\boldsymbol{x} \,\middle|\, -2\ln\lambda(\boldsymbol{x}) \geq \chi^2_\alpha(r-q)\right\}$$

이다.

예제 2.5.6에서 독립인 두 정규분포에서 추출한 확률표본에 근거한 검정을 유도하는 데

GLR 방법이 유용함을 보았다. 여기서는 k개의 정규분포에서 추출한 표본들에 근거한 검정을 GLR 방법을 이용해 유도해 보자.

먼저 독립인 k개의 정규분포에서 확률표본들이 추출되었다 하자. 각 $j=1,\cdots,k$에 대해 j번째 분포의 평균과 분산을 각각 μ_j와 σ_j^2이라 하고, n_j를 표본의 크기라 하자. x_{ij}는 j번째 확률표본에서 i번째 확률변수의 관측값이다. $X_{ij} \sim \mathrm{N}(\mu_j, \sigma_j^2)$이다. 각 확률표본에 대해 j번째 표본평균과 표본분산의 관측값을 각각

$$\overline{x_j} = \sum_{i=1}^{n_j} x_{ij}/n_j \text{와} \quad s_j^2 = \sum_{i=1}^{n_j}(x_{ij} - \overline{x_j})^2/(n_j - 1)$$

이라 하자. 또한 전체 $N = n_1 + \cdots + n_k$개 관측값들의 표본평균을

$$\overline{\overline{x}} = \sum_{j=1}^{k}\sum_{i=1}^{n_j} x_{ij}/N = \sum_{j=1}^{k} n_j \overline{x_j}/N$$

으로 표시한다.

이제 k개 정규분포의 분산은 미지의 모수이지만 모두 같다고$(\sigma_j^2 = \sigma^2,\ j=1,\cdots,k)$ 가정하고 분포의 평균들이 모두 동일한지의 검정을 유도해 보자. 이러한 검정은 분산분석에서 많이 이용되는 잘 알려진 검정이다. 여기서는

$$H_0: \mu_1 = \cdots = \mu_k \ \text{대} \ H_1: \text{적어도 한 쌍 } i \neq j\text{에 대해 } \mu_i \neq \mu_j \tag{2.5.17}$$

의 GLR 검정을 유도해 보자. 가능도함수가

$$\begin{aligned} L = L(\mu_1, \cdots, \mu_k, \sigma^2; \boldsymbol{x}) &= \prod_{j=1}^{k}\prod_{i=1}^{n_j} \frac{1}{\sqrt{2\pi}\,\sigma}\exp\left[-\frac{1}{2\sigma^2}(x_{ij} - \mu_j)^2\right] \\ &= (2\pi\sigma^2)^{-N/2}\exp\left[-\frac{1}{2\sigma^2}\sum_{j=1}^{k}\sum_{i=1}^{n_j}(x_{ij} - \mu_j)^2\right] \end{aligned}$$

이므로, 로그가능도함수는

$$\ln L = -\frac{N}{2}\ln(2\pi\sigma^2) - \frac{1}{2\sigma^2}\sum_{j=1}^{k}\sum_{i=1}^{n_j}(x_{ij} - \mu_j)^2 \tag{2.5.18}$$

이다. 모수공간 $\Omega = \left\{(\mu_1, \cdots, \mu_k, \sigma^2)\,|\, -\infty < \mu_j < \infty,\ \sigma^2 > 0\right\}$에서 모수들의 MLE를 구하기 위해 $k+1$개의 모수 각각에 관해 미분하여 0으로 두면

$$\begin{aligned}
&\frac{\partial}{\partial \mu_j}\ln L = -\frac{1}{2\sigma^2}\sum_{i=1}^{n_j} 2(x_{ij}-\mu_j)(-1) = 0, \ j=1,2,\cdots,k \\
&\frac{\partial}{\partial \sigma^2}\ln L = -\frac{N}{2}\frac{1}{\sigma^2} + \frac{1}{2(\sigma^2)^2}\sum_{j=1}^{k}\sum_{i=1}^{n_j}(x_{ij}-\mu_j)^2 = 0
\end{aligned} \tag{2.5.19}$$

인 방정식을 얻는다. 이 연립방정식의 해를 구하면

$$\hat{\mu}_j = \sum_{i=1}^{n_j} x_{ij}/n_j = \overline{x}_j, \quad \widehat{\sigma^2} = \sum_{j=1}^{k}\sum_{i=1}^{n_j}(x_{ij}-\overline{x}_j)^2/N \tag{2.5.20}$$

이다. 또한 귀무가설하에서의 부분공간 $\Omega_0 = \{(\mu, \sigma^2) \mid -\infty < \mu < \infty, \ \sigma^2 > 0\}$에서 모수들의 MLE는

$$\begin{aligned}
&\frac{\partial}{\partial \mu}\ln L = -\frac{1}{2\sigma^2}\sum_{j=1}^{k}\sum_{i=1}^{n_j} 2(x_{ij}-\mu)(-1) = 0 \\
&\frac{\partial}{\partial \sigma^2}\ln L = -\frac{N}{2}\frac{1}{\sigma^2} + \frac{1}{2(\sigma^2)^2}\sum_{j=1}^{k}\sum_{i=1}^{n_j}(x_{ij}-\mu)^2 = 0
\end{aligned} \tag{2.5.21}$$

의 해이므로

$$\hat{\mu}_0 = \sum_{j=1}^{k} n_j \overline{x}_j/N = \overline{\overline{x}}, \quad \widehat{\sigma_0^2} = \sum_{j=1}^{k}\sum_{i=1}^{n_j}(x_{ij}-\overline{\overline{x}})^2/N \tag{2.5.22}$$

이다. 따라서 GLR 검정통계량은

$$\begin{aligned}
\lambda(\boldsymbol{x}) &= \frac{L(\hat{\mu}_0, \widehat{\sigma_0^2}; \boldsymbol{x})}{L(\hat{\mu}_1, \cdots, \hat{\mu}_k, \widehat{\sigma^2}; \boldsymbol{x})} \\
&= \frac{(2\pi\widehat{\sigma_0^2})^{-N/2}\exp\left[-\frac{1}{2\widehat{\sigma_0^2}}\sum_{j=1}^{k}\sum_{i=1}^{n_j}(x_{ij}-\overline{\overline{x}})^2\right]}{(2\pi\widehat{\sigma^2})^{-N/2}\exp\left[-\frac{1}{2\widehat{\sigma^2}}\sum_{j=1}^{k}\sum_{i=1}^{n_j}(x_{ij}-\overline{x}_j)^2\right]} \\
&= \frac{(2\pi\widehat{\sigma_0^2})^{-N/2}\exp(-N/2)}{(2\pi\widehat{\sigma^2})^{-N/2}\exp(-N/2)} \\
&= (\widehat{\sigma_0^2}/\widehat{\sigma^2})^{-N/2}
\end{aligned}$$

$$= \left[\frac{\sum_{j=1}^{k}\sum_{i=1}^{n_j}(x_{ij} - \overline{x}_j + \overline{x}_j - \overline{\overline{x}})^2}{\sum_{j=1}^{k}\sum_{i=1}^{n_j}(x_{ij} - \overline{x}_j)^2} \right]^{-N/2}$$

$$= \left[\frac{\sum_{j=1}^{k}\sum_{i=1}^{n_j}(x_{ij} - \overline{x}_j)^2 + \sum_{j=1}^{k}\sum_{i=1}^{n_j}(\overline{x}_j - \overline{\overline{x}})^2}{\sum_{j=1}^{k}\sum_{i=1}^{n_j}(x_{ij} - \overline{x}_j)^2} \right]^{-N/2}$$

$$= \left[1 + \frac{\sum_{j=1}^{k} n_j(\overline{x}_j - \overline{\overline{x}})^2}{\sum_{j=1}^{k}\sum_{i=1}^{n_j}(x_{ij} - \overline{x}_j)^2} \right]^{-N/2} \tag{2.5.23}$$

이므로, GLR 검정은 적당한 $c > 0$에 대해

$$\lambda(\boldsymbol{x}) \leq c \Leftrightarrow T(\boldsymbol{x}) = \frac{\sum_{j=1}^{k} n_j(\overline{x}_j - \overline{\overline{x}})^2}{\sum_{j=1}^{k}\sum_{i=1}^{n_j}(x_{ij} - \overline{x}_j)^2} \geq c_1 \tag{2.5.24}$$

일 때 귀무가설 H_0를 기각한다. 이제 귀무가설하에서 $T(\boldsymbol{X})$의 분포를 구해 보자.

$$V_1 = \sum_{j=1}^{k}\sum_{i=1}^{n_j}(X_{ij} - \overline{\overline{X}})^2/\sigma^2,$$

$$V_2 = \sum_{j=1}^{k}\sum_{i=1}^{n_j}(X_{ij} - \overline{X}_j)^2/\sigma^2,$$

$$V_3 = \sum_{j=1}^{k} n_j(\overline{X}_j - \overline{\overline{X}})^2/\sigma^2$$

이라 하면, $V_2 = \sum_{j=1}^{k}(n_j - 1)S_j^2/\sigma^2$으로 나타낼 수 있기 때문에 V_2와 V_3은 독립이다. 정규분포에서의 확률표본에 대해 표본평균 $\overline{X}_j$와 표본분산 S_j^2은 독립이기 때문이다. 또한 $V_1 = V_2 + V_3$이고 귀무가설 H_0하에서 $V_1 \sim \chi^2(N-1)$, $V_2 \sim \chi^2(N-k)$이므로 $V_3 \sim \chi^2(N-1-(N-k)) = \chi^2(k-1)$이다. 따라서

$$\frac{N-k}{k-1} T(\boldsymbol{X}) = \frac{V_3/(k-1)}{V_2/(N-k)} \sim F(k-1,\ N-k) \tag{2.5.25}$$

이다. $\sigma^2 V_2/(N-k)$는 σ^2의 합동추정량이다. 따라서 크기가 α인 GLR 검정의 기각역은

$$C=\left\{\boldsymbol{x}\,\middle|\,\frac{N-k}{k-1}T(\boldsymbol{x})\geq F_{\alpha}(k-1,\,N-k)\right\} \tag{2.5.26}$$

이다. 따라서 이 경우 GLR 검정은 잘 알려진 분산분석의 F-검정과 동일한 검정임을 알 수 있다.

연습문제

2.5.1 pmf $f(x;\theta)$가 다음과 같다.

x	a	b	c	d
$\theta=0$	0.05	0.2	0.05	0.7
$0<\theta<1$	$0.2\,\theta$	$0.2\,(1-\theta)$	0.5	0.3

$H_0:\theta=0$ 대 $H_1: 0<\theta<1$ 가설을 검정하고자 한다.

(a) GLR 검정을 구하라.

(b) (a)에서 구한 검정의 검정력함수를 계산하라.

(c) 기각역이 $C=\{c\}$인 검정에 대해 제1종 오류와 제2종 오류를 범할 확률을 구하라.

2.5.2 예제 2.5.2에서 $H_0: p=p_0$ 대 $H_1: p\neq p_0$의 GLR 검정을 유도하라.

2.5.3 $X_1,\cdots,X_n$은 베르누이 분포 $\mathrm{Bin}(1,\,p)$에서 추출한 확률표본이다.

(a) $H_0: p=0.8$ 대 $H_1: p\neq 0.8$의 GLR 검정통계량 $\lambda(\boldsymbol{x})$를 구하라.

(b) 만일 $n=200$이고 $\sum_{i=1}^{200} x_i=150$이면, $\alpha=0.01$인 검정의 근사적인 기각역을 결정하여 검정하라.

2.5.4 $X_1,\cdots,X_n$을 푸아송 분포 $\mathrm{Poi}(\mu)$에서의 확률표본이라 하자. 다음 각각의 GLR 검정을 유도하라.

(a) $H_0:\mu=\mu_0$ 대 $H_1:\mu\neq\mu_0$

(b) $H_0:\mu\geq\mu_0$ 대 $H_1:\mu<\mu_0$

2.5.5 예제 2.5.5에서 $H_0: \sigma=\sigma_0$ 대 $H_1: \sigma\neq\sigma_0$의 GLR 검정을 유도하라.

2.5.6 $X_1, \cdots, X_n$은 독립이며 동일한 $N(\mu, \sigma^2)$ 확률변수이다. 여기서 σ^2은 알려진 상수이다. $H_0: \mu=\mu_0$ 대 $H_1: \mu\neq\mu_0$의 GLR 검정을 유도하라.

2.5.7 다음 pdf를 갖는 분포에서의 크기 1인 표본에 대해, $H_0: \theta=\theta_0$ 대 $H_1: \theta\neq\theta_0$의 GLR 검정을 유도하라.

$$f(x;\theta)=\frac{2}{\theta^2}(\theta-x),\ \ 0<x<\theta$$

2.5.8 예제 2.5.8에서 $H_0: \theta=\theta_0$ 대 $H_1: \theta>\theta_0$의 GLR 검정을 유도하라.

2.5.9 어떤 특정한 기계에 사용되는 어떤 제품의 수명은 모수가 θ인 지수확률변수로 알려져 있다. 이 제품 50개를 무작위로 선택하여 수명을 조사한 결과 수명의 합이 3250시간이었다면, $H_0: \theta\le 50$ 대 $H_1: \theta>5$을 $\alpha=0.05$로 검정하라.

2.5.10 $X_1, \cdots, X_n$이 다음 pdf를 갖는 분포에서 추출한 확률표본일 때, $H_0: \eta\le\eta_0$ 대 $H_1: \eta>\eta_0$의 GLR 검정을 유도하라.

$$f(x;\theta,\eta)=\begin{cases} e^{-(x-\eta)}, & x\ge\eta \\ 0, & \text{그 외}\end{cases}$$

2.5.11 $X_1, \cdots, X_n$은 다음의 pdf를 갖는 분포에서 추출한 확률표본이다.

$$f(x;\theta,\eta)=\begin{cases} \dfrac{1}{\theta}e^{-(x-\eta)/\theta}, & x\ge\eta \\ 0, & \text{그 외}\end{cases}$$

(a) $H_0: \theta\le\theta_0$ 대 $H_1: \theta>\theta_0$의 GLR 검정통계량 $\lambda(\boldsymbol{x})$를 구하라.

(b) $H_0: \eta\le\eta_0$ 대 $H_1: \eta>\eta_0$의 GLR 검정통계량 $\lambda(\boldsymbol{x})$를 구하라.

2.5.12 (a) $X_1, \cdots, X_n$이 정규분포 $N(\theta, a\theta)$, $a>0$, $\theta>0$에서 추출한 확률표본일 때, $H_0: a=1$ 대 $H_1: a\neq 1$의 GLR 검정을 유도하라. 여기서 θ는 미지의 모수이다.

(b) $X_1, \cdots, X_n$이 정규분포 $\mathrm{N}(\theta, a\theta^2)$, $a > 0$, $\theta > 0$에서 추출한 확률표본일 때, $H_0 : a = 1$ 대 $H_1 : a \neq 1$의 GLR 검정을 유도하라. 여기서 θ는 미지의 모수이다.

2.5.13 $X_1, \cdots, X_n$이 균일분포 $\mathrm{U}(0, \theta)$에서 추출한 확률표본일 때, $H_0 : \theta = \theta_0$ 대 $H_1 : \theta \neq \theta_0$의 GLR 검정을 유도하라.

2.5.14 pdf가 $f(x ; \theta, \mu) = \dfrac{1}{2\theta}$, $\mu - \theta \le x \le \mu + \theta$인 분포에서의 크기 n인 확률표본을 생각해 보자. $H_0 : \mu = 0$ 대 $H_1 : \mu \neq 0$을 검정하고자 한다. GLR 검정통계량 $\lambda = \lambda(\boldsymbol{x})$는

$$\lambda^{1/n} = (X_{n:n} - X_{1:n}) / [2\max(-X_{1:n}, X_{n:n})]$$

임을 보이고 근사적으로 크기가 α인 기각역을 구하라.

2.5.15 $X_1, \cdots, X_{n_1}$과 $Y_1, \cdots, Y_{n_2}$는 각각 $\mathrm{N}(\mu_1, \sigma^2)$과 $\mathrm{N}(\mu_2, \sigma^2)$에서 추출한 독립인 확률표본이다. μ_1과 μ_2가 미지의 모수일 때, $H_0 : \sigma^2 = \sigma_0^2$ 대 $H_1 : \sigma^2 > \sigma_0^2$의 GLR 검정을 유도하라.

2.5.16 $X_1, \cdots, X_{n_1}$과 $Y_1, \cdots, Y_{n_2}$는 각각 $\mathrm{Exp}(\theta_1)$과 $\mathrm{Exp}(\theta_2)$에서 추출한 독립인 확률표본이다. $H_0 : \theta_1 = \theta_2$ 대 $H_1 : \theta_1 \neq \theta_2$의 GLR 검정을 유도하라.

2.6 정규분포의 표본에 근거한 검정

이 절에서는 정규분포에서 추출한 확률표본에 근거하여 정규분포의 모수들에 관해 널리 이용되는 검정방법에 대해 요약 소개하고자 한다. 물론 지금까지 소개된 검정방법에 의해 밝혀졌듯이 여기서 소개하는 대부분의 검정은 최적의 성질을 갖는 검정임을 알 수 있다.

2.6.1 평균에 관한 검정

첫째 분산 σ^2을 알고 있는 경우에 대해 생각해 보자. $X_1, \cdots, X_n$이 정규분포 $\mathrm{N}(\mu, \sigma^2)$에서

추출한 확률표본이면

$$Z = \frac{\overline{X} - \mu}{\sigma / \sqrt{n}} \sim \mathrm{N}(0,\ 1) \tag{2.6.1}$$

이므로 다음 정리를 얻을 수 있다.

정리 2.6.1

$X_1, \cdots, X_n$을 정규분포 $\mathrm{N}(\mu,\ \sigma_0^2)$에서 추출한 확률표본이라 하자. 여기서 σ_0^2은 알려진 상수이다. 이때

$$z_0 = \frac{\overline{x} - \mu_0}{\sigma_0 / \sqrt{n}} \tag{2.6.2}$$

이라 하면

(a) $H_0 : \mu \le \mu_0$ 대 $H_1 : \mu > \mu_0$의 크기가 α인 검정은 다음과 같다.

(i) 기각역

$$C_1 = \{ \boldsymbol{x} \mid z_0 \ge z_\alpha \} \tag{2.6.3}$$

(ii) 검정력함수

$$\beta_{C_1}(\mu) = 1 - \Phi\left(\frac{\mu_0 - \mu}{\sigma_0 / \sqrt{n}} + z_\alpha \right) \tag{2.6.4}$$

(iii) p-값 $= P[Z \ge z_0]$, $Z \sim \mathrm{N}(0,\ 1)$

(b) $H_0 : \mu \ge \mu_0$ 대 $H_1 : \mu < \mu_0$의 크기가 α인 검정은 다음과 같다.

(i) 기각역

$$C_2 = \{ \boldsymbol{x} \mid z_0 \le -z_\alpha \} \tag{2.6.5}$$

(ii) 검정력함수

$$\beta_{C_2}(\mu) = \Phi\left(\frac{\mu_0 - \mu}{\sigma_0 / \sqrt{n}} - z_\alpha \right) \tag{2.6.6}$$

(iii) p-값 $= P[Z \le z_0]$

(c) $H_0 : \mu = \mu_0$ 대 $H_1 : \mu \neq \mu_0$의 크기가 α인 검정은 다음과 같다.

(i) 기각역

$$C_3 = \{ \boldsymbol{x} \mid |z_0| \geq z_{\alpha/2} \} \tag{2.6.7}$$

(ii) 검정력함수

$$\beta_{C_3}(\mu) = 1 - \Phi\left(\frac{\mu_0 - \mu}{\sigma_0 / \sqrt{n}} + z_{\alpha/2} \right) + \Phi\left(\frac{\mu_0 - \mu}{\sigma_0 / \sqrt{n}} - z_{\alpha/2} \right) \tag{2.6.8}$$

(iii) p-값 $= P[\,|Z| \geq |z_0|\,] = 2P[Z \geq |z_0|\,]$

(d) 대립값 μ_1에 대해 검정력이 $1-\beta$이고 크기가 α인 검정을 하기 위해 필요한 표본크기는 단측검정에 대해서는

$$n = \frac{(z_\alpha + z_\beta)^2 \sigma^2}{(\mu_0 - \mu_1)^2} \tag{2.6.9}$$

이고, 양측검정에 대해서는

$$n \approx \frac{(z_{\alpha/2} + z_\beta)^2 \sigma^2}{(\mu_0 - \mu_1)^2} \tag{2.6.10}$$

이다. ……………■

정리 2.6.1에서 (a)와 (b)의 검정은 균일최강력검정이고 (c)의 검정은 균일최강력비편향검정이다.

예제 2.6.1 분산이 $\sigma^2 = 81$인 정규모집단에서 추출한 표본크기가 $n = 25$인 확률표본으로부터 표본평균을 구하여 $\bar{x} = 70.5$임을 알았다. 모평균 μ에 대해 $H_0 : \mu = 70$ 대 $H_1 : \mu \neq 70$의 크기가 $\alpha = 0.05$인 검정은 정리 2.6.1에 의해 기각역이 $C_3 = \{ \boldsymbol{x} \mid |z_0| \geq z_{\alpha/2} \} = \{ \boldsymbol{x} \mid |z_0| \geq 1.96 \}$이다.

$$z_0 = \frac{\bar{x} - \mu_0}{\sigma_0 / \sqrt{n}} = \frac{70.5 - 70}{9 / \sqrt{25}} \approx 0.2778$$

이므로 귀무가설을 기각할 수 없다. ……………●

위의 정리에서 σ^2이 알려진 상수라고 가정했지만, 대부분 실제 적용사례에서는 분산을 알 수가 없다. 따라서 정규분포의 평균과 분산 모두 미지의 모수일 때, 표준정규 검정통계량에 근거한 검정에서 분산 σ^2 대신 표본분산 S^2을 대입한 t통계량에 근거한 검정에 대해 요약해 보자.

$X_1, \cdots, X_n$ 이 정규분포 $\mathrm{N}(\mu, \sigma^2)$에서 추출한 확률표본이면

$$T = \frac{\overline{X} - \mu}{S/\sqrt{n}} \sim t(n-1) \tag{2.6.11}$$

이므로 다음 정리를 얻을 수 있다.

정리 2.6.2

$X_1, \cdots, X_n$ 은 정규분포 $\mathrm{N}(\mu, \sigma^2)$에서 추출한 확률표본이고 σ^2은 미지의 모수이며,

$$t_0 = \frac{\overline{x} - \mu_0}{s/\sqrt{n}} \tag{2.6.12}$$

이라 하자. 여기서 s^2은 표본분산 S^2의 관측값이다.

(a) $H_0 : \mu \le \mu_0$ 대 $H_1 : \mu > \mu_0$의 크기가 α인 검정은 다음과 같다.

(i) 기각역

$$C_1 = \{\boldsymbol{x} \mid t_0 \ge t_\alpha(n-1)\} \tag{2.6.13}$$

(ii) 검정력함수

$$\begin{aligned} \beta_{C_1}(\mu) &= P_\mu\left[\frac{\overline{X} - \mu_0}{S/\sqrt{n}} \ge t_\alpha(n-1)\right] \\ &= P_\mu\left[\frac{\overline{X} - \mu}{S/\sqrt{n}} \ge \frac{\mu_0 - \mu}{S/\sqrt{n}} + t_\alpha(n-1)\right] \\ &= P\left[t(n-1) \ge \frac{\mu_0 - \mu}{S/\sqrt{n}} + t_\alpha(n-1)\right] \end{aligned} \tag{2.6.14}$$

(iii) p-값 $= P[t(n-1) \ge t_0]$, 여기서 $t(n-1)$은 자유도가 $n-1$인 t-확률변수이다.

(b) $H_0 : \mu \ge \mu_0$ 대 $H_1 : \mu < \mu_0$의 크기가 α인 검정은 다음과 같다.

(i) 기각역

$$C_2 = \{ \boldsymbol{x} \mid t_0 \le -t_\alpha(n-1) \} \tag{2.6.15}$$

(ii) 검정력함수

$$\beta_{C_2}(\mu) = P_\mu \left[\frac{\overline{X} - \mu_0}{S/\sqrt{n}} \le -t_\alpha(n-1) \right] \tag{2.6.16}$$

$$= P\left[t(n-1) \le \frac{\mu_0 - \mu}{S/\sqrt{n}} - t_\alpha(n-1) \right]$$

(iii) p-값 $= P[t(n-1) \le t_0]$

(c) $H_0 : \mu = \mu_0$ 대 $H_1 : \mu \neq \mu_0$의 크기가 α인 검정은 다음과 같다.

(i) 기각역

$$C_3 = \{ \boldsymbol{x} \mid |t_0| \ge t_{\alpha/2}(n-1) \} \tag{2.6.17}$$

(ii) 검정력함수

$$\beta_{C_3}(\mu) = P_\mu \left[\left| \frac{\overline{X} - \mu_0}{S/\sqrt{n}} \right| \ge t_{\alpha/2}(n-1) \right]$$

$$= P\left[t(n-1) \ge \frac{\mu_0 - \mu}{S/\sqrt{n}} + t_{\alpha/2}(n-1) \right] \tag{2.6.18}$$

$$+ P\left[t(n-1) \le \frac{\mu_0 - \mu}{S/\sqrt{n}} - t_{\alpha/2}(n-1) \right]$$

(iii) p-값 $= P[|t(n-1)| \ge |t_0|] = 2P[t(n-1) \ge |t_0|]$ ·············· ■

예제 2.6.2 X는 실험용 쥐에 유발시킨 종양이 15일 동안 성장한 크기 (단위: mm)이다. X의 분포가 $\mathrm{N}(\mu, \sigma^2)$이라 가정하고, $H_0 : \mu = 4.0$ 대 $H_1 : \mu \neq 4.0$ 가설을 검정하고자 한다. $n = 9$개의 관측값과 유의수준 $\alpha = 0.10$을 사용하면, 기각역은

$$|t_0| = \frac{|\overline{x} - 4.0|}{s/\sqrt{9}} \ge t_{\alpha/2}(8) = t_{0.05}(8) = 1.860$$

이다. 만일 $n = 9$, $\overline{x} = 4.3$, $s = 1.2$이면

$$t_0 = \frac{4.3 - 4.0}{1.2/\sqrt{9}} = 0.75$$

이므로 기각역에 속하지 못한다. 따라서 $\alpha = 0.10$에서 귀무가설 $H_0 : \mu = 4.0$을 기

각할 수 없다. ……………●

2.6.2 분산에 관한 검정

모집단의 분산에 관한 가설검정이 중요한 이유가 몇 가지 있다. 직접적인 적용에 관련된 것으로는 엄격한 설계 명세서의 제품을 제조해야 하는 제조업자는 그의 생산품의 변이성에 관한 검정을 시행해야 할 것이다. 교사는 한 학생의 성취도에 있어서 기대할 수 있는 변이성에 관해 어떤 주장이 진실인지를 알고자 할 수도 있다. 약사는 어떤 약의 효능 변화가 허용범위 내인지를 점검해야 할 것이다. 간접적인 적용으로는 분산에 관한 검정이 다른 모수에 관한 검정을 위해 먼저 시행해야 할 경우가 종종 있다. 예를 들어 두 모집단 표본에서 두 분산이 같다고 가정하는 경우가 종종 있다. 이 경우 이러한 가정이 타당한지 먼저 검정해야 한다. 물론 두 모집단 표본에 관한 검정은 다시 설명할 것이다.

$X_1, \cdots, X_n$이 정규분포 $\mathrm{N}(\mu, \sigma^2)$에서 추출한 확률표본일 때

$$\frac{(n-1)S^2}{\sigma^2} \sim \chi^2(n-1) \tag{2.6.19}$$

이므로 다음 정리를 얻을 수 있다.

정 리 2.6.3

$X_1, \cdots, X_n$은 정규분포 $\mathrm{N}(\mu, \sigma^2)$에서 추출한 확률표본이고

$$\chi_0^2 = (n-1)s^2/\sigma_0^2 \tag{2.6.20}$$

이라 하자.

(a) $H_0: \sigma^2 \le \sigma_0^2$ 대 $H_1: \sigma^2 > \sigma_0^2$의 크기가 α인 검정은 다음과 같다.

(i) 기각역

$$C_1 = \left\{ \boldsymbol{x} \mid \chi_0^2 \ge \chi_\alpha^2(n-1) \right\} \tag{2.6.21}$$

(ii) 검정력함수

$$\beta_{C_1}(\sigma^2) = P_{\sigma^2}\left[\frac{(n-1)S^2}{\sigma_0^2} \ge \chi_\alpha^2(n-1)\right]$$

$$= P_{\sigma^2}\left[\frac{(n-1)S^2}{\sigma^2} \geq \chi^2_\alpha(n-1)\frac{\sigma_0^2}{\sigma^2}\right]$$

$$= P\left[\chi^2(n-1) \geq \chi^2_\alpha(n-1)\frac{\sigma_0^2}{\sigma^2}\right] \tag{2.6.22}$$

여기서 $\chi^2(n-1)$은 자유도가 $n-1$인 카이제곱확률변수이다.

(iii) p-값 $= P[\chi^2(n-1) \geq \chi_0^2]$

(b) $H_0 : \sigma^2 \geq \sigma_0^2$ 대 $H_1 : \sigma^2 < \sigma_0^2$의 크기가 α인 검정은 다음과 같다.

(i) 기각역

$$C_2 = \{\boldsymbol{x} \mid \chi_0^2 \leq \chi^2_{1-\alpha}(n-1)\} \tag{2.6.23}$$

(ii) 검정력함수

$$\beta_{C_2}(\sigma^2) = P\left[\chi^2(n-1) \leq \chi^2_{1-\alpha}(n-1)\frac{\sigma_0^2}{\sigma^2}\right] \tag{2.6.24}$$

(iii) p-값 $= P[\chi^2(n-1) \leq \chi_0^2]$

(c) $H_0 : \sigma^2 = \sigma_0^2$ 대 $H_1 : \sigma^2 \neq \sigma_0^2$의 크기가 α인 검정은 다음과 같다.

(i) 기각역

$$C_3 = \{\boldsymbol{x} \mid \chi_0^2 \leq \chi^2_{1-\alpha/2}(n-1) \text{ 또는 } \chi_0^2 \geq \chi^2_{\alpha/2}(n-1)\} \tag{2.6.25}$$

(ii) 검정력함수

$$\beta_{C_3}(\sigma^2) = P\left[\chi^2(n-1) \leq \chi^2_{1-\alpha/2}(n-1)\frac{\sigma_0^2}{\sigma^2}\right] + P\left[\chi^2(n-1) \geq \chi^2_{\alpha/2}(n-1)\frac{\sigma_0^2}{\sigma^2}\right] \tag{2.6.26}$$

(iii) p-값 $= 2\min\left(P[\chi^2(n-1) \leq \chi_0^2],\ P[\chi^2(n-1) \geq \chi_0^2]\right)$ ··············· ■

예제 2.6.3 $X_1, \cdots, X_{20}$은 정규분포 $\mathrm{N}(\mu, \sigma^2)$에서의 확률표본이다. $H_0 : \sigma^2 = 50$ 대 $H_1 : \sigma^2 \neq 50$을 검정하기 위해 표본분산의 관측값을 구하여 $s^2 = 72.5$임을 알았다. 검정의 크기가 $\alpha = 0.05$인 검정의 기각역은

$$\chi_0^2 \leq \chi_{0.975}^2(19) = 8.91 \text{ 또는 } \chi_0^2 \geq \chi_{0.025}^2(19) = 32.85$$

이다. $\chi_0^2 = (n-1)s^2/\sigma_0^2 = 19(72.5)/50 = 27.55$이므로 귀무가설을 기각할 수 없다. 또한 p-값을 계산해 보면

$$p\text{-값} = 2P[\chi^2(19) \geq 27.55] > 0.1$$

이다. ……………●

2.6.3 모비율에 관한 검정

어떤 제품의 불량률, 어떤 도로 구간에 정차한 승용차에 2명 이상이 탑승했을 확률, IQ가 115 이상인 학생들의 백분율 등과 같이 비율, 확률, 백분율 등에 관한 검정을 해야할 경우가 많다. 대부분의 경우에 이항모집단에서 추출했다고 가정하는 것이 타당하다. 따라서 이항분포의 모수 p에 관한 검정의 문제가 된다. $X_i \sim \text{Bin}(1, p)$, $i = 1, \cdots, n$이라 하자. 그러면 p에 관한 검정은 p의 충분통계량

$$T(\boldsymbol{X}) = \sum_{i=1}^{n} X_i \sim \text{Bin}(n, p) \tag{2.6.27}$$

에 근거하여 유도할 수 있다.

정 리 2.6.4

$T \sim \text{Bin}(n, p)$이고 $B(t; n, p)$를 이항분포의 cdf라 하자. t는 T의 관측값이다.

(a) $H_0: p \leq p_0$ 대 $H_1: p > p_0$의 크기가 α인 검정은

$$P[T \geq t] = 1 - B(t-1; n, p_0) \leq \alpha \tag{2.6.28}$$

이면, H_0를 기각하는 것이다.

(b) $H_0: p \geq p_0$ 대 $H_1: p < p_0$의 크기가 α인 검정은

$$P[T \leq t] = B(t; n, p_0) \leq \alpha \tag{2.6.29}$$

이면, H_0를 기각하는 것이다.

(c) $H_0: p = p_0$ 대 $H_1: p \neq p_0$의 크기가 α인 검정은

$$B(t\,;n,\,p_0) \le \alpha/2 \text{ 또는 } 1-B(t-1\,;n,\,p_0) \le \alpha/2 \qquad (2.6.30)$$

이면, H_0를 기각하는 것이다. ……………■

예제 2.6.4 $n=20$명 환자에게 새로운 치료를 했는데 그 중 $x=4$명이 심각한 부작용을 호소했다. $H_0: p=0.5$ 대 $H_1: p \ne 0.5$의 크기가 $\alpha=0.05$인 검정을 생각해 보자. 여기서 p는 새로운 치료에서 심각한 부작용을 나타낸 환자들의 비율이다.

$$B(4\,;\,20,\,1/2)=0.0059$$

이므로 H_0를 기각한다. 사실 p-값 $=2(0.0059)=0.0118$이다. ……………●

표본이 큰 경우는 중심극한정리에 의해 이항분포의 정규근사를 이용할 수 있기 때문에 모비율 p에 관한 검정은 정규분포의 평균에 관한 검정으로 생각할 수 있다. 단

$$z_0 = \frac{t-np_0}{\sqrt{np_0(1-p_0)}} \qquad (2.6.31)$$

를 이용한다는 차이이다. 사실은 평균이 $\mu=np$이므로, 예를 들어 $H_0: \mu \le \mu_0$는 $H_0: p \le p_0$의 가설이 된다. 따라서 대표본인 경우는 정리 2.6.1을 그대로 이용할 수 있다.

2.6.4 두 모집단 표본에 근거한 검정

독립인 두 정규분포의 분산을 비교해야 하는 경우가 종종 있다. 이런 경우 두 정규분포 분산의 비에 대한 검정이 유용하다. $X_1,\cdots,X_{n_1}$과 $Y_1,\cdots,Y_{n_2}$는 각각 정규분포 $\mathrm{N}(\mu_1,\,\sigma_1^2)$과 $\mathrm{N}(\mu_2,\,\sigma_2^2)$에서 추출한 크기가 n_1과 n_2인 독립 확률표본이며, $\overline{X}$와 $\overline{Y}$는 각 표본의 표본평균이고 S_1^2과 S_2^2은 각 표본의 표본분산이라 하자.

$(n_1-1)S_1^2/\sigma_1^2$과 $(n_2-1)S_2^2/\sigma_2^2$은 독립이며 각각 $\chi^2(n_1-1)$과 $\chi^2(n_2-1)$ 확률변수이므로

$$F = \frac{S_1^2/\sigma_1^2}{S_2^2/\sigma_2^2} \sim F(n_1-1,\,n_2-1) \qquad (2.6.32)$$

이 성립된다. 따라서 다음 정리를 얻을 수 있다.

정리 2.6.5

$X_1, \cdots, X_{n_1}$과 $Y_1, \cdots, Y_{n_2}$는 각각 $\mathrm{N}(\mu_1, \sigma_1^2)$과 $\mathrm{N}(\mu_2, \sigma_2^2)$에서 추출한 독립인 확률표본이다. S_1^2과 S_2^2은 각 표본의 표본분산이고 s_1^2과 s_2^2은 관측값이다. 또한

$$f_0 = s_1^2/s_2^2 \tag{2.6.33}$$

이다.

(a) $H_0: \sigma_1^2/\sigma_2^2 \le 1$ 대 $H_1: \sigma_1^2/\sigma_2^2 > 1$의 크기가 α인 검정의 기각역은

$$C_1 = \{(\boldsymbol{x}, \boldsymbol{y}) \mid f_0 \ge F_\alpha(n_1 - 1, n_2 - 1)\} \tag{2.6.34}$$

이다.

(b) $H_0: \sigma_1^2/\sigma_2^2 \ge 1$ 대 $H_1: \sigma_1^2/\sigma_2^2 < 1$의 크기가 α인 검정의 기각역은

$$C_2 = \{(\boldsymbol{x}, \boldsymbol{y}) \mid f_0 \le F_{1-\alpha}(n_1 - 1, n_2 - 1) = 1/F_\alpha(n_2 - 1, n_1 - 1)\} \tag{2.6.35}$$

이다.

(c) $H_0: \sigma_1^2/\sigma_2^2 = 1$ 대 $H_1: \sigma_1^2/\sigma_2^2 \ne 1$의 크기가 α인 검정의 기각역은

$$C_3 = \{(\boldsymbol{x}, \boldsymbol{y}) \mid f_0 \le F_{1-\alpha/2}(n_1 - 1, n_2 - 1) = 1/F_{\alpha/2}(n_2 - 1, n_1 - 1) \text{ 또는 } f_0 \ge F_{\alpha/2}(n_1 - 1, n_2 - 1)\} \tag{2.6.36}$$

이다. ……………■

예제 2.6.5 식물학자가 완두콩 줄기의 성장을 측정하였다. X의 관측값 $n_1 = 11$개의 자료가

0.8, 1.8, 1.0, 0.1, 0.9, 1.7, 1.0, 1.4, 0.9, 1.2, 0.5

이고 Y의 관측값 $n_2 = 13$개의 자료는

1.0, 0.8, 1.6, 2.6, 1.3, 1.1, 2.4, 1.8, 2.5, 1.4, 1.9, 2.0, 1.2

이다. 이 데이터에 대해 $\overline{x} \approx 1.03$, $s_1^2 \approx 0.24$, $\overline{y} \approx 1.66$, $s_2^2 \approx 0.35$이다. 만일 $X \sim \mathrm{N}(\mu_1, \sigma_1^2)$이고 $Y \sim \mathrm{N}(\mu_2, \sigma_2^2)$이면, $H_0: \sigma_1^2/\sigma_2^2 = 1$ 대 $H_1: \sigma_1^2/\sigma_2^2 \ne 1$의 크기가

$\alpha = 0.05$인 검정의 기각역은

$$s_1^2/s_2^2 \geq F_{0.025}(10,\ 12) = 3.37$$

또는

$$s_1^2/s_2^2 \leq 1/F_{0.025}(12,\ 10) = 1/3.62 \approx 0.276$$

이다.

$$s_1^2/s_2^2 = 0.24/0.35 \approx 0.686$$

이므로 H_0를 기각할 수 없다. 따라서 두 정규분포의 분산이 다르다고 말할 수 없다. ……………●

정리 2.6.5에서

$$F_\alpha(n_1,\ n_2) = 1/F_{1-\alpha}(n_2,\ n_1) \tag{2.6.37}$$

임을 이용했다. 이 사실은 통계적 확률분포이론에 자세히 소개되어 있다.

이제 두 정규모집단의 평균 차에 대한 검정을 생각해 보자. $X_1, \cdots, X_{n_1}$과 $Y_1, \cdots, Y_{n_2}$는 각각 정규분포 $\mathrm{N}(\mu_1,\ \sigma_1^2)$과 $\mathrm{N}(\mu_2,\ \sigma_2^2)$에서 추출한 크기가 n_1과 n_2인 독립확률표본이며, $\overline{X}$와 $\overline{Y}$는 각 표본의 표본평균이고 S_1^2과 S_2^2은 각 표본의 표본분산이라 하자.

두 모집단의 분산이 알려져 있다고 가정하면, $\overline{Y} - \overline{X}$는 평균이 $\mu_2 - \mu_1$이고 분산이 $\sigma_1^2/n_1 + \sigma_2^2/n_2$인 정규확률변수이다. 즉,

$$\frac{(\overline{Y} - \overline{X}) - (\mu_2 - \mu_1)}{\sqrt{\sigma_1^2/n_1 + \sigma_2^2/n_2}} \sim \mathrm{N}(0,\ 1) \tag{2.6.38}$$

이다.

만일 분산은 알지 못하지만 $\sigma_1^2 = \sigma_2^2 = \sigma^2$이라 하면, 두 모집단에서 추출한 표본전체를 이용하여 σ^2을 다음과 같이 추정할 수 있다.

$$S_p^2 = \frac{(n_1 - 1)S_1^2 + (n_2 - 1)S_2^2}{n_1 + n_2 - 2} \tag{2.6.39}$$

을 공통분산 σ^2의 **합동추정량**(pooled estimator) 또는 **결합추정량**(combined estimator)이라 한다.

$$V = \frac{(n_1+n_2-2)S_p^2}{\sigma^2} = \frac{(n_1-1)S_1^2}{\sigma^2} + \frac{(n_2-1)S_2^2}{\sigma^2} \sim \chi^2(n_1+n_2-2) \tag{2.6.40}$$

이고 $\overline{Y} - \overline{X}$와 독립이다. 따라서

$$T = \frac{(\overline{Y} - \overline{X}) - (\mu_2 - \mu_1)}{S_p\sqrt{\dfrac{1}{n_1} + \dfrac{1}{n_2}}} \sim t(n_1+n_2-2) \tag{2.6.41}$$

이므로 $H_0 : \mu_2 - \mu_1 = d_0$일 때

$$T_0 = \frac{\overline{Y} - \overline{X} - d_0}{S_p\sqrt{\dfrac{1}{n_1} + \dfrac{1}{n_2}}} \tag{2.6.42}$$

는 귀무가설 H_0하에서 자유도 $n_1 + n_2 - 2$인 t-분포를 따르기 때문에 다음 정리를 얻을 수 있다.

정리 2.6.6

$X_1, \cdots, X_{n_1}$과 $Y_1, \cdots, Y_{n_2}$는 각각 $\mathrm{N}(\mu_1, \sigma_1^2)$과 $\mathrm{N}(\mu_2, \sigma_2^2)$에서 추출한 독립인 확률표본이다. 여기서 $\sigma_1^2 = \sigma_2^2 = \sigma^2$이고 T_0의 관측값을 t_0라 하자.

(a) $H_0 : \mu_2 - \mu_1 \le d_0$ 대 $H_1 : \mu_2 - \mu_1 > d_0$의 크기가 α인 검정의 기각역은

$$C_1 = \{(\boldsymbol{x}, \boldsymbol{y}) \mid t_0 \ge t_\alpha(n_1+n_2-2)\} \tag{2.6.43}$$

이다.

(b) $H_0 : \mu_2 - \mu_1 \ge d_0$ 대 $H_1 : \mu_2 - \mu_1 < d_0$의 크기가 α인 검정의 기각역은

$$C_2 = \{(\boldsymbol{x}, \boldsymbol{y}) \mid t_0 \le -t_\alpha(n_1+n_2-2)\} \tag{2.6.44}$$

이다.

(c) $H_0 : \mu_2 - \mu_1 = d_0$ 대 $H_1 : \mu_2 - \mu_1 \ne d_0$의 크기가 α인 검정의 기각역은

$$C_3 = \{(\boldsymbol{x}, \boldsymbol{y}) \mid |t_0| \ge t_{\alpha/2}(n_1+n_2-2)\} \tag{2.6.45}$$

이다. …………… ■

정리 2.6.2와 같이 정리 2.6.6에서도 검정력함수와 p-값을 유사하게 구할 수 있다. 정리 2.6.6의 검정 (a)에 대한 검정력함수는

$$\begin{aligned}\beta_{C_1}(d) &= P_d\left[\frac{\overline{Y}-\overline{X}-d_0}{S_p\sqrt{\dfrac{1}{n_1}+\dfrac{1}{n_2}}} \geq t_\alpha(n_1+n_2-2)\right] \\ &= P_d\left[\frac{\overline{Y}-\overline{X}-d}{S_p\sqrt{\dfrac{1}{n_1}+\dfrac{1}{n_2}}} \geq \frac{d_0-d}{S_p\sqrt{\dfrac{1}{n_1}+\dfrac{1}{n_2}}}+t_\alpha(n_1+n_2-2)\right] \\ &= P\left[t(n_1+n_2-2) \geq \frac{d_0-d}{S_p\sqrt{\dfrac{1}{n_1}+\dfrac{1}{n_2}}}+t_\alpha(n_1+n_2-2)\right]\end{aligned} \tag{2.6.46}$$

이고, p-값은

$$p\text{-값} = P\left[\, t(n_1+n_2-2) \geq \ t_0 \,\right]$$

이다.

이제 두 표본이 쌍으로 이루어진 경우 두 평균 차에 관한 검정을 생각해 보자. 지금까지 논의한 내용은 두 확률표본이 서로 독립인 경우였으나, 전후 실험과 같은 경우는 두 표본이 종속되어 있다. 이런 예는 식이요법 전후의 몸무게 변화, 특정한 교육을 받기 전후의 성적 차이, 어떤 약을 복용하기 전후의 변화 등을 생각할 수 있다. 구체적으로 식이요법의 효과를 알아보기 위해 n 명을 무작위로 선택하여 식이요법 시행 전과 후 그들의 몸무게를 측정한다면, 관측값들은 쌍들 간에는 독립이지만 쌍 내에서는 동일한 사람으로부터 얻어진 자료이므로 독립이 아니다. 이런 경우의 검정에 대해 알아보자.

일반적으로 그러한 쌍으로 이루어진 데이터는 이변량 모집단에서 추출한 확률표본의 관측값으로 가정하고 차 $D = Y - X$가 정규분포 $\mathrm{N}(\mu_{\mathrm{D}}, \sigma_{\mathrm{D}}^2)$를 따른다고 가정한다. 즉, $(X_1, Y_1), \cdots, (X_n, Y_n)$은 n쌍의 확률표본이고 $D_i = Y_i - X_i,\ i = 1, \cdots, n$들은 평균이 $\mu_D = \mu_2 - \mu_1$이고 분산이 $\sigma_D^2 = \sigma_1^2 + \sigma_2^2 - 2\mathrm{Cov}(X, Y)$인 정규확률변수라 가정한다.

$$\overline{D} = \sum_{i=1}^{n} D_i/n = \overline{Y} - \overline{X} \tag{2.6.47}$$

이고

$$S_D^2 = \frac{\sum_{i=1}^{n}(D_i - \overline{D})^2}{n-1} \tag{2.6.48}$$

이라 하면,

$$T = \frac{\overline{D} - (\mu_2 - \mu_1)}{S_D / \sqrt{n}} \sim t\,(n-1) \tag{2.6.49}$$

이 성립된다.

$\mu_D = E(Y) - E(X) = \mu_2 - \mu_1$ 이므로 μ_D에 관한 검정이 두 평균의 차 $\mu_2 - \mu_1$에 관한 검정이 된다. 정규분포의 평균에 관한 검정에 대해서는 정리 2.6.1과 정리 2.6.2에서 상세히 소개하였다. 따라서 σ_D^2을 아는 경우 $H_0 : \mu_D = \mu_2 - \mu_1 = d_0$에 관한 검정은 정리 2.6.1에서 z_0 대신에

$$z_0 = \frac{\overline{d} - d_0}{\sigma_D / \sqrt{n}} \tag{2.6.50}$$

을 이용하는 것이고 σ_D^2을 모르는 경우는 정리 2.6.2에서 t_0 대신에

$$t_0 = \frac{\overline{d} - d_0}{s_D / \sqrt{n}} \tag{2.6.51}$$

를 이용하면 된다. 여기서 $\overline{d}$는 $\overline{D}$의 관측값이다.

두 모집단 비율의 동일성에 관한 가설검정도 두 표본의 크기가 클 때 정규근사를 이용해 구성할 수 있다. 만일 $X \sim \mathrm{Bin}(n_1, p_1)$이고 $Y \sim \mathrm{Bin}(n_2, p_2)$이며 X와 Y가 독립이면, p_1과 p_2의 MLE는 각각 $\hat{p}_1 = X/n_1$이고 $\hat{p}_2 = Y/n_2$이다. 가설 $H_0 : p_1 = p_2$하에서 p의 결합 추정량은 $\hat{p} = (X+Y)/(n_1+n_2)$이므로, $p_1 = p_2$이면

$$Z_0 = \frac{\hat{p}_2 - \hat{p}_1}{\sqrt{\hat{p}\,(1-\hat{p})\left(\frac{1}{n_1} + \frac{1}{n_2}\right)}} \xrightarrow{d} Z \sim \mathrm{N}(0, 1) \tag{2.6.52}$$

이 성립된다. 따라서 $H_0 : p_1 = p_2$ 대 $H_1 : p_1 \neq p_2$의 크기가 α인 검정은 $|z_0| \geq z_{\alpha/2}$일 때 귀무가설을 기각하는 것이다. 물론 단측가설도 쉽게 검정할 수 있다.

연습문제

2.6.1 어떤 모집단의 IQ 점수는 근사적으로 $N(\mu, 100)$이라 가정하자. $H_0: \mu \leq 110$ 대 $H_1: \mu > 110$을 검정하기 위해, 이 모집단에서 표본크기가 $n = 16$인 확률표본을 추출하여 $\bar{x} = 114$임을 알았다.

(a) 유의수준 0.05에서 가설을 검정하라.

(b) 유의수준 0.10에서 가설을 검정하라.

(c) 이 검정의 p-값은 얼마인가?

2.6.2 X를 기계에서 생산되는 껌의 두께라 하자. X의 분포는 정규분포 $N(\mu, \sigma^2)$이다. 두께의 목표는 7.5 (단위: 1/100인치)이다. 생산라인에서 $n = 10$개를 무작위로 추출하여 두께를 조사한 결과 다음과 같다.

7.50 7.55 7.55 7.40 7.45 7.35 7.45 7.45 7.45 7.50

(a) μ와 σ의 점추정값을 구하라.

(b) $H_0: \mu = 7.5$ 대 $H_1: \mu \neq 7.5$를 유의수준 $\alpha = 0.05$로 검정하라.

2.6.3 미국에서 출생하는 신생아의 몸무게는 평균이 $\mu = 3315$g이고 표준편차가 $\sigma = 575$g이라 하자. X는 예루살렘에서의 신생아 몸무게이며 X의 분포가 $N(\mu, \sigma^2)$이라 하자. $H_0: \mu \geq 3315$ 대 $H_1: \mu < 3315$ 가설을 표본크기 $n = 30$인 확률표본을 이용하여 검정하려 한다.

(a) 크기가 $\alpha = 0.05$인 검정의 기각역을 구하라.

(b) $n = 30$의 확률표본에서 $\bar{x} = 3158$g이고 $s = 400$g이었다면, 어떤 결론을 내리겠는가?

(c) (b) 검정의 p-값은 얼마인가?

2.6.4 정규분포 $N(\mu, \sigma^2)$에서 추출한 크기 25인 확률표본에서 $\bar{x} = 11.5$이고 $s^2 = 66$이라 하자.

(a) $\sigma^2 = 4$로 알고 있다면, $H_0: \mu \geq 12$ 대 $H_1: \mu < 12$를 유의수준 $\alpha = 0.05$로 검정하라.

(b) $\mu = 11$이라면 제2종 오류를 범할 확률은 얼마인가?

(c) 대립가설 값 $\mu = 11$에 대한 검정력이 0.95가 되기 위해 표본크기를 얼마로 해야 하는가?

(d) σ^2이 미지의 모수라 가정하고 (a)의 가설을 검정하라.

(e) $H_0 : \sigma^2 \leq 5$ 대 $H_1 : \sigma^2 > 5$를 유의수준 $\alpha = 0.05$로 검정하라.

2.6.5 정규분포의 평균에 대한 검정으로 $H_0 : \mu = 200$ 대 $H_1 : \mu \neq 200$을 유의수준 $\alpha = 0.05$로 검정하고자 한다. 200과의 차이가 16일 때 검정력이 0.95가 되도록 하기 위해 얼마나 많은 표본을 추출해야 하는가? 모표준편차는 $\sigma = 20$이라 한다.

2.6.6 어떤 공장에서 생산되는 볼트의 지름은 정규분포 $\mathrm{N}(\mu, \sigma^2)$을 따르는 확률변수이다. 예정된 기계에 이 볼트를 사용하기 위해서는 지름의 표준편차가 0.1cm를 초과해서는 안 된다. 16개의 표본을 선택하여 검사한 결과 표본분산이 $s^2 = 0.012$이었다. 이 공장에서 생산되는 제품이 요구되는 조건을 만족하는지 $\alpha = 0.05$로 검정하라.

2.6.7 연습문제 2.6.3번에서 $H_0 : \sigma \geq 575$ 대 $H_1 : \sigma < 575$의 크기가 $\alpha = 0.05$인 검정을 하려고 한다. 이때 X는 르완다 신생아의 몸무게이며 $X \sim \mathrm{N}(\mu, \sigma^2)$이라 하자.

(a) $n = 81$의 확률표본에서 $\bar{x} = 2900\mathrm{g}$이고 $s = 486\mathrm{g}$이라면, 어떤 결론을 내리겠는가?

(b) 이 검정의 p-값을 구하라.

2.6.8 $X_1, \cdots, X_n$은 정규분포 $\mathrm{N}(\mu, \sigma^2)$에서 추출한 확률표본이다. $H_0 : \sigma^2 = 0.04$ 대 $H_1 : \sigma^2 \neq 0.04$의 크기가 $\alpha = 0.05$인 검정을 하기 위해 표본크기 $n = 13$의 확률표본에서 $s^2 = 0.058$이었다면, 귀무가설 H_0를 기각하는가?

2.6.9 혈액 실험실에서 일하는 학생이 남자 25명의 콜레스테롤을 측정하여 다음 자료를 얻었다.

164	272	261	248	235	192	203	278	268
230	242	305	286	310	345	289	326	
335	297	328	400	228	194	338	252	

이 값들이 $\mathrm{N}(\mu, \sigma^2)$에서 추출한 확률표본의 관측값이라 하자.

(a) 표본평균과 표본분산을 계산하라.

(b) $H_0 : \sigma^2 = 2000$ 대 $H_1 : \sigma^2 \neq 2000$을 검정의 크기 $\alpha = 0.10$으로 검정하라.

2.6.10 의사는 어떤 양의 방사능 치료를 한 사람들 중 30% 미만이 부작용이 있다고 주장한다. 이 주장을 검정하기 위해 그런 종류의 방사능 치료를 받은 20명 환자를 추출하여 조사하니 2명이 부작용이 있었다. 이 표본에 근거하여 $\alpha = 0.05$로 의사의 주장을 검정하라.

2.6.11 어떤 호수에서 잡은 100마리 물고기 중에 18마리는 화학적인 환경오염 때문에 먹을 수가 없었다. 먹을 수 없는 실제 물고기의 비율 p에 대해 $H_0 : p = 0.25$ 대 $H_1 : p \neq 0.25$를 $\alpha = 0.01$로 검정하라.

2.6.12 두 개의 독립인 정규분포 $\mathrm{N}(\mu_1, \sigma_1^2)$과 $\mathrm{N}(\mu_2, \sigma_2^2)$에서 크기가 각각 $n_1 = 16$이고 $n_2 = 10$인 확률표본을 추출하여 $\bar{x} = 3.6$, $s_1^2 = 4.14$, $\bar{y} = 13.6$, $s_2^2 = 7.26$임을 알았다. $H_0 : \sigma_1^2/\sigma_2^2$ 대 $H_1 : \sigma_1^2/\sigma_2^2 \neq 1$을 $\alpha = 0.05$로 검정하라.

2.6.13 어떤 동물의 암컷과 수컷의 키를 각각 X와 Y라 하자. $X \sim \mathrm{N}(\mu_1, \sigma_1^2)$, $Y \sim \mathrm{N}(\mu_2, \sigma_2^2)$이라 가정한다. 각 분포에서 $n_1 = 26$과 $n_2 = 31$의 확률표본을 추출하여 $\bar{x} = 33.80$, $s_1^2 = 4.88$이고 $\bar{y} = 31.66$, $s_2^2 = 5.81$임을 알았다.

(a) $H_0 : \sigma_1^2/\sigma_2^2 = 1$ 대 $H_1 : \sigma_1^2/\sigma_2^2 \neq 1$을 $\alpha = 0.02$로 검정하라.

(b) $H_0 : \mu_2 \geq \mu_1$ 대 $H_1 : \mu_2 < \mu_1$ 가설을 $\alpha = 0.01$로 검정하라.

2.6.14 $X_1, \cdots, X_{21}$과 $Y_1, \cdots, Y_{21}$은 각각 $\mathrm{N}(\mu_1, \sigma_1^2)$과 $\mathrm{N}(\mu_2, \sigma_2^2)$에서 추출한 독립인 확률표본이다. 표본결과 $\bar{x} = 55$, $\bar{y} = 63$, $s_1^2 = 36$, $s_2^2 = 49$ 였다.

(a) $H_0 : \mu_1 \leq 50$ 대 $H_1 : \mu_1 > 50$을 유의수준 $\alpha = 0.05$로 검정하라.

(b) $H_0 : \mu_2 - \mu_1 \leq 5$ 대 $H_1 : \mu_2 - \mu_1 > 5$를 유의수준 $\alpha = 0.05$로 검정하라. 단 여기서 $\sigma_1^2 = \sigma_2^2$이라 가정한다.

(c) $H_0: \sigma_1^2/\sigma_2^2 \geq 1$ 대 $H_1: \sigma_1^2/\sigma_2^2 < 1$을 유의수준 $\alpha = 0.05$로 검정하라.

2.6.15 두 정규분포 $X_i \sim \mathrm{N}(\mu_1, \sigma_1^2)$, $i = 1, \cdots, n_1$과 $Y_j \sim \mathrm{N}(\mu_2, \sigma_2^2)$, $j = 1, \cdots, n_2$에서 추출한 독립인 확률표본을 생각해 보자. $n_1 = n_2 = 9$, $\bar{x} = 16$, $\bar{y} = 10$, $s_1^2 = 36$, $s_2^2 = 45$라 하자.

(a) 두 분산이 같다고 가정하고, $H_0: \mu_1 = \mu_2$ 대 $H_1: \mu_1 \neq \mu_2$ 가설을 $\alpha = 0.10$으로 검정하라.

(b) 쌍으로 구성된 표본에서 관측된 데이터라 가정하고 $s_D^2 = 81$이었다면, 유의수준 $\alpha = 0.10$에서 가설 (a)를 검정하라.

(c) $H_0: \sigma_1^2/\sigma_2^2 \leq 1$ 대 $H_1: \sigma_1^2/\sigma_2^2 > 1$을 검정의 크기 $\alpha = 0.05$로 검정하라.

2.6.16 두 개의 정규분포 $\mathrm{N}(\mu_1, \sigma^2)$과 $\mathrm{N}(\mu_2, \sigma^2)$에서 추출한 크기가 각각 10인 독립 확률표본으로부터 $\bar{x} = 4.8$, $s_1^2 = 8.64$, $\bar{y} = 5.6$, $s_2^2 = 7.88$이었다. $H_0: \mu_2 - \mu_1 = 2.0$ 대 $H_1: \mu_2 - \mu_1 \neq 2.0$을 유의수준 $\alpha = 0.05$로 검정하라.

2.6.17 건강관리 프로그램에 참가한 학생들의 몸무게를 시작할 때와 끝날 때 측정하였다. D를 시작할 때의 몸무게에서 끝날 때 측정한 몸무게를 뺀 몸무게의 변화를 나타내는 확률변수라 하자. D의 분포는 $\mathrm{N}(\mu_D, \sigma_D^2)$이라 가정한다. 여학생 $n = 12$명의 확률표본에서 D의 관측값은 다음과 같다.

2.0	−0.5	1.4	−2.2	0.3	−0.8
3.7	−0.1	0.6	0.2	0.9	−0.1

(a) μ_D의 점추정값을 구하라.

(b) 건강관리 프로그램이 몸무게를 줄이는 데 효과가 있는지 $\alpha = 0.05$로 검정하라.

2.6.18 어떤 형태의 부품이 서로 다른 두 회사에서 생산되는데, 결함이 없을 확률이 각각 p_1과 p_2이다. 각각 100개 부품의 확률표본에서 회사 1에서는 83개가 결함이 없고, 회사 2에서는 92개가 결함이 없었다. $H_0: p_1 = p_2$ 대 $H_1: p_1 \neq p_2$를 유의수준 $\alpha = 0.05$에서 검정하라.

2.6.19 유명한 관광지 방문자들의 확률표본에서 기념품을 구입한 사람은 남자는 250명 중 84명이고 여자는 250명 중 156명이었다. 이 관광지에서 기념품을 구입한 남자와 여자의 비율에 차이가 있는지 $\alpha = 0.05$로 검정하라.

Statistical Estimation & Hypothesis Testing

제3장 구간추정

3.1 서론

제1장에서 점추정 문제와 관련된 여러 가지를 알아보았다. 점추정은 미지의 모수 θ에 가까울 것으로 기대되는 한 값을 구하기 위해 이용된다. 그러나 '추정량에 의해 산출된 값과 모수의 실제 값과의 차이에 관해 어떻게 설명할 수 있는가?'라는 의문이 생길 것이다. 이러한 의문에 대한 어느 정도의 정보는 추정량의 분산이나 평균제곱오차에 의해 제공된다.

또 다른 방법은 구간추정을 생각하는 것이다. 즉, 모수를 포함할 것으로 생각되는 구간을 정하고 그 구간이 실제 모수 값을 포함할 확률을 생각한다. 물론 미리 정해진 확률을 갖도록 하는 구간을 정할 수 있다. 예를 들어, 만일 X를 어떤 장비의 수명이라 하자. 실험자는 X의 평균인 θ의 하한 $L(X)$에 관심이 있을 수 있다. $L(X)$는 관측값의 함수이므로 $L(X) < \theta$의 확률이 1임을 보장할 수는 없다. 따라서 일반적으로 모든 θ에 대해 $P[L(X) < \theta] = 1 - \alpha$를 만족하는 $L(X)$를 찾는 것이다.

예를 들어, 어떤 회사에서 생산되는 제품의 평균수명 θ에 관심이 있다고 하자. 평균수명을 추정하기 위해 이 회사에서 생산된 제품 20개를 무작위로 선택하여 수명을 조사한 결과 표본평균값이 $\overline{x} = 120$시간이었다고 하자. 이 경우 이 회사에서 생산되는 제품의 평균수명은 120시간이라고 말할 수 있는가? 만일 다시 이 회사에서 생산된 제품 20개를 무작위로 선택하여 수명을 조사해 보니 이번에는 표본평균이 $\overline{x} = 95$시간이었다면 어느 값으로 추정해야 하는가? 어느 값이 실제 모평균과의 오차가 작은가? 이 표본평균을 사용하여 반복적으로 실험하여 표본평균값을 구한다면 추정값들의 변이 정도는 어떤가? 단순히 이 예에서는 오차의 정도에 대한 어떠한 정보도 제공해 주지 못하기 때문에 어느 추정값이 오차가 작은지 또는 이 추정량의 변이는 어느 정도인지 알 수가 없다. 물론 연속인 확률변수에 대해서는 어떠한 점추정량도 모수의 참값과 정확히 같을 확률은 항상 0이다.

만일 데이터가 평균이 θ인 지수분포 $\mathrm{Exp}(\theta)$에서 추출한 크기 $n = 20$인 확률표본의 관측값으로 가정한다면, 제1장에서 지수분포의 평균 θ의 UMVUE는 $\overline{X}$임을 알았다. 주어진 데이터로부터 구한 추정값 $\overline{x} = 95$시간은 UMVUE라는 최상의 성질을 갖는 추정량에 근거하여 구하였으나, 점추정값 자체는 정확성에 관한 정보를 제공해 주지 못한다. 이러한 문제점을 해결할 수 있는 한 가지 방법이 점추정값과 동시에 표준오차를 제공하여 이 추정량의 변이정도에 대한 정보를 제공해 주는 것이다. 따라서 단순히 한 값으로 추정하지 않고 모수의 참값이 어떤 구간에 포함될 것이라고 주장하는 변이의 정도와 신뢰의 정도를 함께 제시한 구간추정에 대해 설명하고자 한다.

독립인 지수확률변수의 합은 감마확률변수이고 감마확률변수는 항상 카이제곱확률변수로 변환할 수 있음을 《통계적 확률분포이론》에서 언급했다. 즉,

$$2n\overline{X}/\theta \sim \chi^2(2n) \tag{3.1.1}$$

이므로

$$P\left[\chi^2_{1-\alpha/2}(2n) < 2n\overline{X}/\theta < \chi^2_{\alpha/2}(2n)\right] = 1-\alpha \tag{3.1.2}$$

이다. 따라서

$$P\left[\frac{2n\overline{X}}{\chi^2_{\alpha/2}(2n)} < \theta < \frac{2n\overline{X}}{\chi^2_{1-\alpha/2}(2n)}\right] = 1-\alpha \tag{3.1.3}$$

이다. 부록 표 B.4에 주어진 카이제곱분포의 오른쪽 꼬리 확률에 의해, $\chi^2_{0.975}(40) = 24.43$, $\chi^2_{0.025}(40) = 59.34$이다. 따라서

$$P\left[\frac{40\overline{X}}{59.34} < \theta < \frac{40\overline{X}}{24.43}\right] = 0.95 \tag{3.1.4}$$

임을 알 수 있다.

일반적으로 구간의 끝점이 확률변수이면 **확률구간**(ramdom interval)이라 한다. 위의 예에서 $(40\overline{X}/59.34,\ 40\overline{X}/24.43)$은 모수 θ의 실제 값을 포함할 확률이 0.95인 확률구간이고, $\overline{x}=95$를 대입하면 구간은 $(64.04,\ 155.55)$가 된다. 이러한 구간을 θ의 95% **신뢰구간**(confidence interval)이라 한다. 이러한 구간은 고정되어 있는 구간이므로, 이 신뢰구간 $(64.04,\ 155.55)$가 모수 θ를 포함할 확률이 0.95라고 말하는 것은 옳지 않다. 왜냐하면 모수 θ는 모르는 값이지만 고정된 상수이다. 따라서 이 구간이 모수 θ를 포함하든지 아니면 포함하지 않든지 둘 중 하나이기 때문이다.

만일 앞서 생각한 제품의 수명이 지수분포를 따르지 않고 예를 들어 정규분포 $\mathrm{N}(\theta,\ 144)$를 따른다면

$$\frac{\overline{X}-\theta}{12/\sqrt{n}} \sim \mathrm{N}(0,\ 1) \tag{3.1.5}$$

이다. 이때

$$P\left[a < \frac{\overline{X}-\theta}{12/\sqrt{n}} < b\right] = 0.95 \tag{3.1.6}$$

를 만족하는 a와 b를 구한다면

$$P\left[\overline{X}-b\frac{12}{\sqrt{n}}<\theta<\overline{X}-a\frac{12}{\sqrt{n}}\right]=0.95 \tag{3.1.7}$$

임을 알 수 있다. 식 (3.1.7)을 만족하는 a와 b는 무수히 많이 존재한다. 그 중에서 $a=-1.96$, $b=1.96$을 택하면

$$P\left[\overline{X}-1.96\frac{12}{\sqrt{20}}<\theta<\overline{X}+1.96\frac{12}{\sqrt{20}}\right]=0.95 \tag{3.1.8}$$

이고, 이 경우 θ의 95% 신뢰구간은 $(89.74, 100.26)$이다.

이 장에서는 제1장에서와 같이 구간추정량의 선택 기준인 평가방법과 구간추정량을 구하는 방법에 대해 언급하고자 한다. 사실 신뢰구간은 가설검정과 밀접한 관계가 있다. 따라서 추정량의 선택 기준이나 구하는 방법 등은 검정에서의 선택 기준과 검정통계량을 구하는 방법 등과 밀접하게 연관되어 있다.

3.2 신뢰구간의 정의

$X_1, \cdots, X_n$은 모수 θ에 종속하는 결합 pdf (pmf) $f(x;\theta)$, $\theta \in \Omega$를 갖는 확률표본이다. 여기서 Ω는 구간이다.

정 의 3.2.1

$L(\boldsymbol{X})=L(X_1,\cdots,X_n)$과 $U(\boldsymbol{X})=U(X_1,\cdots,X_n)$을 통계량이라 하고, $\boldsymbol{X}=\boldsymbol{x}$로 관측될 때 $L(\boldsymbol{x})$와 $U(\boldsymbol{x})$를 각각의 관측값이라 하자. 모든 $\boldsymbol{x}$에 대해 $L(\boldsymbol{x}) \le U(\boldsymbol{x})$를 만족하는 표본의 함수 $(L(\boldsymbol{x}), U(\boldsymbol{x}))$를 **구간추정값**(interval estimate)이라 하고, 확률구간 $(L(\boldsymbol{X}), U(\boldsymbol{X}))$를 **구간추정량**(interval estimator)이라 한다.

물론 정의 3.2.1에서 하한이나 상한만 갖는 구간을 생각할 수 있다. 즉, $L(\boldsymbol{x})$나 $U(\boldsymbol{x})$가 $-\infty$나 $+\infty$가 되는 경우도 생각할 수 있다. 이런 경우를 **단측**(one-sided)**구간추정값**이라 한다.

예제 3.2.1 $X_1, \cdots, X_n$을 정규분포 $N(\mu, 16)$에서 추출한 확률표본이라 하자. 이때 $(\overline{X}-1.6, \overline{X}+1.2)$는 μ의 구간추정량이다. ……………●

정의 3.2.2

$(L(\boldsymbol{X}), U(\boldsymbol{X}))$가 모수 θ의 구간추정량일 때, 이 구간추정량 $(L(\boldsymbol{X}), U(\boldsymbol{X}))$가 실제 모수 θ를 포함할 확률 $P[L(\boldsymbol{X})<\theta<U(\boldsymbol{X})]$를 $(L(\boldsymbol{X}), U(\boldsymbol{X}))$의 **포함확률**(coverage probability)이라 한다.

예제 3.2.2 예제 3.2.1에서 구간 $(\overline{X}-1.6, \overline{X}+1.2)$의 포함확률을 표본크기 $n=25$일 때 구해 보면, 부록 표 B.3에 의해

$$\begin{aligned} P[\overline{X}-1.6<\mu<\overline{X}+1.2] &= P\left[-\frac{1.2}{4/\sqrt{25}}<\frac{\overline{X}-\mu}{4/\sqrt{25}}<\frac{1.6}{4/\sqrt{25}}\right] \\ &= P[-1.5<Z<2.0] \\ &= 0.9104 \end{aligned}$$

이다. ……………●

정의 3.2.3

모수 θ의 구간추정량에 대해 포함확률의 하한

$$\inf_{\theta} P[L(\boldsymbol{X})<\theta<U(\boldsymbol{X})] \tag{3.2.1}$$

를 $(L(\boldsymbol{X}), U(\boldsymbol{X}))$의 **신뢰계수**(confidence coefficient)라 한다.

포함확률이 모수 θ에 종속되지 않으면, 포함확률이 그 구간의 신뢰계수가 된다. 신뢰계수와 함께 생각한 구간추정을 신뢰구간이라 한다. 여기서는 포함확률이 모수 θ에 종속되지 않는 경우의 신뢰구간을 다음과 같이 정의할 수 있다.

정의 3.2.4

만일 $0<\alpha<1$에 대해

$$P[L(\boldsymbol{X})<\theta<U(\boldsymbol{X})]=1-\alpha \tag{3.2.2}$$

이면, $(L(\boldsymbol{X}), U(\boldsymbol{X}))$를 θ의 $100(1-\alpha)\%$ **신뢰구간**(confidence interval)이라 한다. 또한 $L(\boldsymbol{X})$와 $U(\boldsymbol{X})$를 각각 **신뢰하한**(lower confidence limit), **신뢰상한**(upper confidence limit)이라 한다. 이때 $1-\alpha$를 **신뢰수준**(confidence level) 또는 **신뢰계수**(confidence coefficient)라 한다.

정의 3.2.5 단측신뢰한계(one-sided confidence limit)

$$P[L(\boldsymbol{X}) < \theta < \infty] = 1 - \alpha \tag{3.2.3}$$

이면, $L(\boldsymbol{X})$를 θ의 $100(1-\alpha)\%$ **단측신뢰하한**(one-sided lower confidence limit)이라 하고 $(L(\boldsymbol{X}), \infty)$를 단측신뢰구간이라 한다. 또한

$$P[-\infty < \theta < U(\boldsymbol{X})] = 1 - \alpha \tag{3.2.4}$$

이면, $U(\boldsymbol{X})$를 θ의 $100(1-\alpha)\%$ **단측신뢰상한**(one-sided upper confidence limit)이라 한다.

정의 3.2.4에서 확률구간 $(L(\boldsymbol{X}), U(\boldsymbol{X}))$의 표본관측값 $(L(\boldsymbol{x}), U(\boldsymbol{x}))$도 역시 θ의 $100(1-\alpha)\%$ 신뢰구간이라 하고 $L(\boldsymbol{x})$와 $U(\boldsymbol{x})$를 신뢰하한과 신뢰상한이라 한다. 정의 3.2.5에서도 마찬가지이다. 즉, 3.1절에서는 확률구간과 신뢰구간을 구별하여 설명했으나 정의 3.2.4와 같이 이 책에서는 구별하지 않고 사용한다.

이제 신뢰계수의 의미를 생각해 보자. 3.1절에서 생각한 예에서 표본평균값은 실험이 반복될 때마다 다른 값이 얻어진다. 이 표본평균값이 변하면 식 (3.1.4)나 (3.1.8)에서 생각한 신뢰구간도 변한다. 따라서 각 실험에서 얻어진 데이터에 근거하여 구한 신뢰구간은 모수 θ를 포함하거나 포함하지 않거나 둘 중 하나일 것이고 이러한 반복실험을 무수히 많이 실행한다면 얻어진 구간들 중에서 $100(1-\alpha)\%$는 실제로 모수의 참값을 포함하는 옳은 추정을 하고 나머지 $100\alpha\%$는 모수의 참값을 포함하지 않는 잘못된 추정을 한다는 것이다. 그러므로 신뢰계수가 1에 가까울수록 옳게 추정하는 비율은 높일 수 있으나 신뢰구간의 길이가 커지는 문제점이 있다. 그러므로 신뢰계수의 적절한 선택이 필요하다. 일반적으로 널리 이용되는 신뢰계수는 0.90, 0.95, 0.99 등이다.

예제 3.2.3 $X_1, \cdots, X_n$ 은 균일분포 $\mathrm{U}(0, \theta)$에서 추출한 확률표본이다. θ의 구간 추정을 하기 위해 θ의 충분통계량이며 MLE인 $T_1 = X_{n:n}$을 생각해 보자. $T_1 = X_{n:n}$의 pdf가

$$f_{T_1}(t) = \frac{n}{\theta^n} t^{n-1}, \quad 0 < t < \theta$$

이고, $X_i/\theta \sim \mathrm{U}(0, 1)$이므로 $Y_{n:n} = X_{n:n}/\theta$의 pdf는

$$g_n(y_n) = ny_n^{n-1},\ 0 < y_n < 1$$

이다. 그러므로 a와 $b(a<b)$가

$$P[a < Y_{n:n} < b] = \int_a^b n y_n^{n-1} dy_n = b^n - a^n = 1 - \alpha$$

를 만족하는 상수라 하면

$$P[a < X_{n:n}/\theta < b] = P[X_{n:n}/b < \theta < X_{n:n}/a] = 1 - \alpha$$

이므로

$$(X_{n:n}/b,\ X_{n:n}/a)$$

가 θ의 $100(1-\alpha)\%$ 신뢰구간이다. ……………●

예제 3.2.4 $X_1, \cdots, X_n$ 은 정규분포 $\mathrm{N}(\mu, \sigma^2)$에서 추출한 확률표본이다. 분산 σ^2을 아는 경우와 모르는 경우로 나누어 평균의 신뢰구간에 대해 생각해 보자.

(a) σ^2이 알려진 상수인 경우

$$\frac{\overline{X} - \mu}{\sigma/\sqrt{n}} \sim \mathrm{N}(0, 1)$$

이므로 3.1절에서 생각한 예제와 같이 표준정규분포표를 이용해

$$P\left[a < \frac{\overline{X} - \mu}{\sigma/\sqrt{n}} < b\right] = 1 - \alpha$$

즉,

$$P\left[\overline{X} - b\frac{\sigma}{\sqrt{n}} < \mu < \overline{X} - a\frac{\sigma}{\sqrt{n}}\right] = 1 - \alpha$$

인 상수 a와 $b(a<b)$를 구하면 μ의 $100(1-\alpha)\%$ 신뢰구간은

$$\left(\overline{X} - b\frac{\sigma}{\sqrt{n}},\ \overline{X} - a\frac{\sigma}{\sqrt{n}}\right)$$

이다. 위의 확률조건을 만족하는 무수히 많은 a와 b 중에서 일반적으로 $a = -z_{\alpha/2}$, $b = z_{\alpha/2}$를 흔히 사용한다.

(b) σ^2이 미지의 모수인 경우

$$\frac{\overline{X}-\mu}{S/\sqrt{n}} \sim t(n-1)$$

이므로

$$\begin{aligned} 1-\alpha &= P\left[a < \frac{\overline{X}-\mu}{S/\sqrt{n}} < b\right] \\ &= P\left[\overline{X}-b\frac{S}{\sqrt{n}} < \mu < \overline{X}-a\frac{S}{\sqrt{n}}\right] \end{aligned}$$

인 상수 a와 b를 자유도 $n-1$인 t-분포표를 이용해 구하면, μ의 $100(1-\alpha)\%$ 신뢰구간은

$$\left(\overline{X}-b\frac{S}{\sqrt{n}},\ \overline{X}-a\frac{S}{\sqrt{n}}\right)$$

이다. 위 확률조건을 만족하는 무수히 많은 a와 b 중에서 일반적으로 $a=-t_{\alpha/2}(n-1)$, $b=t_{\alpha/2}(n-1)$ 인 값을 택한다. ……………●

다음은 신뢰구간을 유도하는 데 매우 유익한 표본과 모수의 함수인 추축량에 대해 살펴보자. 이 추축량을 이용하여 신뢰구간을 구하는 방법은 3.5절에서 다루고자 한다.

정의 3.2.6

$Q(\boldsymbol{X};\theta)=Q(X_1,\cdots,X_n;\theta)$는 표본 $X_1,\cdots,X_n$과 미지의 모수 θ만의 함수인 확률변수이다. 만일 $Q(\boldsymbol{X};\theta)$의 분포가 모든 미지의 모수에 종속되지 않으면, $Q(\boldsymbol{X};\theta)$를 **추축량** (pivotal quantity) 또는 **추축** (pivot)이라 한다.

예제 3.2.5 (a) 예제 3.2.3에서 $Y_{n:n}=X_{n:n}/\theta$의 pdf가

$$g_n(y_n)=ny_n^{n-1},\ 0<y_n<1$$

이므로, $Y_{n:n}=X_{n:n}/\theta$는 추축량이다.

(b) 예제 3.2.4에서 σ^2이 알려진 상수인 경우는

$$\overline{X}-\mu \sim \mathrm{N}\left(0,\ \frac{\sigma^2}{n}\right)$$

이므로, $\overline{X}-\mu$는 추축량이다. 그러나

$$\overline{X}/\mu \sim \mathrm{N}\left(1,\ \frac{\sigma^2}{n\mu^2}\right)$$

이므로 $\overline{X}/\mu$는 추축량이 아니다. 그리고 σ^2이 미지의 모수인 경우는

$$\frac{\overline{X}-\mu}{S/\sqrt{n}} \sim t(n-1)$$

이므로 $\sqrt{n}\,(\overline{X}-\mu)/S$가 추축량이다.

(c) $X_1, \cdots, X_n$ 이 지수분포 $\mathrm{Exp}(\theta)$에서 추출한 확률표본이면

$$2n\overline{X}/\theta \sim \chi^2(2n)$$

이므로 $\overline{X}/\theta$는 추축량이다. ……………●

연습문제

3.2.1 만일 $L(\boldsymbol{x})$와 $U(\boldsymbol{x})$가 $P[L(\boldsymbol{X}) < \theta] = 1-\alpha_1$과 $P[U(\boldsymbol{X}) \ge \theta] = 1-\alpha_2$를 만족하며 모든 $\boldsymbol{x}$에 대해 $L(\boldsymbol{x}) \le U(\boldsymbol{x})$일 때, $P[L(\boldsymbol{X}) < \theta < U(\boldsymbol{X})] = 1-\alpha_1-\alpha_2$임을 보여라.

3.2.2 $(L(\boldsymbol{X}),\ U(\boldsymbol{X}))$가 모수 θ의 $100(1-\alpha)\%$ 신뢰구간일 때, 다음을 보여라.

(a) $g(x)$가 순증가함수이면, $(g(L(\boldsymbol{X})),\ g(U(\boldsymbol{X})))$가 $g(\theta)$의 $100(1-\alpha)\%$ 신뢰구간이다.

(b) $g(x)$가 순감소함수이면, $(g(U(\boldsymbol{X})),\ g(L(\boldsymbol{X})))$가 $g(\theta)$의 $100(1-\alpha)\%$ 신뢰구간이다.

3.2.3 $X_1, \cdots, X_n$은 감마분포 $\mathrm{Gam}(k,\ \beta)$에서 추출한 확률표본이다. β의 $100\times(1-\alpha)\%$ 신뢰구간을 유도하라. 여기서 k는 알려진 상수이다.

3.2.4 $X_1, \cdots, X_n$은 지수분포 $\mathrm{Exp}(\theta)$에서 추출한 확률표본이다. $T(\boldsymbol{X}) = \overline{X}$가 $2n\overline{X}/\theta \sim \chi^2(2n)$임을 이용해 $P[X > x] = e^{-x/\theta}$의 $100(1-\alpha)\%$의 신뢰구간을 유도하라.

3.2.5 다음은 어느 회사에서 생산된 에어컨의 수명(단위: 100시간)이다.

35, 30, 25, 29, 50, 45, 70, 15

이 데이터들이 지수분포 $\mathrm{Exp}(\theta)$에서 추출한 확률표본의 관측값일 때, 평균 수명 θ의 95% 신뢰구간을 구하라.

3.2.6 $X_1, \cdots, X_n$이 균일분포 $\mathrm{U}(0, \theta)$에서 추출한 표본크기 n인 확률표본일 때, 다음을 구하라.

(a) 확률구간 $(X_{n:n}, 1.5X_{n:n})$이 θ를 포함할 확률

(b) $(X_{n:n}, cX_{n:n})$이 θ의 $100(1-\alpha)\%$ 신뢰구간이 되는 상수 c

3.2.7 다음 데이터는 어느 회사에서 생산되는 주스 한 병에 포함되어 있는 어떤 성분의 양을 측정한 것이다.

10.5, 10, 11.5, 11.7, 12.0, 13.0, 11.9, 12.5, 12.1

이 데이터들이 정규분포 $\mathrm{N}(\mu, \sigma^2)$에서 추출한 확률표본이라 가정하고 μ의 95% 신뢰구간을 구하라.

*3.3 구간추정의 평가방법

앞 절에서 신뢰구간의 정의와 개념에 대해 알아보았다. 일반적으로 신뢰계수를 증가시키면 옳게 추정하는 비율은 높일 수 있으나 신뢰구간의 길이가 커지기 때문에 정보의 손실이 발생한다. 따라서 미리 정한 신뢰계수를 갖는 구간을 생각한다. 그러나 예제 3.2.3과 3.2.4에서 알 수 있듯이 동일한 신뢰계수를 갖는 신뢰구간도 무수히 많이 존재한다. 그렇다면 이러한 구간들 중에서 어떤 구간을 이용해야 하는가? 동일한 신뢰계수를 갖는 구간 중에서는 구간의

길이가 짧을수록 더 많은 정보를 가지기 때문에 신뢰구간의 선택 기준으로 먼저 생각할 수 있는 것이 구간의 길이이다. 또한 다른 기준은 비편향성과 같이 특정한 성질을 만족하는 신뢰구간을 선택하는 것이다. 그러나 길이가 최소인 신뢰구간을 구할 수 없는 경우는 적절한 성질을 만족하는 신뢰구간들 중에서 최소길이를 갖는 신뢰구간을 선택해야 할 것이다. 여기서는 어떤 단순한 확률변수들에 근거하여 최소길이의 신뢰구간을 찾는 방법과 신뢰구간의 특정한 성질인 비편향신뢰구간을 정의하고자 한다.

3.3.1 최소길이 신뢰구간

$X_1, \cdots, X_n$은 pdf $f(x;\theta)$에서 추출한 확률표본이며, $T(\boldsymbol{X};\theta)$는 추축량이라 하자. $a_1 = a_1(\alpha)$와 $a_2 = a_2(\alpha)$가

$$P[a_1 < T(\boldsymbol{X};\theta) < a_2] = 1-\alpha \tag{3.3.1}$$

를 만족한다고 하자. 그리고 식 (3.3.1)을

$$P[L(\boldsymbol{X}) < \theta < U(\boldsymbol{X})] = 1-\alpha \tag{3.3.2}$$

로 표시할 수 있다고 하자.

실제로 식 (3.3.1)을 만족하는 a_1과 a_2는 여러 가지 방법으로 구할 수 있다. 그러나 다양한 a_1과 a_2 중에서 $U(\boldsymbol{X})-L(\boldsymbol{X})$가 최소인 신뢰구간을 구하고자 한다. 이렇게 유도한 구간을 $T(\boldsymbol{X};\theta)$에 기초한 $100(1-\alpha)\%$ **최소길이 신뢰구간**(shortest-length confidence interval)이라 한다.

예제 3.3.1 $X_1, \cdots, X_n$을 정규분포 $\mathrm{N}(\mu, \sigma^2)$에서 추출한 확률표본이라 하자. 여기서 σ^2은 알고 있는 상수이다. 예제 3.2.5의 (b)에서의 추축량

$$T(\boldsymbol{X};\mu) = \frac{\overline{X}-\mu}{\sigma/\sqrt{n}}$$

을 생각하면

$$\begin{aligned}1-\alpha &= P\left[a < \frac{\overline{X}-\mu}{\sigma/\sqrt{n}} < b\right] \\ &= P\left[\overline{X}-b\frac{\sigma}{\sqrt{n}} < \mu < \overline{X}-a\frac{\sigma}{\sqrt{n}}\right]\end{aligned}$$

을 만족하는 a와 b를 선택하면 신뢰구간을 구할 수 있다. 신뢰구간의 길이가 $L = (\sigma/\sqrt{n})(b-a)$ 이므로

$$P[a < Z < b] = \Phi(b) - \Phi(a) = \int_a^b \phi(x)dx = 1-\alpha \tag{3.3.3}$$

를 만족하며 길이 L이 최소가 되는 a와 b를 구하고자 한다. 여기서 Z는 표준정규확률변수이고 Φ와 ϕ는 각각 표준정규확률변수 Z의 cdf와 pdf이다.

$$\frac{dL}{da} = \frac{\sigma}{\sqrt{n}}\left(\frac{db}{da} - 1\right)$$

이고 식 (3.3.3)을 a에 관해 미분하면

$$\phi(b)\frac{db}{da} - \phi(a) = 0$$

이므로

$$\frac{dL}{da} = \frac{\sigma}{\sqrt{n}}\left(\frac{\phi(a)}{\phi(b)} - 1\right)$$

이다. 따라서 $\phi(a) = \phi(b)$일 때, 즉 $a = b$이거나 $a = -b$일 때 길이가 최소임을 알 수 있다. 그러나 $a = b$일 때

$$P[a < Z < b] = 1-\alpha$$

조건을 만족하지 않기 때문에 $a = -b$일 때 최소길이가 된다. 그러므로 예제 3.2.4에서 유도한 구간 중에서 $a = -z_{\alpha/2}$, $b = z_{\alpha/2}$를 택한

$$\left(\overline{X} - z_{\alpha/2}\frac{\sigma}{\sqrt{n}},\ \overline{X} + z_{\alpha/2}\frac{\sigma}{\sqrt{n}}\right)$$

신뢰구간이 $T(\boldsymbol{X};\mu)$에 근거한 최소길이 신뢰구간이다. ……………●

예제 3.3.1에서와 같이 신뢰구간의 길이가 상수인 경우도 있지만 표본에 영향을 받는 확률변수인 경우도 있다. 이런 경우에는 단순히 구간의 길이를 비교할 수 없다. 따라서 당연히 신뢰구간 길이의 평균을 비교하여 구간길이의 평균을 최소화하는 구간을 원할 것이다. 즉 모든 θ에 대해 $E[U(\boldsymbol{X}) - L(\boldsymbol{X})]$를 최소화하는 신뢰구간을 구하길 원하지만, 일반적으로

신뢰계수가 $1-\alpha$인 모든 신뢰구간들의 집합 중에서는 이런 구간을 유도할 수 없다. 따라서 특정한 조건을 만족하는 신뢰구간 중에서 최적의 구간을 찾을 수밖에 없다. 이러한 특정한 조건 중 하나가 마지막에 소개되는 비편향신뢰구간이다. 여기서는 추축량에 근거한 몇 가지 예를 들어보자.

예제 3.3.2 예제 3.3.1에서 σ를 미지의 모수라 하자. 이 경우 추축량은 예제 3.2.5에서

$$T(\boldsymbol{X};\mu)=\frac{\overline{X}-\mu}{S/\sqrt{n}}$$

이며, $T(\boldsymbol{X};\mu)\sim t(n-1)$이므로

$$\begin{aligned}1-\alpha &= P\left[a<\frac{\overline{X}-\mu}{S/\sqrt{n}}<b\right]\\ &= P\left[\overline{X}-b\frac{S}{\sqrt{n}}<\mu<\overline{X}-a\frac{S}{\sqrt{n}}\right]\end{aligned}$$

을 만족하는 a와 b를 구해야 한다. 즉,

$$P[a<T<b]=\int_a^b f_T(t)\,dt=1-\alpha$$

이면서

$$L=(b-a)\frac{S}{\sqrt{n}}$$

를 최소화하고자 한다. 여기서 T는 자유도 $n-1$인 t-분포를 따르는 확률변수이며 $f_T(t)$는 T의 pdf이다.

$$\frac{dL}{da}=\left(\frac{db}{da}-1\right)\frac{S}{\sqrt{n}}$$

이고

$$f_T(b)\frac{db}{da}-f_T(a)=0$$

이므로,

$$\frac{dL}{da}=\left(\frac{f_T(a)}{f_T(b)}-1\right)\frac{S}{\sqrt{n}}$$

이다. 따라서 $a=-b$일 때 길이가 최소이다. 그러므로 예제 3.2.4의 (b)에서 유도한 구간 중에서 $a=-t_{\alpha/2}(n-1)$, $b=t_{\alpha/2}(n-1)$를 택한 신뢰구간

$$\left(\overline{X}-t_{\alpha/2}(n-1)\frac{S}{\sqrt{n}},\ \overline{X}+t_{\alpha/2}(n-1)\frac{S}{\sqrt{n}}\right)$$

이 $T(\boldsymbol{X};\mu)$에 근거한 최소길이 신뢰구간이다. 이 구간의 길이는 $2t_{\alpha/2}(n-1)\times\frac{S}{\sqrt{n}}$이며 확률변수이다. 이 경우는 위에서 구한 신뢰구간이 구간길이의 기댓값을 최소화하는 구간과 같다. ……………●

예제 3.3.3 $X_1,\cdots,X_n$은 정규분포 $\mathrm{N}(\mu,\sigma^2)$에서 추출한 확률표본이고 μ는 알고 있는 상수일 때, σ^2의 신뢰구간을 구해 보자. 이때

$$T(\boldsymbol{X};\sigma^2)=\frac{\sum_{i=1}^{n}(X_i-\mu)^2}{\sigma^2}\sim\chi^2(n)$$

이므로 $T(\boldsymbol{X};\sigma^2)$은 추축량이다.

$$\begin{aligned}1-\alpha&=P\left[a<\frac{1}{\sigma^2}\sum_{i=1}^{n}(X_i-\mu)^2<b\right]\\&=P\left[\frac{1}{b}\sum_{i=1}^{n}(X_i-\mu)^2<\sigma^2<\frac{1}{a}\sum_{i=1}^{n}(X_i-\mu)^2\right]\end{aligned}$$

을 만족하는 a와 b를 구해야 한다. 즉,

$$\int_a^b f_n(t)\,dt=1-\alpha$$

를 만족하고

$$L=\left(\frac{1}{a}-\frac{1}{b}\right)\sum_{i=1}^{n}(X_i-\mu)^2$$

을 최소화하는 a와 b를 구해야 한다. 여기서 $f_n(t)$는 자유도가 n인 카이제곱확률변수의 pdf이다.

$$\frac{dL}{da} = \left(\frac{1}{a^2} - \frac{1}{b^2}\frac{db}{da}\right)\sum_{i=1}^{n}(X_i - \mu)^2$$

이고

$$\frac{db}{da} = \frac{f_n(a)}{f_n(b)}$$

이므로

$$\frac{dL}{da} = \left(\frac{1}{a^2} - \frac{1}{b^2}\frac{f_n(a)}{f_n(b)}\right)\sum_{i=1}^{n}(X_i - \mu)^2$$

이다. 따라서

$$\frac{1}{a^2} = \frac{1}{b^2}\frac{f_n(a)}{f_n(b)}$$

즉,

$$a^2 f_n(a) = b^2 f_n(b) \tag{3.3.4}$$

를 만족하는 a와 b를 구하면 된다. 물론 수치적으로 a와 b의 근삿값을 구할 수는 있지만 간단하지는 않다. 이러한 조건을 만족하는 a와 b의 값을 Tate와 Klett (1959)는 $n = 2(1)29$와 $1 - \alpha = 0.90, 0.95, 0.995, 0.999$에 대해 표를 제공하였으므로 이 표를 이용할 수 있다. ……………●

만일 어떤 확률변수의 pdf $f(x)$에 대해, x^*가 존재하여 $f(x)$가 $x \le x^*$인 x에 대해서는 비감소함수이고 $x \ge x^*$인 x에 대해서는 비증가함수이면, $f(x)$를 **단봉형** (unimodal)이라 한다. 다음 정리는 pdf가 단봉형인 경우 최소길이 신뢰구간을 찾는 유용한 정리로 증명없이 소개한다.

정리 3.3.1

$f(x)$를 단봉형인 pdf라 하자. 만일 구간 (a, b)가

(a) $\displaystyle\int_a^b f(x)dx = 1 - \alpha$ (3.3.5)

(b) $f(a) = f(b) > 0$ (3.3.6)

(c) $a \le x^* \le b$, 여기서 x^*는 $f(x)$의 최빈값이다.

를 만족하면, (a, b)는 (a)를 만족하는 모든 구간 중에서 최소길이를 갖는 구간이다. ■

다음 정리는 정리 3.3.1의 특별한 경우이다.

정리 3.3.2

$f(x)$가 좌우대칭이며 단봉형인 pdf라 하자. 만일 구간 (a, b)가

$$\int_{-\infty}^{a} f(x)dx = \int_{b}^{\infty} f(x)dx = \alpha/2 \tag{3.3.7}$$

를 만족하면, $\int_a^b f(x)dx = 1-\alpha$ 인 모든 구간 중에서 (a, b)가 최소길이를 갖는 구간이다. ■

정리 3.3.3

$f(x)$가 $[0, \infty)$에서 순감소함수인 pdf라 하자. $a=0$과 b가

$$\int_0^b f(x)dx = 1-\alpha \tag{3.3.8}$$

이면, $(0, b)$는 $\int_a^b f(x)dx = 1-\alpha$ 인 모든 구간 중에서 최소길이를 갖는다. ■

3.3.2 비편향신뢰구간

신뢰수준이 $1-\alpha$인 신뢰구간들 중에서 길이가 최소인 신뢰구간에 대해 앞 절에서 언급했다. 여기서는 또 다른 선택 기준인 포함확률의 개념을 생각해 보자.

$(L(\boldsymbol{X}), U(\boldsymbol{X}))$를 신뢰수준이 $1-\alpha$인 θ의 신뢰구간이라 하자. 이때 실제 모수는 θ인데 그릇된 다른 모수 $\theta'(\neq\theta)$을 포함할 확률

$$P_\theta[L(\boldsymbol{X}) < \theta' < U(\boldsymbol{X})] \tag{3.3.9}$$

을 **오포함확률** (probability of false coverage)이라 한다.

오포함확률의 개념에서 생각하면 당연히 오포함확률이 작은 구간추정량을 택할 것이다. 즉, 신뢰수준이 $1-\alpha$인 신뢰구간 중에서 오포함확률이 최소인 신뢰구간을 가능하다면 택하고자 한다. 이러한 신뢰구간을 정의한다.

정의 3.3.1

$(L^*(\boldsymbol{X}),\ U^*(\boldsymbol{X}))$를 신뢰수준이 $1-\alpha$인 θ의 신뢰구간이라 하자. 만일 모든 $\theta \neq \theta'$와 신뢰수준이 $1-\alpha$인 임의의 신뢰구간 $(L(\boldsymbol{X}),\ U(\boldsymbol{X}))$에 대해

$$P_\theta[L^*(\boldsymbol{X}) < \theta' < U^*(\boldsymbol{X})] \le P_\theta[L(\boldsymbol{X}) < \theta' < U(\boldsymbol{X})] \tag{3.3.10}$$

이면, $(L^*(\boldsymbol{X}),\ U^*(\boldsymbol{X}))$를 θ의 $100(1-\alpha)\%$ **균일최정확신뢰구간**(uniformly most accurate (UMA) confidence interval)이라 한다.

신뢰구간은 제2장에서 소개한 가설검정과 밀접한 관계가 있다. 특히 UMA 신뢰구간은 UMP 검정의 채택역에 의해 구할 수 있다. 자세한 내용은 신뢰구간과 가설검정의 관계를 다룬 3.4절에서 언급할 것이다.

오포함확률을 구간추정량의 선택 기준으로 생각했었다. 직관적으로 실제 모수가 θ일 때 그릇된 모수 θ'을 포함할 오포함확률이 실제의 참 모수 θ를 포함할 확률보다 작아야 타당한 추정이라 생각할 수 있다. 이제 이러한 구간추정량을 정의한다.

정의 3.3.2

$(L(\boldsymbol{X}),\ U(\boldsymbol{X}))$가 θ의 $100(1-\alpha)\%$ 신뢰구간이라 하자. 만일 모든 $\theta \neq \theta'$에 대해

$$P_\theta[L(\boldsymbol{X}) < \theta' < U(\boldsymbol{X})] \le 1-\alpha \tag{3.3.11}$$

이면, $(L(\boldsymbol{X}),\ U(\boldsymbol{X}))$를 θ의 **비편향신뢰구간**(unbiased confidence interval)이라 한다. 균일최정확신뢰구간이 비편향신뢰구간일 때 **균일최정확비편향신뢰구간**(uniformly most accurate unbiased (UMAU) confidence interval)이라 한다.

연습문제

3.3.1 $X_1, \cdots, X_n$은 정규분포 $\mathrm{N}(\mu, \sigma^2)$에서 추출한 크기 n인 확률표본이다. $n=5$이고 분산 σ^2이 미지의 모수일 때, μ의 95% 최소길이 신뢰구간 길이의 기댓값을 계산하라.

3.3.2 예제 3.2.4에서 구한 μ의 $100(1-\alpha)\%$ 신뢰구간 길이의 기댓값을 σ^2을 아는 경우와 모르는 경우 각각 구하여 비교하라.

3.3.3 $X_1, \cdots, X_n$을 정규분포 $N(\mu, \sigma^2)$에서 추출한 확률표본이라 하자. 여기서 두 모수 μ와 σ^2은 미지이다. 다음과 같은 σ^2의 신뢰구간을 생각해 보자.

$$\left(\frac{(n-1)S^2}{b},\ \frac{(n-1)S^2}{a}\right)$$

여기서 S^2은 표본분산이고 a와 b는 상수이다.

(a) σ^2의 $100(1-\alpha)\%$ 최소길이 신뢰구간에 대한 a와 b의 관계식을 유도하라.

(b) $\alpha=0.1$이고, $n=3$일 때 a와 b의 관계식을 구하라.

3.3.4 $X_1, \cdots, X_n$은 정규분포 $N(\mu, \sigma^2)$에서의 확률표본이다. 여기서 μ는 알고 있는 상수이다. σ^2의 동등 꼬리확률을 갖는 $100(1-\alpha)\%$ 신뢰구간 길이의 기댓값을 구하라.

3.3.5 연습문제 3.3.3번을 다시 생각해 보자. σ의 $100(1-\alpha)\%$ 신뢰구간은 $(S\sqrt{(n-1)/b},\ S\sqrt{(n-1)/a})$이다. 신뢰구간의 길이를 최소화하는 a와 b의 값을 구하라. 즉,

$$P[a < \chi^2(n-1) < b] = F_{n-1}(b) - F_{n-1}(a) = \int_a^b f_{n-1}(u)du = 1-\alpha$$

를 만족하며

$$L = S\sqrt{n-1}\left(\frac{1}{\sqrt{a}} - \frac{1}{\sqrt{b}}\right)$$

이 최소가 되는 a와 b의 관계식을 구하라. 여기서 $F_{n-1}(u)$와 $f_{n-1}(u)$는 자유도가 $n-1$인 카이제곱분포의 cdf와 pdf이다.

3.3.6 $X_1, \cdots, X_n$은 다음 pdf를 갖는 분포에서 추출한 확률표본이다.

$$f(x;\theta) = \begin{cases} e^{-(x-\theta)}, & x > \theta \\ 0, & \text{그 외} \end{cases}$$

θ의 충분통계량에 기초한 $100(1-\alpha)\%$ 최소길이 신뢰구간을 구하라.

3.3.7 $X_1, \cdots, X_n$은 균일분포 $U(0, \theta)$에서 추출한 확률표본이다. $Y = X_{n:n}$을 최대 순서통

계량이라 할 때, Y/θ가 추축량이며 신뢰구간 $(X_{n:n}/b,\ X_{n:n}/a)$ 중에서

$$(X_{n:n},\ X_{n:n}/\alpha^{1/n})$$

이 $100(1-\alpha)\%$ 최소길이 신뢰구간임을 보여라.

3.3.8 $X_1, \cdots, X_n$이 감마분포 $\mathrm{Gam}(k, \beta)$에서의 확률표본일 때, β의 충분통계량에 기초한 $100(1-\alpha)\%$ 최소길이 신뢰구간을 구하라. 여기서 k는 알려진 양의 정수이다.

3.3.9 $X_1, \cdots, X_n$이 베타분포 $B(\theta, 1)$에서의 확률표본일 때, θ의 충분통계량에 기초한 $100(1-\alpha)\%$ 최소길이 신뢰구간을 구하라.

3.4 신뢰구간과 가설검정

앞에서 언급했듯이 신뢰구간과 가설검정 사이에는 밀접한 관련이 있다. 사실 일반적으로 모든 신뢰구간은 어떤 검정에 대응되며 그 역도 성립한다고 말할 수 있다.

이 절에서는 신뢰구간과 가설검정 사이의 관계에 대해 알아보자.

예제 3.4.1 $X_1, \cdots, X_n$이 정규분포 $\mathrm{N}(\mu, \sigma^2)$에서 추출한 확률표본이고 σ^2은 알고 있는 상수이다. 주어진 유의수준 α에 대해 $H_0: \mu = \mu_0$ 대 $H_1: \mu \neq \mu_0$의 검정을 생각해 보자. 사실 UMPU 검정의 기각역은 예제 2.4.10 또는 정리 2.6.1의 (c)에서

$$C = \left\{ \boldsymbol{x} \;\middle|\; \frac{|\bar{x} - \mu_0|}{\sigma/\sqrt{n}} \geq z_{\alpha/2} \right\}$$

임을 알았다. 이 검정의 채택역을 생각하면

$$\frac{|\bar{x} - \mu_0|}{\sigma/\sqrt{n}} < z_{\alpha/2}$$

이다. 즉,

$$\bar{x} - z_{\alpha/2}\frac{\sigma}{\sqrt{n}} < \mu_0 < \bar{x} + z_{\alpha/2}\frac{\sigma}{\sqrt{n}}$$

이 검정의 채택역이 된다. 검정의 크기가 α이기 때문에

$$P\left[\,|\overline{X} - \mu_0| < z_{\alpha/2}\frac{\sigma}{\sqrt{n}}\,\middle|\, \mu = \mu_0\right] = 1 - \alpha$$

이다. 위의 확률식은 모든 μ_0에 대해 성립하므로

$$P_\mu\left[\overline{X} - z_{\alpha/2}\frac{\sigma}{\sqrt{n}} < \mu < \overline{X} + z_{\alpha/2}\frac{\sigma}{\sqrt{n}}\right] = 1 - \alpha$$

가 성립된다. 따라서

$$\left(\overline{X} - z_{\alpha/2}\frac{\sigma}{\sqrt{n}},\ \overline{X} + z_{\alpha/2}\frac{\sigma}{\sqrt{n}}\right)$$

이 μ의 $100(1-\alpha)\%$ 신뢰구간이다. 즉, 검정의 채택역으로부터 신뢰구간을 구할 수 있으며 그 역도 성립한다. ……………●

다음 정리는 예제 3.4.1에서 알 수 있듯이 제2장에서 소개한 검정의 채택역으로부터 신뢰구간을 유도할 수 있고, 역으로 신뢰구간을 알고 있으면 검정의 기각역을 구할수 있는 신뢰구간과 검정의 관계를 소개한 정리이다.

정리 3.4.1

각 $\theta_0 \in \Omega$에 대해 $A(\theta_0)$를 $H_0 : \theta = \theta_0$의 크기가 α인 검정의 채택역이라 하자. 각 관측값 $\boldsymbol{x} = (x_1, \cdots, x_n)$에 대해 $C(\boldsymbol{x})$를

$$C(\boldsymbol{x}) = \{\theta \mid \boldsymbol{x} \in A(\theta),\ \theta \in \Omega\} \tag{3.4.1}$$

로 정의하면 $C(\boldsymbol{x})$가 신뢰수준이 $1-\alpha$인 θ의 신뢰구간이 된다. 역으로 $C(\boldsymbol{x})$가 신뢰수준이 $1-\alpha$인 θ의 신뢰구간이면 임의의 $\theta_0 \in \Omega$에 대해

$$A(\theta_0) = \{\boldsymbol{x} \mid \theta_0 \in C(\boldsymbol{x})\} \tag{3.4.2}$$

일 때, $A(\theta_0)$가 $H_0 : \theta = \theta_0$의 크기가 α인 검정의 채택역이다. ……………■

정리 3.4.1에서 알 수 있듯이 신뢰구간은 대응되는 검정의 채택역에 의해 유도할 수 있으므로 귀무가설에 대응되는 값이 신뢰구간에 포함되면 귀무가설을 기각할 수 없다.

예제 3.4.2 $X_1, \cdots, X_n$이 정규분포 $\mathrm{N}(\mu, 1)$에서 추출한 확률표본일 때, μ의 $100(1-\alpha)\%$ 신뢰하한을 구해 보자. 예제 2.5.4에서 $H_0 : \mu \le \mu_0$ 대 $H_0 : \mu > \mu_0$의 GLR 검정의 기각역이

$$C = \{\boldsymbol{x} \mid \sqrt{n}(\bar{x} - \mu_0) \ge z_\alpha\}$$

임을 알았다. 이 검정의 채택역은

$$A(\mu_0) = \{\boldsymbol{x} \mid \sqrt{n}(\bar{x} - \mu_0) < z_\alpha\} = \left\{\boldsymbol{x} \,\middle|\, \bar{x} - \frac{z_\alpha}{\sqrt{n}} < \mu_0\right\}$$

이므로 정리 3.4.1에 의해

$$C(\boldsymbol{x}) = \{\mu \mid \boldsymbol{x} \in A(\mu)\} = \left\{\mu \,\middle|\, \bar{x} - \frac{1}{\sqrt{n}} z_\alpha < \mu\right\}$$

이다. 즉 $\left(\bar{X} - \frac{1}{\sqrt{n}} z_\alpha,\ \infty\right)$가 μ의 $100(1-\alpha)\%$의 단측신뢰구간이다. ………… •

예제 3.4.3 $X_1, \cdots, X_n$은 정규분포 $\mathrm{N}(\mu, \sigma^2)$에서 추출한 확률표본이다. 여기서 σ^2은 미지의 모수이다. μ의 $100(1-\alpha)\%$ 신뢰구간을 구해 보자. 예제 2.5.5에서 $H_0 : \mu = \mu_0$ 대 $H_1 : \mu \ne \mu_0$의 크기가 α인 GLR 검정의 기각역이

$$C = \{\boldsymbol{x} \mid |T(\boldsymbol{x})| \ge t_{\alpha/2}(n-1)\}$$

이므로, 이 검정의 채택역

$$\begin{aligned} A(\mu_0) &= \{\boldsymbol{x} \mid |T(\boldsymbol{x})| < t_{\alpha/2}(n-1)\} \\ &= \left\{\boldsymbol{x} \,\middle|\, -t_{\alpha/2}(n-1) < \frac{\bar{x} - \mu_0}{s/\sqrt{n}} < t_{\alpha/2}(n-1)\right\} \\ &= \left\{\boldsymbol{x} \,\middle|\, \bar{x} - t_{\alpha/2}(n-1)\frac{s}{\sqrt{n}} < \mu_0 < \bar{x} + t_{\alpha/2}(n-1)\frac{s}{\sqrt{n}}\right\} \end{aligned}$$

에 의해 μ의 $100(1-\alpha)\%$ 신뢰구간은 다음과 같다.

$$\left(\overline{X} - t_{\alpha/2}(n-1)\frac{S}{\sqrt{n}},\ \overline{X} + t_{\alpha/2}(n-1)\frac{S}{\sqrt{n}}\right)$$ ……………●

정리 3.4.2

(a) $A(\theta_0)$가 $H_0 : \theta = \theta_0$ 대 $H_1 : \theta \neq \theta_0$의 크기가 α인 UMP 검정의 채택역이면

$$C(\boldsymbol{x}) = \{\theta \mid \boldsymbol{x} \in A(\theta)\}$$

는 신뢰수준이 $1-\alpha$인 θ의 UMA 신뢰구간이다.

(b) $A(\theta_0)$가 $H_0 : \theta = \theta_0$ 대 $H_1 : \theta \neq \theta_0$의 크기가 α인 UMPU 검정의 채택역이면

$$C(\boldsymbol{x}) = \{\theta \mid \boldsymbol{x} \in A(\theta)\}$$

는 신뢰수준이 $1-\alpha$인 θ의 UMAU 신뢰구간이다. …………… ■

제2장의 가설검정에서 많은 경우 양측가설의 UMP 검정이 존재하지 않음을 알았다. UMP 검정이 존재하지 않을 때 널리 이용되는 검정이 비편향검정이다. 즉 UMPU 검정으로 이 검정의 채택역에 의해 UMAU 신뢰구간을 구할 수 있다.

예제 3.4.4 $X_1, \cdots, X_n$이 정규분포 $\mathrm{N}(\mu, \sigma^2)$에서의 확률표본일 때, σ^2의 $100(1-\alpha)\%$ UMA 신뢰하한을 구해 보자. 여기서 μ는 알려진 상수이다.

예제 2.4.9에서 $H_0 : \sigma^2 \leq \sigma_0^2$ 대 $H_1 : \sigma^2 > \sigma_0^2$의 크기가 α인 UMP 검정의 기각역이

$$C = \left\{\boldsymbol{x} \,\middle|\, \sum_{i=1}^{n}(x_i - \mu)^2 \geq \sigma_0^2 \chi_\alpha^2(n)\right\}$$

임을 보였다. 이 검정의 채택역이

$$\begin{aligned} A(\sigma_0^2) &= \left\{\boldsymbol{x} \,\middle|\, \sum_{i=1}^{n}(x_i - \mu)^2 < \sigma_0^2 \chi_\alpha^2(n)\right\} \\ &= \left\{\boldsymbol{x} \,\middle|\, \frac{1}{\chi_\alpha^2(n)}\sum_{i=1}^{n}(x_i - \mu)^2 < \sigma_0^2\right\} \end{aligned}$$

이므로 정리 3.4.2의 (a)에 의해 σ^2의 $100(1-\alpha)\%$ UMA 단측신뢰구간은

$$\begin{aligned} C(\boldsymbol{x}) &= \{\sigma^2 \mid \boldsymbol{x} \in A(\sigma^2)\} \\ &= \left\{ \sigma^2 \,\middle|\, \frac{1}{\chi^2_\alpha(n)} \sum_{i=1}^{n} (x_i - \mu)^2 < \sigma^2 \right\} \end{aligned}$$

이다. 즉 $\left(\frac{1}{\chi^2_\alpha(n)} \sum_{i=1}^{n} (X_i - \mu)^2,\ \infty \right)$가 σ^2의 $100(1-\alpha)\%$ UMA 단측신뢰구간이다. ……………●

예제 3.4.5 $X_1, \cdots, X_n$이 정규분포 $\mathrm{N}(\mu, \sigma^2)$에서 추출한 확률표본일 때, μ의 $100(1-\alpha)\%$ UMAU 신뢰구간을 구해 보자. 여기서 σ^2은 알고 있는 상수이다.

예제 2.4.10에서 $H_0: \mu = \mu_0$ 대 $H_1: \mu \neq \mu_0$의 UMPU 검정의 채택역에 의해 구한 신뢰구간

$$\left(\overline{X} - z_{\alpha/2} \frac{\sigma}{\sqrt{n}},\ \overline{X} + z_{\alpha/2} \frac{\sigma}{\sqrt{n}} \right)$$

이 μ의 $100(1-\alpha)\%$ UMAU 신뢰구간이다. ……………●

연습문제

3.4.1 $X_1, \cdots, X_n$은 $\mathrm{N}(\mu, \sigma^2)$에서의 확률표본이다. 여기서 σ^2은 알고 있는 상수이다. μ의 $100(1-\alpha)\%$ 균일최정확(UMA) 단측신뢰상한을 구하라.

3.4.2 $X_1, \cdots, X_n$은 균일분포 $\mathrm{U}(0, \theta)$에서의 확률표본이다. θ의 $100(1-\alpha)\%$ UMA 단측신뢰상한을 구하라.

3.4.3 $X_1, \cdots, X_n$은 연습문제 2.4.7번에서 생각한 감마분포 $\mathrm{Gam}(2, \beta)$에서 추출한 확률표본이다. β의 $100(1-\alpha)\%$ UMA 단측신뢰하한을 구하라.

3.4.4 $X_1, \cdots, X_n$이 연습문제 2.4.9번에서 생각한 지수분포 $\mathrm{Exp}(1, \eta)$에서 추출한 확률표본일 때, η의 $100(1-\alpha)\%$ UMA 단측신뢰하한을 구하라.

3.4.5 연습문제 2.4.10번에서 생각한 pdf가 $f(x;\theta)=\frac{4}{\theta}x^3e^{-x^4/\theta}$, $x>0$, $\theta>0$인 분포에서 크기 n인 확률표본을 생각해 보자. 이때 θ의 $100(1-\alpha)\%$ UMA 단측신뢰하한을 구하라.

3.4.6 연습문제 2.4.11번의 로지스틱분포에서의 단일표본 X에 근거하여 θ의 $100(1-\alpha)\%$ UMA 단측신뢰하한을 구하라.

3.4.7 $X_1,\cdots,X_n$이 지수분포 $\mathrm{Exp}(\theta)$에서 추출한 확률표본일 때, θ의 $100(1-\alpha)\%$ UMA 단측신뢰상한을 구하라.

3.4.8 $X_1,\cdots,X_n$은 지수분포 $\mathrm{Exp}(\theta)$에서 추출한 크기 n인 확률표본이다. 연습문제 2.5.8번의 $H_0:\theta=\theta_0$ 대 $H_1:\theta>\theta_0$의 GLR 검정으로부터 θ의 $100(1-\alpha)\%$ 단측신뢰하한을 구하라.

3.4.9 $X_1,\cdots,X_n$이 균일분포 $\mathrm{U}(0,\theta)$에서 추출한 크기 n인 확률표본이다. 연습문제 2.5.13번의 $H_0:\theta=\theta_0$ 대 $H_1:\theta\neq\theta_0$의 GLR 검정으로부터 θ의 $100(1-\alpha)\%$ 신뢰구간을 구하라.

3.4.10 $X_1,\cdots,X_{n_1}$과 $Y_1,\cdots,Y_{n_2}$는 각각 $\mathrm{N}(0,\sigma_1^2)$과 $\mathrm{N}(0,\sigma_2^2)$에서 추출한 독립인 확률표본이며 $\theta=\sigma_2^2/\sigma_1^2$이라 하자.

(a) $H_0:\theta=\theta_0$ 대 $H_1:\theta\neq\theta_0$의 크기가 α인 GLR 검정을 유도하라.

(b) (a)의 GLR 검정에서 동등 꼬리확률을 갖는 기각역을 F-확률변수로 나타내라.

(c) θ의 $100(1-\alpha)\%$ 신뢰구간을 구하라.

3.5 추축량을 이용하는 방법

$X_1,\cdots,X_n$이 결합 pdf (pmf) $f(x_1,\cdots,x_n;\theta)$를 갖는 경우, 추축량에 근거하여 신뢰구간을 유도하는 방법에 대해 살펴보자. 사실 구간추정량을 구성하고 포함확률을 계산하는 가장 훌

륭한 방법 중 하나가 추축량을 이용하는 것이다.

추축량 $T(\boldsymbol{X};\theta)$는 일반적으로 모수와 통계량을 포함하지만 임의의 집합 A에 대해 $P[T(\boldsymbol{X};\theta)\in A]$는 θ에 종속되지 않는다. 그러므로 추축량으로부터 신뢰구간을 구성하는 것은 추축량 $T(\boldsymbol{X};\theta)$와 $\{\theta \mid T(\boldsymbol{x};\theta)\in A\}$가 θ의 구간추정값이 되는 집합 A를 어떻게 찾느냐에 달려 있다.

예제 3.5.1 $X_1,\cdots,X_n$을 1차원 모수 θ에 종속하는 밀도함수 $f(x;\theta)$를 갖는 연속분포에서의 확률표본이라 하고, $F_X(x;\theta)$를 X의 cdf, $\overline{F}_X(x;\theta)=1-F_X(x;\theta)$라 하자. 그러면 《통계적 확률분포이론》의 정리 7.3.3의 확률적분변환 정리와 예제 7.3.3에 의해 $-2\ln F_X(X;\theta)$와 $-2\ln \overline{F}_X(X;\theta)$ 모두 모수가 2인 지수분포 Exp(2)를 따른다. 따라서

$$T_1(\boldsymbol{X};\theta)=-2\sum_{i=1}^{n}\ln F_X(X_i;\theta) \text{와 } T_2(\boldsymbol{X};\theta)=-2\sum_{i=1}^{n}\ln \overline{F}_X(X_i;\theta) \quad (3.5.1)$$

가 감마분포 $\text{Gam}(n,\,2)$를 따른다. 즉

$$T_1(\boldsymbol{X};\theta)\sim\chi^2(2n),\quad T_2(\boldsymbol{X};\theta)\sim\chi^2(2n) \quad (3.5.2)$$

이다. 따라서 $T_1(\boldsymbol{X};\theta)$와 $T_2(\boldsymbol{X};\theta)$는 추축량이고

$$P\left[\chi^2_{1-\alpha/2}(2n)<-2\sum_{i=1}^{n}\ln F_X(X_i;\theta)<\chi^2_{\alpha/2}(2n)\right]=1-\alpha \quad (3.5.3)$$

이고

$$P\left[\chi^2_{1-\alpha/2}(2n)<-2\sum_{i=1}^{n}\ln \overline{F}_X(X_i;\theta)<\chi^2_{\alpha/2}(2n)\right]=1-\alpha \quad (3.5.4)$$

이다. 그러므로 두 식 중 어느 한 식으로부터 θ의 $100(1-\alpha)\%$ 신뢰구간을 구할 수 있다. ……………●

예제 3.5.2 $X_1,\cdots,X_n$은 다음 pdf를 갖는 파레토 분포 $\text{Par}(k,\,\theta)$에서 추출한 확률표본이다. 여기서 k는 알고 있는 상수이다.

$$f(x;\theta)=\frac{\theta}{k}\left(1+\frac{x}{k}\right)^{-(\theta+1)},\quad x>0$$

cdf를 구하면

$$\begin{aligned}F(x;\theta)&=\int_0^x\frac{\theta}{k}\left(1+\frac{t}{k}\right)^{-(\theta+1)}dt\\&=\left[-\left(1+\frac{t}{k}\right)^{-\theta}\right]_0^x\\&=1-\left(1+\frac{x}{k}\right)^{-\theta},\quad x>0\end{aligned}$$

이므로 $-\ln[1-F(x;\theta)]=\theta\ln\left(1+\dfrac{x}{k}\right)$이다. 따라서 θ의 $100(1-\alpha)\%$ 신뢰구간은 다음과 같다.

$$\left(\frac{\chi^2_{1-\alpha/2}(2n)}{2\sum_{i=1}^n\ln(1+X_i/k)},\ \frac{\chi^2_{\alpha/2}(2n)}{2\sum_{i=1}^n\ln(1+X_i/k)}\right)$$ ……………●

예제 3.5.3 $X_1,\cdots,X_n$을 정규분포 $\mathrm{N}(\mu,\sigma^2)$에서의 확률표본이라 하자. 두 모수 μ와 σ^2은 모두 미지이다. 여기서 평균 μ를 추정하고자 한다. 이 경우 σ^2은 장애모수이다. $T(\boldsymbol{X};\mu)=\sqrt{n}\,(\overline{X}-\mu)/S\sim t(n-1)$이므로, $T(\boldsymbol{X};\mu)$는 추축량이다. 그러므로

$$P\left[-t_{\alpha/2}(n-1)<\frac{\overline{X}-\mu}{S/\sqrt{n}}<t_{\alpha/2}(n-1)\right]=1-\alpha$$

로부터

$$\left(\overline{X}-t_{\alpha/2}(n-1)\frac{S}{\sqrt{n}},\ \overline{X}+t_{\alpha/2}(n-1)\frac{S}{\sqrt{n}}\right)$$

가 μ의 $100(1-\alpha)\%$ 신뢰구간이다. ……………●

예제 3.5.4 예제 3.5.3에서 σ^2을 추정하고자 한다면, μ를 아는 경우 $T_1(\boldsymbol{X};\sigma^2)=\sum_{i=1}^n(X_i-\mu)^2/\sigma^2\sim\chi^2(n)$이므로 $T_1(\boldsymbol{X};\sigma^2)$은 추축량이고, μ를 모르는 경우는

$T_2(\boldsymbol{X};\sigma^2)=\sum_{i=1}^{n}(X_i-\overline{X})^2/\sigma^2\sim\chi^2(n-1)$이므로 $T_2(\boldsymbol{X};\sigma^2)$도 추축량이다.

따라서

$$P\left[\chi^2_{1-\alpha/2}(n)<\frac{1}{\sigma^2}\sum_{i=1}^{n}(X_i-\mu)^2<\chi^2_{\alpha/2}(n)\right]=1-\alpha$$

이고

$$P\left[\chi^2_{1-\alpha/2}(n-1)<\frac{1}{\sigma^2}\sum_{i=1}^{n}(X_i-\overline{X})^2<\chi^2_{\alpha/2}(n-1)\right]=1-\alpha$$

이므로, 각각의 경우 다음과 같은 σ^2의 $100(1-\alpha)\%$ 신뢰구간을 얻을 수 있다. 다음 신뢰구간은 예제 3.3.3의 식 (3.3.4)를 만족하지 않으므로 최소길이 신뢰구간은 아니다.

(i) μ를 아는 경우

$$\left(\frac{\sum_{i=1}^{n}(X_i-\mu)^2}{\chi^2_{\alpha/2}(n)},\ \frac{\sum_{i=1}^{n}(X_i-\mu)^2}{\chi^2_{1-\alpha/2}(n)}\right)$$

(ii) μ를 모르는 경우

$$\left(\frac{\sum_{i=1}^{n}(X_i-\overline{X})^2}{\chi^2_{\alpha/2}(n-1)},\ \frac{\sum_{i=1}^{n}(X_i-\overline{X})^2}{\chi^2_{1-\alpha/2}(n-1)}\right)$$ ……………●

위의 예제에서 알 수 있듯이 추축량과 그 분포를 알 수 있다면 쉽게 추축량을 이용한 신뢰구간을 구할 수 있다. 이제 추축량을 찾는 유용한 정리를 소개한다.

정리 3.5.1

$X_1,\cdots,X_n$을 pdf가 $f(x;\theta)$, $\theta\in\Omega$인 분포에서의 확률표본이라 하고 $\hat{\theta}$을 θ의 MLE라 하면, 다음이 성립된다.

(a) θ가 위치모수이면 $T(\boldsymbol{X};\theta)=\hat{\theta}-\theta$가 추축량이다.

(b) θ가 척도모수이면 $T(\boldsymbol{X};\theta)=\hat{\theta}/\theta$가 추축량이다. ……………■

예제 3.5.5 $X_1, \cdots, X_n$이 균일분포 $U(0, \theta)$에서 추출한 확률표본이면, θ는 척도모수이고 θ의 MLE가 $\hat{\theta} = X_{n:n}$이므로 정리 3.5.1에 의해 $T(\boldsymbol{X};\theta) = X_{n:n}/\theta$가 추축량이다. 그리고 $T(\boldsymbol{X};\theta)$의 pdf가

$$f_T(t) = nt^{n-1}, \ 0 < t < 1$$

이므로

$$\begin{aligned} 1-\alpha &= P[a < X_{n:n}/\theta < b] \\ &= P[X_{n:n}/b < \theta < X_{n:n}/a] \end{aligned}$$

를 만족하는 a와 b를 구하면, θ의 $100(1-\alpha)\%$ 신뢰구간은

$$\left(\frac{X_{n:n}}{b}, \ \frac{X_{n:n}}{a} \right)$$

이다. 연습문제 3.3.7번에서 θ의 $100(1-\alpha)\%$ 최소길이 신뢰구간이

$$(X_{n:n}, \ X_{n:n}/\alpha^{1/n})$$

임을 보였다. ……………●

예제 3.5.6 $X_1, \cdots, X_n$이 2-모수 지수분포 $\text{Exp}(1, \theta)$에서 추출한 확률표본이라 하면, 이 분포에서 θ는 위치모수이고 θ의 MLE는 $\hat{\theta} = X_{1:n}$이므로 정리 3.5.1에 의해 $T(\boldsymbol{X}:\theta) = X_{1:n} - \theta$가 추축량이다. 사실 $X_{1:n} - \theta \sim \text{Exp}(1/n)$이다. 따라서

$$\begin{aligned} 1-\alpha &= P[a < X_{1:n} - \theta < b] \\ &= P[X_{1:n} - b < \theta < X_{1:n} - a] \end{aligned}$$

를 만족하는 a와 b를 구하면, θ의 $100(1-\alpha)\%$ 신뢰구간은

$$(X_{1:n} - b, \ X_{1:n} - a)$$

이다. 연습문제 3.3.6번에서 최소길이 신뢰구간이 $\left(X_{1:n} + \frac{1}{n} \ln\alpha, \ X_{1:n} \right)$임을 보였다. ……………●

예제 3.5.7 $X_1, \cdots, X_n$이 정규분포 $N(\mu, \sigma^2)$에서 추출한 확률표본이라 하자.

(a) σ^2이 알려진 상수일 때, μ는 위치모수이고 $\overline{X}$가 μ의 MLE이므로 이미 알려

진 바와 같이 $T(\boldsymbol{X};\mu)=\overline{X}-\mu$가 추축량이다. 이 사실을 이용해 μ의 $100(1-\alpha)\%$ 신뢰구간을 쉽게 구할 수 있다.

(b) μ가 알려진 상수일 때, σ^2은 척도모수이고 $\sum_{i=1}^{n}(X_i-\mu)^2/n$이 σ^2의 MLE이므로, $T(\boldsymbol{X};\sigma^2)=\sum_{i=1}^{n}(X_i-\mu)^2/n\sigma^2$이 σ^2의 추축량이다. 이미 예제 3.5.4에서 이 추축량을 이용해 신뢰구간을 구했다. ……………●

예제 3.5.8 $X_1,\cdots,X_n$을 지수분포 $\text{Exp}(\theta)$에서 추출한 확률표본이라 하자. 그러면 θ는 척도모수이고 θ의 MLE는 $\overline{X}$이다. 따라서 $\overline{X}/\theta$가 추축량이다. 사실 $2n\overline{X}/\theta\sim\chi^2(2n)$이므로 $\overline{X}/\theta$의 분포가 모수 θ에 종속되지 않음을 알 수 있다. ……………●

예제 3.5.9 $X_1,\cdots,X_n$이 감마분포 $\text{Gam}(k,\beta)$에서 추출한 확률표본이라 하면, k가 알려진 상수일 때 β는 척도모수이고 β의 MLE는 $\hat{\beta}=\overline{X}/k$이다(연습문제 1.5.2.14번 참조). 따라서 $T(\boldsymbol{X};\beta)=\overline{X}/\beta k$가 추축량이다. 사실 $2n\overline{X}/\beta\sim\chi^2(2k)$이다. ……………●

정리 3.5.2

$X_1,\cdots,X_n$을 다음과 같이 위치-척도 모수를 갖는 분포에서 추출한 확률표본이라 하자.

$$f(x;\theta_1,\theta_2)=\frac{1}{\theta_2}f_0\left(\frac{x-\theta_1}{\theta_2}\right) \tag{3.5.5}$$

여기서 $f_0(x)$는 밀도함수이다. 만일 $\hat{\theta}_1$과 $\hat{\theta}_2$이 θ_1과 θ_2의 MLE라 하면, $(\hat{\theta}_1-\theta_1)/\hat{\theta}_2$과 $\hat{\theta}_2/\theta_2$가 각각 θ_1과 θ_2의 추축량이다. ……………■

예제 3.5.10 예제 3.5.3에서 μ와 σ는 위치-척도모수이고 각각의 MLE가

$$\overline{X}\text{와 } \sqrt{\sum_{i=1}^{n}(X_i-\overline{X})^2/n}$$

이므로 정리 3.5.2에 의해

$$\frac{\sqrt{n}\,(\overline{X}-\mu)}{\sqrt{\sum_{i=1}^{n}(X_i-\overline{X})^2}}$$

이 μ의 추축량임을 알 수 있다. 잘 알고 있듯이 $\sqrt{n}\,(\overline{X}-\mu)/S \sim t(n-1)$이므로 위의 결과가 성립된다. σ^2의 추축량은 예제 3.5.4에서와 같이

$$\sum_{i=1}^{n}(X_i-\overline{X})^2/n\sigma^2$$

임을 알 수 있다. ……………●

이산분포에 대해서는 추축량이 존재하지 않을 수도 있다. 그러나 근사적인 추축량을 점근적 결과에 근거하여 종종 구할 수 있다. 이항분포에 대한 정규근사가 이러한 예이다.

연습문제

3.5.1 $X_1, \cdots, X_n$은 pdf가 $f(x;\beta)=\beta(1-x)^{\beta-1}$, $0<x<1$인 베타분포 Beta$(1, \beta)$에서 추출한 크기 n인 확률표본이다. cdf를 이용한 추축량에 근거하여 β의 $100(1-\alpha)\%$ 신뢰구간을 구성하라.

3.5.2 $X_1, \cdots, X_n$은 pdf가 $f(x;\lambda)=\lambda e^{-\lambda x}$, $x>0$인 지수분포 Exp$(1/\lambda)$에서 추출한 확률표본이다. λ의 MLE는 $\hat{\lambda}=1/\overline{X}$이고 $\hat{\lambda}$은 근사적으로 $\mathrm{N}(\lambda, \lambda^2/n)$을 따른다. 이러한 사실과 추축량을 이용하여 λ의 (근사적인) $100(1-\alpha)\%$ 신뢰구간을 각각 구하라.

3.5.3 $X_1, \cdots, X_n$은 지수분포 Exp(θ)에서 추출한 확률표본이다.

(a) $X_{1:n}$에 근거한 추축량을 구하고, 이를 이용하여 θ의 $100(1-\alpha)\%$ 신뢰구간을 구하라.

(b) MLE에 근거한 추축량을 이용하여 θ의 $100(1-\alpha)\%$ 신뢰구간을 구하라.

3.5.4 $X_1, \cdots, X_n$이 2-모수 지수분포 $\mathrm{Exp}(\theta, 10)$에서 추출한 확률표본일 때

(a) $2\sum_{i=1}^{n}(X_i - 10)/\theta \sim \chi^2(2n)$임을 보여라.

(b) (a)에서의 추축량을 이용해 θ의 95% 신뢰구간을 유도하라.

3.5.5 $X_1, \cdots, X_n$은 다음 pdf를 갖는 와이블 분포 $\mathrm{Wei}(2, \theta)$에서의 확률표본이다.

$$f(x;\theta) = \begin{cases} \dfrac{2}{\theta^2} x e^{-(x/\theta)^2}, & x > 0,\ \theta > 0 \\ 0, & x \le 0 \end{cases}$$

(a) $T(\boldsymbol{X};\theta) = 2\sum_{i=1}^{n} X_i^2/\theta^2 \sim \chi^2(2n)$임을 보여라.

(b) θ의 동등 꼬리 확률을 갖는 신뢰구간을 유도하기 위해 $T(\boldsymbol{X};\theta)$를 이용하라.

(c) $P[X > t] = \exp[-(t/\theta)^2]$의 $100(1-\alpha)\%$ 신뢰하한을 구하라.

(d) 이 분포의 제$100p$ 백분위수의 $100(1-\alpha)\%$ 신뢰상한을 구하라.

3.5.6 정규분포 $\mathrm{N}(\mu, \mu)$, $\mu > 0$에서 추출한 크기 n인 확률표본에 근거한 추축량을 구하라. 이 추축량을 이용하여 μ의 $100(1-\alpha)\%$ 신뢰구간을 구하라.

3.5.7 X는 베타분포 $\mathrm{Beta}(\theta, 1)$에서 추출한 크기 1인 확률변수이다.

(a) $Y = (-\ln X)^{-1}$이라 할 때, $(Y/2, Y)$의 신뢰계수를 계산하라.

(b) 추축량을 구하고 이것을 이용하여 (a)에서 구한 구간과 신뢰계수가 동일하며 동등 꼬리 확률을 갖는 신뢰구간을 구하라.

(c) 두 신뢰구간을 비교하라.

3.5.8 방직공장에서 일하는 근로자들의 사고율을 조사하기 위해 무작위로 45명을 선택했다. 근로자들의 사고 횟수는 평균이 μ인 푸아송 분포를 따른다고 하자. 45명 근로자의 평균 사고횟수는 $\bar{x} = 1.7$이다.

(a) 중심극한정리에 의해 $(\overline{X} - \mu)/\sqrt{\mu/n} \xrightarrow{d} Z \sim \mathrm{N}(0, 1)$을 이용하여 μ의 근사적인 95% 단측신뢰하한을 구하라.

(b) μ의 추정량 $\overline{X}$를 이용하면, n이 충분히 클 때, $(\overline{X} - \mu)/\sqrt{\overline{X}/n} \xrightarrow{d} Z$가 성립된다. 이 사실을 이용해 μ의 근사적인 95% 단측신뢰하한을 구하라.

3.5.9 $X_1, \cdots, X_{n_1}$과 $Y_1, \cdots, Y_{n_2}$는 각각 지수분포 $\mathrm{Exp}(\theta)$와 $\mathrm{Exp}(\theta\beta)$에서 추출한 독립인 확률표본이다. $\beta \sum_{i=1}^{n_1} X_i \Big/ \sum_{j=1}^{n_2} Y_j$가 β에 대해 추축량임을 보이고 이 추축량의 분포를 구하라.

*3.6 신뢰구간을 구하는 통계적인 방법

추축량을 이용할 수 없는 경우에도 통계량의 분포가 모수 θ에는 종속하지만 다른 장애모수에는 종속되지 않는 통계량이 존재하면, 모수 θ에 관한 신뢰영역을 구할 수 있다. 만일 $X_1, \cdots, X_n$이 결합 pdf (pmf) $f(x_1, \cdots, x_n; \theta)$를 갖고 $T = T(X_1, \cdots, X_n)$은 통계량으로 pdf (pmf)가 $g(t;\theta)$라 하자. 여기서 일반적으로 충분통계량이 존재하면, T를 충분통계량으로 택하고 충분통계량이 존재하지 않으면 적절한 점추정량을 이용한다.

θ의 각 값에 대해

$$P[h_1(\theta) < T < h_2(\theta)] = 1 - \alpha_1 - \alpha_2 = 1 - \alpha \tag{3.6.1}$$

인 $h_1(\theta)$와 $h_2(\theta)$를 구할 수 있다고 하자(그림 3.6.1 참조).

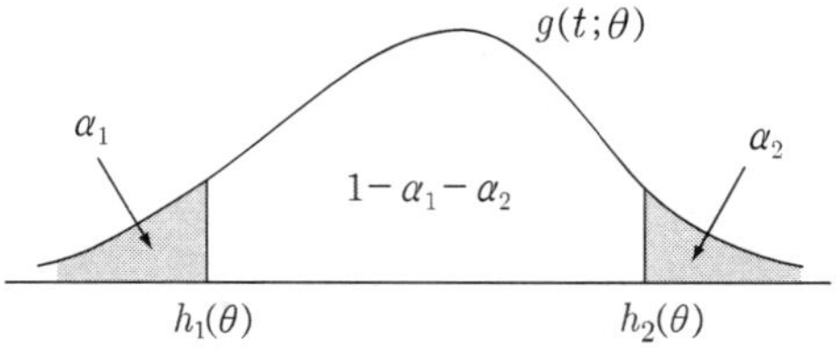

그림 3.6.1

만일 통계량 T의 관측값을 t라 하면, $h_1(\theta) < t < h_2(\theta)$를 만족하는 모수 θ값들의 집합이 $100(1-\alpha)\%$ 신뢰영역을 이룬다. 종종 $h_1(\theta)$와 $h_2(\theta)$가 θ의 증가(또는 감소)함수이므로 신뢰영역이 구간이 된다. 따라서 여기서는 $h_1(\theta)$와 $h_2(\theta)$가 θ의 증가함수이거나 감소함수인 경우로 가정한다.

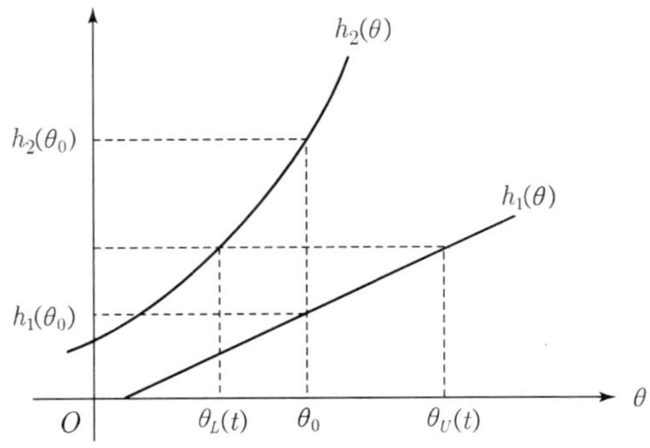

그림 3.6.2

예를 들어 $h_1(\theta)$와 $h_2(\theta)$가 θ의 순증가함수라 하자. 그러면 그림 3.6.2에서 알 수 있듯이

$$h_1(\theta_0) < t < h_2(\theta_0) \Leftrightarrow \theta_L(t) < \theta_0 < \theta_U(t) \tag{3.6.2}$$

이므로

$$\begin{aligned} 1-\alpha &= P[h_1(\theta_0) < T < h_2(\theta_0)] \\ &= P[\theta_L(T) < \theta_0 < \theta_U(T)] \end{aligned} \tag{3.6.3}$$

이다. 따라서 $(\theta_L(T), \theta_U(T))$ 가 θ의 $100(1-\alpha)\%$ 신뢰구간이다. 이러한 사실을 다음 정리에서 소개한다.

정리 3.6.1

T는 cdf $F_T(t;\theta)$를 갖는 연속인 통계량이고, $h_1(\theta)$와 $h_2(\theta)$는 각 $\theta \in \Omega$에 대해 식 (3.6.1)을 만족하는 함수이다. 즉,

$$F_T(h_1(\theta);\theta) = \alpha_1,\ F_T(h_2(\theta);\theta) = 1-\alpha_2 \tag{3.6.4}$$

이다. 여기서 $0 < \alpha_1 < 1$이고 $0 < \alpha_2 < 1$이다.

(a) $h_1(\theta)$와 $h_2(\theta)$가 θ의 증가함수일 때

$h_2(\theta_L) = T$의 해 $\theta_L = \theta_L(T)$가 θ의 $100(1-\alpha_2)\%$ 단측신뢰하한이고
$h_1(\theta_U) = T$의 해 $\theta_U = \theta_U(T)$가 θ의 $100(1-\alpha_1)\%$ 단측신뢰상한이다.

(b) $h_1(\theta)$와 $h_2(\theta)$가 θ의 감소함수일 때

$h_1(\theta_L) = T$의 해 $\theta_L = \theta_L(T)$가 θ의 $100(1-\alpha_1)\%$ 단측신뢰하한이고
$h_2(\theta_U) = T$의 해 $\theta_U = \theta_U(T)$가 θ의 $100(1-\alpha_2)\%$ 단측신뢰상한이다.

(a)와 (b) 두 경우 모두 $\alpha = \alpha_1 + \alpha_2$이고 $0 < \alpha < 1$이면, $(\theta_L(T), \theta_U(T))$가 θ의 $100(1-\alpha)\%$ 신뢰구간이다. …………… ■

예제 3.6.1 $X_1, \cdots, X_n$은 연습문제 3.5.5번에서 소개한 와이블 분포 $\mathrm{Wei}(2, \theta)$에서 추출한 확률표본이라 하자. 그러면 $T = \sum_{i=1}^{n} X_i^2$이 θ의 충분통계량이며 $2T/\theta^2 \sim \chi^2(2n)$이다. 따라서

$$\begin{aligned}\alpha_1 &= P[T \le h_1(\theta)] \\ &= P[2T/\theta^2 \le 2h_1(\theta)/\theta^2] \\ &= P[\chi^2(2n) \le 2h_1(\theta)/\theta^2]\end{aligned}$$

에 의해 $2h_1(\theta)/\theta^2 = \chi^2_{1-\alpha_1}(2n)$이므로

$$h_1(\theta) = \frac{\theta^2}{2}\chi^2_{1-\alpha_1}(2n)$$

이다. $h_1(\theta)$가 θ의 증가함수이므로 정리 3.6.1에 의해

$$h_1(\theta_U) = \frac{1}{2}\theta_U^2\ \chi^2_{1-\alpha_1}(2n) = T$$

의 해 $\theta_U(T) = \sqrt{2T/\chi^2_{1-\alpha_1}(2n)}$이 $100(1-\alpha_1)\%$ 단측신뢰상한이다. 또한

$$\begin{aligned}1-\alpha_2 &= P[T \le h_2(\theta)] \\ &= P[\chi^2(2n) \le 2h_2(\theta)/\theta^2]\end{aligned}$$

으로부터 $2h_2(\theta)/\theta^2 = \chi^2_{\alpha_2}(2n)$이므로

$$h_2(\theta) = \frac{\theta^2}{2}\chi^2_{\alpha_2}(2n)$$

이다. $h_2(\theta)$ 역시 θ의 증가함수이므로 정리 3.6.1에 의해

$$h_2(\theta_L) = \frac{1}{2}\theta_L^2\chi^2_{\alpha_2}(2n) = T$$

의 해 $\theta_L(T)=\sqrt{2T/\chi^2_{\alpha_2}(2n)}$ 이 $100(1-\alpha_2)\%$ 단측신뢰하한이다.

만일 $\alpha_1=\alpha/2=\alpha_2$라 하면 θ의 $100(1-\alpha)\%$ 신뢰구간은

$$\left(\sqrt{2\sum_{i=1}^{n}X_i^2/\chi^2_{\alpha/2}(2n)},\ \sqrt{2\sum_{i=1}^{n}X_i^2/\chi^2_{1-\alpha/2}(2n)}\right)$$

이다. 추축량을 이용하여 유도한 결과와 동일함을 알 수 있다. ……………●

정리 3.6.1의 조건에서 $h_1(\theta)$와 $h_2(\theta)$가 θ의 증가(또는 감소)함수가 아닌 경우가 있다. 이런 경우는 신뢰영역이 구간이 되지 않는다.

사실 통계량 T의 cdf가 θ의 증가함수이거나 감소함수이기만 하면, θ의 신뢰구간을 다음 정리에 의해 쉽게 구할 수 있다.

정리 3.6.2

T는 cdf $F_T(t;\theta)$를 갖는 연속인 통계량이고 t는 T의 관측값이라 하자. 각 t에 대해 $\theta_L(t)$와 $\theta_U(t)$를 다음과 같이 정의한다.

(a) $F_T(t;\theta)$가 각 t에 대해 θ의 감소함수이면

$$F_T(t;\theta_U(t))=\alpha_1,\ F_T(t;\theta_L(t))=1-\alpha_2 \tag{3.6.5}$$

(b) $F_T(t;\theta)$가 각 t에 대해 θ의 증가함수이면

$$F_T(t;\theta_L(t))=\alpha_1,\ F_T(t;\theta_U(t))=1-\alpha_2 \tag{3.6.6}$$

라 하면, $(\theta_L(T),\theta_U(T))$가 θ의 $100(1-\alpha)\%$ 신뢰구간이다. 여기서 $\alpha=\alpha_1+\alpha_2$이다. ……………■

예제 3.6.2 $X_1,\cdots,X_n$이 지수분포 $\text{Exp}(\theta)$에서 추출한 확률표본이라 하자. 통계량 $T=X_{1:n}$에 근거하여 θ의 신뢰구간을 구해 보자.

$X_{1:n}\sim\text{Exp}(\theta/n)$이므로 $X_{1:n}$의 cdf는

$$F_T(t;\theta)=1-e^{-nt/\theta},\ t>0$$

이다. $F_T(t;\theta)$ 는 θ의 감소함수이므로 정리 3.6.2에 의해

$$F_T(t;\theta_U(t)) = 1 - e^{-nt/\theta_U(t)} = \alpha_1$$
$$F_T(t;\theta_L(t)) = 1 - e^{-nt/\theta_L(t)} = 1 - \alpha_2$$

의 해는

$$\theta_L(t) = -\frac{nt}{\ln\alpha_2},\quad \theta_U(t) = -\frac{nt}{\ln(1-\alpha_1)}$$

이다. 즉 θ 의 $100(1-\alpha)\%$ 신뢰구간은

$$\left(-\frac{nT}{\ln\alpha_2},\ -\frac{nT}{\ln(1-\alpha_1)}\right) = \left(-\frac{nX_{1:n}}{\ln\alpha_2},\ -\frac{nX_{1:n}}{\ln(1-\alpha_1)}\right)$$

이다. 여기서 $\alpha = \alpha_1 + \alpha_2$ 이다. 일반적으로 $\alpha_1 = \alpha_2 = \alpha/2$ 를 많이 이용한다. 사실 이 결과는 연습문제 3.5.3번의 (a)의 특별한 경우임을 알 수 있다. ……………●

관측된 통계량이 이산인 경우는 정리 3.6.2를 적용할 수 없다. 일반적으로 미리 정한 신뢰계수를 정확히 갖는 신뢰구간을 이산인 경우는 구할 수 없는 경우가 많다. 따라서 저자에 따라 이산인 경우까지 고려한 일반적인 구간추정을 정의하기도 한다. 이런 경우 신뢰수준과 신뢰계수를 구별하여 정의한다. 이산인 경우 정리 3.6.2를 적용할 수 없기 때문에 이산인 경우에 적용할 수 있는 정리를 이 책에서는 간단히 소개한다.

정의 3.6.1

만일

$$P[L(\boldsymbol{X}) < \theta < U(\boldsymbol{X})] \geq 1-\alpha \tag{3.6.7}$$

이면, $(L(\boldsymbol{X}),\ U(\boldsymbol{X}))$를 θ의 **보수적**(conservative) $100(1-\alpha)\%$ **신뢰구간**이라 한다.

정리 3.6.3

T는 cdf $F_T(t;\theta)$를 갖는 이산인 통계량이라 하자. T의 각 관측값 t에 대해 $\theta_L(t)$와 $\theta_U(t)$를 다음과 같이 정의한다.

(a) $F_T(t;\theta)$가 각 t에 대해 θ의 감소함수이면

$$F_T(t;\theta_U(t)) = \alpha_1,\ \ P[\,T<t \mid \theta_L(t)] = 1-\alpha_2.$$

(b) $F_T(t;\theta)$가 각 t에 대해 θ의 증가함수이면

$$F_T(t;\theta_L(t)) = \alpha_1,\ \ P[\,T<t \mid \theta_U(t)] = 1-\alpha_2.$$

이때 $(\theta_L(T), \theta_U(T))$가 θ의 보수적 $100(1-\alpha)\%$ 신뢰구간이다. 여기서 $\alpha=\alpha_1+\alpha_2$이고 $0<\alpha<1$이다. …………… ■

예제 3.6.3 $X_1, \cdots, X_n$은 베르누이 분포 $\mathrm{Bin}(1, p)$에서 추출한 확률표본이다. $T=\sum_{i=1}^{n} X_i$는 p의 충분통계량이고 $T\sim \mathrm{Bin}(n, p)$임을 알고 있다. p의 보수적 $100(1-\alpha)\%$ 신뢰구간을 구해 보자.

$$F_T(t;p) = B(t;n,\,p) = \sum_{x=0}^{t}\binom{n}{x}p^x(1-p)^{n-x}$$

는 p의 감소함수이다. 따라서 관측값 t에 대해

$$\alpha_1 = B(t\,;n,\,p_U(t)) = \sum_{y=0}^{t}\binom{n}{y}(p_U(t))^y(1-p_U(t))^{n-y}$$

의 해가 보수적 단측신뢰상한이고

$$1-\alpha_2 = B(t-1\,;n,\,p_L(t)) = \sum_{y=0}^{t-1}\binom{n}{y}(p_L(t))^y(1-p_L(t))^{n-y}$$

의 해가 보수적 단측신뢰하한이다. 만일 $\alpha=\alpha_1+\alpha_2$이면, 보수적 $100(1-\alpha)\%$ 신뢰구간이 $(p_L(T), p_U(T))$이다. …………… ●

연습문제

3.6.1 $X_1, \cdots, X_n$은 pdf가 다음과 같은 와이블 분포 $\mathrm{Wei}(\theta, \beta)$에서 추출한 확률표본이다. 여기서 θ는 알고 있는 상수라 하자. 통계적인 방법을 이용하여 통계량 $T = X_{1:n}$에 근거한 β의 $100(1-\alpha)\%$ 신뢰구간을 유도하라.

$$f(x; \theta, \beta) = \begin{cases} \dfrac{\theta}{\beta^\theta} x^{\theta-1} e^{-(x/\beta)^\theta}, & x > 0 \\ 0, & x \le 0 \end{cases}$$

3.6.2 $X_1, \cdots, X_n$이 지수분포 $\mathrm{Exp}(\theta)$에서 추출한 확률표본일 때, θ의 충분통계량에 근거하여 θ의 $100(1-\alpha)\%$ 단측신뢰상한을 구하라.

3.6.3 $X_1, \cdots, X_n$이 pdf가 $f(x;\theta) = \theta x^{\theta-1}$, $0 < x < 1$인 베타분포 $\mathrm{Beta}(\theta, 1)$에서의 확률표본일 때, 충분통계량에 근거하여 θ의 $100(1-\alpha)\%$ 신뢰구간을 구하라.

3.6.4 $X_1, \cdots, X_n$이 균일분포 $U(0, \theta)$에서 추출한 확률표본일 때, 충분통계량에 근거하여 θ의 $100(1-\alpha)\%$ 신뢰구간을 구하라.

3.6.5 $X_1, \cdots, X_n$이 2-모수 지수분포 $\mathrm{Exp}(1, \theta)$에서 추출한 확률표본일 때, 통계적인 방법에 의해 θ의 충분통계량에 근거하여 θ의 동등 꼬리 확률을 갖는 $100(1-\alpha)\%$ 신뢰구간을 유도하라.

3.6.6 $X_1, \cdots, X_n$이 푸아송 분포 $\mathrm{Poi}(\mu)$에서 추출한 확률표본일 때, μ의 충분통계량에 근거하여 통계적인 방법으로 θ의 보수적 $100(1-\alpha)\%$ 신뢰구간을 유도하라.

3.6.7 $X \sim \mathrm{Geo}(p)$일 때, 단일 관측값 x에 근거하여 p의 보수적 $100(1-\alpha)\%$ 단측신뢰하한을 구하라.

3.7 정규분포의 표본에 근거한 구간추정

이 절에서는 정규분포 $\mathrm{N}(\mu, \sigma^2)$에서 추출한 크기 n인 확률표본 $X_1, \cdots, X_n$에 근거한 신뢰구간에 대해 살펴보자. 여기서 소개하는 신뢰구간은 가설검정과의 관계에 의해 2.6절의 정규분포의 표본에 근거한 검정에서 소개한 검정들의 채택역으로부터 유도할 수 있다.

3.7.1 평균의 신뢰구간

여기서는 정규모집단에서 추출한 확률표본에 근거하여 평균의 신뢰구간을 유도해 보자.

(1) 분산 σ^2을 아는 경우

모평균 μ는 상수이지만 그 값을 알지 못한다고 하자. 그러면 μ의 MLE $\hat{\mu} = \overline{X}$를 μ의 추정량으로 사용할 수 있다.

$$Z = \frac{\overline{X} - \mu}{\sigma / \sqrt{n}} \sim \mathrm{N}(0,\ 1) \tag{3.7.1}$$

이므로

$$\begin{aligned} 1 - \alpha &= P\left[-z_{\alpha/2} < \frac{\overline{X} - \mu}{\sigma / \sqrt{n}} < z_{\alpha/2}\right] \\ &= P\left[\overline{X} - z_{\alpha/2}\frac{\sigma}{\sqrt{n}} < \mu < \overline{X} + z_{\alpha/2}\frac{\sigma}{\sqrt{n}}\right] \end{aligned} \tag{3.7.2}$$

이 성립된다. 따라서 μ의 $100(1-\alpha)\%$ 신뢰구간은 다음과 같다.

$$\left(\overline{X} - z_{\alpha/2}\frac{\sigma}{\sqrt{n}},\ \overline{X} + z_{\alpha/2}\frac{\sigma}{\sqrt{n}}\right) \tag{3.7.3}$$

이 신뢰구간은 예제 3.3.1에서 최소길이 신뢰구간임을 보였다. 사실 정리 2.6.1의 검정 (c)의 채택역으로부터 유도할 수도 있다.

예제 3.7.1 예제 2.6.1에서 생각한 데이터에 근거하여 모평균 μ의 95% 신뢰구간을 구하면

$$70.5 - 1.96\frac{9}{\sqrt{25}} < \mu < 70.5 + 1.96\frac{9}{\sqrt{25}}$$

이다. 즉, $(66.972, 74.028)$이 μ의 95% 신뢰구간이다. ⋯⋯⋯⋯⋯ ●

앞에서 설명한 신뢰구간은 표본을 추출한 모집단이 정규분포이고 분산이 알려져 있는 특별한 경우이다. 그러나 대부분의 실험에서는 분산을 알 수 없기 때문에 분산도 추정해야 한다. 실제로 과거의 유사한 자료로부터 분산을 추정할 수 있지만, 일반적으로 평균을 모르면서 분산을 안다고 가정할 수 있는 경우는 극히 제한된 경우이므로 분산을 안다는 가정 없이 모평균 μ를 추정할 수 있는 방법이 필요하다. 추정방법은 중심극한정리를 이용하는 것과 모집단이 정규분포라는 가정하에서 유도할 수 있다. 이러한 방법에 대해 살펴보자.

(2) 분산 σ^2을 모르는 경우

이때

$$T = \frac{\overline{X} - \mu}{S/\sqrt{n}} \tag{3.7.4}$$

통계량이 σ^2의 추축량이고 $T \sim t(n-1)$임은 잘 알려져 있는 사실이다. 따라서

$$\begin{aligned} 1-\alpha &= P\left[-t_{\alpha/2}(n-1) < \frac{\overline{X}-\mu}{S/\sqrt{n}} < t_{\alpha/2}(n-1)\right] \\ &= P\left[\overline{X} - t_{\alpha/2}(n-1)\frac{S}{\sqrt{n}} < \mu < \overline{X} + t_{\alpha/2}(n-1)\frac{S}{\sqrt{n}}\right] \end{aligned} \tag{3.7.5}$$

이므로, 이 경우 μ의 $100(1-\alpha)\%$ 신뢰구간은 다음과 같다.

$$\left(\overline{X} - t_{\alpha/2}(n-1)\frac{S}{\sqrt{n}},\ \overline{X} + t_{\alpha/2}(n-1)\frac{S}{\sqrt{n}}\right) \tag{3.7.6}$$

이 신뢰구간은 예제 3.3.2에서 이미 최소길이 신뢰구간임을 보였다. 또한 정리 2.6.2의 검정 (c)의 채택역에 의해 유도할 수도 있다.

예제 3.7.2 다음은 20마리 젖소가 305일 동안 생산한 우유로부터 얻은 지방분의 양(단위: 파운드)을 측정한 값이다.

481, 537, 513, 583, 453, 510, 570, 500, 457, 555
618, 327, 350, 643, 499, 421, 505, 637, 599, 392

젖소의 우유로부터 얻은 지방분의 양은 정규분포를 따른다고 가정한다. 이 데이터

로부터 $\bar{x} = 507.5$이고, $s = 89.75$이다. 부록 표 B.5로부터 $t_{0.05}(19) = 1.729$이므로 μ의 90% 신뢰구간은

$$507.5 - 1.729\frac{89.75}{\sqrt{20}} < \mu < 507.5 + 1.729\frac{89.75}{\sqrt{20}}$$

이다. 즉 $(472.80, 542.20)$이 μ의 90% 신뢰구간이다. ……………●

예제 3.7.3 예제 2.6.2에서 종양의 평균크기 μ의 90% 신뢰구간을 구해 보자.

$n = 9$, $\bar{x} = 4.3$, $s = 1.2$이고 $t_{\alpha/2}(8) = t_{0.05}(8) = 1.860$이므로 μ의 90% 신뢰구간은

$$\left(4.3 - 1.86\frac{1.2}{\sqrt{9}},\ 4.3 + 1.86\frac{1.2}{\sqrt{9}}\right) \approx (3.556,\ 5.044)$$

이다. 이 신뢰구간을 이용하여 예제 2.6.2에서 생각한 검정을 하면, 4.0이 신뢰구간에 포함되므로 $H_0: \mu = 4.0$ 대 $H_1: \mu \neq 4.0$ 가설은 $\alpha = 0.10$에서 귀무가설을 기각할 수 없다. ……………●

물론 위에서 언급한 방법은 모집단 분포가 정규분포일 경우에 성립한다. 모집단이 정규분포라는 확신을 할 수 없는 경우일지라도 모집단 분포가 대칭이고 한 개의 최빈값을 갖는 연속인 경우는 위에서 구한 신뢰구간이 근사적으로 성립되므로 이용할 수 있다. 그러나 모집단 분포가 몹시 치우쳐 있는 경우라면 이 근사를 이용하는 것은 위험이 따른다. 따라서 이런 경우에는 제6장에서 다룰 비모수적 방법을 이용하거나 표본의 수가 크면 중심극한정리를 이용해 해결할 수 있다.

표본의 크기 n이 상당히 클 경우 T는 모집단 분포에 관계없이 근사적으로 표준정규분포를 따른다. 즉,

$$T = \frac{\overline{X} - \mu}{S/\sqrt{n}} \xrightarrow{d} Z \sim \mathrm{N}(0, 1) \tag{3.7.7}$$

이다. 따라서 n이 클 경우 μ의 근사적인 $100(1-\alpha)\%$ 신뢰구간은 모집단 분포에 관계없이

$$\left(\overline{X} - z_{\alpha/2}\frac{S}{\sqrt{n}},\ \overline{X} + z_{\alpha/2}\frac{S}{\sqrt{n}}\right) \tag{3.7.8}$$

이다.

3.7.2 분산의 신뢰구간

여기서는 정규분포의 분산에 관한 신뢰구간을 구해 보자. 이 경우는 예제 3.5.4에서 이미 소개되었기 때문에 여기서는 간략히 정리만 한다.

$X_1, \cdots, X_n$은 정규분포 $\mathrm{N}(\mu, \sigma^2)$에서 추출한 크기 n인 확률표본이다.

(1) μ를 알고 있는 경우

예제 3.5.4에서 σ^2의 추축량은 $\sum_{i=1}^{n}(X_i-\mu)^2/\sigma^2$이고 $\sum_{i=1}^{n}(X_i-\mu)^2/\sigma^2 \sim \chi^2(n)$이므로, σ^2의 $100(1-\alpha)\%$ 신뢰구간은 다음과 같음을 보였다.

$$\left(\frac{\sum_{i=1}^{n}(X_i-\mu)^2}{\chi^2_{\alpha/2}(n)}, \frac{\sum_{i=1}^{n}(X_i-\mu)^2}{\chi^2_{1-\alpha/2}(n)}\right) \tag{3.7.9}$$

이 신뢰구간은 예제 3.3.3의 식 (3.3.4)를 만족하지 않기 때문에 최소길이 신뢰구간은 아니지만 이용이 간편함으로 일반적으로 널리 이용되고 있다.

(2) μ가 미지의 모수인 경우

이 경우의 추측량은 $\sum_{i=1}^{n}(X_i-\overline{X})^2/\sigma^2$이고 $\sum_{i=1}^{n}(X_i-\overline{X})^2/\sigma^2 \sim \chi^2(n-1)$이므로 σ^2의 $100(1-\alpha)\%$ 신뢰구간은 다음과 같다.

$$\left(\frac{\sum_{i=1}^{n}(X_i-\overline{X})^2}{\chi^2_{\alpha/2}(n-1)}, \frac{\sum_{i=1}^{n}(X_i-\overline{X})^2}{\chi^2_{1-\alpha/2}(n-1)}\right) \tag{3.7.10}$$

이 신뢰구간 역시 최소길이 신뢰구간은 아니지만 편리하게 널리 이용되고 있다. 이 신뢰구간은 정리 2.6.3의 검정 (c)로부터 유도할 수도 있다.

예제 3.7.4 20개 엔진의 휘발유 소비량을 검사한 결과 표준편차가 2.4갤런이었다. 이런 엔진의 휘발유 소비량은 정규분포를 따른다고 가정하고 모분산 σ^2의 99% 신뢰구간을 구해 보자. 표 B.4로부터 $\chi^2_{0.995}(19)=6.84$이고 $\chi^2_{0.005}(19)=38.58$이므로 σ^2의 99% 신뢰구간은

$$\left(\frac{19(2.4)^2}{38.58},\ \frac{19(2.4)^2}{6.84}\right) \approx (2.84,\ 16)$$

이다. ……………●

예제 3.7.5 예제 2.6.3의 관측값을 이용해 분산 σ^2의 95% 신뢰구간을 구해 보자.

$n=20$, $s^2=72.5$이고 $\chi^2_{0.975}(19)=8.91$, $\chi^2_{0.025}(19)=32.85$이므로 σ^2의 95% 신뢰구간은 다음과 같다.

$$\left(\frac{19(72.5)}{32.85},\ \frac{19(72.5)}{8.91}\right) \approx (41.933,\ 154.602)$$

예제 2.6.3에서 가설 $H_0: \sigma^2 = 50$ 대 $H_1: \sigma^2 \neq 50$을 신뢰구간을 이용해 검정해 보면, 50이 신뢰구간에 포함되므로 예제 2.6.3과 같이 유의수준 0.05로 귀무가설을 기각할 수 없다. ……………●

위에서 유도한 신뢰구간은 비대칭인 카이제곱분포에서 양쪽 꼬리부분의 면적이 동일하게 $\alpha/2$되는 값을 이용해 유도했다. 그러나 이 분포가 비대칭이기 때문에 이렇게 유도한 구간은 3.3절에서 언급한 최소길이 신뢰구간은 되지 않는다.

3.7.3 모비율의 신뢰구간

2.6.3절에서 언급했듯이 모비율을 추정해야 할 경우가 많다. 대부분의 경우에 이항모집단에서 추출했다고 가정하는 것이 타당하므로 이항분포의 모수 p를 추정하는 문제가 된다. 대부분의 경우 표본크기가 크기 때문에, n이 큰 경우 이항분포는 정규분포에 근사시킬 수 있다는 사실로부터

$$Z = \frac{X-np}{\sqrt{np(1-p)}} = \frac{X/n-p}{\sqrt{p(1-p)/n}} \tag{3.7.11}$$

이 근사적으로 표준정규분포를 따른다. 여기서 X는 n번의 베르누이 시행에서 성공의 횟수이다. 따라서

$$\begin{aligned} 1-\alpha &\approx P\left[-z_{\alpha/2} < \frac{X-np}{\sqrt{np(1-p)}} < z_{\alpha/2}\right] \\ &= P\left[\frac{X}{n}-z_{\alpha/2}\sqrt{\frac{p(1-p)}{n}} < p < \frac{X}{n}+z_{\alpha/2}\sqrt{\frac{p(1-p)}{n}}\right] \end{aligned} \tag{3.7.12}$$

이다. 그러나 p가 미지의 모수이므로 부등식의 양쪽 변수가 통계량이 되지 못한다. 따라서 p의 추정량 X/n을 이용하여 근사시킬 수 있다. 즉, n이 큰 경우

$$P\left[\frac{X}{n}-z_{\alpha/2}\sqrt{\frac{(X/n)(1-X/n)}{n}} < p < \frac{X}{n}+z_{\alpha/2}\sqrt{\frac{(X/n)(1-X/n)}{n}}\right] \approx 1-\alpha$$

이므로, p의 근사적인 $100(1-\alpha)\%$ 신뢰구간은 다음과 같다.

$$\left(\frac{X}{n}-z_{\alpha/2}\sqrt{\frac{(X/n)(1-X/n)}{n}},\ \frac{X}{n}+z_{\alpha/2}\sqrt{\frac{(X/n)(1-X/n)}{n}}\right) \tag{3.7.13}$$

예제 3.7.6 독감 예방접종을 한 100명의 확률표본에서 36명이 일종의 불안감을 경험했다. 예방접종을 한 사람들 중 불안감을 경험한 사람의 실제 비율에 대한 95% 신뢰구간을 구해 보자.

$n=100,\ \hat{p}=x/n=36/100=0.36$이고, $z_{0.025}=1.96$이므로 근사적인 95% 신뢰구간은 다음과 같다.

$$\left(0.36-1.96\sqrt{\frac{0.36(0.64)}{100}},\ 0.36+1.96\sqrt{\frac{0.36(0.64)}{100}}\right) \approx (0.266,\ 0.454)$$

……………●

3.7.4 두 모집단 표본에 근거한 신뢰구간

종종 두 개 이상의 모집단을 비교할 목적으로 확률표본들을 추출하는 경우가 있다. 특히 두 모집단의 평균을 비교하거나 두 모집단의 상대 변동 등을 비교할 때, 신뢰구간은 매우 유익하다. 먼저 두 정규분포 분산비에 관한 신뢰구간에 대해 알아보자.

3.7.4.1 두 분산비의 신뢰구간

독립인 두 정규분포의 분산을 비교해야 하는 경우가 종종 있다. 이런 경우 두 정규분포의

분산비의 신뢰구간이 유용하다. 제2장에서와 같이 $X_1, \cdots, X_{n_1}$과 $Y_1, \cdots, Y_{n_2}$가 각각 독립인 정규분포 $\mathrm{N}(\mu_1, \sigma_1^2)$과 $\mathrm{N}(\mu_2, \sigma_2^2)$에서 추출한 확률표본이고 $\overline{X}$와 $\overline{Y}$는 각 표본의 표본평균이며 S_1^2과 S_2^2은 각 표본의 표본분산이라 하자. 이때 σ_1^2/σ_2^2의 신뢰구간을 구해 보자.

2.6.4절에서와 같이

$$F = \frac{S_1^2/\sigma_1^2}{S_2^2/\sigma_2^2} \sim F(n_1 - 1, n_2 - 1) \tag{3.7.14}$$

이므로 다음 조건을 만족하는 상수 c와 d를 구하면 된다.

$$\begin{aligned} 1-\alpha &= P\left[c < \frac{S_1^2/\sigma_1^2}{S_2^2/\sigma_2^2} < d\right] \\ &= P\left[\frac{1}{d}\frac{S_1^2}{S_2^2} < \frac{\sigma_1^2}{\sigma_2^2} < \frac{1}{c}\frac{S_1^2}{S_2^2}\right] \end{aligned} \tag{3.7.15}$$

c와 d는 부록 표 B.6으로부터 구할 수 있으나, 일반적으로 $c = F_{1-\alpha/2}(n_1 - 1, n_2 - 1) = 1/F_{\alpha/2}(n_2 - 1, n_1 - 1)$과 $d = F_{\alpha/2}(n_1 - 1, n_2 - 1)$을 택한다. 따라서 σ_1^2/σ_2^2의 $100(1-\alpha)\%$ 신뢰구간은 다음과 같다.

$$\left(\frac{1}{F_{\alpha/2}(n_1 - 1, n_2 - 1)}\frac{S_1^2}{S_2^2}, F_{\alpha/2}(n_2 - 1, n_1 - 1)\frac{S_1^2}{S_2^2}\right) \tag{3.7.16}$$

예제 3.7.7 두통약 A와 B의 약효(경감시간)에 대한 차이를 비교하기 위해 약 A를 복용한 환자 13명의 확률표본에서는 $\overline{x} = 13.2$분이고 $s_1^2 = 6.0$인 반면, 약 B를 복용한 환자 16명의 확률표본에서는 $\overline{y} = 11.2$분이고 $s_2^2 = 4.0$이었다. 이때 두 가지 약을 복용한 환자들의 경감시간은 정규분포를 따른다고 가정하고 두 모집단 분산비 σ_1^2/σ_2^2의 90% 신뢰구간을 구해 보자.

$n_1 = 13$, $n_2 = 16$이고 $F_{0.05}(12, 15) = 2.48$, $F_{0.05}(15, 12) = 2.62$이므로 σ_1^2/σ_2^2의 90% 신뢰구간은 다음과 같다.

$$\left(\frac{1}{2.48}\left(\frac{6.0}{4.0}\right), \ 2.62\left(\frac{6.0}{4.0}\right)\right) \approx (0.6048, 3.930)$$

가설검정과 신뢰구간의 관계에 의해 $H_0 : \sigma_1^2/\sigma_2^2 = 1$ 대 $H_1 : \sigma_1^2/\sigma_2^2 \neq 1$의 크기가 $\alpha = 0.05$인 검정은 신뢰구간에 1의 값이 포함되므로 귀무가설을 기각할 수 없다. ……………●

예제 3.7.8 예제 2.6.5의 관측값을 이용해 σ_1^2/σ_2^2 의 95% 신뢰구간을 구해 보자. 예제 2.6.5에서 $n_1 = 11, n_2 = 13, s_1^2/s_2^2 \approx 0.686$이고 $F_{0.025}(10, 12) = 3.37$, $F_{0.025}(12, 10) = 3.62$이므로 σ_1^2/σ_2^2 의 95% 신뢰구간은 다음과 같다.

$$\left(\frac{1}{3.37}(0.686),\ 3.62(0.686)\right) \approx (0.2036,\ 2.4833)$$

예제 2.6.5에서 가설 $H_0 : \sigma_1^2/\sigma_2^2 = 1$ 대 $H_1 : \sigma_1^2/\sigma_2^2 \neq 1$의 크기가 $\alpha = 0.05$인 검정을 신뢰구간을 이용해 검정해 보면, 신뢰구간에 1이 포함되므로 예제 2.6.5와 같이 귀무가설을 기각할 수 없다. ……………●

3.7.4.2 두 평균 차의 신뢰구간

$X_1, \cdots, X_{n_1}$과 $Y_1, \cdots, Y_{n_2}$는 각각 독립인 정규분포 $\mathrm{N}(\mu_1, \sigma_1^2)$과 $\mathrm{N}(\mu_2, \sigma_2^2)$에서 추출한 크기가 n_1과 n_2인 확률표본이며, $\overline{X}$와 $\overline{Y}$는 각 표본의 표본평균이고 S_1^2과 S_2^2은 각 표본의 표본분산이라 하자. 먼저 두 정규모집단의 분산 σ_1^2과 σ_2^2를 알고 있는 경우에 대해 알아보자.

(1) σ_1^2과 σ_2^2을 아는 경우

두 모집단의 분산이 알려져 있다고 가정하면, $\overline{Y} - \overline{X}$는 평균이 $\mu_2 - \mu_1$이고 분산이 $\sigma_1^2/n_1 + \sigma_2^2/n_2$인 정규확률변수이다. 즉,

$$\frac{(\overline{Y} - \overline{X}) - (\mu_2 - \mu_1)}{\sqrt{\sigma_1^2/n_1 + \sigma_2^2/n_2}} \sim \mathrm{N}(0, 1) \tag{3.7.17}$$

이다. 따라서 표준화된 변수는 추축량이 된다.

$$P\left[-z_{\alpha/2} < \frac{(\overline{Y} - \overline{X}) - (\mu_2 - \mu_1)}{\sqrt{\sigma_1^2/n_1 + \sigma_2^2/n_2}} < z_{\alpha/2}\right] = 1 - \alpha \tag{3.7.18}$$

이므로 $\mu_2-\mu_1$의 $100(1-\alpha)\%$ 신뢰구간은 다음과 같다.

$$\left((\overline{Y}-\overline{X})-z_{\alpha/2}\sqrt{\frac{\sigma_1^2}{n_1}+\frac{\sigma_2^2}{n_2}},\ (\overline{Y}-\overline{X})+z_{\alpha/2}\sqrt{\frac{\sigma_1^2}{n_1}+\frac{\sigma_2^2}{n_2}}\right) \tag{3.7.19}$$

(2) σ_1^2과 σ_2^2은 모르지만 같은 경우

실제로 평균을 추정하는 문제에서 모집단의 분산을 알 수 있는 경우는 거의 없다. 따라서 위에서의 가정은 이론적으로는 간단한 결과를 얻을 수 있지만, 현실적으로 이용 가능성이 희박하다. 평균을 모르는 경우 분산을 알지 못하지만 가끔 두 모집단의 분산이 같다고 가정하는 것이 타당한 경우가 있다.

만일 $\sigma_1^2=\sigma_2^2=\sigma^2$이라 하면, 두 모집단에서 추출한 표본전체를 이용한 식 (2.6.39)의 합동추정량 S_p^2을 이용하여 σ^2을 추정할 수 있다.

$$T=\frac{(\overline{Y}-\overline{X})-(\mu_2-\mu_1)}{S_p\sqrt{\frac{1}{n_1}+\frac{1}{n_2}}}\sim t\,(n_1+n_2-2) \tag{3.7.20}$$

이므로 T는 $\mu_2-\mu_1$의 추축량이다. 따라서 $\mu_2-\mu_1$의 $100(1-\alpha)\%$ 신뢰구간은 다음과 같다.

$$\begin{aligned}\Bigg((\overline{Y}-\overline{X})&-t_{\alpha/2}(n_1+n_2-2)S_p\sqrt{\frac{1}{n_1}+\frac{1}{n_2}},\\ &(\overline{Y}-\overline{X})+t_{\alpha/2}(n_1+n_2-2)S_p\sqrt{\frac{1}{n_1}+\frac{1}{n_2}}\Bigg)\end{aligned} \tag{3.7.21}$$

예제 3.7.9 규모가 작은 고등학교와 규모가 큰 고등학교 학생들에게 시행한 수학 시험 성적의 분포가 각각 $N(\mu_1,\sigma^2)$과 $N(\mu_2,\sigma^2)$이라 하자. σ^2은 미지의 모수이다. 규모가 작은 학교에서 $n_1=9$명의 확률표본으로부터 $\overline{x}=81.31$이고 $s_1^2=60.76$이었으며, 규모가 큰 고등학교에서 $n_2=15$명의 확률표본으로부터 $\overline{y}=78.61$이고 $s_2^2=48.24$였다. 그러면 $\mu_2-\mu_1$의 95% 신뢰한계는 $t_{0.025}(22)=2.074$이므로

$$(78.61-81.31)\pm 2.074\sqrt{\frac{8(60.76)+14(48.24)}{22}}\sqrt{\frac{1}{9}+\frac{1}{15}}$$

이고 95% 신뢰구간은 $(-9.0538,\ 3.6538)$이다. 따라서 $H_0 : \mu_2 - \mu_1 = 0$ 대 $H_1 : \mu_2 - \mu_1 \neq 0$의 크기가 $\alpha = 0.05$인 검정은 신뢰구간이 0을 포함하므로 귀무가설을 기각할 수 없다. ……………●

(3) 근사적 방법

두 모집단의 분산을 모르면서 두 분산이 같다고 가정할 수 없는 경우도 두 모집단 평균 차의 신뢰구간을 유도할 수 있다. 그러나 이 경우 $\mu_2 - \mu_1$의 추축량을 구하는 게 간단하지 않기 때문에 대표본인 경우 근사적인 신뢰구간에 대해서만 소개한다.

두 분산이 같다고 가정할 수 없는 경우 가능한 방법 중 하나가 대표본에 근거한 근사적인 방법이다. $n_1, n_2 \to \infty$ 일 때

$$\frac{(\overline{Y} - \overline{X}) - (\mu_2 - \mu_1)}{\sqrt{S_1^2/n_1 + S_2^2/n_2}} \xrightarrow{d} Z \sim \mathrm{N}(0, 1) \tag{3.7.22}$$

이므로, 대표본에 대해 $\mu_2 - \mu_1$의 근사적인 $100(1-\alpha)\%$ 신뢰구간은 식 (3.7.22)로부터 다음과 같이 구해진다.

$$\left((\overline{Y} - \overline{X}) - z_{\alpha/2}\sqrt{\frac{S_1^2}{n_1} + \frac{S_2^2}{n_2}},\ (\overline{Y} - \overline{X}) + z_{\alpha/2}\sqrt{\frac{S_1^2}{n_1} + \frac{S_2^2}{n_2}}\right) \tag{3.7.23}$$

(4) 쌍으로 이루어진 표본

제2장 2.6절에서 언급했듯이 $(X_1, Y_1), \cdots, (X_n, Y_n)$을 n쌍의 확률표본이라 하고 $D_i = Y_i - X_i$, $i = 1, \cdots, n$들은 평균이 $\mu_D = \mu_2 - \mu_1$이고 분산이 $\sigma_D^2 = \sigma_1^2 + \sigma_2^2 - 2\mathrm{Cov}(X, Y)$인 정규확률변수라 가정하면

$$T = \frac{\overline{D} - (\mu_2 - \mu_1)}{S_D / \sqrt{n}} \sim t(n-1) \tag{3.7.24}$$

이므로 $\mu_D = \mu_2 - \mu_1$의 $100(1-\alpha)\%$ 신뢰구간은 다음과 같다.

$$\left(\overline{D} - t_{\alpha/2}(n-1)\frac{S_D}{\sqrt{n}},\ \overline{D} + t_{\alpha/2}(n-1)\frac{S_D}{\sqrt{n}}\right) \tag{3.7.25}$$

3.7.4.3 두 모비율 차의 근사적 신뢰구간

$X_1, \cdots, X_{n_1}$과 $Y_1, \cdots, Y_{n_2}$가 각각 성공할 확률이 p_1과 p_2이며 독립인 베르누이 확률변수라 하자. n_1과 n_2가 큰 경우 이항분포의 정규근사에 의해

$$\frac{(\hat{p}_2 - \hat{p}_1) - (p_2 - p_1)}{\sqrt{p_1(1-p_1)/n_1 + p_2(1-p_2)/n_2}} \tag{3.7.26}$$

는 근사적으로 표준정규분포 $\mathrm{N}(0, 1)$을 따른다. 여기서

$$\hat{p}_1 = \sum_{i=1}^{n_1} X_i / n_1 \text{ 이고 } \hat{p}_2 = \sum_{j=1}^{n_2} Y_j / n_2$$

이다. 위 식에서 분모에 있는 p_1과 p_2 대신에 그 추정량 $\hat{p}_1$과 $\hat{p}_2$를 각각 대입하여도 n_1과 n_2가 큰 경우이므로 근사적으로 $\mathrm{N}(0, 1)$을 따른다. 그러므로

$$P\left[-z_{\alpha/2} < \frac{(\hat{p}_2 - \hat{p}_1) - (p_2 - p_1)}{\sqrt{\hat{p}_1(1-\hat{p}_1)/n_1 + \hat{p}_2(1-\hat{p}_2)/n_2}} < z_{\alpha/2}\right] \approx 1 - \alpha \tag{3.7.27}$$

이다. 따라서 $p_2 - p_1$의 근사적인 $100(1-\alpha)\%$ 신뢰한계는 다음과 같다.

$$\hat{p}_2 - \hat{p}_1 \pm z_{\alpha/2}\sqrt{\frac{\hat{p}_1(1-\hat{p}_1)}{n_1} + \frac{\hat{p}_2(1-\hat{p}_2)}{n_2}} \tag{3.7.28}$$

예제 3.7.10 두 가지 세제에 대해 일종의 얼룩제거 능력을 검사하였다. 검사요원은 첫 번째 세제에 대해서는 91번의 독립시행에서 63번 성공적으로 얼룩이 제거되었고, 두 번째 세제에 대해서는 79번의 독립시행에서 42번 얼룩이 제거되었다. 두 세제의 얼룩 제거율의 차인 $p_2 - p_1$의 90% 신뢰한계는

$$\frac{42}{79} - \frac{63}{91} \pm 1.645\sqrt{\frac{(63/91)(28/91)}{91} + \frac{(42/79)(37/79)}{79}}$$

이므로, 90% 신뢰구간은 $(-0.2826, -0.0387)$이다. 이 경우는 신뢰구간이 0을 포함하지 않으므로 $H_0: p_1 = p_2$ 대 $H_1: p_1 \neq p_2$의 크기가 $\alpha = 0.10$인 검정은 귀무가설을 기각한다. 즉 두 제거율 간에는 차이가 있다고 말할 수 있다. 따라서 첫 번

째 세제가 두 번째 세제보다 이러한 얼룩을 제거하는 데 더 효과가 뛰어남을 알 수 있다. ●

연습문제

3.7.1 $X_1, \cdots, X_n$은 정규분포 $N(\mu, \mu^2)$에서 추출한 확률표본이다.

(a) μ의 $100(1-\alpha)\%$ 신뢰구간을 구하라.

(b) μ^2의 $100(1-\alpha)\%$ 신뢰구간을 구하라.

3.7.2 연습문제 2.6.2번에서 μ의 95% 신뢰구간을 구하라.

3.7.3 연습문제 2.6.4번의 (a)와 (d)에서 μ의 95% 단측신뢰상한을 구하라.

3.7.4 에이커당 어떤 특정한 종류의 콩 생산량은 $N(\mu, \sigma^2)$을 따른다. $n=5$ 지역의 확률표본에 대해 에이커당 생산량이 37.4, 48.8, 46.9, 55.0, 44.0이었다.

(a) μ의 점추정값을 구하라.

(b) μ의 90% 신뢰구간을 구하라.

3.7.5 다음 데이터는 30대 트럭의 포도에서 택한 표본 중 포도에 포함된 당질의 양이다.

16.0	15.2	12.0	16.9	14.4	16.3	15.6	12.9	15.3	15.1
15.8	15.5	12.5	14.5	14.9	15.1	16.0	12.5	14.3	15.4
15.4	13.0	12.6	14.9	15.1	15.3	12.4	17.2	14.7	14.8

이 데이터들을 평균이 μ이고 표준편차가 σ인 확률변수 X의 관측값이라 하자.

(a) μ와 σ의 점추정값을 구하라.

(b) 근사적인 μ의 90% 신뢰구간을 구하라.

3.7.6 만일 8.5, 7.8, 8.3, 6.5, 8.5, 9.7, 7.3, 7.5, 7.7, 8.2가 정규분포 $N(8, \sigma^2)$에서 추출한 크기 $n=10$인 확률표본의 관측값이라면, σ^2의 90% 신뢰구간을 구하라.

3.7.7 정규분포 $\mathrm{N}(\mu, \sigma^2)$에서 추출한 크기 $n=16$의 확률표본에 의해 $\bar{x}=3.2$이고 $s^2=4.24$임을 알았다. σ^2의 90% 신뢰구간을 구하라.

3.7.8 연습문제 2.6.8번에서 σ^2의 95% 신뢰구간을 구하라.

3.7.9 연습문제 2.6.9번에서 다음을 구하라.

(a) σ^2의 90% 신뢰구간

(b) σ의 90% 신뢰구간

3.7.10 p는 미국에서 노란 머리를 가진 사람의 비율이다. 표본크기 100에서 12명이 노란 머리로 관측되었다. p의 근사적인 95% 신뢰구간을 구하라.

3.7.11 연습문제 2.6.11번에서 먹을 수 없는 실제 물고기 비율의 99% 신뢰구간을 구하라.

3.7.12 $Y \sim \mathrm{Bin}(200, p)$라 하자. 만일 Y의 관측값이 $y=50$일 때, p의 근사적인 95% 신뢰구간을 구하라.

3.7.13 p는 미국사람들 중 조깅을 그들의 여가 활동으로 선택한 사람의 비율이다. 5000명의 확률표본 중 1300명이 조깅을 선택했다면, p의 근사적인 95% 신뢰구간을 구하라.

3.7.14 $\overline{X}, \overline{Y}, S_1^2, S_2^2$은 각각 독립인 정규분포 $\mathrm{N}(\mu_1, \sigma_1^2)$과 $\mathrm{N}(\mu_2, \sigma_2^2)$에서 추출한 크기가 n_1과 n_2인 확률표본의 표본평균과 표본분산이다. 여기서 $\mu_1, \mu_2, \sigma_1^2, \sigma_2^2$은 미지의 모수이다. 그러나 $\sigma_1^2/\sigma_2^2=d$를 알고 있다면 다음을 보여라.

(a) $\dfrac{(\overline{Y}-\overline{X})-(\mu_2-\mu_1)}{\sqrt{d\sigma_2^2/n_1+\sigma_2^2/n_2}} \sim \mathrm{N}(0, 1)$

(b) $\dfrac{(n_1-1)S_1^2}{d\sigma_2^2}+\dfrac{(n_2-1)S_2^2}{\sigma_2^2} \sim \chi^2(n_1+n_2-2)$

(c) (a)와 (b)에 있는 두 확률변수는 독립이다.

(d) 이 결과를 이용하여 t-분포를 따르는 확률변수를 찾고, 이 변수를 이용해 $\mu_2 - \mu_1$의 신뢰구간을 유도하라.

3.7.15 S_1^2과 S_2^2은 두 개의 독립인 정규분포 $\mathrm{N}(\mu_1, \sigma^2)$과 $\mathrm{N}(\mu_2, \sigma^2)$에서 크기가 각각 n_1과 n_2인 확률표본의 표본분산이다.

(a) $\dfrac{(n_1-1)S_1^2+(n_2-1)S_2^2}{\sigma^2} \sim \chi^2(n_1+n_2-2)$임을 이용하여 σ^2의 $100(1-\alpha)\%$ 신뢰구간을 유도하라.

(b) $n_1 = 10,\ n_2 = 11,\ s_1^2 = 13.0,\ s_2^2 = 10.5$일 때, σ^2의 90% 신뢰구간을 구하라.

3.7.16 연습문제 2.6.12번에서 σ_1^2/σ_2^2의 95% 신뢰구간을 구하라.

3.7.17 연습문제 2.6.13번에서 σ_1^2/σ_2^2의 98% 신뢰구간을 구하라.

3.7.18 연습문제 2.6.16번에서 $\mu_2 - \mu_1$의 95% 신뢰구간을 구하라.

3.7.19 두 나라에 살고 있는 성인 남성 키의 독립 확률표본에서 다음 데이터를 얻었다.

$$n_1 = 20,\ \overline{x} = 66.7\text{인치},\ s_x = 4\text{인치},\ n_2 = 25,\ \overline{y} = 69.3\text{인치},\ s_y = 3\text{인치}$$

키의 평균 차 $\mu_y - \mu_x$의 근사적인 98% 신뢰구간을 구하라.

3.7.20 연습문제 2.6.17번에서 시작할 때의 몸무게에서 끝날 때 측정한 몸무게를 뺀 몸무게 차이의 평균 μ_D의 95% 신뢰구간을 구하라.

3.7.21 독립인 두 확률변수 Y_1과 Y_2는 모수가 각각 $n_1 = 100,\ p_1$과 $n_2 = 100,\ p_2$인 이항확률변수이다. 관측값이 $y_1 = 55$이고 $y_2 = 43$일 때, $p_2 - p_1$의 근사적인 95% 신뢰구간을 구하라.

3.7.22 연습문제 2.6.19번에서 관광지에서 기념품을 구입한 여자와 남자의 비율의 차에 대한 95% 신뢰구간을 구하라.

3.7.23 사탕 제조업자가 생산라인에서 무작위로 박하사탕을 선택하여 그들의 무게를 측정한다. 일주일 동안 주간에 생산된 사탕 $n_1 = 200$개와 야간에 생산된 사탕 $n_2 = 160$개의 무게를 측정하였다. 이 사탕 중에 무게가 기껏해야 20g인 사탕은 주간에 생산된 것은 $x = 30$개이고 야간에 생산된 것은 $y = 11$개였다. p_1과 p_2를 각각 주간과 야간에 생산된 사탕 중 무게가 20g 이하인 사탕의 비율이라 하자.

(a) p_1의 점추정값을 구하라.

(b) p_1의 95% 신뢰구간을 구하라.

(c) $p_2 - p_1$의 점추정값을 구하라.

(d) $p_2 - p_1$의 95% 신뢰구간을 구하라.

*3.8 베이즈 구간추정

지금까지는 모수 θ를 고정된 미지의 값으로 간주하여 구간추정 문제를 생각했다. 실험자가 모수에 관해 사전지식을 가지고 있는 경우의 구간추정에 대해 알아보자. 제1장의 베이즈 추정에서와 같이 Ω를 모수공간이라 하고 $\boldsymbol{X} = (X_1, \cdots, X_n)$이 결합 pdf (pmf) $f(\boldsymbol{x}|\theta)$를 갖는다고 하자. θ의 사전밀도(분포)함수가 $\pi(\theta)$이면, 식 (1.5.22)에 의해 θ의 사후밀도함수는

$$\pi(\theta|\boldsymbol{x}) = h(\boldsymbol{x}) f(\boldsymbol{x}|\theta)\pi(\theta) \tag{3.8.1}$$

이다. 따라서 θ의 $100(1-\alpha)\%$ **베이즈 신뢰구간** [또는 구별하기 위해 **신용구간**(credible interval)이라고도 한다]은 $(L(\boldsymbol{x}),\ U(\boldsymbol{x}))$이다. 여기서 $L(\boldsymbol{x})$와 $U(\boldsymbol{x})$는

$$P[L(\boldsymbol{x}) < \theta < U(\boldsymbol{x}) \mid \boldsymbol{X} = \boldsymbol{x}] = 1 - \alpha \tag{3.8.2}$$

를 만족하는 $\boldsymbol{x}$의 함수이다. 즉, 사후분포가 연속이면

$$\int_{L(\boldsymbol{x})}^{U(\boldsymbol{x})} \pi(\theta|\boldsymbol{x})\, d\theta = 1 - \alpha \tag{3.8.3}$$

를 만족하는 값이다.

일반적으로 이산인 경우에는 주어진 α값에 대해 θ의 참값이 포함될 확률이 $1-\alpha$가 되

는 확률구간을 구할 수 없는 경우가 대부분이다. 따라서 참값을 포함할 확률이 적어도 $1-\alpha$가 되는 보수적 신뢰구간을 생각한다. 따라서 여기서도 사후분포가 이산인 경우는

$$\sum_{L(\boldsymbol{x})}^{U(\boldsymbol{x})} \pi(\theta|\boldsymbol{x}) \geq 1-\alpha$$

를 만족하는 $L(\boldsymbol{x})$와 $U(\boldsymbol{x})$를 구한다.

예제 3.8.1 예제 1.5.22에서 $X_i \sim \text{Poi}(\theta)$이고 $\theta \sim \text{Gam}(\gamma, \beta)$일 때, 사후분포는

$$\theta_{\boldsymbol{x}} \equiv \theta|\boldsymbol{x} \sim \text{Gam}\left(\sum_{i=1}^{n} x_i + \gamma,\ (n+1/\beta)^{-1}\right)$$

임을 보였다. 《통계적 확률분포이론》의 정리 8.3.3에 의해

$$\frac{2\theta_{\boldsymbol{x}}}{(n+1/\beta)^{-1}} = 2(n+1/\beta)\theta_{\boldsymbol{x}} \sim \chi^2\left(2\left(\sum_{i=1}^{n} x_i + \gamma\right)\right)$$

이므로

$$P\left[\chi^2_{1-\alpha/2}(\nu) < 2(n+1/\beta)\theta_{\boldsymbol{x}} < \chi^2_{\alpha/2}(\nu)\right] = 1-\alpha$$

이다. 여기서 $\nu = 2\left(\sum_{i=1}^{n} x_i + \gamma\right)$이다. 따라서 θ의 $100(1-\alpha)\%$ 베이즈 신뢰구간은

$$\left(\frac{\chi^2_{1-\alpha/2}(\nu)}{2(n+1/\beta)},\ \frac{\chi^2_{\alpha/2}(\nu)}{2(n+1/\beta)}\right)$$

이다. ……………●

예제 3.8.2 $X_1, \cdots, X_n$은 정규분포 $\text{N}(\mu, 1)$에서 추출한 확률표본이고, μ의 사전분포가 $\text{N}(0, 1)$이라 하자. 그러면 예제 1.5.28에서 θ의 사후분포는

$$\text{N}\left(\frac{n\bar{x}}{n+1},\ \frac{1}{n+1}\right)$$

임을 알았다. 따라서 μ의 $100(1-\alpha)\%$ 베이즈 신뢰구간은

$$\left(\frac{n\bar{X}}{n+1} - z_{\alpha/2}\sqrt{\frac{1}{n+1}},\ \frac{n\bar{X}}{n+1} + z_{\alpha/2}\sqrt{\frac{1}{n+1}}\right)$$

이다. μ의 $100(1-\alpha)\%$ 신뢰구간은 식 (3.7.3)에서

$$\left(\overline{X}-z_{\alpha/2}\frac{1}{\sqrt{n}},\ \overline{X}+z_{\alpha/2}\frac{1}{\sqrt{n}}\right)$$

이므로, 베이즈 구간의 길이가 다소 짧음을 알 수 있다. 베이즈 추정의 경우에는 더 많은 정보를 가지고 있으므로 이러한 사실을 기대할 수 있다. ⋯⋯⋯⋯⋯ •

연습문제

3.8.1 $X_1, \cdots, X_n$은 모수가 θ인 기하분포에서의 확률표본이다. $\theta \sim \text{Beta}(a, b)$일 때, θ의 $100(1-\alpha)\%$ 베이즈 신뢰구간을 구하라.

3.8.2 연습문제 1.5.3.7번의 pdf $f(x|\theta)$와 사전분포 $\pi(\theta)$를 이용하여 θ의 $100(1-\alpha)\%$ 베이즈 신뢰구간을 구하라.

3.8.3 연습문제 1.5.3.8번의 pdf $f(x|\theta)$와 사전분포 $\pi(\theta)$를 이용하여 θ의 $100(1-\alpha)\%$ 베이즈 신뢰구간을 구하라

3.8.4 연습문제 1.5.3.9번의 pmf $f(x|p)$와 사전분포 $\pi(p)$를 이용하여 p의 $100(1-\alpha)\%$ 베이즈 신뢰구간을 구하라

3.8.5 연습문제 1.5.3.10번의 pmf $f(x|p)$와 사전분포 $\pi(p)$를 이용하여 p의 $100(1-\alpha)\%$ 베이즈 신뢰구간을 구하라

3.8.6 $X_1, \cdots, X_n$이 베타분포 $\text{Beta}(1, \theta)$에서 추출한 확률표본이고 $\theta \sim \text{Gam}(\gamma, \beta)$일 때, θ의 $100(1-\alpha)\%$ 베이즈 신뢰구간을 구하라.

제4장 카이제곱 검정

4.1 서론

지금까지 대부분 pdf (pmf)는 알고 있는 것으로 생각했다. 점추정, 구간추정, 가설검정 등 거의 대부분 모집단 분포에 대해 특정한 분포임을 가정했었다. 예를 들어 정규분포 (지수분포 등)에서의 확률표본이라 가정하고 추정과 검정방법에 대해 알아보았다. 이러한 가정을 일반적으로 항상 할 수 있겠는가? 이러한 의문에 대해 가정이 과연 타당한지를 검정해야 할 필요가 있을 수 있다.

이 장에서 다루는 데이터는 주로 범주형 데이터이다. **범주형 데이터** (categorical data)는 범주로 분류될 수 있는 관측값을 말하며 이때 데이터 집합은 범주에 대한 도수로 구성된다. 범주형 자료의 형태는 다음과 같이 분류할 수 있다.

명목척도 (nominal scale)는 조사 자료를 구성하고 있는 관측값들을 단지 분류만 할 수 있는 것이다. 명목척도에서는 자료들을 범주별로 분류하여 단지 범주내의 발생도수를 헤아리기만 하고 순위를 매기거나 크기를 비교 할 수는 없다. 예를 들어 정당 선호도는 A당, B당, C당 그리고 무소속 등의 네 개의 범주로 분류될 수 있다.

순서척도 (ordinal scale)는 명목척도보다 한 단계 위의 척도로서 변수들이 갖고 있는 특성의 정도에 따라서 범주들에 순서를 매길 수 있는 척도이다. 순서형 자료는 범주들의 순서에 관한 정보를 제공해주기는 하지만 범주들간의 차의 크기를 나타내지는 않는다. 예를 들어 학벌에 관한 경우 대졸, 고졸, 중졸 등으로 분류할 수 있다. 이 예는 범주간에 순위를 정할 수 있다.

구간척도 (interval scale)는 서로 구별되고 순서를 매길 수 있으며 측정간의 차이가 의미를 갖지만 비율의 의미는 갖지 않는 것으로 온도를 예로 들 수 있다. 온도의 경우 10℃가 5℃의 두 배로 따뜻하다고 말할 수 없다. 0의 개념이 임의적이다. 0℃의 개념은 단지 영하와 영상을 구분하는 의미 외에는 없다.

비율척도 (ratio scale)는 지금껏 생각한 척도의 조건을 다 만족하고 이에 추가해서 비율의 의미까지 가진다. 이에는 소득, 몸무게, 키, 연령, 거리와 같은 변수들은 공인된 척도를 사용해서 각 범주의 값이나 범주들 간의 차를 정확하게 나타낼 수 있다. 예를 들어 몸무게 120kg은 60kg의 두 배라는 비율의 의미를 갖는다는 것이다.

이 장에서는 앞서 언급한 형태의 범주형 데이터들의 분석에 관해 칼 피어슨이 1900년에 처음 제안한 매우 중요한 카이제곱 통계량의 응용에 대해 생각해 보자. 카이제곱 통계량은 매우 융통성이 있는 검정통계량이고 많은 다른 형태의 검정에 이용될 수 있다.

먼저 가장 기본적인 카이제곱 통계량을 생각하여 이를 일반화 시켜보자. 이미 제2장에서 다른 일표본인 이항분포의 성공할 확률 p에 관한 검정에 대해 카이제곱 통계량으로 나타내 보자.

$X \sim \text{Bin}(n,p)$, $0 < p < 1$이면 중심극한정리에 의해 n이 큰 경우

$$Z = \frac{X - np}{\sqrt{np(1-p)}} \xrightarrow{d} Z \sim \text{N}(0,\ 1) \tag{4.1.1}$$

이 성립한다. 일반적으로 $np \ge 5$이고 $n(1-p) \ge 5$이면 정규근사를 이용할 수 있다. 표준정규확률변수의 제곱이 자유도 1인 카이제곱확률변수라는 정리(《통계적 확률분포이론》의 정리 8.3.4)에 의해

$$\chi^2 \equiv Z^2 = \frac{(X-np)^2}{np(1-p)} \tag{4.1.2}$$

은 근사적으로 자유도가 1인 카이제곱분포를 따른다. 위의 χ^2을 다시 정리해 보면

$$\begin{aligned} \chi^2 &= \frac{(X-np)^2}{np(1-p)} \\ &= \frac{(X-np)^2}{np} + \frac{(X-np)^2}{n(1-p)} \\ &= \frac{(X-np)^2}{np} + \frac{[(n-X)-n(1-p)]^2}{n(1-p)} \end{aligned} \tag{4.1.3}$$

이다. 여기서 베르누이 시행의 두 결과를 각각 A_1과 A_2라 하고 O_1과 O_2를 n번의 독립 베르누이 시행에서 결과 A_1과 A_2가 관측된 횟수라 하자. 즉, A_1은 성공, A_2는 실패인 결과를 나타낸다면, O_1은 n번의 베르누이 시행에서 성공의 횟수이고 O_2는 실패의 횟수이다. 또한 $P(A_1) = p$이고, $P(A_2) = 1-p$이다. 이때 $H_0 : p = p_0$ 대 $H_1 : p \ne p_0$를 검정하기 위해 χ^2통계량을 이용할 수 있다. 귀무가설 H_0하에서 각 결과의 기대횟수는 $e_1 = np_0$이고 $e_2 = n(1-p_0)$이므로 $H_0 : p = p_0$하에서 χ^2은

$$\begin{aligned} \chi^2 &= \frac{(X-np_0)^2}{np_0} + \frac{[(n-X)-n(1-p_0)]^2}{n(1-p_0)} \\ &= \sum_{j=1}^{2} \frac{(O_j - e_j)^2}{e_j} \end{aligned} \tag{4.1.4}$$

으로 표시할 수 있다. 따라서 제2장에서 모비율 p에 관한 근사적인 검정에서와 같이 $H_0 : p = p_0$ 대 $H_1 : p \ne p_0$의 근사적으로 크기가 α인 검정은

$$\chi_0^2 \geq \chi_\alpha^2(1) \tag{4.1.5}$$

일 때 H_0를 기각하는 것이다. 여기서 χ_0^2은 χ^2의 관측값이다. 이 검정은 2.6절에서 언급한 정규근사를 이용한 검정과 동일하다.

이항분포가 이산이고 χ^2분포는 연속이므로 다음과 같이 불연속에 관해 수정하므로 근사를 개선시킬 수 있다.

$$\chi^2 = \sum_{j=1}^{2} \frac{(|O_j - e_j| - 0.5)^2}{e_j} \tag{4.1.6}$$

4.2 다항분포모형 검정

4.1절에서 생각한 카이제곱 검정통계량을 각 시행에서 결과가 두 가지인 베르누이 시행이 아니라 가능한 서로 배반인 결과가 k개인 경우로 확장 적용하거나 일표본이 아닌 r개의 표본에 확장 적용시킬 수 있다.

실험이 k개의 서로 배반인 사건(범주, 구간 등) $A_1, \cdots, A_k$로 분할되고 i번째 사건 A_i가 발생할 확률을 p_i라 하자. 즉, $p_i = P(A_i)$, $i = 1, \cdots, k$이다. 그리고 O_i를 n번의 실험에서 i번째 사건 A_i가 발생한 횟수라 하면, $\sum_{i=1}^{k} p_i = 1$이고 $\sum_{i=1}^{k} O_i = n$이 된다. 먼저 다음 정리를 소개한다.

정리 4.2.1

n이 크면(보통 $np_i \geq 5$, $i = 1, \cdots, k$) 다음이 성립된다.

(a)
$$\chi^2 = \sum_{i=1}^{k} \frac{(O_i - np_i)^2}{np_i} \tag{4.2.1}$$

은 자유도가 $k-1$인 카이제곱분포를 근사적으로 따른다.

(b) p_i가 l개의 모수 $\theta = (\theta_1, \cdots, \theta_l)$에 종속되고 $(p_i = p_i(\theta) = p_i(\theta_1, \cdots, \theta_l))$ $\hat{\theta} = (\hat{\theta}_1, \cdots, \hat{\theta}_l)$이 $\theta = (\theta_1, \cdots, \theta_l)$의 추정량이며 $k \geq l+2$이면,

$$\chi^2 = \sum_{i=1}^{k} \frac{(O_i - np_i(\hat{\theta}))^2}{np_i(\hat{\theta})} \tag{4.2.2}$$

은 자유도가 $k-l-1$인 카이제곱분포를 근사적으로 따른다. …………… ■

앞서 정의한 $O_1, \cdots, O_k$는 모수가 $n, p_1, \cdots, p_k$인 다항분포를 따른다. 따라서 다항분포의 모수에 관한 검정인

$$H_0: p_i = p_{i0},\ i = 1, \cdots, k \ \text{대}\ H_1: \text{적어도 한}\ i\text{에 대해}\ p_i \neq p_{i0} \tag{4.2.3}$$

의 근사적으로 크기가 α인 검정의 기각역은

$$\chi_0^2 = \sum_{i=1}^{k} \frac{(o_i - np_{i0})^2}{np_{i0}} \geq \chi_\alpha^2(k-1) \tag{4.2.4}$$

이다.

$H_0: p_i = p_{i0},\ i = 1, \cdots, k$하에서 각 결과의 기대도수는 $e_i = np_{i0}$이므로 H_0하에서 χ^2은

$$\chi^2 = \sum_{i=1}^{k} \frac{(O_i - e_i)^2}{e_i} \tag{4.2.5}$$

이다. 식 (4.2.1)의 통계량을 **피어슨의 카이제곱 검정통계량**(Pearson chi-squared test statistic)이라 한다. 그리고 2.5절에서 소개한 일반화 가능도비 검정통계량 $\lambda(\boldsymbol{X})$에 의한 윌크스 통계량 $-2\ln\lambda(\boldsymbol{X})$를 **가능도비 카이제곱 통계량**(likelihood ratio chi-squared statistic)이라 한다. 정리 4.2.1은 정리 2.5.1에서 $-2\ln\lambda(\boldsymbol{X}) \xrightarrow{d} X \sim \chi^2(r-q)$라는 사실을 이용해 증명할 수도 있다. 즉,

$$-2\ln\lambda(\boldsymbol{X}) \approx \sum_{i=1}^{k} \frac{(O_i - \hat{e}_i)^2}{\hat{e}_i}$$

임을 보이면 된다. 여기서 증명은 생략한다.

예제 4.2.1 X를 세 개의 동전을 던질 때 나타나는 앞면의 개수라 하자. 세 개의 동전은 서로 독립적으로 앞면이 나타날 확률이 각각 1/2이라 하자. 즉, $X \sim \text{Bin}(3, 1/2)$이다. 이 실험을 100번 반복하여 X가 0, 1, 2, 3인 경우가 각각 15, 41, 35, 9번이었다. 이 결과가 세 개의 동전은 서로 독립적으로 앞면이 나타날 확률이 1/2이라는 가정을 뒷받침하는가? 즉, $\text{Bin}(3, 1/2)$이 X의 분포로 합리적인가를 알아보자. 이 경우

$$A_1 = \{0\},\ A_2 = \{1\},\ A_3 = \{2\},\ A_4 = \{3\}$$

이고, 만일 $X \sim \text{Bin}(3, 1/2)$일 때 $p_{i0} = P[X \in A_i]$라 하면

$$p_{10} = p_{40} = \left(\frac{1}{2}\right)^3 = \frac{1}{8} = 0.125$$
$$p_{20} = p_{30} = \binom{3}{1}\left(\frac{1}{2}\right)^3 = \frac{3}{8} = 0.375$$

이다. 따라서 귀무가설은

$$H_0 : p_i = p_{i0}, \ \ i = 1, \cdots, 4$$

이고, 근사적으로 크기가 $\alpha = 0.05$인 검정은 $\chi_0^2 \geq \chi_{0.05}^2(3) = 7.81$일 때 H_0를 기각하는 것이다. $o_1 = 15$, $o_2 = 41$, $o_3 = 35$, $o_4 = 9$이고 $e_i = 100\,p_{i0}$이므로

$$\chi_0^2 = \frac{(15-12.5)^2}{12.5} + \frac{(41-37.5)^2}{37.5} + \frac{(35-37.5)^2}{37.5} + \frac{(9-12.5)^2}{12.5} \approx 1.9733$$

이다. 따라서 H_0를 기각할 수 없다. 즉, 데이터는 $\text{Bin}(3, 1/2)$이 X의 타당한 확률모형임을 뒷받침해 준다. ……………●

연습문제

4.2.1 어느 회사에서 생산되는 제품의 30%가 약간의 결함이 있다고 한다. 이 사실의 진위 여부를 알아보기 위해 그 제품 100개를 조사하였더니 20개가 약간의 결함이 발견되었을 때, $H_0 : p = 0.3$ 대 $H_1 : p \neq 0.3$을 $\alpha = 0.05$로 검정하라.

4.2.2 30번 동전을 던져 11번 앞면이 나왔다. 이 동전이 앞면이 나올 확률이 0.5인 공정한 동전인지를 $\alpha = 0.05$로 검정하라. 연속성 수정 후 검정해 보라.

4.2.3 주사위를 102번 던져 다음 결과를 얻었다.

	1	2	3	4	5	6
관측 횟수	14	15	20	21	17	15

이 주사위가 공정한 주사위인지 $\alpha = 0.05$로 검정하라.

4.2.4 어느 학기 통계학 과목의 성적이 다음과 같았다.

학점	A	B	C	D	F
학생 수	22	30	25	15	8

학점분포가 균일한지 $\alpha = 0.05$로 검정하라.

4.2.5 52장의 카드에서 복원추출로 40장의 카드를 표본으로 추출하여 다음 결과를 얻었다. 각 모양의 카드가 추출될 가능성이 동일한지를 $\alpha = 0.05$로 검정하라.

스페이드	하트	다이어몬드	클럽
8	7	11	14

4.2.6 어느 회사 사장은 회사 직원들이 월요일과 금요일에는 다른 요일에 비해 결근할 가능성이 두 배라고 생각한다. 직원이 결근한 150일의 분포가 다음과 같다.

요일	월	화	수	목	금
결근 횟수	37	25	27	20	41

(a) 모든 요일에 결근할 가능성이 동일한지를 $\alpha = 0.05$로 검정하라.

(b) $\alpha = 0.05$로 사장의 생각이 타당한지 검정하라.

4.2.7 다음은 미국에서 1972년~1981년 동안 통계학 박사학위를 취득한 사람의 수이다. 10년 동안 통계학 박사학위 취득율이 매년 동일하다는 가설을 $\alpha = 0.05$로 검정하라.

년	1972	1973	1974	1975	1976	1977	1978	1979	1980	1981
박사의 수	213	252	221	234	246	247	289	232	227	250

(자료 출처: *The American Statistician* 38 (1) (1984))

4.2.8 사형제도의 폐지에 대한 국민의 여론을 수렴하기 위하여 전국에 걸친 투표를 실시하여 다음과 같은 데이터를 얻었다.

절대 찬성	찬성	무관심	반대	절대 반대
20%	30%	20%	20%	10%

어느 지역에 거주하는 법률가 100명의 확률표본으로부터 다음의 데이터를 얻었다.

법률가들의 견해가 국민여론과 같은지를 $\alpha = 0.05$로 검정하라.

절대 찬성	찬성	무관심	반대	절대 반대
12	16	22	24	26

4.2.9 두 가지 특별한 형태의 식물 교잡에 의하여 나타나는 잡종은 A, B, C 세 가지 인자형 가운데 하나이고 멘델의 유전법칙에 의하면 A, B, C의 잡종은 1: 2: 1의 비율이 된다고 한다. 100그루의 잡종을 재배하여 다음 결과를 얻었다면, 이론적 모형에 적합하다고 할 수 있는지를 유의수준 0.05로 검정하라.

인자형	A	B	C
관측도수	16	56	28

4.2.10 다음 데이터는 2001년 서울시의 이혼 건수를 월별로 집계한 것이다. 이혼율이 매월 균등한지를 $\alpha = 0.05$로 검정하라.

월	1	2	3	4	5	6
이혼 건수	1940	2358	2630	2452	2591	2426
월	7	8	9	10	11	12
이혼 건수	2517	2675	2368	2371	2307	2327

(자료출처: 통계청)

4.3 동질성 검정

여기서는 r개의 표본에 근거하여 r개의 모집단에서 각 범주에 속할 확률이 동일한지를 검정하고자 한다. 예를 들면, 지역별 정당 선호도가 동일한지의 검정, 같은 회사의 여러 지역에 소재한 공장에서 생산되는 제품의 불량률이 동일한지의 검정, 몇 개의 회사에서 생산된 우유의 성분 간 차이가 있는지의 검정, 또는 지역별 회사 선호도에 차이가 있는지의 검정 등을 생각할 수 있다.

4.3.1 r 표본 이항분포모형

먼저 일표본 이항분포의 문제를 독립인 r개 표본의 경우로 확장시켜 보자. 즉 $X_i \sim \mathrm{Bin}(n_i,$

p_i), $i=1,\cdots,r$일 때, $H_0: p_i = p_{i0}$, $i=1,\cdots,r$을 검정하고자 한다. 여기서 p_{i0}는 알려진 상수이다. $O_{i1}=X_i$와 $O_{i2}=n_i-X_i$를 i번째 표본에서 관측된 성공과 실패의 횟수라 하고 $e_{i1}=n_i p_{i0}$와 $e_{i2}=n_i(1-p_{i0})$를 H_0하에서의 기대도수라 하자. 독립인 카이제곱확률변수의 합은 카이제곱분포를 따르므로

$$\chi^2 = \sum_{i=1}^{r}\sum_{j=1}^{2}\frac{(O_{ij}-e_{ij})^2}{e_{ij}} \tag{4.3.1}$$

은 자유도가 r인 카이제곱확률변수이다. 따라서 $H_0: p_i = p_{i0}$, $i=1,\cdots,r$의 근사적으로 크기가 α인 검정의 기각역은

$$\chi_0^2 \geq \chi_\alpha^2(r) \tag{4.3.2}$$

이다. 여기서 χ_0^2은 χ^2의 관측값이다.

좀 더 일반적인 문제는 각 p_{i0}값을 알 수 없는 경우로 단지 모든 p_i들이 동일한지의 여부를 검정하는 것이다. 이 경우 귀무가설은

$$H_0: p_1 = p_2 = \cdots = p_r = p \tag{4.3.3}$$

이다. 여기서 p는 미지의 모수이므로 H_0하에서 기대도수를 구하기 위해 p를 추정해야 한다. $H_0: p_1 = p_2 = \cdots = p_r = p$하에 p의 MLE는 다음과 같은 합동추정량이다.

$$\hat{p} = \frac{\sum_{i=1}^{r} X_i}{n} = \frac{\sum_{i=1}^{r} O_{i1}}{n} \tag{4.3.4}$$

기대도수의 추정량은

$$\hat{e}_{i1} = n_i\hat{p},\ \ \hat{e}_{i2} = n_i(1-\hat{p}) \tag{4.3.5}$$

이다. 여기서 $n = n_1 + \cdots + n_r$이다. 따라서 $H_0: p_1 = \cdots = p_r = p$의 근사적으로 크기가 α인 검정의 기각역은

$$\chi_0^2 \geq \chi_\alpha^2(r-1) \tag{4.3.6}$$

이다. 여기서 χ_0^2은

$$\chi^2 = \sum_{i=1}^{r}\sum_{j=1}^{2}\frac{(O_{ij}-\hat{e}_{ij})^2}{\hat{e}_{ij}} \tag{4.3.7}$$

의 관측값이다. 여기서 미지의 모수 p의 추정값을 사용했기 때문에 자유도가 1만큼 줄어들었다. 이 경우는 4.3.2절에서 다룰 동질성 검정의 특별한 경우이다.

예제 4.3.1 다음 표에 주어진 데이터에 근거하여 세제 A를 좋아하는 비율이 세 도시에서 모두 동일한지를 $\alpha = 0.05$로 검정해 보자.

	세제 A를 좋아하는 사람 수	세제 B를 좋아하는 사람 수	합 계
서울	365	235	600
부산	220	180	400
대구	199	201	400

기각역은 $\chi_0^2 \geq \chi_{0.05}^2(2) = 5.99$이다. 여기서

$$\chi_0^2 = \sum_{i=1}^{3} \sum_{j=1}^{2} \frac{(o_{ij} - \hat{e}_{ij})^2}{\hat{e}_{ij}}$$

이다. p의 합동추정값은

$$\hat{p} = \frac{365 + 220 + 199}{600 + 400 + 400} = \frac{784}{1400} = 0.56$$

이고, 각 범주의 기대도수는

$$\hat{e}_{11} = 600(0.56) = 336, \quad \hat{e}_{12} = 600(0.44) = 264$$
$$\hat{e}_{21} = 400(0.56) = 224, \quad \hat{e}_{22} = 400(0.44) = 176$$
$$\hat{e}_{31} = 400(0.56) = 224, \quad \hat{e}_{32} = 400(0.44) = 176$$

이므로

$$\chi_0^2 = \frac{(365-336)^2}{336} + \frac{(220-224)^2}{224} + \frac{(199-224)^2}{224} + \frac{(235-264)^2}{264} + \frac{(180-176)^2}{176} + \frac{(201-176)^2}{176} \approx 12.1922$$

이다. $\chi_0^2 \geq 5.99$이므로 H_0는 기각된다. 세 도시에서 세제의 선호도에 차이가 있다고 말할 수 있다. ……………●

4.3.2 r 표본 다항분포모형

r표본 이항문제를 r표본 다항문제로 확장시킬 수 있다. 즉, r개의 독립인 다항분포들이 모두 동일한지를 검정하는 문제로 확장시킬 수 있다.

k개의 서로 배반인 사건 $A_1, \cdots, A_k$는

$$\bigcup_{j=1}^{k} A_j = S$$

이고

$$p_{ij} = P(A_j), \; i = 1, \cdots, r, \; j = 1, \cdots, k \tag{4.3.8}$$

를 i번째 표본실험에서 j번째 사건 A_j가 발생할 확률이라 하자. 이때 관심 있는 가설은 r개 다항분포의 각 사건에 대한 확률이 동일하다는

$$H_0 : p_{1j} = p_{2j} = \cdots = p_{rj} = p_j, \; j = 1, \cdots, k \tag{4.3.9}$$

이다. 여기서 $\sum_{j=1}^{k} p_{ij} = 1, \; i = 1, \cdots, r$이다.

표 4.3.1 동질성 검정의 확률구조

	1	2	$\cdots$	k	합
1	p_{11}	p_{12}	$\cdots$	p_{1k}	1
2	p_{21}	p_{22}	$\cdots$	p_{2k}	1
$\vdots$	$\vdots$	$\vdots$	$\vdots$	$\vdots$	$\vdots$
r	p_{r1}	p_{r2}	$\cdots$	p_{rk}	1
	p_1	p_2	$\cdots$	p_k	

식 (4.3.9)의 가설을 검정하기 위해

$$O_{.j} = \sum_{i=1}^{r} O_{ij}, \; j = 1, \cdots, k, \; n = \sum_{i=1}^{r} n_i$$

라 하면 동질성 검정을 위한 데이터의 분할표는 표 4.3.2와 같다.

표 4.3.2 동질성 검정을 위한 데이터의 분할표

	1	2	$\cdots$	k	합
1	O_{11}	O_{12}	$\cdots$	O_{1k}	n_1
2	O_{21}	O_{22}	$\cdots$	O_{2k}	n_2
$\vdots$	$\vdots$	$\vdots$	$\vdots$	$\vdots$	$\vdots$
r	O_{r1}	O_{r2}	$\cdots$	O_{rk}	n_r
합계	O_1	O_2	$\cdots$	O_k	n

크기가 n_i인 i번째 표본에서 $O_{i1},\cdots,O_{ik}$를 각 사건 $A_1,\cdots,A_k$의 발생횟수라 하면,

$$\chi^2=\sum_{i=1}^{r}\sum_{j=1}^{k}\frac{(O_{ij}-n_ip_{ij})^2}{n_ip_{ij}} \tag{4.3.10}$$

은 자유도가 $r(k-1)$인 카이제곱분포를 근사적으로 따른다. 그러나 실제로 p_{ij}값을 알아야 귀무가설하에서 χ^2값을 계산할 수 있다. 따라서 H_0하에서 $k-1$개의 확률 p_j를 추정해야 한다. p_j의 추정량으로

$$\hat{p}_j=\frac{\sum_{i=1}^{r}O_{ij}}{n}=\frac{O_{.j}}{n},\ \ j=1,2,\cdots,k-1 \tag{4.3.11}$$

을 이용하면, 기대도수의 추정량은

$$\hat{e}_{ij}=n_i\hat{p}_j=\frac{n_i\,O_{.j}}{n} \tag{4.3.12}$$

이다. 정리 4.2.1의 (b)에 의해 귀무가설 H_0하에서

$$\chi^2=\sum_{i=1}^{r}\sum_{j=1}^{k}\frac{(O_{ij}-n_i\hat{p}_j)^2}{n_i\hat{p}_j} \tag{4.3.13}$$

은 자유도가 $r(k-1)-(k-1)=(r-1)(k-1)$인 카이제곱분포를 근사적으로 따른다. 따라서 근사적으로 크기가 α인 검정의 기각역은

$$\chi_0^2\geq\chi_\alpha^2((r-1)(k-1)) \tag{4.3.14}$$

이다. 여기서 χ_0^2은 χ^2의 관측값이다.

예제 4.3.2 세 가지 교수법의 수업방식이 학생들의 학업성취도에 영향을 미치는지 알아보기 위해 각 반별 수준이 비슷한 세 반에 각각 다른 교수법으로 일정기간 같은 내용의 교과과정을 수업한 후 동일한 시험을 시행하여 다음 결과를 얻었다고 하자.

교수법	90점 이상	81점 ~ 90점	70점 ~ 80점	70점 미만	합계
A	5(4.5)	20(17.1)	15(15.3)	5(8.1)	45
B	7(5.5)	15(20.9)	19(18.7)	14(9.9)	55
C	3(5)	22(19)	17(17)	8(9)	50
합 계	15	57	51	27	150

$$H_0 : p_{1j} = p_{2j} = p_{3j} = p_j,\ \ j = 1, 2, 3, 4$$

이고, 귀무가설 H_0하에서

$$\hat{p}_1 = \frac{15}{150},\ \hat{p}_2 = \frac{57}{150},\ \hat{p}_3 = \frac{51}{150}$$

이므로

$$\hat{e}_{11} = n_1\hat{p}_1 = 45\left(\frac{15}{150}\right) = 4.5,\qquad \hat{e}_{12} = n_1\hat{p}_2 = 45\left(\frac{57}{150}\right) = 17.1$$

$$\hat{e}_{13} = n_1\hat{p}_3 = 45\left(\frac{51}{150}\right) = 15.3,\qquad \hat{e}_{21} = n_2\hat{p}_1 = 55\left(\frac{15}{150}\right) = 5.5$$

$$\hat{e}_{22} = n_2\hat{p}_2 = 55\left(\frac{57}{150}\right) = 20.9,\qquad \hat{e}_{23} = n_2\hat{p}_3 = 55\left(\frac{51}{150}\right) = 18.7$$

이다. 나머지는 합계에서 위의 값들을 빼면 쉽게 구할 수 있다. 기대도수의 추정값들이 각 관측값 옆의 괄호 속에 주어져 있다. 이 경우의 자유도는

$$(r-1)(k-1) = 2(3) = 6$$

이고

$$\chi_0^2 = \sum_{i=1}^{3}\sum_{j=1}^{4}\frac{(o_{ij}-\hat{e}_{ij})^2}{\hat{e}_{ij}} \approx 6.9019 < \chi_{0.01}^2(6) = 16.81$$

이므로 크기가 $\alpha = 0.01$인 검정은 H_0를 기각할 수 없다. 즉 교수법에 따라 차이가 있다고 할 수 없다. ……………●

위에서 다룬 방법은 두 개 이상의 독립인 분포들이 동일한지를 검정하기 위해 어떻게 이용될 수 있는지 설명하고 있다. 물론 분포들이 반드시 다항분포일 필요는 없다. 즉, 두 확률변수의 분포가 동일한지의 검정에 이용될 수도 있다.

연습문제

4.3.1 예제 4.3.1의 데이터를 이용하여 다음을 검정하라. 여기서 p_i는 각 도시에서 세제 A를 좋아하는 비율이다.

(a) $H_0 : p_1 = 0.60,\ p_2 = 0.50,\ p_3 = 0.50,\ \alpha = 0.05$

(b) $H_0 : p_1 = p_2 = p_3 = 0.50,\ \alpha = 0.05$

4.3.2 대기 중의 이산화황의 농도가 세 가지 종류의 채소에 미치는 영향을 연구하기 위하여, 온실에서 각각 50포기의 채소를 재배하여 오염물질에 노출시켜 손상된 잎을 조사하여 다음 자료를 얻었다. 심하게 손상된 잎의 비율이 세 가지 채소에 대해 같은지를 $\alpha = 0.05$로 검정하라.

	손상된 잎	
	손상이 심한 것	심하지 않은 것
상추	42	8
시금치	37	13
토마토	26	24

4.3.3 다음 자료는 세 회사에서 선적한 제품의 반송에 관련된 것이다. 세 회사가 동일한 품질의 생산품을 선적했는지 유의수준 $\alpha = 0.10$으로 검정하라.

	반송한 개수	약간의 하자가 있지만 구입한 개수	완벽한 제품의 개수
회사 A	15	31	104
회사 B	12	18	90
회사 C	18	26	86

4.3.4 어느 대학부속병원은 세 가지 기침약의 효과 정도를 알아보기 위해 실험을 했다. 각 기침약을 40명 학생들에게 복용시켜 다음 자료를 얻었다. 유의수준 0.05에서 세 가지 기침약의 효과가 동일하다는 가설을 검정하라.

	기침약		
	A	B	C
효과 있음	8	10	7
약간의 효과	27	24	24
완전 효과	5	6	9

4.3.5 주어진 기간 동안 농장 소작분포가 세 가지 서로 다른 토양의 비옥정도에 대해 동일한지를 검정하기 위한 자료가 다음과 같다. 세 가지 서로 다른 토양 비옥 정도에 대해 소작형태의 비율이 동일한지 $\alpha = 0.05$로 검정하라.

토 양	자기 소유	소작	혼합
1	36	67	47
2	31	56	48
3	58	87	80

4.3.6 어떤 식물의 성장에 토양의 형태 정도가 영향을 미치는지 알아보기 위하여, 세 가지 형태의 토양에 식물을 심어 성장정도를 관측하여 다음의 자료를 얻었다. 토양의 형태에 따라 성장이 다르다고 할 수 있는지 유의수준 0.05로 검정하라.

성장정도	토 양 형 태		
	A	B	C
나쁨	16	8	14
보통	31	16	21
양호	18	36	25

4.3.7 다음 데이터는 어느 해 세 도시에서 이혼한 사람들을 무작위로 선택하여 사유별로 분류한 것이다. 이혼사유별 비율이 도시 간에 차이가 있는지 유의수준 0.05로 검정하라.

도시 \ 이혼사유	부부불화	경제문제	기타
A	211	34	39
B	76	13	20
C	48	6	8

4.4 독립성 검정

확률실험 결과가 키와 몸무게 같이 두 가지 서로 다른 인자로 분류된다고 하자. 첫 번째 인자는 상호배반인 r개의 범주들 $A_1, \cdots, A_r$로 분할되고 두 번째 인자는 c개의 상호배반인 범주들 $B_1, \cdots, B_c$로 분할된다고 하자.

$$p_{ij} = P(A_i \cap B_j), \ i = 1, \cdots, r, \ j = 1, \cdots, c \tag{4.4.1}$$

라 하고 확률실험을 n번 독립적으로 반복시행할 때, O_{ij}를 범주 $A_i \cap B_j$에 속하는 횟수라 하면

$$\chi^2 = \sum_{i=1}^{r} \sum_{j=1}^{c} \frac{(O_{ij} - np_{ij})^2}{np_{ij}} \tag{4.4.2}$$

은 n이 클 때 자유도가 $rc-1$인 카이제곱분포를 근사적으로 따른다.

두 인자가 서로 독립인지를 검정하고자 한다면, 귀무가설은

$$H_0 : P(A_i \cap B_j) = P(A_i)P(B_j), \ i = 1, \cdots, r, \ j = 1, \cdots, c \tag{4.4.3}$$

이다. 각각의 주변확률을

$$p_{i.} = \sum_{j=1}^{c} p_{ij} = P(A_i), \ i = 1, \cdots, r$$
$$p_{.j} = \sum_{i=1}^{r} p_{ij} = P(B_j), \ j = 1, \cdots, c$$

라 하면

$$1 = \sum_{i=1}^{r} \sum_{j=1}^{c} p_{ij} = \sum_{i=1}^{r} p_{i.} = \sum_{j=1}^{c} p_{.j}$$

이다. 따라서 귀무가설은

$$H_0 : p_{ij} = p_{i.}p_{.j},\ i = 1, \cdots, r,\ j = 1, \cdots, c \tag{4.4.4}$$

로 표시할 수 있다.

표 4.4.1 독립성 검정을 위한 확률의 분할표

	1	2	$\cdots$	c	합계
1	p_{11}	p_{12}	$\cdots$	p_{1c}	$p_{1.}$
2	p_{21}	p_{22}	$\cdots$	p_{2c}	$p_{2.}$
$\vdots$	$\vdots$	$\vdots$	$\vdots$	$\vdots$	$\vdots$
r	p_{r1}	p_{r2}	$\cdots$	p_{rc}	$p_{r.}$
합계	$p_{.1}$	$p_{.2}$	$\cdots$	$p_{.c}$	1

위의 가설을 검정하기 위해

$$O_{i.} = \sum_{j=1}^{c} O_{ij},\ i = 1, \cdots, r$$

$$O_{.j} = \sum_{i=1}^{r} O_{ij},\ j = 1, \cdots, c$$

$$n = \sum_{i=1}^{r} O_{i.} = \sum_{j=1}^{c} O_{.j}$$

라 하면 독립성 검정을 위한 데이터의 분할표는 표 4.4.2와 같다.

표 4.4.2 독립성 검정을 위한 데이터의 분할표

	1	2	$\cdots$	c	합계
1	O_{11}	O_{12}	$\cdots$	O_{1c}	$O_{1.}$
2	O_{21}	O_{22}	$\cdots$	O_{2c}	$O_{2.}$
$\vdots$	$\vdots$	$\vdots$	$\vdots$	$\vdots$	$\vdots$
r	O_{r1}	O_{r2}	$\cdots$	O_{rc}	$O_{r.}$
합계	$O_{.1}$	$O_{.2}$	$\cdots$	$O_{.c}$	n

실제로 p_{ij} 값을 알아야 귀무가설하에서 식 (4.4.2)의 χ^2 값을 계산할 수 있다. H_0 하에서는 $p_{ij} = p_{i.}p_{.j}$ 이므로 $p_{i.}$ 과 $p_{.j}$ 를 추정하면 된다. 따라서

$$\hat{p}_{i.} = O_{i.}/n, \ \ i=1,\cdots,r$$
$$\hat{p}_{.j} = O_{.j}/n, \ \ j=1,\cdots,c \tag{4.4.5}$$

으로 $p_{i.}$과 $p_{.j}$를 추정하면 H_0하에서 범주 $A_i \cap B_j$에 속할 기대도수의 추정값은

$$\hat{e}_{ij} = n\hat{p}_{ij} = n\hat{p}_{i.}\hat{p}_{.j} = \frac{O_{i.}O_{.j}}{n} \tag{4.4.6}$$

이다.

$$\chi^2 = \sum_{i=1}^{r}\sum_{j=1}^{c}\frac{(O_{ij}-\hat{e}_{ij})^2}{\hat{e}_{ij}} \tag{4.4.7}$$

은 H_0하에서 근사적으로 자유도가 $(rc-1)-(r-1)-(c-1)=(r-1)(c-1)$인 카이제곱 확률변수이므로, 근사적으로 크기가 α인 검정의 기각역은

$$\chi_0^2 \geq \chi_\alpha^2((r-1)(c-1)) \tag{4.4.8}$$

이다. 여기서 χ_0^2은 식 (4.4.7)의 χ^2의 관측값이다.

예제 4.4.1 수학 과목의 성적과 통계학의 관심도가 관계가 있는지 검정하기 위해 500명을 조사하여 다음 결과를 얻었다.

		수학 과목 성적		
		낮음	보통	높음
통계학의 관심도	낮음	80	60	20
	보통	80	85	45
	높음	25	65	40

이 데이터를 이용하여 수학 과목의 성적과 통계학의 관심도가 서로 독립인지 크기 $\alpha = 0.01$로 검정해 보자.

첫 번째 행에 대한 기대도수는 $185(160)/500 = 59.2$, $210(160)/500 = 67.2$, $160-(59.2+67.2) = 33.6$이다. 이런 방법으로 두 번째 행의 기대도수를 구하면 77.7, 88.2, 44.1이고 세 번째 행의 기대도수는 48.1, 54.6, 27.3이다. 따라서

$$\chi_0^2 = \frac{(80-59.2)^2}{59.2} + \frac{(60-67.2)^2}{67.2} + \cdots + \frac{(40-27.3)^2}{27.3}$$
$$\approx 32.7696$$

이다. 기각역이 $\chi_0^2 \geq \chi_{0.01}^2(4) = 13.28$이므로 귀무가설 H_0를 기각한다. 즉, 수학 과목 성적과 통계학의 관심도는 서로 관계가 있다. ……………●

연습문제

4.4.1 Who's Who에 나열되어 있는 여성의 인구통계학 연구에서 Kiser와 Schaefer (1949)는 적어도 한 번 결혼한 여성 1436명에 대해 다음 데이터를 얻었다. 교육수준과 결혼 상태 사이에 연관성이 있는지 $\alpha = 0.05$로 검정하라.

교육수준	한 번 결혼	두 번 이상 결혼
대학졸업	550	61
대학졸업하지 않음	681	144

4.4.2 200개 무선통신기의 정확성과 선택성을 검사하여 다음 데이터를 얻었다. 유의수준 0.01로 정확성과 선택성이 독립인지 검정하라.

		정확성		
		낮음	보통	높음
선택성	낮음	8	13	28
	보통	37	61	21
	높음	17	14	1

4.4.3 교양 통계학 과목을 수강한 학생들을 계열별로 성적을 분류하여 다음 데이터를 얻었다. 시험성적과 전공이 서로 독립인지 $\alpha = 0.05$로 검정하라.

전공 \ 성적	85점 이상	70점 이상~85점 미만	70점 미만
사회계열	10	15	5
상경계열	25	28	7
공학계열	17	25	8

4.4.4 혈액형과 다양한 병과의 관계를 연구하기 위해 런던에서 10,287명을 조사하여 다음 데이터를 얻었다(Woolf, 1955). 혈액형과 위궤양이 연관이 있는지 $\alpha = 0.05$로 검정하라.

혈액형	대조 그룹	위궤양
A 그룹	4219	579
B 그룹	4578	911

4.4.5 500명의 표본을 추출하여 소득과 신체형태에 따라 분류하여 다음 결과를 얻었다. 두 요인이 독립인지 $\alpha = 0.10$으로 가설을 검정하라.

신체형태	소득		
	가난함	보통	부유함
야 윔	70	25	25
보 통	25	170	40
뚱뚱함	90	30	25

4.4.6 결혼한 남자 중 퇴직한 사람 300명의 확률표본을 선택하여 교육정도와 자녀의 수에 따라 분류하여 다음 데이터를 얻었다. 자녀의 수와 아버지의 교육수준이 독립인지 유의수준 $\alpha = 0.05$로 가설을 검정하라.

교육수준	자녀의 수		
	0 ~ 1	2 ~ 3	4명 이상
초등학교졸업	15	40	28
중학교졸업	18	44	16
고등학교졸업	20	50	30
대학졸업	12	17	10

4.4.7 다음은 600명을 성별과 공공장소에서 흡연을 전면적으로 금지하는 안에 찬성, 반대, 무관심으로 분류하여 얻은 것이다. 성별과 공공장소에서 금연에 관한 의견은 서로 독립인지 $\alpha = 0.05$로 검정하라. 이 검정의 근사적인 p-값을 계산하라.

성별	공공장소에서의 금연		
	찬성	반대	무관심
남자	162	124	6
여자	193	112	3

4.4.8 콜레스테롤 검사를 받은 100명 여성의 확률표본을 나이와 콜레스테롤 수준에 따라 분류하여 다음 분할표를 얻었다.

나이	콜레스테롤 수준		
	180 미만	180 ~ 210 미만	210 이상
50세 미만	11	21	16
50세 이상	8	7	37

나이와 콜레스테롤 수준이 독립인지 $\alpha = 0.01$로 검정하라.

4.5 적합도 검정

앞서 다룬 확률모형에 관한 검정의 일반적인 형태로 $H_0 : X \sim f(x)$를 검정하는 방법에 대해 살펴보자. 물론 여기서 $f(x)$는 알려진 분포의 pdf (pmf)이다. 즉, 귀무가설 형태가 예를 들어 "푸아송 분포를 따른다", "정규분포를 따른다" 등이다.

표본공간을 k개의 서로 배반인 $A_1, \cdots, A_k$로 분할하고 $X \sim f(x)$일 때

$$p_{i0} = P[X \in A_i], \ i = 1, \cdots, k \tag{4.5.1}$$

라 하자. 크기 n인 확률표본에 대해 i번째 범주에 속하는 관측결과의 개수를 O_i라 하고, 귀무가설 H_0 하에서 i 번째 범주에 속할 기대도수를 $e_i = n\,p_{i0}$라 하자. 그러면 4.2절에서 생각한 다항분포의 문제이므로

$$\chi_0^2 = \sum_{i=1}^{k} \frac{(o_i - e_i)^2}{e_i} \geq \chi_\alpha^2(k-1) \tag{4.5.2}$$

일 때, 유의수준 α에서 H_0를 기각한다.

4.2절에서 언급했듯이 n이 큰 경우

$$\chi^2 = \sum_{i=1}^{k} \frac{(O_i - e_i)^2}{e_i} \tag{4.5.3}$$

의 분포는 $e_i \geq 5$이면 $\chi^2(k-1)$에 더 잘 근사한다. 따라서 e_i들이 이 조건을 만족하지 않으면, 실제 적용에서는 작은 범주들을 결합하여 e_i들이 5 이상이 되도록 조정하여 검정한

다. 물론 미리 범주가 나눠 있는 문제도 있을 것이고, 실험자가 인위적으로 나눌 수도 있지만 기대도수가 모두 5 이상인 k개의 범주로 나누도록 노력해야 할 것이다.

예제 4.5.1 다음 자료는 어떤 사람이 타자했을 때 한 페이지당 발생한 오타의 수이다.

오타의 수	0	1	2	3	4	5	6	7	8	9 이상
관측도수	17	50	90	95	77	44	15	9	2	1

한 페이지당 발생한 오타의 수를 X라 할 때, $H_0 : X \sim \mathrm{Poi}(3)$을 검정해 보자. 귀무가설하에서 각 범주에 속할 확률을 부록 표 B.2의 푸아송 분포표에 의해 쉽게 구할 수 있다. 따라서 기대도수는 $e_i = 400(p_{i0})$로 다음과 같다.

오타의 수	0	1	2	3	4	5	6	7	8	9 이상
관측도수(o_i)	17	50	90	95	77	44	15	9	2	1
p_{i0}	0.0498	0.1493	0.2241	0.2240	0.1681	0.1008	0.0504	0.0216	0.0081	0.0038
기대도수(e_i)	19.92	59.72	89.64	89.6	67.24	40.32	20.16	8.64	3.24	1.52

오타의 수가 8과 9 이상인 경우 e_i가 5보다 작기 때문에 7 이상을 한 범주로 결합하여 생각한다. 그러므로

$$\chi_0^2 = \frac{(17-19.92)^2}{19.92} + \frac{(50-59.72)^2}{59.72} + \cdots + \frac{(12-13.4)^2}{13.4} \approx 5.5565$$

이다. 크기가 $\alpha = 0.05$인 검정의 기각역은

$$\chi_0^2 \geq \chi_{0.05}^2(7) = 14.07$$

이므로 H_0를 기각할 수 없다. 따라서 오타의 수 X는 평균이 3인 푸아송 분포를 따른다고 말할 수 있다. ……………●

예제 4.5.1에서 푸아송 분포의 평균이 3이라 가정했지만 일반적으로 분포의 모수를 알 수 없는 경우가 대부분이다. 즉, 귀무가설이 $H_0 : X \sim \mathrm{Poi}(\mu)$와 같을 경우 μ를 추정해야만 기대도수를 추정할 수 있다. 따라서 l개의 미지의 모수를 포함하는 분포에 대한 가설 $H_0 : X \sim f(x\,;\theta_1, \cdots, \theta_l)$을 검정하고자 할 경우, 카이제곱 통계량을 계산하기 위해 H_0하에서의 기대도수 e_i를 추정해야 한다. 즉 l개의 모수를 추정해야 하기 때문에 정리 4.2.1의

(b)에 의해 카이제곱 통계량

$$\chi^2 = \sum_{i=1}^{k} \frac{(O_i - \hat{e}_i)^2}{\hat{e}_i} \tag{4.5.4}$$

은 자유도가 $k-l-1$인 카이제곱분포를 근사적으로 따른다. 여기서 $\hat{e}_i = n\hat{p}_{i0}$이다. 따라서 유의수준 α인 검정의 기각역은

$$\chi_0^2 \geq \chi_\alpha^2(k-l-1) \tag{4.5.5}$$

이다. 여기서 χ_0^2은 χ^2의 관측값이다.

예제 4.5.2 다음 데이터는 심장이식 수술을 받은 52명 환자의 생존일수이다.

15	3	624	46	127	61	1350	312	24	10	1024	39	73
136	1379	1	836	60	1140	1153	54	47	0	43	971	868
44	780	51	710	663	253	147	51	479	322	442	419	65
362	64	228	65	264	25	193	196	63	12	103	60	43

이 데이터의 도수분포표가 표 4.5.1에 주어져 있다. 이 데이터의 표본평균과 표본표준편차는 $\bar{x} = 329.75$이고 $s = 394.21$이다. 이 데이터를 이용하여 심장이식 수술을 받은 환자의 생존일은 정규분포를 따르는지 $\alpha = 0.05$에서 검정해 보자. 즉

$$H_0 : X \sim \mathrm{N}(\mu, \sigma^2)$$

이다. 따라서 μ와 σ^2을 먼저 추정해야 한다. $\hat{\mu} = \bar{x} = 329.75$, $\hat{\sigma} = 394.21$로 추정하여 표준정규확률변수로 변환 후 기대도수를 구할 수 있다.

표 4.5.1 심장이식 수술 환자의 생존일

생존일(x)	관측도수 (o_i)	H_0하에서 표준화 시킨 구간	H_0하에서 구간에 속할 확률(p_{i0})	기대도수 (e_i)
100일 미만	24	$z \leq -0.58$	0.281	14.61
100일 ~ 300일 미만	9	$-0.58 < z \leq -0.08$	0.1871	9.73
300일 ~ 500일 미만	6	$-0.08 < z \leq 0.43$	0.1983	10.31
500일 ~ 700일 미만	2	$0.43 < z \leq 0.94$	0.160	8.32
700일 이상	11	$0.94 < z$	0.1736	9.03

H_0하에서 표준화시킨 구간은

$$z = \frac{x - \overline{x}}{s} = \frac{x - 329.75}{394.21}$$

에서 유도되었다. 예를 들어, $x = 100$일에 해당되는 z의 값은 -0.58이며 표준정규분포표에 의해 $P[Z \leq -0.58] = 0.281$임을 알 수 있고 기대도수는 $e_1 = 52(0.281) = 14.61$이 된다. 다른 구간에 대해서도 같은 방법으로 표 4.5.1과 같이 구할 수 있다. 이 자료에 근거한 카이제곱 통계량의 관측값은

$$\chi_0^2 = \frac{(24-14.61)^2}{14.61} + \frac{(9-9.73)^2}{9.73} + \frac{(6-10.31)^2}{10.31} + \frac{(2-8.32)^2}{8.32} + \frac{(11-9.03)^2}{9.03} \approx 13.1231$$

이며 $\alpha = 0.05$인 검정의 기각역은

$$\chi_0^2 \geq \chi_{0.05}^2(5-1-2) = \chi_{0.05}^2(2) = 5.99$$

이므로 H_0를 기각한다. 따라서 이 데이터는 정규분포에서 추출한 확률표본의 관측값으로 생각할 수 없다. ……………●

예제 4.5.2에서와 같이 원래의 자료가 있는 경우에는 구간을 정할 때 기대도수를 동일하게 할 수도 있다. 즉 귀무가설하에서 각 구간에 속할 확률 p_{i0}를 모든 구간에서 동일하도록 정하여 관측도수를 구해 검정할 수 있다. 물론 이 경우 각 구간에서의 기대도수는 5 이상이 되도록 해야 할 것이다.

연습문제

4.5.1 10개의 동전을 던져 앞면이 나타난 동전의 개수를 X라 하자. $H_0 : X \sim \text{Bin}(10, 0.5)$를 검정하기 위해 10개의 동전을 1000번 던져 다음 결과를 얻었다. 이 자료에 근거해 $\alpha = 0.05$로 가설을 검정하라.

x	0 ~ 1	2	3	4	5	6	7	8	9 ~ 10
관측도수	10	38	115	194	241	219	127	51	5

4.5.2 다음은 지난 100년간 미국 어느 주의 해안을 강타한 태풍의 횟수에 관한 자료이다.

태풍 횟수(x)	0	1	2	3	4	5
연수	10	30	28	17	10	5

(a) 태풍횟수를 X라 할 때, $H_0: X \sim \text{Poi}(2)$를 $\alpha = 0.05$로 검정하라.

(b) $H_0: X \sim \text{Poi}(\mu)$를 검정하라. 여기서 μ는 미지의 모수이다.

4.5.3 다음은 손전등 100개의 건전지 수명(단위: 분)이다.

수명	0 ~ 700	700 ~ 750	750 ~ 800	800 이상
관측도수	15	33	40	12

$\bar{x} = 745$이고 $s = 36$이라 할 때, $H_0: X \sim \text{N}(\mu, \sigma^2)$을 $\alpha = 0.10$으로 검정하라.

4.5.4 IQ 점수는 정규분포를 따르는 것으로 알려져 있다. 이 사실을 검정하기 위해 100명을 무작위로 선택하여 다음 데이터를 얻었다. 데이터의 표본평균과 분산은 각각 $\bar{x} = 110$, $s = 20$이라 가정하고 $H_0: X \sim \text{N}(\mu, \sigma^2)$을 $\alpha = 0.05$로 검정하라.

IQ	90 미만	90 ~ 100 미만	100 ~ 110 미만	110 ~ 120 미만	120 ~ 130 미만	130 이상
인원수	9	17	21	24	16	13

4.5.5 다음은 30대 비행기 에어컨의 고장시간이다(Proschan, 1963).

23	261	87	7	120	14	62	47	3	95	225	71	246	21	42
20	5	12	120	11	14	71	11	14	11	16	90	1	16	52

(a) $H_0: X \sim \text{Exp}(65)$를 $\alpha = 0.05$로 검정하라.

(b) $H_0: X \sim \text{Exp}(\theta)$를 $\alpha = 0.05$로 검정하라.

4.5.6 다음은 20명 환자들이 진통제를 복용한 후의 고통경감 시간이다(Gross와 Clark, 1975 ; p105). $H_0: X \sim \text{Exp}(\theta)$를 $\alpha = 0.05$로 검정하라.

1.1	1.4	1.3	1.7	1.9	1.8	1.6	2.2	1.7	2.7
4.1	1.8	1.5	1.2	1.4	3.0	1.7	2.3	1.6	2.0

*제5장 회귀분석과 상관분석

5.1 서론

실험에서 관측된 확률변수들은 한 개 이상의 다른 변수들과 연관되어 있는 경우가 많다. 이런 경우에 이 변수들 사이에 적절한 함수적인 관계식을 유도할 수 있다면 다른 변수를 예측하는 데 유용할 것이다.

회귀분석 (regression analysis)은 이러한 변수들 사이의 연관관계를 적절한 함수식으로 표현하여 설명할 수 있는 통계자료분석 방법으로 컴퓨터의 발달과 함께 널리 이용되는 변수들의 관계를 규명하는 통계적 방법이다.

변수 사이의 관계를 연구하는 분야에 '회귀'라는 용어를 사용하게 된 원인은 영국의 생물학자 골턴(Francis Galton, 1822~1911)이 아버지의 키와 아들의 키의 관계를 분석한 그의 논문에서 처음 사용하였다. 그는 연구에서 x_i는 i번째 가족의 아버지 키이고 y_i는 i번째 가족의 아들 키라 할 때, $(x_1, y_1), \cdots, (x_n, y_n)$의 데이터를 이용하여 아버지의 키가 주어졌을 때 아들의 키를 예측하기 위해 선형관계인 $y = a + bx$를 유도했다. 그러나 가족에 대한 신장을 조사하여 키가 큰(작은) 아버지의 아들의 키는 일반적으로 크(작)지만 평균적으로 그들의 부모만큼 크(작)지는 않다는 사실을 발견했다. 즉 일반적으로 평균 키보다 큰 아버지의 아들은 역시 평균 키보다 크고, 평균 키보다 작은 아버지의 아들은 역시 평균 키보다 작은 경향을 갖지만, 키가 큰 아버지들의 아들들은 평균적으로 아버지의 키보다는 작아지고 키가 작은 아버지들의 아들들은 아버지보다 평균적으로 커진다는 것이다. 이러한 현상을 평균으로 회귀(regression toward the mean)라 한다. 그는 이러한 결과를 '**유전에 의한 신장의 평범한 사람의 신장으로 회귀**(regression toward mediocrity in hereditary stature)'라는 제목으로 1885년에 발표하였는데 여기서 '평범한 사람의 신장으로 회귀'라는 말은 아들의 키는 매우 커지거나 매우 작아지기보다는 보통의 평균키로 되돌아가려는 경향이 있다는 것이다. 이것이 회귀분석의 원천이 되어 현대에는 회귀분석이 변수들 사이의 관계를 규명하는 통계적 방법을 일컫는 용어로 자리 잡게 되었다.

이 회귀분석도 다양한 방법들이 소개되어 있지만 여기서는 회귀분석의 기본개념과 원리를 이해한다는 생각으로 선형회귀분석에 국한하여 소개하고자 한다.

5.2 단순선형회귀분석

두 변수 사이의 관계식으로 가장 간단한 선형관계를 생각해 보자. 두 변수 사이에 아무리 밀접한 관계가 있다고 하더라도 대부분 사회현상에서 나타나는 변수 사이의 관계는 함수적인 관계가 아니라 통계적인 관계이다. 즉, 한 변수의 값이 결정되면 유일하게 다른 변수의 값이 대응되지 않는다는 것이다. 따라서 다음 모형을 생각해 보자.

$$Y = \beta_0 + \beta_1 x + \varepsilon \tag{5.2.1}$$

식 (5.2.1)을 **선형회귀모형**(linear regression model)이라 한다. 여기서 x를 **독립변수**(independent variable), **설명변수**(explanatory variable), **예측변수**(predictor variable), 또는 **입력변수**(input variable)라 한다. 그리고 Y를 **종속변수**(dependent variable), **반응변수**(response variable), 또는 **출력변수**(output variable)라 한다. 따라서 식 (5.2.1)은 한 개의 설명변수만 가지기 때문에 단순선형회귀모형이라 한다. 또한 β_0, β_1을 **회귀계수**(regression coefficient)라 한다. 여기서 독립변수는 소문자로 나타내고 종속변수는 대문자로 나타낸 이유는 회귀모형에서 독립변수는 확률변수로 취급하지 않고 알려진 상수로 생각하기 때문이다. 그러나 상관분석에서는 두 변수 동일하게 확률변수로 취급한다. 물론 독립변수를 알려진 상수로 간주하기가 적절하지 못한 경우도 있다. 이런 경우에 대해서는 상관분석에서 간략히 언급하고자 한다.

식 (5.2.1)의 단순선형회귀모형에서 β_0와 β_1은 절편과 기울기를 나타내는 미지의 상수이고 ε은 평균이 0이고 분산이 σ^2인 오차항으로 확률변수이다. 즉

$$E(\varepsilon) = 0, \ \mathrm{Var}(\varepsilon) = \sigma^2 \tag{5.2.2}$$

이다. 따라서 Y는 확률변수이고

$$E(Y) = \beta_0 + \beta_1 x \tag{5.2.3}$$

$$\mathrm{Var}(Y) = \sigma^2 \tag{5.2.4}$$

이다. 식 (5.2.3)에서 알 수 있듯이 종속변수의 평균과 독립변수 사이가 선형관계이다. 이제 이 함수를 추정하는 문제를 생각해 보자. 즉 절편과 기울기인 β_0와 β_1의 추정문제에 대해 알아보자.

5.2.1 최소제곱법

먼저 식 (5.2.1)모형에서 n개의 관측값 $(x_1, y_1), (x_2, y_2), \cdots, (x_n, y_n)$에 근거하여 β_0와 β_1

을 추정해 보자. 즉

$$y_i = \beta_0 + \beta_1 x_i + \varepsilon_i,\ \ i = 1, 2, \cdots, n \tag{5.2.5}$$

이다.

이 데이터를 가장 잘 적합해 주는 직선의 방정식은 적합된 직선과 실제 데이터의 거리의 합이 가장 작은 직선이다. 따라서

$$Q = \sum_{i=1}^{n} \varepsilon_i^2 = \sum_{i=1}^{n} (y_i - \beta_0 - \beta_1 x_i)^2 \tag{5.2.6}$$

을 최소가 되게 하는 기울기와 절편 β_0와 β_1을 구하면 된다. 이 값을 $\hat{\beta}_0$과 $\hat{\beta}_1$이라 하고, 이 방법을 편차의 제곱을 최소화하기 때문에 **최소제곱법** (method of least squares)이라 한다. 식 (5.2.6)의 Q가 최소가 되는 $\hat{\beta}_0$과 $\hat{\beta}_1$을 구하기 위해 Q를 β_0와 β_1에 대해 각각 미분하여 0으로 두고 두 방정식의 해를 구하면 된다.

$$\frac{\partial Q}{\partial \beta_0} = -2 \sum_{i=1}^{n} (y_i - \beta_0 - \beta_1 x_i) = 0 \tag{5.2.7}$$

$$\frac{\partial Q}{\partial \beta_1} = -2 \sum_{i=1}^{n} (y_i - \beta_0 - \beta_1 x_i) x_i = 0 \tag{5.2.8}$$

위 두 식의 해가 $\hat{\beta}_0$과 $\hat{\beta}_1$이므로 다음 방정식을 얻을 수 있다.

$$\sum_{i=1}^{n} y_i = n\hat{\beta}_0 + \hat{\beta}_1 \sum_{i=1}^{n} x_i \tag{5.2.9}$$

$$\sum_{i=1}^{n} x_i y_i = \hat{\beta}_0 \sum_{i=1}^{n} x_i + \hat{\beta}_1 \sum_{i=1}^{n} x_i^2 \tag{5.2.10}$$

식 (5.2.9)와 (5.2.10)을 **정규방정식** (normal equation)이라 한다. 이 정규방정식을 풀면 β_1과 β_0의 추정값이

$$\hat{\beta}_1 = \frac{\sum_{i=1}^{n} (x_i - \overline{x})(y_i - \overline{y})}{\sum_{i=1}^{n} (x_i - \overline{x})^2} = \frac{S_{xy}}{S_{xx}} \tag{5.2.11}$$

$$\hat{\beta}_0 = \overline{y} - \hat{\beta}_1 \overline{x} \tag{5.2.12}$$

이다. 여기서

$$S_{xx} = \sum_{i=1}^{n}(x_i - \overline{x})^2, \quad S_{xy} = \sum_{i=1}^{n}(x_i - \overline{x})(y_i - \overline{y}) \tag{5.2.13}$$

이다. 식 (5.2.11)과 (5.2.12)에 주어진 $\hat{\beta}_1$과 $\hat{\beta}_0$을 β_1과 β_0의 **최소제곱추정값**(least squares estimate)이라 하고

$$\hat{\beta}_1 = \frac{S_{xY}}{S_{xx}} = \frac{\sum_{i=1}^{n}(x_i - \overline{x})(Y_i - \overline{Y})}{S_{xx}} \quad \text{와} \quad \hat{\beta}_0 = \overline{Y} - \hat{\beta}_1 \overline{x} \tag{5.2.14}$$

를 β_1과 β_0의 **최소제곱추정량**(least squares estimator)이라 한다. 또한

$$\hat{Y} = \hat{\beta}_0 + \hat{\beta}_1 x \tag{5.2.15}$$

를 **추정된 회귀함수**(estimated regression function) 또는 **적합된 회귀함수**(fitted regression function)라 한다. 사실 $\hat{y}$은 $E(Y)$의 추정값이다.

$$\begin{aligned} \hat{Y} &= \hat{\beta}_0 + \hat{\beta}_1 x \\ &= \overline{Y} - \hat{\beta}_1 \overline{x} + \hat{\beta}_1 x \\ &= \overline{Y} + \hat{\beta}_1 (x - \overline{x}) \end{aligned} \tag{5.2.16}$$

이므로 최소제곱추정량에 의해 적합된 회귀직선은 항상 점 $(\overline{x}, \overline{y})$를 지난다. 특히 관측값 Y_i와 적합된 값 $\hat{Y}_i$의 차 e_i를 **잔차**(residual)라 한다. 즉

$$e_i = Y_i - \hat{Y}_i = Y_i - \hat{\beta}_0 - \hat{\beta}_1 x_i, \quad i = 1, \cdots, n \tag{5.2.17}$$

이다. 잔차의 성질을 간략히 살펴보면

$$\begin{aligned} \sum_{i=1}^{n} e_i &= \sum_{i=1}^{n} (Y_i - \hat{Y}_i) \\ &= \sum_{i=1}^{n} (Y_i - \overline{Y}) - \hat{\beta}_1 \sum_{i=1}^{n} (x_i - \overline{x}) \\ &= 0 \end{aligned} \tag{5.2.18}$$

이므로, 모든 잔차들의 합은 항상 0이다. 또한 $\sum_{i=1}^{n} e_i^2$은 Q의 최솟값이다. 그리고 정규방정식 (5.2.10)에 의해

$$\sum_{i=1}^{n} x_i e_i = \sum_{i=1}^{n} x_i (Y_i - \hat{\beta}_0 - \hat{\beta}_1 x_i)$$

$$= \sum_{i=1}^{n} x_i Y_i - \hat{\beta}_0 \sum_{i=1}^{n} x_i - \hat{\beta}_1 \sum_{i=1}^{n} x_i^2 \tag{5.2.19}$$
$$= 0$$

이다. 또한

$$\begin{aligned} \sum_{i=1}^{n} \widehat{Y}_i e_i &= \sum_{i=1}^{n} (\hat{\beta}_0 + \hat{\beta}_1 x_i) e_i \\ &= \hat{\beta}_0 \sum_{i=1}^{n} e_i + \hat{\beta}_1 \sum_{i=1}^{n} x_i e_i \\ &= 0 \end{aligned} \tag{5.2.20}$$

이 성립된다.

5.2.2 최소제곱추정량의 성질

다음은 최소제곱추정량들의 성질을 조사해 보자.

정 리 5.2.1

$Y_i = \beta_0 + \beta_1 x_i + \varepsilon_i,\ i = 1, \cdots, n$ 이고

$$E(\varepsilon_i) = 0,\ \mathrm{Var}(\varepsilon_i) = \sigma^2,\ i = 1, \cdots, n,\ \mathrm{Cov}(\varepsilon_i,\ \varepsilon_j) = 0,\ i \neq j \tag{5.2.21}$$

이면, 최소제곱추정량 $\hat{\beta}_1$과 $\hat{\beta}_0$은 다음을 만족한다.

(a) $E(\hat{\beta}_1) = \beta_1,\ E(\hat{\beta}_0) = \beta_0$ (5.2.22)

(b) $\mathrm{Var}(\hat{\beta}_1) = \dfrac{\sigma^2}{S_{xx}},\ \mathrm{Var}(\hat{\beta}_0) = \sigma^2 \left(\dfrac{1}{n} + \dfrac{\overline{x}^2}{S_{xx}} \right) = \dfrac{\sigma^2}{n S_{xx}} \sum_{i=1}^{n} x_i^2$ (5.2.23)

(c) $\mathrm{Cov}(\hat{\beta}_0,\ \hat{\beta}_1) = -\dfrac{\overline{x}\,\sigma^2}{S_{xx}}$ (5.2.24)

• 증 명 •

(a)

$$\begin{aligned} \hat{\beta}_1 = \frac{S_{xY}}{S_{xx}} &= \frac{\sum_{i=1}^{n} (x_i - \overline{x})(Y_i - \overline{Y})}{S_{xx}} \\ &= \frac{\sum_{i=1}^{n} (x_i - \overline{x}) Y_i - \overline{Y} \sum_{i=1}^{n} (x_i - \overline{x})}{S_{xx}} \end{aligned} \tag{5.2.25}$$

$$\equiv \sum_{i=1}^{n} b_i Y_i$$

로 나타낼 수 있다. 여기서

$$b_i = \frac{x_i - \overline{x}}{S_{xx}} \tag{5.2.26}$$

이다. 그러면

$$\sum_{i=1}^{n} b_i = \frac{1}{S_{xx}} \sum_{i=1}^{n} (x_i - \overline{x}) = 0 \tag{5.2.27}$$

이고

$$\sum_{i=1}^{n} b_i x_i = \frac{1}{S_{xx}} \sum_{i=1}^{n} (x_i - \overline{x}) x_i = \frac{1}{S_{xx}} \sum_{i=1}^{n} (x_i - \overline{x})^2 = 1 \tag{5.2.28}$$

이다. 이제 $\hat{\beta}_1$의 기댓값을 구하면

$$E(\hat{\beta}_1) = \sum_{i=1}^{n} b_i E(Y_i) = \sum_{i=1}^{n} b_i (\beta_0 + \beta_1 x_i) = \beta_0 \sum_{i=1}^{n} b_i + \beta_1 \sum_{i=1}^{n} b_i x_i = \beta_1$$

이므로, $\hat{\beta}_1$은 β_1의 비편향추정량이다. 그러므로 $\hat{\beta}_0$의 기댓값은

$$E(\hat{\beta}_0) = E(\overline{Y}) - \overline{x}\, E(\hat{\beta}_1) = \beta_0 + \beta_1 \overline{x} - \beta_1 \overline{x} = \beta_0$$

이므로 $\hat{\beta}_0$ 역시 β_0의 비편향추정량이다.

(b)

$$\begin{aligned} \operatorname{Var}(\hat{\beta}_1) &= \operatorname{Var}\left(\sum_{i=1}^{n} b_i Y_i\right) = \sum_{i=1}^{n} b_i^2 \operatorname{Var}(Y_i) \\ &= \sum_{i=1}^{n} b_i^2 \sigma^2 \\ &= \frac{\sigma^2}{S_{xx}^2} \sum_{i=1}^{n} (x_i - \overline{x})^2 \\ &= \frac{\sigma^2}{S_{xx}} \end{aligned}$$

이고

$$\hat{\beta}_0 = \overline{Y} - \hat{\beta}_1 \overline{x} = \frac{1}{n} \sum_{i=1}^{n} Y_i - \overline{x} \sum_{i=1}^{n} b_i Y_i = \sum_{i=1}^{n} \left(\frac{1}{n} - b_i \overline{x}\right) Y_i \equiv \sum_{i=1}^{n} a_i Y_i \tag{5.2.29}$$

이다. 여기서 $a_i = 1/n - b_i \bar{x}$ 이다. 따라서

$$\mathrm{Var}(\hat{\beta}_0) = \mathrm{Var}\left(\sum_{i=1}^{n} a_i Y_i\right) = \sum_{i=1}^{n} a_i^2 \mathrm{Var}(Y_i) = \sigma^2 \sum_{i=1}^{n} a_i^2 = \sigma^2\left(\frac{1}{n} + \frac{\bar{x}^2}{S_{xx}}\right)$$

이다. 또는

$$\begin{aligned}\mathrm{Cov}(\overline{Y}, \hat{\beta}_1) &= \mathrm{Cov}\left(\frac{1}{n}\sum_{i=1}^{n} Y_i,\ \sum_{j=1}^{n} b_j Y_j\right) \\ &= \frac{1}{n}\sum_{i=1}^{n}\sum_{j=1}^{n} b_j \mathrm{Cov}(Y_i, Y_j) \\ &= \frac{1}{n}\sum_{i=1}^{n} b_i \mathrm{Var}(Y_i) \qquad (5.2.30) \\ &= \frac{\sigma^2}{n}\sum_{i=1}^{n} b_i \\ &= 0\end{aligned}$$

이라는 사실을 이용하여

$$\begin{aligned}\mathrm{Var}(\hat{\beta}_0) = \mathrm{Var}(\overline{Y} - \hat{\beta}_1 \bar{x}) &= \mathrm{Var}(\overline{Y}) + \bar{x}^2 \mathrm{Var}(\hat{\beta}_1) - 2\bar{x}\,\mathrm{Cov}(\overline{Y}, \hat{\beta}_1) \\ &= \frac{\sigma^2}{n} + \bar{x}^2 \frac{\sigma^2}{S_{xx}} \\ &= \sigma^2\left(\frac{1}{n} + \frac{\bar{x}^2}{S_{xx}}\right)\end{aligned}$$

임을 증명할 수도 있다.

(c) $$\begin{aligned}\mathrm{Cov}(\hat{\beta}_0, \hat{\beta}_1) = \mathrm{Cov}(\overline{Y} - \hat{\beta}_1 \bar{x}, \hat{\beta}_1) &= \mathrm{Cov}(\overline{Y}, \hat{\beta}_1) - \bar{x}\,\mathrm{Cov}(\hat{\beta}_1, \hat{\beta}_1) \\ &= 0 - \bar{x}\,\mathrm{Var}(\hat{\beta}_1) \\ &= -\frac{\bar{x}\sigma^2}{S_{xx}}\end{aligned}$$

.... ■

정리 5.2.1에서 최소제곱추정량이 β_0와 β_1의 비편향추정량임을 보였으며 각각의 분산도 계산했다. 제1장에서 추정량을 구하는 방법을 소개했는데 회귀분석에서 최소제곱추정량을 널리 이용하는 이유는 추정량의 선택 기준으로 소개한 좋은 성질을 만족하고 있기 때문

이다. 다음 정리는 최소제곱추정량이 Y_i 들의 선형함수인 β_0와 β_1의 추정량들 중에서 분산이 최소가 되는 **최량선형비편향추정량**(best linear unbiased estimator: BLUE)임을 보일 것이다. 이 정리는 **가우스-마르코프**(Gauss-Markov)**정리**로 잘 알려져 있다.

정리 5.2.2 가우스-마르코프(Gauss-Markov) 정리

최소제곱추정량 $\hat{\beta}_0$과 $\hat{\beta}_1$은 β_0와 β_1의 최량선형비편향추정량이다.

• 증 명 •

여기서는 $\hat{\beta}_1$에 대해서만 증명한다. β_1의 임의의 선형비편향추정량을 β_1^*라 하자. 즉,

$$\beta_1^* = \sum_{i=1}^{n} c_i Y_i \equiv \sum_{i=1}^{n} (b_i + d_i) Y_i$$

라 하자. 그러면

$$\begin{aligned} E(\beta_1^*) &= \sum_{i=1}^{n}(b_i + d_i)E(Y_i) = \sum_{i=1}^{n}(b_i + d_i)(\beta_0 + \beta_1 x_i) \\ &= \beta_0 \sum_{i=1}^{n}(b_i + d_i) + \beta_1 \sum_{i=1}^{n}(b_i + d_i)x_i \\ &= \beta_1 \end{aligned}$$

이므로 $\sum_{i=1}^{n} b_i + \sum_{i=1}^{n} d_i = 0$이고 $\sum_{i=1}^{n} b_i x_i + \sum_{i=1}^{n} d_i x_i = 1$이어야 한다. 식 (5.2.27)과 (5.2.28)에 의해

$$\sum_{i=1}^{n} d_i = 0, \ \ \sum_{i=1}^{n} d_i x_i = 0 \qquad (5.2.31)$$

이다.

$$\begin{aligned} \mathrm{Var}(\beta_1^*) &= \sum_{i=1}^{n} c_i^2 \mathrm{Var}(Y_i) = \sigma^2 \sum_{i=1}^{n} c_i^2 \\ &= \sigma^2 \sum_{i=1}^{n} (b_i + d_i)^2 \\ &= \sigma^2 \left(\sum_{i=1}^{n} b_i^2 + 2\sum_{i=1}^{n} b_i d_i + \sum_{i=1}^{n} d_i^2 \right) \\ &= \mathrm{Var}(\hat{\beta}_1) + \sigma^2 \sum_{i=1}^{n} d_i^2 \\ &\geq \mathrm{Var}(\hat{\beta}_1) \end{aligned}$$

이다. 여기서 마지막 등식은 식 (5.2.31)에 의해

$$\sum_{i=1}^{n} b_i d_i = \sum_{i=1}^{n} \frac{(x_i - \bar{x})d_i}{S_{xx}} = \frac{1}{S_{xx}}\left(\sum_{i=1}^{n} x_i d_i - \bar{x}\sum_{i=1}^{n} d_i\right) = 0$$

임을 이용했다.

…………….. ■

예제 5.2.1 다음 데이터는 미국 20개 주에서 1인당 판매된 담배의 수량과 1,000명당 폐암으로 사망한 사람의 수를 나타낸 것이다.

	1	2	3	4	5	6	7
담배 개수(x)	25.82	18.24	28.60	31.10	28.27	27.91	26.18
사망자 수(y)	19.80	15.98	22.07	22.83	23.57	22.80	20.30

	8	9	10	11	12	13	14
담배 개수(x)	22.12	23.44	26.92	24.96	16.08	23.75	29.14
사망자 수(y)	16.59	17.71	22.04	22.72	15.60	19.50	25.02

	15	16	17	18	19	20	
담배 개수(x)	26.38	29.18	20.08	22.57	14.00	30.34	
사망자 수(y)	21.89	23.68	17.60	20.74	12.01	25.88	

자료출처: DASL(The Data and Story Library), http://lib.stat.cmu.edu/DASL

1인당 판매된 담배의 개수를 독립변수 x라 하고 1,000명당 폐암으로 사망한 사람 수를 종속변수 y라 하여 단순선형회귀모형의 β_0와 β_1의 최소제곱추정값을 구하고, 최소제곱추정값에 의해 적합된 회귀직선을 구해 보자.

$$\sum_{i=1}^{20} x_i = 495.08,\ \sum_{i=1}^{20} y_i = 408.33 \text{ 이므로 } \bar{x} = 24.754,\ \bar{y} = 20.4165 \text{ 이고}$$

$$\sum_{i=1}^{20} x_i^2 = 12682.7816,\ \sum_{i=1}^{20} x_i y_i = 10406.8987$$

이다. 그러므로

$$S_{xx} = \sum_{i=1}^{20} (x_i - \bar{x})^2 = \sum_{i=1}^{20} x_i^2 - n\bar{x}^2 = 12682.7816 - 20(24.754)^2 \approx 427.57128$$

$$S_{xy} = \sum_{i=1}^{20}(x_i - \overline{x})(y_i - \overline{y}) = \sum_{i=1}^{20} x_i y_i - n\overline{x}\,\overline{y}$$
$$= 10406.8987 - 20(24.754)(20.4165)$$
$$\approx 299.09788$$

이다. 따라서 β_0와 β_1의 최소제곱추정값은

$$\hat{\beta}_1 = \frac{S_{xy}}{S_{xx}} \approx 0.6995275$$
$$\hat{\beta}_0 = \overline{y} - \hat{\beta}_1 \overline{x} = 20.4165 - 0.6995275(24.754) \approx 3.1003$$

이고, 적합된 회귀직선은 다음과 같다.

$$\hat{y} = 3.1003 + 0.6995275\,x$$ ……………… •

5.2.3 σ^2의 추정

정리 5.2.1에서 단순선형회귀모형의 경우

$$\mathrm{Var}(\varepsilon_i) = \mathrm{Var}(Y_i) = \sigma^2, \quad i = 1, \cdots, n$$

임을 가정했다. 만일 σ^2의 값을 알지 못한다면, σ^2을 추정해야 한다. 여기서는 σ^2의 비편향추정량을 소개하고자 한다.

식 (5.2.17)에서 소개한 잔차의 제곱합을

$$\mathrm{SSE} = \sum_{i=1}^{n}(Y_i - \widehat{Y}_i)^2 \tag{5.2.32}$$

이라 하자. 일반적으로 SSE 를 **오차제곱합** (error sum of squares) 또는 **잔차제곱합** (residual sum of squares)이라 한다. SSE의 자유도는 $\widehat{Y}_i = \hat{\beta}_0 + \hat{\beta}_1 x_i$를 구하기 위해 β_0와 β_1을 추정했기 때문에 2가 줄어들어 $n-2$이다. 또는 식 (5.2.18)과 (5.2.19)에 의해

$$\sum_{i=1}^{n}(Y_i - \widehat{Y}_i) = 0 \text{과} \quad \sum_{i=1}^{n} x_i (Y_i - \widehat{Y}_i) = 0$$

의 두 제약식 때문에 자유도가 2만큼 줄어 $n-2$로 생각할 수도 있다.

$$\mathrm{MSE} = \mathrm{SSE}/(n-2) \tag{5.2.33}$$

를 **오차평균제곱**(error mean square) 또는 **잔차평균제곱**(residual mean square)이라 하고 σ^2의 추정량으로 사용한다. 그러므로 MSE를 S^2으로 나타내기도 한다.

정리 5.2.3

오차평균제곱 $\mathrm{MSE} = \mathrm{SSE}/(n-2)$는 σ^2의 비편향추정량이다.

• 증명 •

$$\begin{aligned}\mathrm{SSE} &= \sum_{i=1}^{n}(Y_i - \hat{Y}_i)^2 = \sum_{i=1}^{n}(Y_i - \hat{\beta}_0 - \hat{\beta}_1 x_i)^2 \\ &= \sum_{i=1}^{n}[Y_i - \overline{Y} - \hat{\beta}_1(x_i - \overline{x})]^2 \\ &= \sum_{i=1}^{n}(Y_i - \overline{Y})^2 + \hat{\beta}_1^2\sum_{i=1}^{n}(x_i - \overline{x})^2 - 2\hat{\beta}_1\sum_{i=1}^{n}(x_i - \overline{x})(Y_i - \overline{Y}) \\ &= S_{YY} - \hat{\beta}_1 S_{xY} \\ &= S_{YY} - \hat{\beta}_1^2 S_{xx} \end{aligned} \tag{5.2.34}$$

이다. 또한

$$E(Y_i) = \beta_0 + \beta_1 x_i,\ E(\overline{Y}) = \beta_0 + \beta_1\overline{x},\ \mathrm{Var}(Y_i) = \sigma^2,\ \mathrm{Var}(\overline{Y}) = \sigma^2/n$$

이며

$$\begin{aligned}S_{YY} = \sum_{i=1}^{n}(Y_i - \overline{Y})^2 &= \sum_{i=1}^{n}[(Y_i - \beta_1 x_i) - (\overline{Y} - \beta_1\overline{x}) + \beta_1(x_i - \overline{x})]^2 \\ &= \sum_{i=1}^{n}[(Y_i - \beta_1 x_i) - (\overline{Y} - \beta_1\overline{x})]^2 + \beta_1^2\sum_{i=1}^{n}(x_i - \overline{x})^2 \\ &\quad + 2\beta_1\sum_{i=1}^{n}(x_i - \overline{x})[(Y_i - \beta_1 x_i) - (\overline{Y} - \beta_1\overline{x})]\end{aligned}$$

이므로

$$\begin{aligned}E(\mathrm{SSE}) &= E(S_{YY}) - S_{xx}E(\hat{\beta}_1^2) \\ &= (n-1)\sigma^2 + \beta_1^2 S_{xx} - S_{xx}(\sigma^2/S_{xx} + \beta_1^2) \\ &= (n-2)\sigma^2\end{aligned}$$

이다. 따라서 정리가 증명된다.

……………… ■

예제 5.2.2 예제 5.2.1의 판매된 담배의 수량과 폐암으로 사망한 사람의 수에 대한 데이터에서 오차분산 σ^2 의 추정값을 구해 보자.

$\sum_{i=1}^{20} y_i^2 = 8577.4483$ 이므로

$$\begin{aligned} S_{yy} &= \sum_{i=1}^{20} (y_i - \overline{y})^2 \\ &= \sum_{i=1}^{20} y_i^2 - n\overline{y}^2 = 8577.4483 - 20(20.4165)^2 \approx 240.778855 \end{aligned}$$

이고

$$\begin{aligned} \text{SSE} &= S_{yy} - \hat{\beta}_1^2 S_{xx} \\ &= 240.778855 - 0.6995275^2(427.57128) \\ &\approx 31.55167 \end{aligned}$$

이므로 σ^2의 추정값은

$$\text{MSE} = \text{SSE}/(n-2) = 31.55167/18 \approx 1.75287$$

이다. ……………●

5.2.4 정규회귀분석

앞에서 다룬 단순선형회귀모형에서 β_0와 β_1의 최소제곱추정량을 구하기 위해 모집단 분포에 대해서는 어떠한 가정도 필요하지 않았다. 그러나 $\hat{\beta}_0$과 $\hat{\beta}_1$을 이용한 β_0와 β_1의 구간추정이나 β_0나 β_1에 관한 가설을 검정하기 위해서는 분포에 관한 가정이 필요하다. 지금부터는 오차항이 정규분포에서 추출한 확률표본으로 가정하고 모수에 대해 추론하고자 한다.

가정 1: $Y_i = \beta_0 + \beta_1 x_i + \varepsilon_i,\ i = 1, \cdots, n$

가정 2: $\varepsilon_i \sim \text{N}(0, \sigma^2),\ i = 1, \cdots, n$ (정규성, 등분산성)

가정 3: ε_i들은 서로 독립이다.

가정 2와 3에 의하면 $Y_i \sim \text{N}(\beta_0 + \beta_1 x_i, \sigma^2)$이며 Y_i들은 서로 독립이므로, 다음과 같이 $\beta_0, \beta_1, \sigma^2$의 MLE를 구할 수 있다. 가능도함수가

$$L(\beta_0, \beta_1, \sigma^2; \boldsymbol{y}) = \prod_{i=1}^{n} \frac{1}{\sqrt{2\pi}\,\sigma} \exp\left[-\frac{1}{2\sigma^2}(y_i - \beta_0 - \beta_1 x_i)^2\right]$$
$$= (2\pi\sigma^2)^{-n/2} \exp\left[-\frac{1}{2\sigma^2}\sum_{i=1}^{n}(y_i - \beta_0 - \beta_1 x_i)^2\right] \quad (5.2.35)$$

이므로, 로그가능도함수는

$$\ln L(\beta_0, \beta_1, \sigma^2; \boldsymbol{y}) = -\frac{n}{2}\ln(2\pi\sigma^2) - \frac{1}{2\sigma^2}\sum_{i=1}^{n}(y_i - \beta_0 - \beta_1 x_i)^2 \quad (5.2.36)$$

이다. 따라서 최대가능도방정식은 다음과 같다.

$$\frac{\partial}{\partial\beta_0} L(\beta_0, \beta_1, \sigma^2; \boldsymbol{y}) = \frac{1}{\sigma^2}\sum_{i=1}^{n}(y_i - \beta_0 - \beta_1 x_i) = 0 \quad (5.2.37)$$

$$\frac{\partial}{\partial\beta_1} L(\beta_0, \beta_1, \sigma^2; \boldsymbol{y}) = \frac{1}{\sigma^2}\sum_{i=1}^{n}(y_i - \beta_0 - \beta_1 x_i)\, x_i = 0 \quad (5.2.38)$$

$$\frac{\partial}{\partial\sigma^2} L(\beta_0, \beta_1, \sigma^2; \boldsymbol{y}) = -\frac{n}{2\sigma^2} + \frac{1}{2\sigma^4}\sum_{i=1}^{n}(y_i - \beta_0 - \beta_1 x_i)^2 = 0 \quad (5.2.39)$$

식 (5.2.37), (5.2.38)은 각각 식 (5.2.7), (5.2.8)과 동일하기 때문에 정규분포 가정하에서 β_0와 β_1의 MLE는 앞에서 구한 최소제곱추정량들과 같다. 즉, β_0와 β_1의 최대가능도추정량은

$$\hat{\beta}_1 = \frac{S_{xY}}{S_{xx}}, \quad \hat{\beta}_0 = \overline{Y} - \hat{\beta}_1 \overline{x} \quad (5.2.40)$$

이다. 식 (5.2.39)에 의해 σ^2의 MLE는

$$\widehat{\sigma^2} = \frac{1}{n}\sum_{i=1}^{n}(Y_i - \hat{\beta}_0 - \hat{\beta}_1 x_i)^2$$
$$= \frac{1}{n}\sum_{i=1}^{n}(Y_i - \widehat{Y}_i)^2 \quad (5.2.41)$$
$$= \frac{1}{n}\text{SSE}$$

이다.

5.2.2절에서 살펴 본 바와 같이 $\hat{\beta}_0$과 $\hat{\beta}_1$은 모두 Y_i들의 선형결합이므로 다음 정리를 얻을 수 있다.

정리 5.2.4

정규회귀분석의 가정 1, 2, 3이 만족되면, 다음이 성립된다.

(a) $\hat{\beta}_0 \sim \mathrm{N}\left(\beta_0,\ \sigma^2\left(\dfrac{1}{n}+\dfrac{\overline{x}^2}{S_{xx}}\right)\right)$ (5.2.42)

(b) $\hat{\beta}_1 \sim \mathrm{N}\left(\beta_1,\ \dfrac{\sigma^2}{S_{xx}}\right)$ (5.2.43)

(c) $\hat{\beta}_1,\ \overline{Y},\ \widehat{\sigma^2}$은 서로 독립이다.

(d) $\mathrm{SSE}/\sigma^2 = n\widehat{\sigma^2}/\sigma^2 \sim \chi^2(n-2)$ (5.2.44)

…………… ■

정리 5.2.4에 의해 β_0와 β_1의 구간추정과 가설검정에 이용되는 다음 정리를 얻을 수 있다.

정리 5.2.5

정규회귀분석의 가정하에 다음이 성립된다.

(a) $T_0 = \dfrac{\hat{\beta}_0 - \beta_0}{\sqrt{\mathrm{MSE}\left(\dfrac{1}{n}+\dfrac{\overline{x}^2}{S_{xx}}\right)}} \sim t(n-2)$ (5.2.45)

(b) $T_1 = \dfrac{\hat{\beta}_1 - \beta_1}{\sqrt{\mathrm{MSE}/S_{xx}}} \sim t(n-2)$ (5.2.46)

…………… ■

정규분포의 가정이 위의 결과들을 제공할 뿐 아니라 제1장에서 다룬 추정량의 선택 기준으로 사용된 완비충분성에 관한 다음 결과를 얻을 수 있다.

정리 5.2.6

정규회귀분석의 가정 1, 2, 3이 만족되면 다음이 성립된다.

(a) $\left(\sum_{i=1}^{n} Y_i,\ \sum_{i=1}^{n} x_i Y_i,\ \sum_{i=1}^{n} Y_i^2\right)$이 $\theta = (\beta_0,\ \beta_1,\ \sigma^2)$의 결합완비충분통계량이다.

(b) σ^2이 알려진 상수이면, $\left(\sum_{i=1}^{n} Y_i,\ \sum_{i=1}^{n} x_i Y_i\right)$가 $(\beta_0,\ \beta_1)$의 결합완비충분통계량이다.

• 증 명 •

(a) Y의 pdf가

$$\begin{aligned} f(y;\theta) &= (2\pi\sigma^2)^{-1/2}\exp\left(-\frac{1}{2\sigma^2}(y-\beta_0-\beta_1 x)^2\right) \\ &= (2\pi\sigma^2)^{-1/2}\exp\left(-\frac{1}{2\sigma^2}[y^2-2(\beta_0+\beta_1 x)y+(\beta_0+\beta_1 x)^2]\right) \\ &= c(\theta)h(y)\exp\left(\frac{\beta_0}{\sigma^2}y+\frac{\beta_1}{\sigma^2}xy-\frac{1}{2\sigma^2}y^2\right) \end{aligned}$$

이다. 여기서

$$c(\theta) = (2\pi\sigma^2)^{-1/2}\exp\left(-\frac{1}{2\sigma^2}(\beta_0+\beta_1 x)^2\right),\ \ h(y)=1$$

이다. 즉 3-모수 지수족이므로 정리 1.4.8에 의해 정리 (a)가 증명된다.

(b) σ^2이 알려진 상수이므로, Y의 pdf가

$$f(y;\beta_0,\beta_1) = c(\theta)h(y)\exp\left(\frac{\beta_0}{\sigma^2}y+\frac{\beta_1}{\sigma^2}xy\right)$$

로 나타낼 수 있다. 여기서

$$\begin{aligned} c(\theta) &= (2\pi\sigma^2)^{-1/2}\exp\left(-\frac{1}{2\sigma^2}(\beta_0+\beta_1 x)^2\right) \\ h(y) &= \exp\left(-\frac{1}{2\sigma^2}y^2\right) \end{aligned}$$

이다. 따라서 2-모수 지수족에 속하기 때문에 정리 1.4.8에 의해 증명된다.

……………… ■

정리 5.2.6과 정리 1.4.11에 의해 다음 정리를 얻을 수 있다.

정리 5.2.7

정규회귀분석의 가정 1, 2, 3이 만족되면, 최대가능도추정량 $\hat{\beta}_0$, $\hat{\beta}_1$과 $\frac{n}{n-2}\widehat{\sigma^2}=\mathrm{MSE}$는 각각 β_0, β_1, σ^2의 UMVUE이다. ……………… ■

다음은 정규회귀분석의 가정하에 모수들의 검정에 대해 생각해 보자. 정리 5.2.4와 정리 5.2.5에 의해 다음 정리를 얻을 수 있다.

정 리 5.2.8

정규회귀분석의 가정 1, 2, 3이 만족될 때, β_0, β_1, σ^2에 관한 각 가설에 대해 크기가 α인 검정의 기각역은 다음과 같다.

(a) t_0는 정리 5.2.5의 (a)의 T_0에서 β_0 대신에 β_{00}를 대입하여 구한 관측값이다. 즉

$$t_0 = \frac{\hat{\beta}_0 - \beta_{00}}{\sqrt{\text{MSE}\left(\frac{1}{n} + \frac{\bar{x}^2}{S_{xx}}\right)}} \tag{5.2.47}$$

가설	기각역
$H_0: \beta_0 \le \beta_{00}$ 대 $H_1: \beta_0 > \beta_{00}$	$t_0 \ge t_\alpha(n-2)$
$H_0: \beta_0 \ge \beta_{00}$ 대 $H_1: \beta_0 < \beta_{00}$	$t_0 \le -t_\alpha(n-2)$
$H_0: \beta_0 = \beta_{00}$ 대 $H_1: \beta_0 \ne \beta_{00}$	$\lvert t_0 \rvert \ge t_{\alpha/2}(n-2)$

(b) t_1은 정리 5.2.5의 (b)의 T_1에서 β_1 대신에 β_{10}를 대입하여 구한 관측값이다.

가설	기각역
$H_0: \beta_1 \le \beta_{10}$ 대 $H_1: \beta_1 > \beta_{10}$	$t_1 \ge t_\alpha(n-2)$
$H_0: \beta_1 \ge \beta_{10}$ 대 $H_1: \beta_1 < \beta_{10}$	$t_1 \le -t_\alpha(n-2)$
$H_0: \beta_1 = \beta_{10}$ 대 $H_1: \beta_1 \ne \beta_{10}$	$\lvert t_1 \rvert \ge t_{\alpha/2}(n-2)$

(c) $\chi_0^2 = \text{SSE}/\sigma_0^2$이라 하면, 정리 5.2.4의 (d)에 의해 다음이 성립된다.

가설	기각역
$H_0: \sigma^2 \le \sigma_0^2$ 대 $H_1: \sigma^2 > \sigma_0^2$	$\chi_0^2 \ge \chi_\alpha^2(n-2)$
$H_0: \sigma^2 \ge \sigma_0^2$ 대 $H_1: \sigma^2 < \sigma_0^2$	$\chi_0^2 \le \chi_{1-\alpha}^2(n-2)$
$H_0: \sigma^2 = \sigma_0^2$ 대 $H_1: \sigma^2 \ne \sigma_0^2$	$\chi_0^2 \le \chi_{1-\alpha/2}^2(n-2)$ 또는 $\chi_0^2 \ge \chi_{\alpha/2}^2(n-2)$

■

예제 5.2.3 예제 5.2.1의 판매된 담배의 수량과 폐암으로 사망한 사람의 수에 대한 데이터에서 다음 가설을 $\alpha = 0.05$로 검정해 보자.

(a) $H_0 : \beta_1 \le 0$ 대 $H_1 : \beta_1 > 0$

정리 5.2.8에 의해

$$t_1 = \frac{\hat{\beta}_1 - 0}{\sqrt{\text{MSE}/S_{xx}}} = \frac{0.6995275}{\sqrt{1.75287/427.57128}} \approx 10.9253$$

이고 $t_{0.05}(18) = 1.734$이므로 H_0를 기각한다.

(b) $H_0 : \sigma^2 \le 2$ 대 $H_1 : \sigma^2 > 2$

정리 5.2.8의 (c)에 의해

$$\chi_0^2 = \text{SSE}/\sigma_0^2 = 31.55167/2 = 15.77584$$

이고 $\chi_{0.05}^2(18) = 28.87$이므로 H_0를 기각할 수 없다. ……………●

제3장에서 이미 언급했듯이 가설검정의 채택역으로부터 신뢰구간을 유도할 수 있다. 따라서 정리 5.2.8에 의해 모수들의 신뢰구간을 쉽게 얻을 수 있다. 가설검정과의 관계를 고려하지 않더라도 정리 5.2.4와 정리 5.2.5에 의해서도 간단히 신뢰구간을 얻을 수 있다.

정리 5.2.9

정규회귀분석의 가정 1, 2, 3이 만족될 때, $\beta_0, \beta_1, \sigma^2$의 $100(1-\alpha)\%$ 신뢰구간은 각각 다음과 같다.

(a) $$\left(\hat{\beta}_0 - t_{\alpha/2}(n-2)\sqrt{\text{MSE}\left(\frac{1}{n} + \frac{\bar{x}^2}{S_{xx}}\right)},\ \hat{\beta}_0 + t_{\alpha/2}(n-2)\sqrt{\text{MSE}\left(\frac{1}{n} + \frac{\bar{x}^2}{S_{xx}}\right)}\right) \quad (5.2.48)$$

(b) $$\left(\hat{\beta}_1 - t_{\alpha/2}(n-2)\sqrt{\text{MSE}/S_{xx}},\ \hat{\beta}_1 + t_{\alpha/2}(n-2)\sqrt{\text{MSE}/S_{xx}}\right) \quad (5.2.49)$$

(c) $$\left(\frac{\text{SSE}}{\chi_{\alpha/2}^2(n-2)},\ \frac{\text{SSE}}{\chi_{1-\alpha/2}^2(n-2)}\right) \quad (5.2.50)$$

……………■

예제 5.2.4 예제 5.2.1의 판매된 담배의 수량과 폐암으로 사망한 사람의 수에 대한 데이터에서 β_0, β_1, σ^2 의 95% 신뢰구간을 각각 구해 보자. 정리 5.2.9의 (a)에 의해

$$\begin{aligned}\hat{\beta}_0 \pm t_{0.025}(18)\sqrt{\text{MSE}\left(\frac{1}{n}+\frac{\overline{x}^2}{S_{xx}}\right)} &= 3.1003 \pm 2.101\sqrt{1.75287\left(\frac{1}{20}+\frac{24.754^2}{427.57128}\right)} \\ &\approx 3.1003 \pm 3.38757\end{aligned}$$

이므로 β_0의 95% 신뢰구간은 $(-0.28727,\ 6.48787)$이다. 그리고 정리 5.2.9의 (b)에 의해

$$\begin{aligned}\hat{\beta}_1 \pm t_{0.025}(18)\sqrt{\text{MSE}/S_{xx}} &= 0.6995275 \pm 2.101\sqrt{1.75287/427.57128} \\ &\approx 0.6995275 \pm 0.134523\end{aligned}$$

이므로 β_1의 95% 신뢰구간은 $(0.5650,\ 0.8341)$이다. 마지막으로 σ^2의 95% 신뢰구간은 정리 5.2.9의 (c)에 의해 다음과 같이 구할 수 있다.

$$\left(\frac{\text{SSE}}{\chi^2_{0.025}(18)},\ \frac{\text{SSE}}{\chi^2_{0.975}(18)}\right)=\left(\frac{31.55167}{31.53},\ \frac{31.55167}{8.23}\right)\approx(1.0007,\ 3.8337)$$

……………●

5.2.5 분산분석

회귀식의 타당성 정도를 나타내는 측도로 사용할 수 있는 것이 5.2.3절에서 언급한 σ^2 의 추정량인 오차평균제곱 MSE이다. 또한 종속변수가 독립변수의 함수로서 어느 정도 설명되는지를 나타내는 **결정계수**(coefficient of determination)를 생각할 수 있다. 결정계수를 소개하기 전에 **총제곱합**(total sum of squares)

$$\text{SST}=\sum_{i=1}^{n}(Y_i-\overline{Y})^2 \tag{5.2.51}$$

의 분할을 생각해 보자.

$$\text{SST}=\sum_{i=1}^{n}(Y_i-\overline{Y})^2=\sum_{i=1}^{n}(Y_i-\widehat{Y}_i+\widehat{Y}_i-\overline{Y})^2$$

$$= \sum_{i=1}^{n}(Y_i - \widehat{Y}_i)^2 + \sum_{i=1}^{n}(\widehat{Y}_i - \overline{Y})^2 + 2\sum_{i=1}^{n}(Y_i - \widehat{Y}_i)(\widehat{Y}_i - \overline{Y}) \tag{5.2.52}$$

이고 식 (5.2.18)과 식 (5.2.20)에 의해

$$2\sum_{i=1}^{n}(Y_i - \widehat{Y}_i)(\widehat{Y}_i - \overline{Y}) = 2\sum_{i=1}^{n}e_i\widehat{Y}_i - 2\overline{Y}\sum_{i=1}^{n}e_i = 0$$

이므로

$$\begin{aligned}\mathrm{SST} = \sum_{i=1}^{n}(Y_i - \overline{Y})^2 &= \sum_{i=1}^{n}(Y_i - \widehat{Y}_i)^2 + \sum_{i=1}^{n}(\widehat{Y}_i - \overline{Y})^2 \\ &= \mathrm{SSE} + \mathrm{SSR}\end{aligned} \tag{5.2.53}$$

이다. 여기서

$$\mathrm{SSR} = \sum_{i=1}^{n}(\widehat{Y}_i - \overline{Y})^2 \tag{5.2.54}$$

을 **회귀제곱합**(regression sum of squares)이라 한다. 정규방정식 (5.2.9)에 의해

$$\sum_{i=1}^{n}Y_i = n\hat{\beta}_0 + \hat{\beta}_1\sum_{i=1}^{n}x_i = \sum_{i=1}^{n}(\hat{\beta}_0 + \hat{\beta}_1 x_i) = \sum_{i=1}^{n}\widehat{Y}_i \tag{5.2.55}$$

이므로 회귀제곱합은 회귀직선에 의해 설명되는 변동의 척도로 생각할 수 있다. 또한 $\widehat{Y}_i = \hat{\beta}_0 + \hat{\beta}_1 x_i$이고 $\overline{Y} = \hat{\beta}_0 + \hat{\beta}_1\overline{x}$이므로

$$\mathrm{SSR} = \sum_{i=1}^{n}(\widehat{Y}_i - \overline{Y})^2 = \hat{\beta}_1^2\sum_{i=1}^{n}(x_i - \overline{x})^2 \tag{5.2.56}$$

이다. 이때

$$R^2 = \frac{\mathrm{SSR}}{\mathrm{SST}} = 1 - \frac{\mathrm{SSE}}{\mathrm{SST}} \tag{5.2.57}$$

를 **결정계수**(coefficient of determination)라 하고, 회귀직선이 총변동 중 어느 정도를 설명하는지를 나타내는 척도이다. 만일 추정된 회귀직선 위에 모든 데이터가 존재한다면 $\mathrm{SSE} = 0$이므로 $R^2 = 1$이 된다. 물론 결정계수는 정의에 의해 $0 \le R^2 \le 1$을 만족한다. 즉 R^2의 값이 1에 가까울수록 회귀직선이 잘 적합됨을 의미한다.

예제 5.2.5 예제 5.2.1의 판매된 담배의 수량과 폐암으로 사망한 사람의 수에 대한

데이터에서 결정계수 R^2을 계산해 보자.

$$\mathrm{SST}=\sum_{i=1}^{20}(y_i-\overline{y})^2=240.778855$$

이므로, 식 (5.2.57)에 의해 결정계수는

$$R^2=\frac{\mathrm{SSR}}{\mathrm{SST}}=1-\frac{\mathrm{SSE}}{\mathrm{SST}}=1-\frac{31.55167}{240.778855}\approx 0.869$$

이다. 즉, 관측된 20개의 폐암으로 사망한 사람의 수가 갖는 총변동 중 약 87%를 판매된 담배의 개수인 x를 사용한 단순선형회귀모형으로 설명할 수 있다. ……●

이제 각 제곱합을 자유도로 나눈 **평균제곱**(mean square)을 생각해 보자. SSE의 자유도는 $n-2$이고 SSR의 자유도가 1이므로 앞에서 정의했듯이 **오차평균제곱**은

$$\mathrm{MSE}=\mathrm{SSE}/(n-2) \tag{5.2.58}$$

이고 **회귀평균제곱**(regression mean square)은

$$\mathrm{MSR}=\mathrm{SSR}/1=\mathrm{SSR} \tag{5.2.59}$$

이다. 따라서 평균제곱은 일종의 분산의 추정량이다. 물론 $\mathrm{SST}/(n-1)$은 Y_i들의 표본분산이다. 이러한 제곱합을 이용한 분산분석기법에 의해 $H_0:\beta_1=0$을 검정해 보자. 이에 필요한 분산분석표는 다음과 같다.

표 5.2.1 단순선형회귀모형의 분산분석표

요인	제곱합	자유도	평균제곱	F_0
회귀	SSR	1	MSR	$F_0=\mathrm{MSR}/\mathrm{MSE}$
잔차	SSE	$n-2$	MSE	
합계	SST	$n-1$		

정리 5.2.8에서 언급했던 β_1의 가설검정 중 $H_0:\beta_1=0$ 대 $H_1:\beta_1\neq 0$의 검정을 F_0의 값을 이용하여 검정할 수 있다. 물론 t-확률변수의 제곱이 F분포라는 사실에 의해 앞에서 t-분포를 이용한 검정과 동일한 결과를 얻는다. 만일 β_1이 0이 아니면 회귀모형이 타당하므로 MSR이 크게 나타나 F_0값이 클 것이다. 따라서 F_0가 큰 경우는 β_1이 0이 아니라는 결론을 내릴 수 있다. 즉 귀무가설을 기각한다. F_0의 분포를 구하기 위해 필요한 다음 **코크란의**

정리 (Cochran's theorem)를 먼저 소개한다.

정 리 5.2.10 코크란의 정리 (Gochran's theorem)

$Y_1, \cdots, Y_n$이 독립이며 동일한 정규분포 $\mathrm{N}(\mu, \sigma^2)$를 따르는 확률변수이고, 총제곱합 SST가 각각 자유도 df_r인 k개의 제곱합 SS_r로 분할되면, SS_r/σ^2은 서로 독립이며 자유도가 df_r인 카이제곱분포 $\chi^2(\mathrm{df}_r)$을 따른다. 여기서

$$\sum_{r=1}^{k} \mathrm{df}_r = n-1$$

이다. ……………■

정규회귀분석의 가정하에

$$Y_i \sim \mathrm{N}(\beta_0 + \beta_1 x_i, \sigma^2), \ i = 1, \cdots, n \tag{5.2.60}$$

이므로 $H_0 : \beta_1 = 0$하에서

$$Y_i \sim \mathrm{N}(\beta_0, \sigma^2), \ i = 1, \cdots, n \tag{5.2.61}$$

이다. 또한

$$\mathrm{SST} = \mathrm{SSE} + \mathrm{SSR}$$

이므로 정리 5.2.4에서 이미 밝혔듯이 $\mathrm{SSE}/\sigma^2 \sim \chi^2(n-2)$이고 정리 5.2.10에 의해 $\mathrm{SSR}/\sigma^2 \sim \chi^2(1)$이며 SSE와 SSR은 서로 독립이다. 따라서 $H_0 : \beta_1 = 0$하에서

$$F_0 = \frac{\mathrm{SSR}/\sigma^2}{\mathrm{SSE}/\sigma^2(n-2)} = \frac{\mathrm{MSR}}{\mathrm{MSE}} \sim F(1, n-2) \tag{5.2.62}$$

이다. 그러므로

$$F_0 > F_\alpha(1, n-2) \tag{5.2.63}$$

이면 H_0를 기각한다.

예제 5.2.6 예제 5.2.1의 판매된 담배의 수량과 폐암으로 사망한 사람의 수에 대한 데이터에서 분산분석표를 작성하고 $H_0 : \beta_1 = 0$ 대 $H_1 : \beta_1 \neq 0$의 검정을 분산분석

표를 이용하여 $\alpha = 0.05$로 검정해 보자.

$$\mathrm{SST} = 240.778855,\ \ \mathrm{SSE} = 31.55167$$

이므로 회귀제곱합은

$$\mathrm{SSR} = \mathrm{SST} - \mathrm{SSE} = 240.77886 - 31.55167 = 209.22719$$

이다. 따라서 분산분석표는 다음과 같다.

요인	제곱합	자유도	평균제곱	F_0
회귀	209.22719	1	209.22719	119.3626
잔차	31.55167	18	1.75287	
합계	240.77886	19		

$F_0 = 119.3626 > F_{0.05}(1,18) = 4.41$이므로 H_0를 기각한다. ……………●

5.2.6 상관분석

지금까지의 회귀분석에서는 독립변수 x를 통제 가능한 변수로서 알려진 상수로 취급했다. 그러나 응용분야에서는 독립변수가 통제될 수 없는 확률변수인 경우가 많이 있다. 즉 독립변수 X도 확률변수인 경우의 분석방법에 대해 생각해 보자.

먼저 (X, Y)가 이변량 정규분포 $\mathrm{BN}(\mu_1, \mu_2, \sigma_1^2, \sigma_2^2, \rho)$를 따른다고 가정하면 《통계적 확률분포이론》의 정리 6.8.3에 의해

$$Y|x \sim \mathrm{N}\left(\mu_2 + \rho\frac{\sigma_2}{\sigma_1}(x-\mu_1),\ \sigma_2^2(1-\rho^2)\right) \tag{5.2.64}$$

이므로

$$E(Y|x) = \mu_2 + \rho\frac{\sigma_2}{\sigma_1}(x-\mu_1) = \mu_2 - \rho\frac{\sigma_2}{\sigma_1}\mu_1 + \rho\frac{\sigma_2}{\sigma_1}x \tag{5.2.65}$$

이다. 따라서 식 (5.2.3)과 식 (5.2.4)와 비교하면

$$\beta_0 = \mu_2 - \rho\frac{\sigma_2}{\sigma_1}\mu_1,\ \ \beta_1 = \rho\frac{\sigma_2}{\sigma_1},\ \ \sigma^2 = \sigma_2^2(1-\rho^2) \tag{5.2.66}$$

인 경우로 식 (5.2.3)과 (5.2.4)를 만족한다. 따라서 지금껏 설명한 모든 회귀분석 방법을 그대

로 적용할 수 있다. 단 추정량에서 x 대신에 확률변수 X를 대입하면 된다. 예를 들어 $\hat{\beta}_1 = S_{XY}/S_{XX}$이다. $E(Y|x)$가 x의 선형함수이기만 하면

$$E(Y|x) = E(Y) + \frac{\mathrm{Cov}(X,\ Y)}{\mathrm{Var}(X)}(x - E(X)) \tag{5.2.67}$$

이므로 $(X,\ Y) \sim \mathrm{BN}(\mu_1,\ \mu_2,\ \sigma_1^2,\ \sigma_2^2,\ \rho)$라는 가정을 하지 않더라도 $X = x$가 주어졌을 때 Y의 조건부기댓값이 x의 선형함수라는 조건만 만족하면 단순선형회귀모형을 적합시킬 수 있다. 그러므로 신뢰구간과 검정을 위해서

$$Y_i \,|\, x_i \sim \mathrm{N}(\beta_0 + \beta_1 x_i,\ \sigma^2),\ \ i = 1, \cdots, n \tag{5.2.68}$$

이고 서로 독립이며, X_i들도 독립이고 X_i의 분포가 $\beta_0,\ \beta_1,\ \sigma^2$을 포함하지 않는다는 조건만 만족되면 독립변수 X가 확률변수인 경우에도 회귀모형을 적용하여 분석할 수 있다.

5.2.6.1 상관계수의 점추정

확률표본 $(X_1,\ Y_1), \cdots, (X_n,\ Y_n)$이 주어지면

$$r_{XY} = \frac{S_{XY}}{\sqrt{S_{XX}S_{YY}}} = \frac{\sum_{i=1}^{n}(X_i - \overline{X})(Y_i - \overline{Y})}{\sqrt{\sum_{i=1}^{n}(X_i - \overline{X})^2 \sum_{i=1}^{n}(Y_i - \overline{Y})^2}} \tag{5.2.69}$$

을 X와 Y의 **표본상관계수**(sample correlation coefficient)라 한다.

표본상관계수를 피어슨의 표본상관계수라고도 하는데 상관계수 ρ의 추정량으로 가장 널리 이용되고 있다. 다른 추정량에 대해서는 제6장에서 언급할 것이다. 《통계적 확률분포 이론》의 4.6절에서 상관계수를 설명했기 때문에 여기서는 생략한다.

$\hat{\beta}_1 = S_{XY}/S_{XX}$이므로 표본상관계수 r_{XY}는

$$r_{XY} = \hat{\beta}_1 \sqrt{\frac{S_{XX}}{S_{YY}}} \tag{5.2.70}$$

로 나타낼 수도 있다. 식 (5.2.56)과 식 (5.2.70)을 이용하면 결정계수가 표본상관계수의 제곱과 같음을 알 수 있다. 즉 $R^2 = r_{XY}^2$이다.

예제 5.2.7 예제 5.2.1의 판매된 담배의 수량과 폐암으로 사망한 사람의 수 모두 확률변수로 생각하고 표본상관계수 r_{XY}를 계산해 보자. 식 (5.2.70)에 의해

$$r_{XY} = \hat{\beta}_1 \sqrt{\frac{S_{XX}}{S_{YY}}} = 0.6995275 \sqrt{\frac{427.57128}{240.77886}} \approx 0.9322$$

이다. 물론 예제 5.2.5에서 구한 결정계수의 양의 제곱근에 의해서도 구할 수 있다.

5.2.6.2 상관계수의 검정

만일 $(X, Y) \sim \mathrm{BN}(\mu_1, \mu_2, \sigma_1^2, \sigma_2^2, \rho)$이면 X와 Y가 독립일 필요충분조건이 $\rho = 0$이므로 이변량 정규분포의 가정하에서는 상관계수의 검정이 독립성 검정이 된다. 여기서 주로 관심의 대상이 되는 $H_0 : \rho = 0$ 검정에 대해 알아보자. X와 Y가 이변량 정규분포를 따른다는 가정하에 식 (5.2.66)에 의해 $H_0 : \rho = 0$의 검정은 $H_0 : \beta_1 = 0$의 검정과 동일하다. 그러므로 정리 5.2.5의 (b)에 의해 다음 정리를 얻을 수 있다.

정리 5.2.11

$(X_1, Y_1), \cdots, (X_n, Y_n)$이 이변량 정규분포 $\mathrm{BN}(\mu_1, \mu_2, \sigma_1^2, \sigma_2^2, \rho)$에서의 확률표본이면 다음이 성립된다.

(a) $H_0 : \rho = 0$하에서

$$T = \frac{\sqrt{n-2}\, r_{XY}}{\sqrt{1 - r_{XY}^2}} = \frac{\hat{\beta}_1}{\sqrt{\mathrm{MSE}/S_{XX}}} \sim t\,(n-2). \qquad (5.2.71)$$

(b) 상관계수 ρ에 대한 크기가 α인 검정의 기각역은 다음과 같다. 여기서 t는 T의 관측값이다.

가설	기각역
$H_0: \rho \le 0$ 대 $H_1: \rho > 0$	$t \ge t_\alpha(n-2)$
$H_0: \rho \ge 0$ 대 $H_1: \rho < 0$	$t \le -t_\alpha(n-2)$
$H_0: \rho = 0$ 대 $H_1: \rho \ne 0$	$\lvert t \rvert \ge t_{\alpha/2}(n-2)$

이변량 정규분포에서의 확률표본에 대해 표본상관계수 r_{XY}의 표집분포가 복잡하기 때

문에 일반적으로 표본의 크기 n이 25 이상인 경우는 피셔(Fisher)에 의한 다음의 변환을 이용하여 상관계수에 관한 근사적인 검정이나 신뢰구간을 구할 수도 있다.

$$\frac{1}{2}\ln\left(\frac{1+r_{XY}}{1-r_{XY}}\right) \approx \mathrm{N}\left(\frac{1}{2}\ln\left(\frac{1+\rho}{1-\rho}\right),\ \frac{1}{n-3}\right) \tag{5.2.72}$$

이러한 사실을 요약하면 다음 정리를 얻을 수 있다.

정리 5.2.12

$(X_1,\ Y_1), \cdots, (X_n,\ Y_n)$이 이변량 정규분포 $\mathrm{BN}(\mu_1,\ \mu_2,\ \sigma_1^2,\ \sigma_2^2,\ \rho)$에서 추출한 확률표본이고

$$Z_0 = \frac{\sqrt{n-3}}{2}\ln\left[\frac{(1-\rho_0)(1+r_{XY})}{(1+\rho_0)(1-r_{XY})}\right]$$

라 하면 상관계수에 관한 근사적으로 크기가 α인 검정은 다음과 같다. z_0는 Z_0의 관측값이다.

가설	기각역
$H_0: \rho \le \rho_0$ 대 $H_1: \rho > \rho_0$	$z_0 \ge z_\alpha$
$H_0: \rho \ge \rho_0$ 대 $H_1: \rho < \rho_0$	$z_0 \le -z_\alpha$
$H_0: \rho = \rho_0$ 대 $H_1: \rho \ne \rho_0$	$\lvert z_0\rvert \ge z_{\alpha/2}$

……………■

예제 5.2.8 예제 5.2.1의 판매된 담배의 수량과 폐암으로 사망한 사람의 수에 대한 데이터에서 다음 가설을 $\alpha = 0.05$로 검정해 보자.

(a) $H_0: \rho = 0$ 대 $H_1: \rho \ne 0$

정리 5.2.11에 의해

$$t = \frac{\sqrt{n-2}\,r_{XY}}{\sqrt{1-r_{XY}^2}} = \frac{\sqrt{18}\,(0.9322)}{\sqrt{1-0.9322^2}} \approx 10.9271$$

이고 $t_{0.025}(18) = 2.101$이므로 기각역 $\lvert t\rvert \ge t_{0.025}(18)$에 포함되어 H_0를 기각한다. 즉, X와 Y는 독립이 아니다.

(b) $H_0: \rho \le 0.85$ 대 $H_1: \rho > 0.85$

정리 5.2.12에 의해

$$z_0 = \frac{\sqrt{n-3}}{2}\ln\left[\frac{(1-\rho_0)(1+r_{XY})}{(1+\rho_0)(1-r_{XY})}\right]$$
$$= \frac{\sqrt{17}}{2}\ln\left[\frac{0.15(1+0.9322)}{1.85(1-0.9322)}\right] \approx 1.7266$$

이고 $z_{0.05} = 1.645$이므로 H_0를 기각한다. ……………●

연습문제

5.2.1 단순선형회귀모형에서 β_1의 최소제곱추정량 $\hat{\beta}_1$에 대해 $E(\hat{\beta}_1^2) = \beta_1^2 + \sigma^2/S_{xx}$임을 보여라.

5.2.2 단순선형회귀모형에서 다음이 성립됨을 보여라.

(a) $\mathrm{Var}(\hat{Y}) = \sigma^2\left(\frac{1}{n} + \frac{(x-\bar{x})^2}{S_{xx}}\right)$

(b) $\mathrm{Cov}(Y_i, \hat{\beta}_0) = \sigma^2\left(\frac{1}{n} - \frac{(x_i-\bar{x})\bar{x}}{S_{xx}}\right)$

(c) $\mathrm{Cov}(Y_i, \hat{\beta}_1) = \frac{x_i - \bar{x}}{S_{xx}}\sigma^2$

5.2.3 단순선형회귀모형에서 잔차 e_i에 대해 다음이 성립됨을 보여라.

(a) $E(e_i) = 0$

(b) $\mathrm{Cov}(e_i, \hat{\beta}_0) = 0$

(c) $\mathrm{Cov}(e_i, \hat{\beta}_1) = 0$

5.2.4 다음이 성립함을 보여라.

$$\mathrm{SSE} = \sum_{i=1}^{n} Y_i^2 - \hat{\beta}_0 \sum_{i=1}^{n} Y_i - \hat{\beta}_1 \sum_{i=1}^{n} x_i Y_i$$

5.2.5 회귀평균제곱 MSR의 기댓값이 $E(\mathrm{MSR}) = \sigma^2 + \beta_1^2 S_{xx}$ 임을 보여라.

5.2.6 $E(\text{SST}) = (n-1)\sigma^2 + \beta_1^2 S_{xx}$ 임을 보여라.

5.2.7 단순선형회귀모형에서 회귀제곱합은 $\text{SSR} = \dfrac{S_{xY}^2}{S_{xx}}$ 임을 보여라.

5.2.8 결정계수가 $R^2 = \dfrac{S_{xY}^2}{S_{xx} S_{YY}}$ 임을 보여라.

5.2.9 정규회귀분석에서 $\text{Var}(\text{MSE}) = 2\sigma^4/(n-2)$ 임을 보여라.

5.2.10 정리 5.2.11의 (a)를 증명하라.

5.2.11 다음 데이터는 여자 10명의 발 크기 x와 손 크기 y(단위: mm)를 측정한 것이다.

	1	2	3	4	5	6	7	8	9	10
x	223	216	235	248	250	241	229	254	240	230
y	165	159	182	188	178	184	178	184	165	170

(a) 단순회귀모형에서 발 크기 x를 독립변수로 손 크기 y를 종속변수로 생각하여 절편과 기울기의 최소제곱추정값을 구하고 적합된 회귀직선을 구하라.

(b) $x = 220$ 일 때, 손의 평균크기를 추정하라.

(c) 오차분산 σ^2의 비편향추정값을 구하라.

(d) $H_0 : \beta_0 = 0$ 대 $H_1 : \beta_0 \neq 0$을 $\alpha = 0.05$로 검정하라.

(e) $H_0 : \beta_1 = 0$ 대 $H_1 : \beta_1 \neq 0$을 $\alpha = 0.05$로 검정하라.

(f) $H_0 : \sigma^2 = 55$ 대 $H_1 : \sigma^2 \neq 55$를 $\alpha = 0.05$로 검정하라.

(g) β_0의 95% 신뢰구간을 구하라.

(h) β_1의 95% 신뢰구간을 구하라.

(i) 결정계수 R^2을 구하라.

5.2.12 다음 데이터는 수리통계학 과목을 수강한 15명의 중간시험성적(x)과 기말시험성적(y)을 각각 30점 만점으로 채점한 점수이다. SPSS의 출력결과를 이용하여 다음에 답하라.

	1	2	3	4	5	6	7	8	9	10	11	12	13	14	15
x	8	0	16	18	10	25	15	16	19	23	5	14	10	11	27
y	10	11.5	18.5	21	16.5	22	21.5	26	21	27	17.5	18	21	13	28

(a) 단순선형회귀모형에서 중간시험성적(x)을 독립변수로 기말시험성적(y)을 종속변수로 생각하여 β_0와 β_1의 최소제곱추정값을 구하라. 최소제곱추정값에 의한 적합된 회귀직선을 구하라.

(b) 중간시험성적이 $x = 20$일 때 기말시험성적의 평균을 추정하라.

(c) 오차분산 σ^2의 비편향추정값을 구하라.

(d) $H_0: \beta_0 \le 9$ 대 $H_1: \beta_0 > 9$를 $\alpha = 0.05$로 검정하라.

(e) $H_0: \beta_1 \le 0$ 대 $H_1: \beta_1 > 0$을 $\alpha = 0.05$로 검정하라.

(f) $H_0: \sigma^2 \le 10$ 대 $H_1: \sigma^2 > 10$을 $\alpha = 0.05$로 검정하라.

(g) β_0의 95% 신뢰구간을 구하라.

(h) β_1의 95% 신뢰구간을 구하라.

(i) 결정계수 R^2을 구하라.

모형 요약

모형	R	R 제곱	수정된 R 제곱	측정값의 표준오차
1	.800	.639	.612	3.3337

분산분석

모형		제곱합	자유도	평균 제곱	F	유의확률
1	회귀 모형	256.021	1	256.021	23.036	.000
	잔차	144.479	13	11.114		
	합계	400.500	14			

계수

모형		비표준화 계수		표준화 계수	t	유의확률	B에 대한 95.0% 신뢰구간	
		B	표준오차	베타			하한값	상한값
1	(상수)	11.168	1.938		5.763	.000	6.981	15.354
	x	.576	.120	.800	4.800	.000	.317	.835

5.2.13 다음은 영국, 노르웨이, 스웨덴 등의 어느 특정 지역에서 얻어진 데이터로, 연평균 온도 x (화씨 °F)와 여성의 유방 종양에 의한 사망지수 y이다.

	1	2	3	4	5	6	7	8	9	10	11	12	13	14	15	16
x	51.3	49.9	50.0	49.2	48.5	47.8	47.3	45.1	46.3	42.1	44.2	43.5	42.3	40.2	31.8	34.0
y	102.5	104.5	100.4	95.9	87.0	95.0	88.6	89.2	78.9	84.6	81.7	72.2	65.1	68.1	67.3	52.5

자료출처: DASL(The Data and Story Library), http://lib.stat.cmu.edu/DASL

(a) 단순선형회귀모형에서 연평균 온도 x(화씨 °F)를 독립변수로 여성의 유방 종양에 의한 사망지수 y를 종속변수로 생각하여 β_0와 β_1의 최소제곱추정값을 구하라. 최소제곱추정값에 의한 적합된 회귀직선을 구하라.

(b) 연평균 온도가 $x = 49$°F일 때 여성의 유방 종양에 의한 사망지수의 평균을 추정하라.

(c) 오차분산 σ^2의 비편향추정값을 구하라.

(d) $H_0 : \beta_0 = 0$ 대 $H_1 : \beta_0 \neq 0$을 $\alpha = 0.05$로 검정하라.

(e) $H_0 : \beta_1 \leq 0$ 대 $H_1 : \beta_1 > 0$을 $\alpha = 0.05$로 검정하라.

(f) $H_0 : \sigma^2 \leq 40$ 대 $H_1 : \sigma^2 > 40$을 $\alpha = 0.05$로 검정하라.

(g) β_0의 95% 신뢰구간을 구하라.

(h) β_1의 95% 신뢰구간을 구하라.

(i) σ^2의 95% 신뢰구간을 구하라.

(j) 결정계수 R^2을 구하라.

(k) 분산분석기법을 이용하여 회귀모형이 유의한지를 $\alpha = 0.05$로 검정하라.

5.2.14 연습문제 5.2.11번 데이터에 대해 두 변수 모두 확률변수라 생각하고 표본상관계수를 이용해 다음을 $\alpha = 0.05$로 검정하라.

(a) $H_0 : \rho = 0$ 대 $H_1 : \rho \neq 0$

(b) $H_0 : \rho \leq 0.5$ 대 $H_1 : \rho > 0.5$

5.2.15 연습문제 5.2.12번 데이터에 대해 두 변수 모두 확률변수라 생각하고 표본상관계수를 이용해 $H_0 : \rho \leq 0.4$ 대 $H_1 : \rho > 0.4$를 $\alpha = 0.05$로 검정하라.

5.2.16 연습문제 5.2.13번 데이터에 대해 두 변수 모두 확률변수라 생각하고 표본상관계수

를 이용해 다음을 $\alpha = 0.05$로 검정하라.

(a) $H_0 : \rho \leq 0$ 대 $H_1 : \rho > 0$

(b) $H_0 : \rho \leq 0.5$ 대 $H_1 : \rho > 0.5$

5.3 중선형회귀분석

지금까지 독립변수가 한 개인 단순선형회귀모형에 대해 알아보았다. 그러나 종속변수가 오직 한 개의 독립변수에만 영향을 받는 것이 아니라 두 개 이상의 독립변수와 관계가 있는 경우가 실제 응용에서는 대부분이다. 따라서 여기서는 두 개 이상의 독립변수를 갖는 선형회귀모형에 대해 알아보고자 한다.

일반적으로 종속변수 Y는 $p-1$개의 독립변수 $x_1, \cdots, x_{p-1}$과 다음의 관계식을 갖는다고 가정한다.

$$Y = \beta_0 + \beta_1 x_1 + \cdots + \beta_{p-1} x_{p-1} + \varepsilon \tag{5.3.1}$$

식 (5.3.1)을 $p-1$개의 독립변수를 갖는 **중선형회귀모형**(multiple linear regression model)이라 한다. 중선형회귀모형에서도 단순선형회귀모형에서와 같이 오차항 ε은 평균이 0이고 분산이 σ^2인 확률변수로 가정한다. 즉

$$E(\varepsilon) = 0,\ \mathrm{Var}(\varepsilon) = \sigma^2 \tag{5.3.2}$$

이다. 따라서 Y는 확률변수이고

$$E(Y) = \beta_0 + \beta_1 x_1 + \cdots + \beta_{p-1} x_{p-1} \tag{5.3.3}$$

$$\mathrm{Var}(Y) = \sigma^2 \tag{5.3.4}$$

이다. 여기서는 p개의 회귀계수와 σ^2을 추정해야 한다. 회귀계수 β_i들을 추정하는 문제를 먼저 생각해 보자.

5.3.1 최소제곱법

중선형회귀모형 식 (5.3.1)에서 n개의 표본에 근거하여 β_i들을 추정해 보자. 즉

$$Y_i = \beta_0 + \beta_1 x_{i1} + \cdots + \beta_{p-1} x_{i(p-1)} + \varepsilon_i,\ i = 1, \cdots, n \tag{5.3.5}$$

이다. 추정량을 구하기 전에 먼저 주어진 관계식을 행렬을 이용해 나타내 보자.

$$\boldsymbol{Y}=\begin{pmatrix} Y_1 \\ Y_2 \\ \cdot \\ \cdot \\ \cdot \\ Y_n \end{pmatrix} \quad \boldsymbol{X}=\begin{pmatrix} 1 & x_{11} & x_{12} & \cdots & x_{1(p-1)} \\ 1 & x_{21} & x_{22} & \cdots & x_{2(p-1)} \\ \cdot & \cdot & \cdot & \cdots & \cdot \\ \cdot & \cdot & \cdot & \cdots & \cdot \\ \cdot & \cdot & \cdot & \cdots & \cdot \\ 1 & x_{n1} & x_{n2} & \cdots & x_{n(p-1)} \end{pmatrix} \quad \beta=\begin{pmatrix} \beta_0 \\ \beta_1 \\ \cdot \\ \cdot \\ \cdot \\ \beta_{p-1} \end{pmatrix} \quad \varepsilon=\begin{pmatrix} \varepsilon_1 \\ \varepsilon_2 \\ \cdot \\ \cdot \\ \cdot \\ \varepsilon_n \end{pmatrix} \tag{5.3.6}$$

이라 하면, 식 (5.3.5)는

$$\boldsymbol{Y}=\boldsymbol{X}\beta+\varepsilon \tag{5.3.7}$$

으로 나타낼 수 있다. 여기서 $\boldsymbol{X}$를 **설계행렬** 또는 **계획행렬**(design matrix)이라 한다.

이제 중선형회귀모형에서 모수들의 벡터 β의 추정문제에 대해 알아보자. 단순선형회귀모형에서와 같이

$$\begin{aligned} Q=\sum_{i=1}^{n}\varepsilon_i^2 &= \sum_{i=1}^{n}(Y_i-\beta_0-\beta_1 x_{i1}-\cdots-\beta_{p-1}x_{i(p-1)})^2 \\ &= (\boldsymbol{Y}-\boldsymbol{X}\beta)'(\boldsymbol{Y}-\boldsymbol{X}\beta) \\ &= \boldsymbol{Y}'\boldsymbol{Y}-2\beta'\boldsymbol{X}'\boldsymbol{Y}+\beta'(\boldsymbol{X}'\boldsymbol{X})\beta \end{aligned} \tag{5.3.8}$$

를 최소가 되게 하는 β를 구하면 된다. 벡터에 관해 미분하면

$$\frac{\partial Q}{\partial \beta}=-2\boldsymbol{X}'\boldsymbol{Y}+2\boldsymbol{X}'\boldsymbol{X}\beta=0 \tag{5.3.9}$$

이므로, β의 최소제곱추정량 $\hat{\beta}$은

$$\hat{\beta}=(\boldsymbol{X}'\boldsymbol{X})^{-1}\boldsymbol{X}'\boldsymbol{Y} \tag{5.3.10}$$

이다. 잔차 e_i들의 벡터를

$$e=\boldsymbol{Y}-\hat{\boldsymbol{Y}}=\boldsymbol{Y}-\boldsymbol{X}\hat{\beta} \tag{5.3.11}$$

으로 정의한다. 여기서

$$e=\begin{pmatrix} e_1 \\ e_2 \\ \cdot \\ \cdot \\ \cdot \\ e_n \end{pmatrix} \quad \hat{\boldsymbol{Y}}=\begin{pmatrix} \widehat{Y}_1 \\ \widehat{Y}_2 \\ \cdot \\ \cdot \\ \cdot \\ \widehat{Y}_n \end{pmatrix}=\boldsymbol{X}\hat{\beta}=\boldsymbol{X}(\boldsymbol{X}'\boldsymbol{X})^{-1}\boldsymbol{X}'\boldsymbol{Y}$$

이다.

정리 5.3.1

중선형회귀모형 $Y = X\beta + \varepsilon$에서 잔차들은 다음을 만족한다.

(a) $X'e = 0$

(b) $\hat{Y}'e = 0$ ■

예제 5.3.1 다음 데이터는 1925년부터 1941년까지 쇠고기와 돼지고기의 1인당 소비량과 가격을 나타낸 것이다.

쇠고기 가격(y)	1인당 쇠고기 소비량(x_1)	1인당 돼지고기 소비량(x_2)
59.7	58.6	65.8
59.7	59.4	63.3
63.0	53.7	66.8
71.0	48.1	69.9
71.0	49.0	68.7
74.2	48.2	66.1
72.1	47.9	67.4
79.0	46.0	69.7
73.1	50.8	68.7
70.2	55.2	62.2
82.2	52.2	47.7
68.4	57.3	54.4
73.0	54.4	55.0
70.2	53.6	57.4
67.8	53.9	63.9
63.4	54.2	72.4
56.0	60.0	67.4

자료출처: DASL(The Data and Story Library), http://lib.stat.cmu.edu/DASL

중선형회귀모형에서 쇠고기와 돼지고기의 1인당 소비량을 독립변수로 쇠고기 가격을 종속변수로 생각하여 β의 최소제곱추정값을 구하고, 최소제곱추정값에 의한 적합된 회귀선을 구해 보자.

$$Y = \begin{pmatrix} 59.7 \\ 59.7 \\ \vdots \\ 56.0 \end{pmatrix},\quad X = \begin{pmatrix} 1 & 58.6 & 65.8 \\ 1 & 59.4 & 63.3 \\ \vdots & \vdots & \vdots \\ 1 & 60.0 & 67.4 \end{pmatrix},\quad \beta = \begin{pmatrix} \beta_0 \\ \beta_1 \\ \beta_2 \end{pmatrix}$$

이고

$$\boldsymbol{X}'\boldsymbol{X}=\begin{pmatrix}17 & 902.5 & 1086.8\\ 902.5 & 48205.25 & 57563.62\\ 1086.8 & 57563.62 & 70185.2\end{pmatrix},\ \boldsymbol{X}'\boldsymbol{Y}=\begin{pmatrix}1174\\ 61969.13\\ 74798.5\end{pmatrix}$$

이므로 식 (5.3.9)의 정규방정식은 다음과 같다.

$$\begin{aligned}17\hat{\beta}_0 + 902.5\hat{\beta}_1 + 1086.8\hat{\beta}_2 &= 1174\\ 902.5\hat{\beta}_0 + 48205.25\hat{\beta}_1 + 57563.62\hat{\beta}_2 &= 61969.13\\ 1086.8\hat{\beta}_0 + 57563.62\hat{\beta}_1 + 70185.2\hat{\beta}_2 &= 74798.5\end{aligned}$$

위의 연립방정식을 풀면

$$\hat{y}=190.19955696-1.507252849x_1-0.64326166x_2$$

로 주어진다. 한편 $\boldsymbol{X}'\boldsymbol{X}$의 역행렬이

$$(\boldsymbol{X}'\boldsymbol{X})^{-1}\approx\begin{pmatrix}21.638055816 & -0.242682448 & -0.136019543\\ -0.242682448 & 0.003728418 & 0.0006999489\\ -0.136019543 & 0.0006999489 & 0.0015464008\end{pmatrix}$$

이므로 식 (5.3.10)에 의해 β의 최소제곱추정값을 구하면

$$\begin{aligned}\hat{\beta}&=(\boldsymbol{X}'\boldsymbol{X})^{-1}\boldsymbol{X}'\boldsymbol{Y}\\ &=\begin{pmatrix}21.638055816 & -0.242682448 & -0.136019543\\ -0.242682448 & 0.003728418 & 0.0006999489\\ -0.136019543 & 0.0006999489 & 0.0015464008\end{pmatrix}\begin{pmatrix}1174\\ 61969.13\\ 74798.5\end{pmatrix}\\ &\approx\begin{pmatrix}190.19957\\ -1.50725\\ -0.64326\end{pmatrix}\end{aligned}$$

이다. 사실 반올림에 의한 오차 때문에 위의 두 방법에 의한 값에 약간의 차이가 발생한 것이다. 실제로 작은 차이라도 이 값들을 이용해 행렬 계산을 하면 제법 큰 차이가 날 수도 있다. ……………●

5.3.2 최소제곱추정량의 성질

여기서는 최소제곱추정량 $\hat{\beta}$의 기본적인 성질을 알아보자.

$E(\boldsymbol{Y})=\boldsymbol{X}\beta$이고 $\boldsymbol{Y}$의 분산공분산행렬이

$$\mathrm{Var}(\boldsymbol{Y})=\{\mathrm{Cov}(Y_i,\ Y_j)\}=\sigma^2\mathrm{I}_{n\times n}$$

이므로 다음 정리를 얻을 수 있다. 여기서 $\mathrm{I}_{n\times n}$은 $n\times n$ 단위행렬이다.

정리 5.3.2

$\boldsymbol{Y}=\boldsymbol{X}\beta+\varepsilon$에서 $E(\varepsilon)=0$이고 $\mathrm{Var}(\varepsilon)=\sigma^2\mathrm{I}_{n\times n}$이면 다음이 성립한다.

(a) $E(\hat{\beta})=\beta$ (5.3.12)

(b) $\mathrm{Var}(\hat{\beta})=\sigma^2(\mathrm{X}'\mathrm{X})^{-1}$ (5.3.13)

• 증명 •

(a)
$$\begin{aligned} E(\hat{\beta}) &= E[(\boldsymbol{X}'\boldsymbol{X})^{-1}\boldsymbol{X}'\boldsymbol{Y}] \\ &= (\boldsymbol{X}'\boldsymbol{X})^{-1}\boldsymbol{X}'E(\boldsymbol{Y}) \\ &= (\boldsymbol{X}'\boldsymbol{X})^{-1}\boldsymbol{X}'\boldsymbol{X}\beta \\ &= \beta \end{aligned}$$

(b)
$$\begin{aligned} \mathrm{Var}(\hat{\beta}) &= \mathrm{Var}((\boldsymbol{X}'\boldsymbol{X})^{-1}\boldsymbol{X}'\boldsymbol{Y}) \\ &= (\boldsymbol{X}'\boldsymbol{X})^{-1}\boldsymbol{X}'\mathrm{Var}(\boldsymbol{Y})\boldsymbol{X}(\boldsymbol{X}'\boldsymbol{X})^{-1} \\ &= \sigma^2(\boldsymbol{X}'\boldsymbol{X})^{-1} \end{aligned}$$

……………… ■

다음 정리는 단순선형회귀분석에서와 같이 중선형회귀분석에서도 최소제곱추정량이 최량선형비편향추정량임을 보여주는 가우스-마르코프(Gauss-Markov) 정리이다.

정리 5.3.3 가우스-마르코프 (Gauss-Markov) 정리

중선형회귀모형 $\boldsymbol{Y}=\boldsymbol{X}\beta+\varepsilon$에서 $E(\varepsilon)=0$이고 $\mathrm{Var}(\varepsilon)=\sigma^2\mathrm{I}_{n\times n}$이면, 최소제곱추정량 $\hat{\beta}$은 β의 최량선형비편향추정량(BLUE)이다. ……………… ■

5.3.3 σ^2의 추정

이제 $\mathrm{Var}(\boldsymbol{Y})=\sigma^2\mathrm{I}_{n\times n}$에서 σ^2의 추정량을 생각해 보자. 먼저 잔차제곱합

$$\text{SSE} = \sum_{i=1}^{n}(Y_i - \widehat{Y}_i)^2 = \sum_{i=1}^{n} e_i^2 = e'e \tag{5.3.14}$$

를 이용해 추정량을 유도해 보자.

$$\text{SSE} = e'e = (\boldsymbol{Y} - \boldsymbol{X}\hat{\beta})'(\boldsymbol{Y} - \boldsymbol{X}\hat{\beta}) = \boldsymbol{Y}'\boldsymbol{Y} - \hat{\beta}'\boldsymbol{X}'\boldsymbol{Y} \tag{5.3.15}$$

이다. 중선형회귀모형에서는 p개의 모수를 추정해야 하므로 잔차제곱합은 $n-p$의 자유도를 갖는다. 따라서 잔차평균제곱은

$$\text{MSE} = \text{SSE}/(n-p) \tag{5.3.16}$$

이고 σ^2의 추정량으로 사용한다. 사실 MSE는 σ^2의 비편향추정량이다.

예제 5.3.2 예제 5.3.1의 쇠고기와 돼지고기의 소비량이 쇠고기 가격에 미치는 영향을 알아보기 위한 데이터에서 오차분산 σ^2의 추정값을 구해 보자. 오차분산 σ^2의 비편향추정값은

$$\begin{aligned}\text{SSE} &= \boldsymbol{Y}'\boldsymbol{Y} - \hat{\beta}'\boldsymbol{X}'\boldsymbol{Y} \\ &= 81840.72 - (190.19955696 \quad -1.507252849 \quad -0.64326166)\begin{pmatrix}1174 \\ 61969.13 \\ 74798.5\end{pmatrix} \\ &\approx 64.5952\end{aligned}$$

이므로 $\text{MSE} = \text{SSE}/14 \approx 4.61394$이다. ……………●

5.3.4 최대가능도법

지금까지 다룬 모수 β의 최소제곱추정량을 구하기 위해서는 모집단 분포에 대한 어떠한 가정도 요구되지 않았다. 그러나 β의 구간추정이나 β에 관한 가설을 검정하기 위해서는 분포에 대한 가정이 필요하다. 따라서 오차항이 정규분포 $\mathrm{N}(0,\sigma^2)$을 따른다는 가정하에 모수의 추론을 생각해 보자.

가정 1: $Y_i = \beta_0 + \beta_1 x_{i1} + \cdots + \beta_{p-1} x_{i(p-1)} + \varepsilon_i,\ i = 1, \cdots, n$

가정 2: $\varepsilon_i \sim \mathrm{N}(0, \sigma^2),\ i = 1, \cdots, n$

가정 3: ε_i들은 서로 독립이다.

이 가정이 만족되면, $Y_i \sim \mathrm{N}(\beta_0 + \beta_1 x_{i1} + \cdots + \beta_{p-1} x_{i(p-1)}, \sigma^2)$이며 Y_i들은 서로 독립인 확률변수이다. 따라서 다음 정리와 같이 모수 β와 오차분산 σ^2의 MLE를 구할 수 있다.

정리 5.3.4

$Y_i \sim \mathrm{N}(\beta_0 + \beta_1 x_{i1} + \cdots + \beta_{p-1} x_{i(p-1)}, \sigma^2)$, $i = 1, \cdots, n$이고 $Y_1, \cdots, Y_n$이 서로 독립이면, β와 σ^2의 MLE는 다음과 같다.

(a) $\hat{\beta} = (\boldsymbol{X}'\boldsymbol{X})^{-1}\boldsymbol{X}'\boldsymbol{Y}$ (5.3.17)

(b) $\widehat{\sigma^2} = \frac{1}{n}(\boldsymbol{Y} - \boldsymbol{X}\hat{\beta})'(\boldsymbol{Y} - \boldsymbol{X}\hat{\beta}) = \frac{1}{n}\mathrm{SSE}$ (5.3.18)

·증명·

가능도함수가

$$L(\beta, \sigma^2; \boldsymbol{y}) = \prod_{i=1}^{n} \frac{1}{\sqrt{2\pi}\,\sigma} \exp\left[-\frac{1}{2\sigma^2}(y_i - \beta_0 - \beta_1 x_{i1} - \cdots - \beta_{p-1} x_{i(p-1)})^2\right]$$

$$= (2\pi\sigma^2)^{-n/2} \exp\left[-\frac{1}{2\sigma^2}(\boldsymbol{y} - \boldsymbol{X}\beta)'(\boldsymbol{y} - \boldsymbol{X}\beta)\right] \quad (5.3.19)$$

이므로 로그가능도함수는

$$\ln L(\beta, \sigma^2; \boldsymbol{y}) = -\frac{n}{2}\ln(2\pi\sigma^2) - \frac{1}{2\sigma^2}(\boldsymbol{y} - \boldsymbol{X}\beta)'(\boldsymbol{y} - \boldsymbol{X}\beta) \quad (5.3.20)$$

이다. 로그가능도함수가 최대가 되는 β는 $(\boldsymbol{y} - \boldsymbol{X}\beta)'(\boldsymbol{y} - \boldsymbol{X}\beta)$를 최소가 되게 하는 β이므로 최대가능도추정량은 식 (5.3.10)의 최소제곱추정량과 동일한

$$\hat{\beta} = (\boldsymbol{X}'\boldsymbol{X})^{-1}\boldsymbol{X}'\boldsymbol{Y} \quad (5.3.21)$$

이다. σ^2의 MLE를 구하기 위해 최대가능도방정식을 구하면

$$\frac{\partial}{\partial\sigma^2}\ln L(\beta, \sigma^2; \boldsymbol{y}) = -\frac{n}{2\sigma^2} + \frac{1}{2\sigma^4}(\boldsymbol{y} - \boldsymbol{X}\beta)'(\boldsymbol{y} - \boldsymbol{X}\beta) = 0 \quad (5.3.22)$$

이므로, σ^2의 최대가능도추정값은

$$\widehat{\sigma^2} = \frac{1}{n}(\boldsymbol{y} - \boldsymbol{X}\hat{\beta})'(\boldsymbol{y} - \boldsymbol{X}\hat{\beta})$$

이다. 즉, 최대가능도추정량은

$$\widehat{\sigma^2} = \frac{1}{n}(\boldsymbol{Y} - \boldsymbol{X}\hat{\beta})'(\boldsymbol{Y} - \boldsymbol{X}\hat{\beta}) = \frac{1}{n}\text{SSE} \tag{5.3.23}$$

이다.

…………… ■

이제 정규성 가정하에 추정량들의 성질에 대해 살펴보자.

정리 5.3.5

정리 5.3.4의 가정하에 다음이 성립한다.

(a) 최대가능도추정량 $\hat{\beta}_0, \hat{\beta}_1, \cdots, \hat{\beta}_{p-1}$과 $\widehat{\sigma^2}$은 결합완비충분통계량이다.

(b) $\hat{\beta}_i$은 β_i의 UMVUE이다.

(c) $n\widehat{\sigma^2}/(n-p) = \text{MSE}$는 σ^2의 UMVUE이다. …………… ■

다음 정리는 정규성 가정하에 최대가능도추정량의 분포를 제공함으로 모수들에 관한 추론에 이용되는 중요한 결과이다.

정리 5.3.6

정리 5.3.4의 가정하에 다음이 성립한다.

(a) $\hat{\boldsymbol{\beta}}$과 $\widehat{\sigma^2}$은 서로 독립이다.

(b) $\hat{\beta}_i \sim \text{N}(\beta_i, c_{ii}\sigma^2)$, $i = 1, \cdots, p-1$이다. 여기서 c_{ii}는 행렬 $(\boldsymbol{X}'\boldsymbol{X})^{-1}$의 i번째 대각원소이다. 즉, $c_{ij} = (\boldsymbol{X}'\boldsymbol{X})^{-1}$이다.

(c) $\text{SSE}/\sigma^2 = n\widehat{\sigma^2}/\sigma^2 \sim \chi^2(n-p)$ (5.3.24)

…………… ■

정리 5.3.6에 의해

$$\frac{\hat{\beta}_i - \beta_i}{\sqrt{\sigma^2 c_{ii}}} \sim \text{N}(0, 1) \tag{5.3.25}$$

이므로

$$T = \frac{\hat{\beta}_i - \beta_i}{\sqrt{\mathrm{MSE}\, c_{ii}}} \sim t(n-p) \tag{5.3.26}$$

이다. 따라서 다음 정리를 얻을 수 있다.

정리 5.3.7

정리 5.3.4의 가정이 만족될 때, β_i와 σ^2에 관한 크기가 α인 검정의 기각역은 다음과 같다.

(a) t_0는 식 (5.3.26)에서 β_i, $i = 0, 1, \cdots, p-1$ 대신에 β_{i0}의 값을 대입하여 계산한 관측값이다.

가설	기각역
$H_0 : \beta_i \le \beta_{i0}$ 대 $H_1 : \beta_i > \beta_{i0}$	$t_0 \ge t_\alpha(n-p)$
$H_0 : \beta_i \ge \beta_{i0}$ 대 $H_1 : \beta_i < \beta_{i0}$	$t_0 \le -t_\alpha(n-p)$
$H_0 : \beta_i = \beta_{i0}$ 대 $H_1 : \beta_i \ne \beta_{i0}$	$\lvert t_0 \rvert \ge t_{\alpha/2}(n-p)$

(b) $\chi_0^2 = \mathrm{SSE}/\sigma_0^2$일 때, 다음이 성립된다.

가설	기각역
$H_0 : \sigma^2 \le \sigma_0^2$ 대 $H_1 : \sigma^2 > \sigma_0^2$	$\chi_0^2 \ge \chi_\alpha^2(n-p)$
$H_0 : \sigma^2 \ge \sigma_0^2$ 대 $H_1 : \sigma^2 < \sigma_0^2$	$\chi_0^2 \le \chi_{1-\alpha}^2(n-p)$
$H_0 : \sigma^2 = \sigma_0^2$ 대 $H_1 : \sigma^2 \ne \sigma_0^2$	$\chi_0^2 \le \chi_{1-\alpha/2}^2(n-p)$ 또는 $\chi_0^2 \ge \chi_{\alpha/2}^2(n-p)$

……………■

예제 5.3.3 예제 5.3.1의 쇠고기와 돼지고기의 소비량이 쇠고기 가격에 미치는 영향을 알아보기 위한 데이터에서 다음 가설을 $\alpha = 0.05$로 검정해 보자.

(a) $H_0 : \beta_2 \ge -0.5$ 대 $H_1 : \beta_2 < -0.5$

정리 5.3.7에 의해

$$t_0 = \frac{\hat{\beta}_2 + 0.5}{\sqrt{\mathrm{MSE}\, c_{22}}} = \frac{-0.64326 + 0.5}{\sqrt{4.61394(0.0015464008)}} \approx -1.6960$$

이고 $t_{0.05}(14) = 1.761$이므로, H_0를 기각할 수 없다.

(b) $H_0 : \sigma^2 = 4$ 대 $H_1 : \sigma^2 \neq 4$

정리 5.3.7의 (b)에 의해

$$\chi_0^2 = \text{SSE}/\sigma_0^2 = 64.5952/4 = 16.1488$$

이고 $\chi^2_{0.025}(14) = 26.12$, $\chi^2_{0.975}(14) = 5.63$이므로 H_0를 기각할 수 없다. ·········●

이번에는 구간추정문제를 생각해 보자. 정리 5.3.6이나 정리 5.3.7로부터 다음 정리를 얻을 수 있다.

정리 5.3.8

정리 5.3.4의 가정이 만족될 때, β_i와 σ^2의 $100(1-\alpha)\%$ 신뢰구간은 각각 다음과 같다.

(a) $\left(\hat{\beta}_i - t_{\alpha/2}(n-p)\sqrt{\text{MSE}\, c_{ii}},\ \hat{\beta}_i + t_{\alpha/2}(n-p)\sqrt{\text{MSE}\, c_{ii}}\right)$ (5.3.27)

(b) $\left(\dfrac{\text{SSE}}{\chi^2_{\alpha/2}(n-p)},\ \dfrac{\text{SSE}}{\chi^2_{1-\alpha/2}(n-p)}\right)$ (5.3.28)

················■

예제 5.3.4 예제 5.3.1의 쇠고기와 돼지고기의 소비량이 쇠고기 가격에 미치는 영향을 알아보기 위한 데이터에서 모수 β_i와 σ^2의 95% 신뢰구간을 각각 구해 보자.

정리 5.3.8의 (a)에 의해

$$\begin{aligned}\hat{\beta}_0 \pm t_{0.025}(14)\sqrt{\text{MSE}\, c_{00}} &= 190.19956 \pm 2.145\sqrt{4.61394(21.638055816)} \\ &\approx 190.19956 \pm 21.43247798\end{aligned}$$

이므로 β_0의 95% 신뢰구간은 $(168.767,\ 211.632)$이다.

$$\begin{aligned}\hat{\beta}_1 \pm t_{0.025}(14)\sqrt{\text{MSE}\, c_{11}} &= -1.50725 \pm 2.145\sqrt{4.61394(0.003728418)} \\ &\approx -1.50725 \pm 0.281336167\end{aligned}$$

이므로 β_1의 95% 신뢰구간은 $(-1.7886,\ -1.2259)$이다.

$$\begin{aligned}\hat{\beta}_2 \pm t_{0.025}(14)\sqrt{\text{MSE}\, c_{22}} &= -0.64326 \pm 2.145\sqrt{4.61394(0.0015464008)} \\ &\approx -0.64326 \pm 0.18118586\end{aligned}$$

이므로 β_2의 95% 신뢰구간은 $(-0.8244, -0.4621)$이다. 마지막으로 σ^2의 95% 신뢰구간은 정리 5.3.8의 (b)에 의해 다음과 같이 구할 수 있다.

$$\left(\frac{\text{SSE}}{\chi^2_{0.025}(14)}, \frac{\text{SSE}}{\chi^2_{0.975}(14)}\right) = \left(\frac{64.5952}{26.12}, \frac{64.5952}{5.63}\right) \approx (2.4730, 11.4734)$$

.... ●

5.3.5 분산분석

독립변수가 $p-1$개인 중선형회귀모형에서 총제곱합의 분할과 제곱합들의 행렬표기 그리고 결정계수와 분산분석기법에 의한 검정에 대해 알아보자.

총제곱합 SST는

$$\begin{aligned}\text{SST} &= \sum_{i=1}^{n}(Y_i - \overline{Y})^2 = \sum_{i=1}^{n} Y_i^2 - n\overline{Y}^2 \\ &= \boldsymbol{Y}'\boldsymbol{Y} - \frac{1}{n}\boldsymbol{Y}'\mathbf{1}\mathbf{1}'\boldsymbol{Y}\end{aligned} \tag{5.3.29}$$

로 나타낼 수 있다. 여기서 $\mathbf{1}' = (1\ 1 \cdots\ 1)$이다. 물론 SST의 자유도는 $n-1$이다. 다음으로 회귀제곱합 SSR은

$$\begin{aligned}\text{SSR} = \sum_{i=1}^{n}(\widehat{Y}_i - \overline{Y})^2 &= \sum_{i=1}^{n} \widehat{Y}_i^2 - n\overline{Y}^2 \\ &= \widehat{\boldsymbol{Y}}'\widehat{\boldsymbol{Y}} - \frac{1}{n}\boldsymbol{Y}'\mathbf{1}\mathbf{1}'\boldsymbol{Y} \\ &= \hat{\boldsymbol{\beta}}'\boldsymbol{X}'\boldsymbol{X}\hat{\boldsymbol{\beta}} - \frac{1}{n}\boldsymbol{Y}'\mathbf{1}\mathbf{1}'\boldsymbol{Y} \\ &= \hat{\boldsymbol{\beta}}'\boldsymbol{X}'\boldsymbol{Y} - \frac{1}{n}\boldsymbol{Y}'\mathbf{1}\mathbf{1}'\boldsymbol{Y}\end{aligned}$$

이고 SSR의 자유도는 $p-1$이며 잔차제곱합 SSE는 식 (5.3.15)에 의해

$$\text{SSE} = \boldsymbol{Y}'\boldsymbol{Y} - \hat{\boldsymbol{\beta}}'\boldsymbol{X}'\boldsymbol{Y} \tag{5.3.30}$$

이며 자유도는 $n-p$이다.

중선형회귀모형에서의 결정계수는

$$R^2 = \frac{\text{SSR}}{\text{SST}} = 1 - \frac{\text{SSE}}{\text{SST}} \tag{5.3.31}$$

로 정의하며 총변동 중에서 회귀식에 의해 설명되는 변동의 정도를 나타낸다.

예제 5.3.5 예제 5.3.1의 쇠고기와 돼지고기의 소비량이 쇠고기 가격에 미치는 영향을 알아보기 위한 데이터에서 결정계수 R^2을 계산해 보면,

$$\text{SST} = \sum_{i=1}^{n} Y_i^2 - n\overline{Y}^2 = 81840.72 - 17(69.05882353)^2 \approx 765.661$$
$$\text{SSR} = \text{SST} - \text{SSE} = 765.661 - 64.595 = 701.066$$

이므로 결정계수는

$$R^2 = \frac{\text{SSR}}{\text{SST}} = \frac{701.066}{765.661} \approx 0.9156$$

이다. ……………●

이제 분산분석기법을 이용해

$$H_0 : \beta_1 = \cdots = \beta_{p-1} = 0$$
$$H_1 : \text{적어도 하나의 } j\text{에 대해 } \beta_j \neq 0$$

을 검정해 보자. SSE와 SSR의 자유도가 각각 $n-p$와 $p-1$이므로 평균제곱은

$$\text{MSE} = \text{SSE}/(n-p) \tag{5.3.32}$$
$$\text{MSR} = \text{SSR}/(p-1) \tag{5.3.33}$$

이므로 중선형회귀분석의 분산분석표는 다음과 같다.

표 5.3.1 중선형회귀모형의 분산분석표

요인	제곱합	자유도	평균제곱	F_0
회귀	SSR	$p-1$	MSR	$F_0 = \text{MSR}/\text{MSE}$
잔차	SSE	$n-p$	MSE	
합계	SST	$n-1$		

따라서 검정통계량

$$F_0 = \frac{\text{MSR}}{\text{MSE}} \tag{5.3.34}$$

을 이용한 크기 α인 검정은

$$F_0 \geq F_\alpha(p-1,\ n-p) \tag{5.3.35}$$

이면 H_0를 기각한다.

예제 5.3.6 예제 5.3.1의 쇠고기와 돼지고기의 소비량이 쇠고기 가격에 미치는 영향을 알아보기 위한 데이터에서 분산분석표를 이용하여 $H_0: \beta_1 = \beta_2 = 0$에 대한 가설을 $\alpha = 0.05$로 검정해 보자.

$$\text{MSR} = \text{SSR}/(p-1) = 701.066/2 = 350.533$$

이고

$$\text{MSE} = 4.6139$$

이므로

$$F_0 = \frac{\text{MSR}}{\text{MSE}} = \frac{350.533}{4.6139} \approx 75.9733$$

이다. 따라서 분산분석표는 다음과 같다.

요인	제곱합	자유도	평균제곱	F_0
회귀	701.066	2	350.5330	75.9733
잔차	64.595	14	4.6139	
합계	765.661	16		

$F_0 = 75.9733 > F_{0.05}(2,\ 14) = 3.74$이므로 H_0를 기각한다. …………… ●

연습문제

5.3.1 정리 5.3.1을 증명하라.

5.3.2 중선형회귀모형에서 다음이 성립됨을 보여라.

(a) $\text{Cov}(e, \hat{\beta}) = 0$

(b) $\text{Cov}(e,\ \hat{Y}) = 0$

5.3.3 다음은 미국 공인부동산중개업 협의회 앨버커키(Albuquerque) 시위원이 관리하는 파일에서 1993년 2월 15일부터 4월 30일까지의 집 판매기록의 확률표본 중 일부분이다.

판매가격(단위: $100)	집의 크기(제곱피트)	1년 세금($)
2150	2921	1635
1800	2774	1765
1560	1920	1161
1375	1837	1191
1235	1894	1112
1170	1928	600
1110	1630	867
995	1500	743
900	1400	731
1020	1478	626
850	1190	600
720	1121	398
1250	2180	1141
1125	1710	800
1049	1900	690
934	1543	820
805	1258	821
710	1083	504
580	1051	426
1160	1720	867
1030	1540	826
975	1739	880
920	1415	866
869	1165	694
739	970	541

자료출처: DASL(The Data and Story Library), http://lib.stat.cmu.edu/DASL

(a) 중선형회귀모형에서 집의 크기와 1년 세금을 독립변수로 집 판매가격을 종속변수로 생각한 $\hat{\beta}$의 최소제곱추정값을 구하라. 최소제곱추정값에 의한 적합된 회귀식을 구하라.

(b) 오차분산 σ^2의 비편향추정값을 구하라.

(c) $H_0 : \beta_0 = 0$ 대 $H_1 : \beta_0 \neq 0$을 $\alpha = 0.05$로 검정하라.

(d) $H_0 : \beta_2 \leq 0.3$ 대 $H_1 : \beta_2 > 0.3$을 $\alpha = 0.05$로 검정하라.

(e) $H_0 : \sigma^2 \leq 5{,}000$ 대 $H_1 : \sigma^2 > 5{,}000$을 $\alpha = 0.05$로 검정하라.

(f) β_0의 95% 신뢰구간을 구하라.

(g) β_1의 95% 신뢰구간을 구하라.

(h) β_2의 95% 신뢰구간을 구하라.

(i) σ^2 의 95% 신뢰구간을 구하라.

(j) 결정계수 R^2을 구하라.

(k) $H_0 : \beta_1 = \beta_2 = 0$을 분산분석표를 이용하여 $\alpha = 0.05$로 검정하라.

5.3.4 다음은 미국 뉴멕시코(New Mexico)대학 연구소에서 학부에 등록한 학생 수를 추정하기 위한 1961년부터 1989년까지의 데이터로, 독립변수를 뉴멕시코에 있는 고등학교의 봄학기 졸업생 수(x_1)와 앨버커키(Albuquerque)시의 1인당 소득(\$$x_2$)으로, 종속변수를 뉴 멕시코대학의 가을학기에 등록한 학생 수(y)로 회귀적합을 시키려 한다. SAS의 출력결과를 이용하여 다음에 답하라.

연도	등록 학생 수	고등학교 졸업생 수(x_1)	1인당 소득(x_2)
1961	5501	9552	1923
1962	5945	9680	1961
1963	6629	9731	1979
1964	7556	11666	2030
1965	8716	14675	2112
1966	9339	15265	2192
1967	9920	15484	2235
1968	10167	15723	2351
1969	11084	16501	2411
1970	12504	16890	2475
1971	13746	17203	2524
1972	13656	17707	2674
1973	13850	18108	2833
1974	14145	18266	2863
1975	14888	19308	2839
1976	14991	18224	2898
1977	14836	18997	3123
1978	14478	19505	3195
1979	14539	19800	3239
1980	14395	19546	3129
1981	14599	19117	3100
1982	14969	18774	3008
1983	15107	17813	2983
1984	14831	17304	3069
1985	15081	16756	3151

1986	15127	16749	3127
1987	15856	16925	3179
1988	15938	17231	3207
1989	16081	16816	3345

자료출처: DASL(The Data and Story Library), http://lib.stat.cmu.edu/DASL

(a) 중선형회귀모형에서 $\hat{\beta}$의 최소제곱추정값을 구하라. 최소제곱추정값에 의한 적합된 회귀함수를 구하라.

(b) 고등학교의 봄학기 졸업생 수가 $x_1 = 17000$명이고 앨버커키시의 1인당 소득이 $x_2 = \$3120$ 일 때 가을학기에 등록한 학생 수의 평균을 추정하라.

(c) $H_0 : \beta_1 = 0$ 대 $H_1 : \beta_1 \neq 0$을 $\alpha = 0.05$로 검정하라.

(d) $H_0 : \beta_2 = 0$ 대 $H_1 : \beta_2 \neq 0$을 $\alpha = 0.05$로 검정하라.

(e) $H_0 : \sigma^2 \leq 10,000$ 대 $H_1 : \sigma^2 > 10,000$을 $\alpha = 0.05$로 검정하라.

(f) β_0의 95% 신뢰구간을 구하라.

(g) β_1의 95% 신뢰구간을 구하라.

(h) β_2의 95% 신뢰구간을 구하라.

(i) 결정계수 R^2을 구하라.

(j) $H_0 : \beta_1 = \beta_2 = 0$을 분산분석표를 이용하여 $\alpha = 0.05$로 검정하라.

SAS 출력결과

The REG Procedure

X'X Inverse, Parameter Estimates, and SSE

Variable	Intercept	x3	x4	y
Intercept	1.3532281671	-0.000029657	-0.000303566	-6457.262727
x1	-0.000029657	1.2731185E-8	-6.622726E-8	0.3779236384
x2	-0.000303566	-6.622726E-8	5.1225049E-7	4.7327366865
y	-6457.262727	0.3779236384	4.7327366865	17759411.113

Analysis of Variance

Source	DF	Sum of Squares	Mean Square	F Value	Pr>F
Model	2	278733066	139366533	204.03	<.0001
Error	26	17759411	683054		
Corrected Total	28	296492477			

Root MSE	826.47098	R-Square	0.9401
Dependent Mean	12707	Adj R-Sq	0.9355
Coeff Var	6.50404		

Parameter Estimates

Variable	DF	Parameter Estimate	Standard Error	t Value	Pr>|t|	95% Confidence Limits	
Intercept	1	−6457.26273	961.41993	−6.72	<.0001	−8433.48970	−4481.03576
x1	1	0.37792	0.09325	4.05	0.0004	0.18624	0.56961
x2	1	4.73274	0.59152	8.00	<.0001	3.51685	5.94862

* 제 6 장 비모수통계

6.1 서론

지금까지 생각했던 통계적추론 문제는 추출한 확률변수의 분포는 모수를 제외하고는 알고 있다고 가정했다. 즉, 확률변수들이 정규분포, 지수분포, 푸아송 분포와 같은 특정한 종류의 분포에서 추출되었다고 가정했다. 특별히 모집단 분포에 관해 정규성 가정을 많이 했다. 물론 확률표본에 근거해 제4장에서 언급한 적합도 검정에 의해 모집단 분포에 관한 가정이 타당한지를 검정할 수 있다. 다행히 언급한 검정방법들 대부분 정규성 가정이 약간 벗어나더라도 표본의 크기가 크면 여전히 신뢰할 수가 있다. 지금까지 언급했던 이러한 검정방법을 **모수적 방법** (parametric method)이라 한다. 그러나 실제로 분포의 함수적인 형태를 알기는 매우 어렵다. 그러므로 분포에 관한 가정에 얽매이지 않는 어떤 방법을 고안할 필요가 있다. 따라서 이 장에서는 일반적으로 **분포무관** (distribution-free) 또는 **비모수적 방법** (nonparametric method)을 소개한다. 분포무관은 모집단 분포가 연속이라는 가정 외에는 분포에 관해 어떠한 가정도 하지 않는다는 것을 의미한다. 비모수라는 용어는 앞에서 언급했던 그러한 모수를 포함하지 않는다는 의미이다.

비모수 또는 분포무관 방법의 이용이 계속 증가되어 왔다. 과학과 공학에서 자료들이 연속적인 값으로 기록되지 않고 순위적으로 기록되는 경우는 특히 많이 응용되고 있다. 이 장에서는 일반적으로 널리 이용되고 있는 비모수적 방법을 대략적으로 소개한다.

6.2 부호검정과 윌콕슨 부호순위검정

6.2.1 부호검정

부호검정 (sign test)은 귀무가설 $H_0: \mu = \mu_0$인 일표본 t-검정에 대한 비모수적 대안으로 종종 이용된다. 부호검정에 대해서는 단지 모집단이 연속이고 대칭이라는 가정만 한다. 그러나 귀무가설을 $H_0: m = m_0$로 바꾸면 대칭의 가정은 필요 없다. 여기서 m은 모집단 분포의 중앙값이다. 이 장에서는 모든 가설에 대해 귀무가설은 항상 단순가설로 나타낼 것이다.

모집단에서 크기 n인 확률표본 $X_1, \cdots, X_n$을 추출하여 T를 m_0보다 큰 관측값($X_i - m_0$의 부호가 양인 관측값)의 개수라 하자. 즉,

$$T = \sum_{i=1}^{n} \xi_i \tag{6.2.1}$$

이다. 여기서

$$\xi_i = \begin{cases} 1, & X_i > m_0 \\ 0, & X_i < m_0 \end{cases} \tag{6.2.2}$$

이다. 통계량 T의 값을 계산하기 위해서는 단지 정확한 관측값은 몰라도 m_0와 대소 관계만 구분할 수 있으면 된다.

귀무가설 $H_0: m = m_0$하에서 $P[X > m_0] = P[X - m_0 > 0] = 1/2$이므로 $X - m_0$의 부호가 양이 될 확률은 $p_0 = 1/2$이다. 만일 대립가설 $H_1: m = m_1 > m_0$하에서는

$$p_1 = P[X > m_0] > P[X > m_1] = 1/2$$

이다. 물론 H_0하에서

$$T \sim \text{Bin}(n, p_0) \tag{6.2.3}$$

이다. 여기서

$$p_0 = P[X > m_0] = \frac{1}{2} \tag{6.2.4}$$

이다. 따라서 검정통계량 T에 근거한 $H_0: m = m_0$ 대 $H_1: m > m_0$의 검정은 $H_0: p = p_0 = 1/2$ 대 $H_1: p > 1/2$인 가설의 모비율에 관한 검정으로 생각할 수 있다. 그러므로 정리 2.6.4에 의해 가설을 검정할 수 있다.

정리 6.2.1

$X_1, \cdots, X_n$은 cdf가 $F(x)$인 연속분포에서의 확률분포이고, m은 중앙값이다. 즉, $F(m) = 1/2$이다. 이때 $H_0: m = m_0$의 크기가 α인 검정은 다음과 같다. t는 T의 관측값이다.

(a) $H_0: m = m_0$ 대 $H_1: m > m_0$

$$t \geq b(\alpha, n, 1/2) \text{ 또는 } 1 - B(t-1; n, 1/2) \leq \alpha \text{이면 } H_0 \text{ 기각} \tag{6.2.5}$$

(b) $H_0: m = m_0$ 대 $H_1: m < m_0$

$$t < b(1-\alpha, n, 1/2) \text{ 또는 } B(t; n, 1/2) \leq \alpha \text{이면 } H_0 \text{ 기각} \tag{6.2.6}$$

(c) $H_0: m = m_0$대 $H_1: m \neq m_0$

$$t \geq b(\alpha/2, n, 1/2) \text{ 또는 } t < b(1-\alpha/2, n, 1/2) \tag{6.2.7}$$

이거나

$$B(t\,;n,\,1/2) \le \alpha/2 \;\text{ 또는 }\; 1-B(t-1\,;n,\,1/2) \le \alpha/2 \text{이면 } H_0 \text{ 기각} \quad (6.2.8)$$

여기서 $b(\alpha,\,n,\,1/2)$은 표본크기가 n이고 성공할 확률이 1/2인 이항분포의 제$100(1-\alpha)$ 백분위수이다. 즉 $P_{H_0}[T \ge b(\alpha,\,n,\,1/2)] = \alpha$를 만족하는 값으로 표 B.7에 주어져 있다.

…………… ■

귀무가설 $H_0 : m = m_0$하에서 부호 검정통계량 T는 그 평균 $n/2$에 관해 대칭인 분포를 갖는다. 따라서

$$b(\alpha,\,n,\,1/2) - \frac{n}{2} = \frac{n}{2} - [b(1-\alpha,\,n,\,1/2) - 1] \quad (6.2.9)$$

이므로

$$b(1-\alpha,\,n,\,1/2) = n + 1 - b(\alpha,\,n,\,1/2) \quad (6.2.10)$$

이다.

n이 충분히 큰 경우에는 표준화된 T통계량

$$Z_T = \frac{T - n/2}{\sqrt{n/4}} \quad (6.2.11)$$

가 근사적으로 표준정규분포를 따르기 때문에 정리 2.6.1을 이용해 검정할 수 있다. 연속확률변수가 한 값을 취할 확률은 0이다. 따라서 이론적으로 관측값이 m_0일 확률은 0이지만 대부분 정확한 값이 아니라 반올림 등에 의해 관측값을 구하므로 검정하려는 m_0와 같은 자료가 얻어질 수 있다. 이런 경우에는 일반적으로 이 자료를 제외하고 표본크기를 그 만큼 줄여 부호검정을 실시한다.

예제 6.2.1 다음 데이터는 30일간 공장에서 배출된 폐수의 양(단위: 톤)이다.

12	5	15	24	15	13	16	20	18	10
19	20	12	2	19	8	10	18	15	18
14	7	23	13	12	17	19	13	15	11

$H_0 : m = 15.5$ 대 $H_1 : m < 15.5$를 유의수준 $\alpha = 0.01$로 부호검정을 해보자. 표본크기가 $n = 30$이므로 이항분포의 정규근사를 이용해 검정할 수 있다. 따라서 기각역은

$$z_0 = \frac{t - n/2}{\sqrt{n/4}} \le -z_{0.01} \approx -2.326$$

이다. 여기서 t는 15.5보다 큰 데이터의 개수이므로 $t = 12$이다. $z_0 \approx -1.095 > -2.326$이므로 H_0를 기각할 수 없다. ……………●

예제 6.2.2 다음 데이터에 대해 $H_0 : m = 80$ 대 $H_1 : m > 80$을 $\alpha = 0.05$로 부호검정을 이용하여 검정해 보자.

85	80	83	91	81	105	78	82	86	71
84	59	91	83	65	88	90	81	102	97

표본 중에 80이 한 개 있으므로 표본크기는 $n = 19$가 되며 80보다 큰 관측값의 개수는 $t = 15$이다. 표 B.7에 의해 $b(0.0096, 19, 1/2) = 15$이므로 p-값이 0.0096이다. 따라서 귀무가설을 기각한다. ……………●

부호검정은 쌍으로 구성된 이표본 데이터에도 이용될 수 있다. 이러한 문제에서는 쌍으로 구성된 관측값들의 차이가 양이면 부호가 양인 경우로 생각한다. 즉, (x_i, y_i), $i = 1, 2, \cdots, n$이 데이터이면 $z_i = x_i - y_i$, $i = 1, 2, \cdots, n$의 부호를 생각하여 부호검정을 적용한다. 여기서 $z_i = 0$이면, 그 데이터는 버리고 표본수를 그 만큼 줄인다. 정규성 가정하에 대응표본에서 두 분포의 평균차에 대한 검정인 t-검정에 대한 비모수적 검정에 해당된다.

예제 6.2.3 어느 택시회사는 현재 사용하고 있는 B회사의 타이어 대신에 A회사의 타이어를 사용하면 에너지 효율을 높일 수 있는지 알아보고자 한다. 14대 자동차에 A회사의 타이어를 장착하여 미리 지정된 테스트 코스를 운행한 후 리터당 마일리지(단위: km)를 기록하였다. 그러고 나서 운전자 변경 없이 같은 자동차에 B회사의 타이어를 장착하여 한 번 더 동일한 테스트 코스를 운행한 후 리터당 마일리지(단위: km)를 기록하여 다음 데이터를 얻었다.

자동차	1	2	3	4	5	6	7	8	9	10	11	12	13	14
A회사	4.3	4.6	6.3	7.3	6.6	4.6	5.5	7.7	5.0	6.2	5.3	6.0	7.2	6.5
B회사	4.2	5.0	6.0	7.0	6.8	4.2	5.5	7.2	4.7	6.0	5.1	5.8	7.0	6.9

A회사 타이어를 사용한 데이터의 중앙값을 m_A, B회사 타이어를 사용한 데이터의

중앙값을 m_B라 하면, 검정하고자 하는 가설은 다음과 같다.

$$H_0 : m_A - m_B = 0 \text{ 대 } H_1 : m_A - m_B > 0$$

두 데이터가 동일한 경우(즉, 두 데이터의 차이가 0인 경우)가 한 개이므로 이 데이터를 제외하면 $n = 13$이다. A회사의 데이터가 B회사의 데이터보다 큰 경우의 개수는 $t = 10$이다. $b(0.0461,\ 13,\ 0.5) = 10$이므로 p-값은 0.0461이다. 따라서 유의수준이 $\alpha = 0.05$인 검정에서 H_0를 기각한다. 즉, A회사의 타이어 사용이 마일리지를 높일 수 있다고 말할 수 있다. ……………●

6.2.2 부호순위검정

앞에서 소개한 부호검정은 실행하기는 쉽지만 단순히 관측값과 m_0값 차이의 부호만 이용하기 때문에 정보의 손실이 크다. 즉 관측값이 m_0보다 크기만 하면 관측값의 크기에는 전혀 영향을 받지 않는다. 이러한 정보의 손실을 줄일 수 있는 방법이 **윌콕슨 부호순위검정** (Wilcoxon signed-rank test)이다. 이 검정은 차이의 양도 계산이 되기 때문에 관측값의 크기에 영향을 받는다.

$X_1, \cdots, X_n$은 중앙값 m에 관해 대칭이고 연속인 모집단에서의 확률표본이며, F를 X_i의 cdf라 하자.

$$H_0 : m = m_0$$

를 검정하기 위해

첫째, X_i와 m_0의 차를 구한다. 즉, $Z_i = X_i - m_0,\ i = 1, \cdots, n$을 구한다.

둘째, $|Z_1|, |Z_2|, \cdots, |Z_n|$의 순위를 결정한다.

셋째, 양의 값을 갖는 Z_i들의 순위합을 T^+, 음의 값을 갖는 Z_i들의 순위합을 T^-라 하자. 즉

$$\xi_i = \begin{cases} 1, & Z_i > 0 \\ 0, & Z_i < 0 \end{cases} \tag{6.2.12}$$

이라 하고 $|Z_i|$의 순위를 r_i라 하면,

$$T^+ = \sum_{i=1}^{n} r_i \xi_i \text{이고 } T^- = \sum_{i=1}^{n} (1 - \xi_i) r_i \tag{6.2.13}$$

이다. 또한 귀무가설 H_0하에서 T^+와 T^-의 기댓값은 같다. 그리고

$$T^+ + T^- = \sum_{i=1}^{n} i = \frac{n(n+1)}{2} \tag{6.2.14}$$

이므로 두 통계량 T^+와 T^-는 선형관계에 있다. 따라서 어느 것을 검정통계량으로 사용해도 동일한 결과를 얻을 수 있다. 여기서는 T^+를 검정통계량으로 사용한다. 위 결과를 종합하여 다음 정리를 얻을 수 있다.

정리 6.2.1

$X_1, \cdots, X_n$이 중앙값 m에 관해 대칭이며 연속인 모집단에서의 확률표본일 때, 다음 각 가설의 크기가 α인 검정은 다음과 같다.

(a) $H_0 : m = m_0$ 대 $H_1 : m > m_0$

$$t^+ \geq t(\alpha, n)\text{이면 } H_0 \text{ 기각} \tag{6.2.15}$$

(b) $H_0 : m = m_0$ 대 $H_1 : m < m_0$

$$t^+ \leq \frac{n(n+1)}{2} + 1 - t(\alpha, n)\text{이면 } H_0 \text{ 기각} \tag{6.2.16}$$

(c) $H_0 : m = m_0$ 대 $H_1 : m \neq m_0$

$$t^+ \geq t(\alpha/2, n) \text{ 또는 } t^+ \leq \frac{n(n+1)}{2} + 1 - t(\alpha/2, n)\text{이면 } H_0 \text{ 기각} \tag{6.2.17}$$

여기서 t^+는 T^+의 관측값이고 $t(\alpha, n)$은 귀무가설 $H_0 : m = m_0$하에서 $P_{H_0}[T^+ \geq t(\alpha, n)] = \alpha$를 만족하는 값으로 표 B.8에 주어져 있다. ……………… ■

H_0가 참일 때

$$\begin{aligned} E(T^+) &= E\left(\sum_{i=1}^{n} \xi_i r_i\right) \\ &= \frac{1}{2}\sum_{i=1}^{n} i = \frac{n(n+1)}{4} \end{aligned} \tag{6.2.18}$$

이고

$$\begin{aligned}\mathrm{Var}(T^+) &= \mathrm{Var}\left(\sum_{i=1}^{n} \xi_i r_i\right) \\ &= \sum_{i=1}^{n} r_i^2 \mathrm{Var}(\xi_i) \\ &= \frac{1}{4}\sum_{i=1}^{n} i^2 = \frac{n(n+1)(2n+1)}{24}\end{aligned} \tag{6.2.19}$$

이므로

$$Z^+ = \frac{T^+ - n(n+1)/4}{\sqrt{n(n+1)(2n+1)/24}} \tag{6.2.20}$$

는 n이 클 때 근사적으로 $\mathrm{N}(0, 1)$분포를 따르기 때문에, 대표본인 경우 근사적으로 크기가 α인 검정은 정규분포표를 이용할 수 있다. 예를 들어,

$$H_0 : m = m_0 \quad \text{대} \quad H_1 : m > m_0$$

의 근사적으로 크기가 α인 검정의 기각역은 $z^+ \geq z_\alpha$이다.

대표본 근사를 이용할 경우에는 Z_i의 절댓값이 같은 것이 있으면, T^+의 분산을 다음과 같이 수정해야 한다.

$$\mathrm{Var}(T^+) = \frac{1}{24}\left[n(n+1)(2n+1) - \frac{1}{2}\left(\sum_{j=1}^{k} t_j^3 - \sum_{j=1}^{k} t_j\right)\right] \tag{6.2.21}$$

여기서 k는 동점 그룹의 개수이고 t_j는 j번째 동점 그룹에 포함된 관측값의 개수이다.

표본 중에서 $Z_i = 0$인 관측값이 존재하는 경우에는 그 관측값을 표본에서 제외시키고 표본크기를 그 개수만큼 줄인다. 또한 $|Z_i|$가 0이 아니면서 동일한 값이 있는 경우에는 순위를 구할 때 평균순위를 사용하여 검정을 실시한다.

예제 6.2.4 다음은 어떤 시험을 친 학생 15명의 성적이다.

93	85	90	84	80	96	91	87
70	75	79	94	82	92	95	

이 시험성적의 중앙값이 85점인지 유의수준 $\alpha = 0.05$로 부호순위검정을 이용하여 검정해 보자. 이 경우의 가설은

$$H_0 : m = 85.0 \quad \text{대} \quad H_1 : m \neq 85.0$$

이다. 데이터에 85가 하나 있으므로 이 값을 데이터에서 제외시키고 $n=14$인 경우로 생각한다.

x_i	93	85	90	84	80	96	91	87
z_i	8	0	5	-1	-5	11	6	2
순위	9		4.5	1	4.5	13	6.5	2

x_i	70	75	79	94	82	92	95
z_i	-15	-10	-6	9	-3	7	10
순위	14	11.5	6.5	10	3	8	11.5

이므로

$$t^- = 1+4.5+14+11.5+6.5+3=40.5$$

이고

$$t^+ = 9+4.5+13+6.5+2+10+8+11.5=64.5$$

이다. $t(0.025,\ 14)=84$이므로 $t^+ \ge 84$ 또는 $t^+ \le 105+1-84=22$이면 H_0를 기각한다. 그러나 $t^+=64.5$이므로 H_0를 기각할 수 없다. ……………•

윌콕슨 부호순위검정 역시 쌍을 이루는 이표본 문제에 적용할 수 있다. 확률표본을 (X_i, Y_i), $i=1,\cdots,n$이라 할 때, 이 경우 $Z_i = X_i - Y_i$, $i=1,\cdots,n$이다. 그 외의 방법은 일표본 윌콕슨 부호순위검정에서와 동일하다.

예제 6.2.5 다음 데이터는 5주 동안 어떤 식이요법에 참여한 15명의 식이요법 후 줄어든 몸무게(단위: kg)이다.

$$4.1\ \ 3.3\ \ 4.8\ \ -1.0\ \ 1.8\ \ 2.2\ \ -1.6\ \ -0.6\ \ 4.5\ \ 3.8\ \ -1.1\ \ 0.5\ \ 3.7\ \ 0.3\ \ -0.7$$

식이요법이 몸무게 감소에 효과가 있는지 유의수준 $\alpha=0.05$로 부호순위검정을 해보자. 줄어든 몸무게가 양인 데이터의 순위합은

$$t^+ = 13+10+15+8+9+14+12+2+11+1=95$$

이다. 따라서 m_1과 m_2가 식이요법 전후 몸무게의 중앙값이라 할 때, $H_0: m_1 = m_2$ 대 $H_1: m_1 > m_2$ 검정의 기각역은 $t^+ \ge t(0.05,\ 15)$이다. $t(0.024,\ 15)=95$

이므로, H_0는 기각된다. 즉, 식이요법이 체중감소에 효과가 있다고 말할 수 있다.

............●

연습문제

6.2.1 다음 자료는 14명 환자가 진료를 받기 위해 기다린 시간(단위: 분)이다.

18 16 20 20 33 29 30 13 27 26 25 34 24 22

환자가 진료를 받기 위해 대기하는 시간의 중앙값은 20분을 초과한다고 주장한다.

(a) 이 주장을 $\alpha = 0.05$로 부호검정하라.

(b) (a)번을 부호순위검정하라.

6.2.2 예제 4.5.2의 데이터에 대해 생존일수의 중앙값이 200일을 초과하는지 $\alpha = 0.05$로 부호검정하라.

6.2.3 다음 데이터는 어떤 자동차가 1L당 주행할 수 있는 거리(단위: km)이다.

9.7	10.6	10.5	10.3	10.3
10.8	10.2	10.0	11.8	11.0
10.8	10.4	11.1	10.1	10.7
10.7	10.4	10.6	10.2	10.5
10.8	9.8	10.9	10.4	10.7
10.5	10.3	10.7	10.6	9.9

가정이 만족된다고 할 때, $H_0 : m = 10.3$ 대 $H_1 : m > 10.3$을 유의수준 0.01로 부호검정하라.

6.2.4 다음 10개의 데이터에 대해

20.3 9.1 21.2 22.0 11.6 23.0 8.5 16.5 9.6 4.5

(a) $H_0 : m = 10$ 대 $H_1 : m > 10$을 $\alpha = 0.10$으로 부호검정하라.

(b) (a)번을 부호순위검정하라.

6.2.5 아래 데이터에 대해 $H_0 : m = 1.0$ 대 $H_1 : m > 1.0$을 $\alpha = 0.05$로 다음 검정을 이용하여 검정하라.

1.54 1.78 1.72 0.95 0.98 2.42 2.06 0.80 2.55 1.10

(a) 부호검정
(b) 부호순위검정

6.2.6 연습문제 2.6.9번의 데이터에 대해 남자 콜레스테롤 양의 중앙값에 관한 $H_0 : m = 250$ 대 $H_1 : m > 250$을 $\alpha = 0.05$로 부호검정하라.

6.2.7 연습문제 2.6.17번의 (b)를 부호순위검정을 이용하여 검정하라.

6.2.8 연습문제 3.2.7번의 데이터에 대해 $H_0 : m = 11.5$ 대 $H_1 : m > 11.5$를 $\alpha = 0.05$로 부호순위검정하라.

6.2.9 예제 3.7.2의 지방분의 양에 관한 데이터에서 정규분포의 가정 없이 지방분 양의 중앙값 m에 대해 $H_0 : m = 500$ 대 $H_1 : m \neq 500$을 $\alpha = 0.10$으로 다음 방법을 이용하여 검정하라.
(a) 부호검정
(b) 부호순위검정

6.2.10 연습문제 3.7.5번의 포도에 포함된 당질의 양에 관한 데이터에서 당질 양의 중앙값에 관해 $H_0 : m = 14.5$ 대 $H_1 : m \neq 14.5$를 $\alpha = 0.10$으로 부호검정하라.

6.2.11 페인트 공급자는 새로운 첨가제가 페인트의 건조시간을 단축한다고 주장했다. 이 주장을 검정하기 위해 12개의 표본으로 선택한 나무의 반은 일반 첨가제를 사용한 페인트를, 나머지 반은 새로운 첨가제를 사용한 페인트를 칠하여 얻은 표본의 건조시간(단위: 시간)은 다음과 같았다.

표본	1	2	3	4	5	6	7	8	9	10	11	12
새로운 첨가제	6.4	5.8	7.4	5.5	6.3	7.8	8.6	8.2	7.0	4.9	5.9	6.5
일반 첨가제	6.6	5.8	7.8	5.7	6.0	8.4	8.8	8.4	7.3	5.8	5.8	6.5

새로운 첨가제가 일반 첨가제보다 건조시간을 단축한다는 가설을 $\alpha=0.05$로 부호검정하라.

6.3 순위합검정

비모수적 방법은 일반적으로 정규성 가정이 성립되지 않을 때 정규이론에 근거한 검정에 대한 적절한 대안으로 이용되었다. 분명히 정규분포는 아니지만 표본들은 독립이며 연속인 두 분포의 평균이 같은지의 검정에 관심이 있을 때, 이표본 t-검정의 적절한 대안이 **윌콕슨 순위합검정** (Wilcoxon rank-sum test) 또는 **맨-위트니 검정** (Mann-Whitney test)이다. 이 절에서는 윌콕슨이 제안한 방법과 맨과 위트니가 제안한 방법으로 이표본 위치문제에서 가장 널리 사용되는 비모수적 방법인 순위합검정에 대해 알아보자. 맨과 위트니가 제안한 맨-위트니 검정과 윌콕슨이 제안한 윌콕슨 순위합검정은 결국 동일한 결론을 유도하기 때문에 두 검정방법은 동일한 것으로 생각할 수 있다.

(a) 먼저 윌콕슨이 제안한 방법을 소개한다.

$X_1, \cdots, X_{n_1}$과 $Y_1, \cdots, Y_{n_2}$는 연속인 두 모집단에서 크기가 각각 n_1과 n_2인 확률표본이다. 먼저 n_1+n_2개의 X와 Y를 혼합하여 작은 것부터 크기 순서로 나열하여 순위를 정한다.

$$H_0: \text{모든 } x\text{에 대해, } F_X(x)=F_Y(x) \tag{6.3.1}$$

하에서 X와 Y는 동일한 분포에서의 확률표본이므로 X와 Y의 순위는 1부터 n_1+n_2 중 어느 것이나 가능성이 동일하다.

n_1+n_2개의 혼합표본에서 X들의 순위합을 W_x라 하고, Y들의 순위합을 W_y라 하자. 물론 혼합표본에서 순위를 정할 때 동점이 발생하는 경우는 해당되는 순위의 평균을 동일하게 부여한다. 예를 들어, 5번째와 6번째 관측값이 동일하면 두 관측값 모두 5.5의 순위를 부여한다.

W_x와 W_y의 합은 1부터 n_1+n_2까지의 합과 같기 때문에

$$W_x + W_y = \frac{(n_1+n_2)(n_1+n_2+1)}{2} \tag{6.3.2}$$

이므로, W_x와 W_y 중 어느 것을 검정통계량으로 사용해도 동일한 결론을 얻게 된다. 이 통계량이 윌콕슨이 제안한 검정통계량들이다. 예를 들어

H_0: 모든 x에 대해 $F_X(x)=F_Y(x)$이다
H_1: 적어도 한 x에 대해 $F_X(x)>F_Y(x)$이다

를 검정하고자 한다면

$$w_x \le c_1 \text{ 또는 } w_y \ge c_2 \tag{6.3.3}$$

일 때 귀무가설을 기각한다. 여기서 w_x와 w_y는 W_x와 W_y의 관측값이다. 따라서 귀무가설 하에 W_x의 분포표를 이용해 주어진 검정을 할 수 있다.

(b) 다음은 맨과 위트니가 제안한 통계량에 대해 알아보자.

$$\begin{aligned} U_x &= \text{혼합표본에서 } y\text{가 } x\text{보다 작은 횟수} \\ &= \sum_{i=1}^{n_1}\sum_{j=1}^{n_2} Z_{ij} \end{aligned} \tag{6.3.4}$$

이다. 여기서

$$Z_{ij} = \begin{cases} 0, & X_i < Y_j \\ 1, & X_i > Y_j \end{cases} \tag{6.3.5}$$

이다. 윌콕슨 순위합 검정통계량과 맨-위트니 검정통계량은 다음과 같이 선형관계임을 보일 수 있다.

$$U_x = W_x - \frac{n_1(n_1+1)}{2} \tag{6.3.6}$$

이고

$$U_y = W_y - \frac{n_2(n_2+1)}{2} \tag{6.3.7}$$

이다. 여기서 U_y는 y가 x를 초과하는 횟수이다. 따라서

$$U_x + U_y = n_1 n_2 \tag{6.3.8}$$

이다. 그러므로 두 검정법은 결과적으로 동일한 검정이 된다. 즉, 어느 방법을 이용하나 동일한 결론을 얻게 된다. 이 책에서는 맨-위트니 통계량을 이용한 순위합검정을 생각하고자 한다. 맨-위트니 통계량에 근거한 검정방법은 다음 정리와 같다.

정리 6.3.1

$X_1, \cdots, X_{n_1}$과 $Y_1, \cdots, Y_{n_2}$는 연속인 두 모집단에서 추출한 서로 독립인 확률표본이다. 편의상 $n_1 \le n_2$라 가정한다(물론 $n_1 > n_2$이면 X와 Y를 교환하여 생각하면 된다).

$$H_0 : \text{모든 } x\text{에 대해 } F_X(x) = F_Y(x)$$

인 귀무가설에 대해 각 대립가설을 검정하고자 할 때, 크기가 α인 검정은 다음과 같다.

(a) $H_1 : F_X(x) > F_Y(x)$

$$u_x \le u_\alpha(n_1, n_2)\text{이면 } H_0 \text{ 기각} \tag{6.3.9}$$

(b) $H_1 : F_X(x) < F_Y(x)$

$$u_y \le u_\alpha(n_1, n_2)\text{이면 } H_0 \text{ 기각} \tag{6.3.10}$$

(c) $H_1 : F_X(x) \ne F_Y(x)$

$$u = \min(u_x, u_y) \le u_{\alpha/2}(n_1, n_2)\text{이면 } H_0 \text{ 기각} \tag{6.3.11}$$

여기서 $u_\alpha(n_1, n_2)$는 표 B.9에 주어져 있다. ……………… ■

예제 6.3.1 두 회사에서 생산되는 제품의 수명(단위: 1,000시간)을 비교하기 위해 표본을 선택하여 다음 데이터를 얻었다.

A회사	6.2	7.6	5.6	7.7	5.4	6.9	4.8	7.0	4.9	
B회사	6.7	6.5	7.2	7.3	5.2	7.9	8.1	7.5	6.8	5.9

$$H_0 : \text{모든 } x\text{에 대해 } F_X(x) = F_Y(x)$$
$$H_1 : \text{적어도 한 } x\text{에 대해 } F_X(x) > F_Y(x)$$

를 유의수준 0.05로 순위합검정을 해보자. $n_1 = 9$이고 $n_2 = 10$이며 혼합표본에서 순위를 구해 보면

A회사	6.2	7.6	5.6	7.7	5.4	6.9	4.8	7.0	4.9	
순위	7	16	5	17	4	11	1	12	2	
B회사	6.7	6.5	7.2	7.3	5.2	7.9	8.1	7.5	6.8	5.9
순위	9	8	13	14	3	18	19	15	10	6

이다. 따라서

$$w_x = 7+16+5+17+4+11+1+12+2 = 75$$

이고

$$u_x = 75 - \frac{9(10)}{2} = 30$$

이다. 물론 주어진 데이터에서 직접 x보다 작은 y의 횟수를 헤아리면 쉽게 30의 값을 얻을 수 있다. 표 B.9에서 $u_{0.05}(9, 10) = 24$이므로 정리 6.3.1에 의해 기각역은 $u_x \leq 24$이다. 따라서 H_0를 기각할 수 없다. ……………●

예제 6.3.2 다음은 두 회사 담배의 니코틴 함유량을 측정하여 얻은 데이터이다.

A회사	2.1	4.0	6.3	5.4	4.8	3.7	6.1	3.3		
B회사	4.1	0.6	3.1	2.5	4.0	6.2	1.6	2.2	1.9	5.4

두 회사 담배의 니코틴 평균 함유량이 다르다는 가설을 유의수준 0.05로 검정해보자. $n_1 = 8$, $n_2 = 10$이며 혼합표본에서 순위를 구해 보면

A회사	2.1	4.0	6.3	5.4	4.8	3.7	6.1	3.3		
순위	4	10.5	18	14.5	13	9	16	8		
B회사	4.1	0.6	3.1	2.5	4.0	6.2	1.6	2.2	1.9	5.4
순위	12	1	7	6	10.5	17	2	5	3	14.5

이므로

$$w_x = 4+10.5+18+14.5+13+9+16+8 = 93$$

이고

$$w_y = \frac{18(19)}{2} - 93 = 78$$

이다. 따라서

$$u_x = 93 - \frac{8(9)}{2} = 57$$
$$u_y = 78 - \frac{10(11)}{2} = 23$$

이므로 $u = 23$이다. 표 B.9에 의해 기각역은 $u \le u_{0.025}(8, 10) = 17$이다. 따라서 H_0를 기각할 수 없다. ……………●

순위합검정도 n_1과 n_2가 충분히 크면 정규근사를 이용하여 검정할 수 있다. 귀무가설하에서

$$E(U) = E(U_x) = E(U_y) = \frac{n_1 n_2}{2} \tag{6.3.12}$$

$$\mathrm{Var}(U) = \frac{n_1 n_2 (n_1 + n_2 + 1)}{12} \tag{6.3.13}$$

이므로, n_1과 n_2가 큰 경우

$$Z_U = \frac{U - n_1 n_2/2}{\sqrt{n_1 n_2 (n_1 + n_2 + 1)/12}} \tag{6.3.14}$$

는 귀무가설하에서 근사적으로 표준정규분포를 따르기 때문에 정규검정을 이용해 쉽게 검정할 수 있다.

연습문제

6.3.1 담배 제조회사는 B 상표 담배가 A 상표 담배보다 타르 함유량이 적다고 주장한다. 이 주장을 검정하기 위해, 표본으로 택하여 측정한 결과 다음 데이터를 얻었다.

상표 A	12	9	13	11	14
상표 B	8	10	7		

이 주장이 타당한지를 검정하기 위해 $\alpha = 0.05$로 순위합검정을 하라.

6.3.2 U_x와 U_y를 다음과 같이 나타낼 수 있음을 증명하라.

$$U_x = n_1 n_2 + \frac{n_2(n_2+1)}{2} - W_y$$
$$U_y = n_1 n_2 + \frac{n_1(n_1+1)}{2} - W_x$$

6.3.3 식 (6.3.12)와 식 (6.3.13)을 증명하라.

6.3.4 두 나라에서 10살짜리 어린이의 콜레스테롤량을 측정하여 다음 데이터를 얻었다.

국가 A	140	180	155	170	205	207	150	195
국가 B	190	180	173	182	200	245	210	

두 나라에서 10살 어린이의 콜레스테롤 수준에 차이가 있는지 $\alpha = 0.05$로 순위합검정을 하라.

6.3.5 예제 2.6.5의 관측값에 대해 X와 Y의 완두콩 줄기의 성장에 차이가 있는지 $\alpha = 0.05$로 순위합검정을 하라.

6.3.6 다음 데이터는 두 가지 형태의 소형 계산기가 재충전하기 전에 작동되는 시간을 나타낸 것이다.

계산기 A	5.5	5.6	6.3	4.6	5.3	5.0	6.2	5.8	5.1
계산기 B	3.8	4.8	4.3	4.2	4.0	4.9	4.5	5.2	4.5

완전 충전된 건전지를 사용하였을 때, 계산기 A가 계산기 B보다 더 오래 작동하는지를 검정하기 위해 $\alpha = 0.01$로 순위합검정을 이용하라.

6.3.7 두 형태의 배양균에 대해 단위 용적당 박테리아 수를 관측하여 다음 데이터를 얻었다.

A	25	30	27	28	31
B	33	29	36	26	32

두 형태의 배양균에 대해 박테리아 수에 차이가 있는지 $\alpha = 0.05$로 순위합검정을 하라.

6.3.8 다음은 두 가지 식이요법의 효과를 비교하기 위해 두 가지 식이요법을 각각 10명과 11명에게 5주간 적용시켜 줄어든 몸무게(단위: kg)를 나타낸 데이터이다. A방법이 B방법보다 몸무게를 줄이는 데 더 효과적인지를 $\alpha = 0.01$로 순위합검정을 하라.

식이요법 A	6.8	15.0	9.5	7.5	6.4	11.3	11.0	7.2	2.3	−1.0	
식이요법 B	8.2	7.7	4.5	4.3	12.5	5.0	3.6	−3.0	8.5	1.2	2.0

6.3.9 수능시험의 변별력 약화로 인해 어느 대학교에서 신입생들에게 대학에서의 수학능력을 평가하기 위해 시험을 친 후 두 단과대학에서 확률표본으로 추출하여 다음 데이터를 얻었다.

A 대학	30	35	70	60	55	71	90	58	62	73	40	33	45	84	69
B 대학	45	56	68	52	79	93	80	66	75	82	50	85	75	91	70

두 단과대학에 입학한 신입생들의 성적에 차이가 있는지 $\alpha = 0.05$로 순위합검정을 하라.

6.3.10 낚시줄이 두 생산공정에 의해 생산된다. 줄의 평균장력에 차이가 있는지를 검정하기 위해 각 공정에서 생산된 제품 10개씩을 표본으로 택해 장력을 검사하여 다음 데이터를 얻었다.

공정 1	10.4	9.8	11.5	10.0	9.9	9.6	10.9	11.8	9.3	10.7
공정 2	8.7	11.2	9.8	10.1	10.8	9.5	11.0	9.8	10.5	9.9

두 공정에 의해 생산된 줄의 평균장력에 차이가 있는지 검정하기 위해 $\alpha = 0.10$으로 순위합검정을 이용하라.

6.3.11 다음 데이터는 야구선수와 농구선수들이 비행기를 탈 때 휴대하는 개인 수하물의 무게(단위: kg)를 나타낸 것이다. 두 운동선수들의 평균 수하물 무게가 다른지를 $\alpha = 0.05$로 순위합검정을 하라.

수하물 무게(kg)				
야구선수			농구선수	
16.3	20.0	18.6	15.4	16.3
18.1	15.0	15.4	17.7	18.1
15.9	18.6	15.6	18.6	16.8
14.1	14.5	18.3	12.7	14.1
17.7	19.1	17.4	15.0	13.6

6.4 무작위성의 런검정

일반적으로 통계학에서 가장 흔히 사용되는 가정이 표본데이터가 어떤 무작위(임의성) 방법에 의해 수집되었다는 가정이다. 물론 이 책에서 다룬 많은 통계적 개념에 이 가정이 적용되었다. $X_1, \cdots, X_n$이 독립이며 같은 분포를 갖는 확률변수 또는 확률표본이란 가정을 흔히 보았을 것이다. 이 가정의 타당성을 검정하는 방법에 대해 알아보자. 관측된 데이터의 무작위성에 관해 이 데이터들이 얻어진 순서에 근거한 비모수적 검정법이 몇 가지 있다.

여기서는 'H_0 : 관측값들이 무작위로 추출되었다'는 가설을 검정하는 유용한 방법인 **런 검정**(run test)에 대해 소개한다. 여기서 **런**(run)은 데이터의 공동 성질을 나타내는 한 개 이상의 동일한 기호의 연속을 말한다. 예를 들어, d를 불량품, g를 양품이라 할 때, 어떤 기계에서 생산된 순서대로 제품을 조사하여 다음과 같았다고 하자.

$$d\,g\,g\,g\,g\,d\,d\,g\,g\,g\,d\,d\,g\,g\,g\,g\,d\,g\,d$$

이때 9개의 런이 존재하고 첫째 런에는 한 개의 d로 구성되어 있다.

위의 예와 같이 모든 경우를 두 개의 범주로 생각할 수 있다. 예를 들어 동전의 경우는 앞면과 뒷면, 수치적인 자료는 중앙값 이상인 것과 중앙값 미만인 것 등 두 범주로 나눌 수 있다. 두 범주 중 한 범주에 속하는 기호의 수를 n_1, 다른 범주에 속하는 기호의 수를 n_2라 하자. 그러면 표본크기는 $n = n_1 + n_2$이다.

만일 런의 개수가 우연성에 의해 기대했던 것보다 너무 많거나 적으면 표본이 무작위로 추출되었다는 가설을 기각할 것이다. 예를 들어

$$g\,g\,g\,g\,g\,g\,g\,g\,g\,g\,g\,g\,g\,d\,d\,d\,d\,d\,d\,d$$

이거나 또는 반대의 경우는 무작위 추출로 간주하기가 어렵다. 이런 경우가 런의 수가 가장 적은 두 개이다. 또한 런의 수가 가장 많은 경우는 불량품과 양품이 교대로 나타나는 경우이다. 물론 이 경우도 무작위 추출의 가정이 타당하지 않다.

각각 n_1개와 n_2개로 구성된 두 범주에 속하는 기호들의 얻어진 순서에 근거한 런의 개수를 V라 하자.

정리 6.4.1

V를 런의 개수라 하자. 그러면 귀무가설 H_0하에서 V의 분포는 다음과 같다.

(a) $v = 2k$(k는 양의 정수)일 때

$$P[V=v]=f(v)=\frac{2\binom{n_1-1}{k-1}\binom{n_2-1}{k-1}}{\binom{n_1+n_2}{n_1}} \tag{6.4.1}$$

(b) $v=2k+1$ (k는 양의 정수)일 때

$$P[V=v]=f(v)=\frac{\binom{n_1-1}{k-1}\binom{n_2-1}{k}+\binom{n_1-1}{k}\binom{n_2-1}{k-1}}{\binom{n_1+n_2}{n_1}} \tag{6.4.2}$$

……………■

정리 6.4.2

v를 V의 관측값이라 하자. 그러면

$$v \le v_\alpha'(n_1,\ n_2) \quad \text{또는} \quad v \ge v_\alpha(n_1,\ n_2) \tag{6.4.3}$$

일 때, 유의수준 α로 무작위성의 귀무가설을 기각한다. $v_\alpha'(n_1,\ n_2)$와 $v_\alpha(n_1,\ n_2)$는 표 B.10에 주어져 있다. 또한 p-값은

$$2P[V \le v \mid H_0\text{가 참}] \tag{6.4.4}$$

이다. 표 B.11에 의해 p-값을 계산할 수 있다. ……………■

예제 6.4.1 CD가 22장 있는데 이 중에 13장은 교육용(E)이고 나머지 9장은 게임용(G)이다. 만일 다음과 같이 CD가 배열되어 있다면 이 배열이 무작위로 간주할 수 있는지를 유의수준 0.05로 검정해 보자.

$$E\,E\,E\,E\,G\,G\,G\,E\,E\,E\,E\,E\,E\,E\,G\,G\,E\,E\,G\,G\,G\,G$$

$n_1=13$이고 $n_2=9$이므로 표 B.10에 의해 $v \le 6$ 또는 $v \ge 17$이면 'H_0 : 배열이 무작위다'를 기각한다. 이 경우 런의 수는 $v=6$이므로 H_0를 기각한다. 교육용과 게임용 CD의 배열이 무작위 배열이 아니다. ……………●

예제 6.4.2 어떤 기계가 페인트 희석제를 용기에 분배하도록 조정되어 있다. 이

기계에 의해 분배된 페인트 희석제의 양이 랜덤하게 변화하는지 검정하기 위해 15개 용기의 용량을 측정하여 다음 데이터를 얻었다.

3.6, 3.9, 4.1, 3.6, 3.8, 3.7, 3.4, 4.0, 3.8, 4.1, 3.9, 4.0, 4.3, 4.2, 4.1

유의수준 0.05로 무작위성의 런검정을 시행해 보자. 이 데이터의 중앙값이 3.9이므로, 3.9보다 크면 +로 3.9보다 작으면 −기호를 사용한다. 여기서 3.9와 같은 측정값은 제외시킨다. 그러면

$$- + - - - - - + - + + + + +$$

이므로 $n_1 = 6$이고 $n_2 = 7$이며 $v = 6$이다. 그러므로 표 B.10에 의해 $v \leq 3$ 또는 $v \geq 12$이면 랜덤하게 변한다는 귀무가설 H_0를 기각한다. 따라서 H_0를 기각할 수 없다. 표 B.11에 의해 p-값을 구해 보면

$$\begin{aligned} p\text{-값} &= 2P[V \leq 6 \mid H_0\text{가 참}] \\ &= 2(0.296) \\ &= 0.592 > 0.05 \end{aligned}$$

이므로 H_0를 기각할 수 없다. ……………●

무작위 검정도 n_1과 n_2가 크면 정규근사에 의해 검정할 수 있다.

정리 6.4.3

무작위 추출이라는 귀무가설하에서 V의 평균과 분산은 다음과 같다.

$$E_{H_0}(V) = \frac{2n_1 n_2}{n_1 + n_2} + 1 \qquad (6.4.5)$$

이고

$$\text{Var}_{H_0}(V) = \frac{2n_1 n_2 (2n_1 n_2 - n_1 - n_2)}{(n_1 + n_2)^2 (n_1 + n_2 - 1)} \qquad (6.4.6)$$

이다. 따라서 n_1과 n_2가 크면

$$Z_V = \frac{V - \dfrac{2n_1n_2}{n_1+n_2} - 1}{\sqrt{\dfrac{2n_1n_2(2n_1n_2 - n_1 - n_2)}{(n_1+n_2)^2(n_1+n_2-1)}}} \tag{6.4.7}$$

은 근사적으로 N(0, 1)을 따른다. ……………■

예제 6.4.3 다음은 월드컵 축구경기 티켓을 구입하기 위해 줄을 선 남자 M과 여자 W의 배열이다.

$$M\,M\,W\,W\,M\,W\,M\,M\,M\,M\,W\,M\,W\,M\,M\,W\,W\,M\,W\,W\,M\,M\,M\,W$$
$$M\,W\,W\,M\,M\,W\,M\,M\,M\,M\,W\,W\,M\,M\,M\,W\,M\,W\,M\,M\,M\,W\,M\,M$$

유의수준 0.05로 무작위성에 대해 검정해 보자. $n_1 = 30$이고 $n_2 = 18$이므로 표 B.10과 표 B.11에 의해 검정할 수 없다. 따라서 정규근사를 이용해 검정해 보자.

$$E(V) = \frac{2(30)(18)}{30+18} + 1 = 23.5$$

이고

$$\mathrm{Var}(V) = \frac{2(30)(18)[2(30)(18) - 30 - 18]}{(30+18)^2(30+18-1)} \approx 10.2926$$

이므로

$$z_V = \frac{v - 23.5}{\sqrt{10.2926}} = \frac{27 - 23.5}{\sqrt{10.2926}} \approx 1.091$$

이다. 기각역이 $|z_V| \geq z_{\alpha/2} = 1.96$이므로 H_0를 기각할 수 없다. 즉, 배열이 무작위가 아니라는 실제 증거가 없다. ……………●

연습문제

6.4.1 정리 6.4.1을 증명하라.

6.4.2 만일 한 종류의 문자가 $n_1 = 8$개이고 다른 종류의 문자가 $n_2 = 8$개이면, 유의수준

0.01로 무작위성의 귀무가설을 기각하기 위해 런의 수가 얼마가 되어야 하는가?

6.4.3 연습문제 6.2.3번에서 숫자들의 무작위성을 유의수준 $\alpha = 0.01$로 검정하기 위해 런검정을 이용하라.

6.4.4 각각 지름이 2인치인 제품을 생산하기 위해 기계를 설치하여 연속적으로 생산된 15개 제품의 지름을 측정해 다음 데이터를 얻었다. 이 데이터가 무작위로 얻어진 데이터라 할 수 있는지 $\alpha = 0.05$로 런검정을 하라.

2.11 2.15 1.98 2.11 2.08 2.05 1.95 1.97
2.05 2.02 1.98 1.99 1.96 2.03 2.02

6.4.5 다음 값들은 대형 공장에서 발생한 사고들 사이의 간격을 나타낸 것이다. $\alpha = 0.05$로 무작위성의 가설을 검정하라.

8.66 11.28 10.43 10.89 11.49 11.44 15.92 12.50 13.86 13.32

6.4.6 공장의 생산라인에서 제품들을 주기적으로 조사하였다. 다음은 이 생산라인에 의해 생산된 불량제품 D와 양품인 제품 G들의 순서이다.

$$D\,D\,G\,G\,G\,G\,D\,G\,G\,G\,D\,D\,G\,G\,G\,G\,G$$
$$G\,D\,D\,D\,G\,G\,G\,D\,G\,G\,G\,G\,D\,G\,D\,D\,G$$

대표본 근사를 이용해 유의수준 0.05로 불량품이 무작위로 발생하는지를 런검정하라.

6.4.7 운전사는 A회사 제품의 주유소나 B회사 제품의 주유소에서 휘발유를 구입한다. 다음 배열은 운전사가 어느 기간 동안 휘발유를 구입한 주유소의 순서이다. 유의수준 0.05로 무작위성을 검정하라.

$$A\,A\,B\,B\,A\,B\,A\,B\,B\,A\,A\,A\,B\,B\,A\,B\,A\,B\,A\,B\,B\,A\,B\,A$$

6.4.8 예제 5.2.1에서 사망자의 수 Y의 데이터가 무작위로 추출되었는지 $\alpha = 0.05$로 런검정을 하라.

6.4.9 다음은 연속되는 수업일수 30일 동안 결석한 학생 수이다.

9 5 10 8 10 8 12 11 13 9 10 12 14 8 15
10 13 25 9 8 11 10 17 7 5 6 7 8 15 10

유의수준 0.01로 무작위성을 검정하라.

6.5 순위에 의한 분산분석

두 모집단 평균의 동일성에 관한 검정은 모집단의 분포가 정규분포라는 가정하에 t-분포를 이용한 검정으로 제2장에서 소개했다. 물론 이 장에서는 정규성 가정 없이 비모수적 방법인 두 모집단 평균의 동일성에 관한 검정으로 부호검정, 부호순위검정, 순위합검정 등을 소개했다. 여기서는 $k(k > 2)$개 모집단 평균의 동일성에 관한 비모수적 검정법을 소개한다.

널리 이용되는 모수적 방법은 분산분석으로 모집단의 분포가 정규분포라는 가정이 필요하다. 여기서는 이런 가정이 필요 없는 비모수적인 방법으로 $k(k > 2)$개 표본에 대해 순위합검정을 일반화시킨 **크루스칼-왈리스 검정**(Kruskal-Wallis test) 또는 **H 검정**에 대해 알아보자.

k개의 독립표본들이 같은 모집단에서 추출되었다는 귀무가설 H_0를 검정하기 위해 크루스칼-왈리스 검정이 이용된다. 1952년 크루스칼(W. H. Kruskal)과 왈리스(W. A. Wallis)가 소개한 이 검정은 표본들이 정규모집단에서 추출되었다는 가정을 할 수 없을 때, 분산분석에서 평균들의 동일성을 검정하는 비모수적 방법이다. 이제 이 검정 방법에 대해 살펴보자.

표 6.5.1 일원배치 데이터 구조

처 리			
1	2	$\cdots$	k
X_{11}	X_{21}	$\cdots$	X_{k1}
X_{12}	X_{22}	$\cdots$	X_{k2}
$\vdots$	$\vdots$		$\vdots$
X_{1n_1}	X_{2n_2}	$\cdots$	X_{kn_k}

데이터 구조는 표 6.5.1과 같다. 먼저 모든 k개 표본을 혼합하여 $n = n_1 + \cdots + n_k$개의 관측값들을 작은 값부터 크기순으로 순위를 부여한다. 즉,

$$R_{ij} = n\text{개의 혼합표본에서 } X_{ij}\text{의 순위}$$

라 하자. 또한

$$R_{i}. = \sum_{j=1}^{n_i} R_{ij}, \quad i=1, \cdots, k$$

$$\overline{R}_{i}. = \frac{R_{i}.}{n_i}$$

라 하자. 표 6.5.1의 데이터에 각각의 순위를 대입하면 표 6.5.2를 얻는다.

표 6.5.2

처 리			
1	2	$\cdots$	k
R_{11}	R_{21}	$\cdots$	R_{k1}
R_{12}	R_{22}	$\cdots$	R_{k2}
$\vdots$	$\vdots$		$\vdots$
R_{1n_1}	R_{2n_2}	$\cdots$	R_{kn_k}

$$\overline{R}_{..} = \frac{n+1}{2}$$

은 순위들의 총 평균이다. 그리고

$$\begin{aligned} H &= \frac{12}{n(n+1)} \sum_{i=1}^{k} n_i (\overline{R}_{i}. - \overline{R}_{..})^2 \\ &= \frac{12}{n(n+1)} \sum_{i=1}^{k} \frac{R_{i}^2.}{n_i} - 3(n+1) \end{aligned} \qquad (6.5.1)$$

은 귀무가설 H_0가 참이고 $n_i \geq 5,\ i=1,2,\cdots,k$일 때 자유도가 $k-1$인 카이제곱분포에 잘 근사된다. 따라서 다음 정리를 얻을 수 있다.

정리 6.5.1

h를 H의 관측값이라 할 때, n_i가 적당히 큰 경우

$$H_0: k\text{개의 독립표본들이 동일한 모집단에서 추출되었다}$$

는 가설의 근사적으로 크기가 α인 검정은 $h \geq \chi_{\alpha}^2(k-1)$일 때 H_0를 기각한다.…… ■

물론 H를 계산할 때 혼합표본에서 동일한 관측값들이 나타나면 그 값들에 해당되는 순위들의 평균을 각 순위로 부여하여 계산한다. 동일한 관측값이 있는 경우는 H를 다음과 같이 수정하여 계산한다.

$$H' = \frac{H}{1 - \left(\sum_{j=1}^{g} T_j \Big/ (n^3 - n) \right)} \qquad (6.5.2)$$

여기서 g는 동점 그룹의 개수이고 t_j는 j번째 동점 그룹의 크기이며 $T_j = (t_j^3 - t_j)$이다. 실제로 동점을 이루는 그룹의 개수가 많지 않을 때는 수정한 H'의 값이 H와 큰 차이가 없기 때문에 수정하지 않은 H를 이용해도 무방하다.

예제 6.5.1 다음은 서로 다른 세 회사에서 생산된 제품의 수명을 비교하기 위해 세 회사에서 추출한 확률표본의 수명(단위: 1,000시간)이다.

회사 Ⅰ:	9.2	8.6	9.0	7.5	8.5	9.3	
회사 Ⅱ:	8.4	8.1	7.7	8.3	6.4	7.0	7.9
회사 Ⅲ:	8.8	6.7	7.0	7.6	6.9		

세 회사에서 생산된 제품의 평균수명이 동일하다는 귀무가설을 검정하기 위해 유의수준 0.05로 크루스칼-왈리스 검정을 이용해 보자. 물론 세 모집단의 분포가 정규분포라면 일반적으로 이용하는 분산분석의 F-검정을 하면 된다. 그러나 그런 가정을 할 수 없는 경우 H 통계량을 이용해 검정해 보자. 각 관측값에 해당하는 순위를 부여해 보면

	회 사		
	Ⅰ	Ⅱ	Ⅲ
	9.2 (17)	8.4 (12)	8.8 (15)
	8.6 (14)	8.1 (10)	6.7 (2)
	9.0 (16)	7.7 (8)	7.0 (4.5)
	7.5 (6)	8.3 (11)	7.6 (7)
	8.5 (13)	6.4 (1)	6.9(3)
	9.3 (18)	7.0 (4.5)	
		7.9 (9)	
순위합	84	55.5	31.5

이므로

$$h = \frac{12}{18(18+1)}\left(\frac{84^2}{6} + \frac{55.5^2}{7} + \frac{31.5^2}{5}\right) - 3(18+1)$$
$$\approx 6.6662$$

이다. 여기서는 동일한 관측값 7.0이 두 개 있으므로 $g=1,\ t_1=2$이다. 그러므로 $h' = h/[1-6/(18^3-18)] \approx 6.6731$이다. 기각역이 $h' \geq \chi^2_{0.05}(2) = 5.99$이므로, H_0를 기각한다. 즉, 회사에 따라 제품의 수명에 차이가 있다고 말할 수 있다. …●

연습문제

6.5.1 다음 데이터는 세 가지 형태의 소형 계산기가 재충전하기 전에 작동되는 시간을 나타낸 것이다.

계산기		
A	B	C
4.9	5.5	6.4
6.1	5.4	6.8
4.3	6.2	5.6
4.6	5.8	6.5
5.3	5.5	6.3
	5.2	6.6
	4.8	

세 종류 계산기의 평균 작동시간이 동일하다는 가설을 검정하기 위해, 유의수준 0.01에서 크루스칼-왈리스 검정을 이용하라.

6.5.2 다음 데이터는 4가지 식이요법을 비교하기 위해 26마리 쥐를 실험하여 12주 후의 체중 증가량을 나타낸 것이다. 크루스칼-왈리스 검정을 이용하여 4가지 식이요법에 차이가 있는지 $\alpha = 0.05$로 검정하라.

식이요법	체중 증가량
A_1	257 205 206 164 190 214 228 203
A_2	201 231 197 185 282
A_3	248 265 187 220 212 215 281
A_4	202 276 207 204 230 227

6.5.3 전자레인지 주요부품의 강도를 비교하기 위해 세 회사 제품의 수명을 측정하여 다음 데이터를 얻었다. 세 회사 제품의 수명이 차이가 있는지 $\alpha = 0.05$로 크루스칼-왈리스 검정을 하라.

회사	수명					
A	36	45	5	62	50	
B	47	30	60	2	53	42
C	70	31	110	55	40	63

6.5.4 다음 데이터는 어떤 종류의 종이에 대해 매끄러운 정도를 5개의 실험실에서 5번씩 측정하여 얻은 자료이다. 실험실 사이에 차이가 있는지 $\alpha = 0.05$로 크루스칼-왈리스 검정을 하라.

실험실				
1	2	3	4	5
173	135	166	186	108
185	165	175	137	112
141	145	155	162	113
133	160	136	125	137
160	120	160	157	146

6.5.5 다음은 네 종류의 옥수수 수확량이다. 네 종류의 옥수수 수확량에 차이가 있는지를 $\alpha = 0.05$로 크루스칼-왈리스 검정을 이용하여 검정하라.

옥수수			
1	2	3	4
83	91	101	78
91	90	100	82
94	81	91	81
89	83	93	77
89	84	96	79
96	83	95	81
91	88	94	80
92	91		81
90	89		
	84		

6.6 독립성과 상관계수 검정

$(X_1, Y_1), \cdots, (X_n, Y_n)$을 결합분포함수가 $F(x, y)$이며 연속인 이변량 모집단에서의 확률표본이라 하자. 그리고 각 주변 분포함수를 $F_X(x)$와 $F_Y(y)$라 하자. X와 Y의 **상관계수** (correlation coefficient)를 다음과 같이 정의한다.

$$\rho = \frac{\mathrm{Cov}(X, Y)}{\sqrt{\mathrm{Var}(X)\,\mathrm{Var}(Y)}} \tag{6.6.1}$$

물론 $-1 \le \rho \le 1$이며, $|\rho| = 1$일 필요충분조건은 적당한 상수 $a \ne 0$와 b에 대해 $P[Y = aX + b] = 1$이다. 즉, $|\rho| = 1$일 때 X와 Y는 선형관계에 있다. $\rho = 0$일 경우는 $\mathrm{Cov}(X, Y) = 0$이므로 X와 Y는 무상관이다. X와 Y가 서로 독립일 때 $\rho = 0$이며 일반적으로 역은 성립하지 않으나, 이변량 정규분포에서는 $\rho = 0$이면 X와 Y는 서로 독립이다. 데이터가 주어진 경우 상관계수의 추정량으로 가장 널리 이용되는 것은 제5장에서 소개했던 다음과 같은 **피어슨의 표본상관계수** (Pearson's sample correlation coefficient)이다.

$$r_{XY} = \frac{\sum_{i=1}^{n}(X_i - \overline{X})(Y_i - \overline{Y})}{\sqrt{\sum_{i=1}^{n}(X_i - \overline{X})^2 \sum_{i=1}^{n}(Y_i - \overline{Y})^2}} \tag{6.6.2}$$

r_{XY}도 상관계수의 모든 조건을 만족한다. 따라서 r_{XY}가 ρ의 점추정량으로 널리 이용되고 있다.

$(X_1, Y_1), \cdots, (X_n, Y_n)$이 이변량 정규분포 $\mathrm{BN}(\mu_1, \mu_2, \sigma_1^2, \sigma_2^2, \rho)$에서의 확률표본이면 정리 5.2.11에서 언급했듯이 t-분포를 이용해 쉽게 ρ에 대한 검정을 할 수 있다.

그러나 이러한 가정이 만족되지 않으면 t-검정을 할 수 없으며 심지어 수치적인 데이터가 아닌 경우는 r_{XY}의 관측값조차 계산할 수 없다. 따라서 여기서는 순위가 가능한 모든 데이터에 적용할 수 있는 비모수적 방법을 소개한다. 간단히 생각할 수 있는 것은 X의 관측값들 중에서 작은 값부터 크기순으로 순위를 부여하고, Y의 관측값들도 같은 방법으로 순위를 부여하여 원래의 관측값 대신 순위를 대입해 표본상관계수를 구한 **스피어맨의 순위상관계수** (Spearman's rank correlation coefficient)를 이용하는 것이다.

R_i를 $X_1, \cdots, X_n$에서 X_i의 순위, S_i를 $Y_1, \cdots, Y_n$에서 Y_i의 순위라 하면, R_i와 S_i의 평균은

$$\overline{R} = \frac{1}{n}\sum_{i=1}^{n} R_i = \frac{n+1}{2}$$

$$\overline{S} = \frac{1}{n}\sum_{i=1}^{n} S_i = \frac{n+1}{2}$$

이고

$$\begin{aligned}\sum_{i=1}^{n}(R_i - \overline{R})^2 = \sum_{i=1}^{n}(S_i - \overline{S})^2 &= \sum_{i=1}^{n}\left(i - \frac{n+1}{2}\right)^2 \\ &= \frac{n(n^2-1)}{12}\end{aligned}$$

이므로, 피어슨의 표본상관계수의 X_i, Y_i 대신에 R_i, S_i를 대입하면

$$\begin{aligned}r_s &= \frac{\sum_{i=1}^{n}(R_i - \overline{R})(S_i - \overline{S})}{\sqrt{\sum_{i=1}^{n}(R_i - \overline{R})^2 \sum_{i=1}^{n}(S_i - \overline{S})^2}} \\ &= \frac{12\sum_{i=1}^{n}\left(R_i - \frac{n+1}{2}\right)\left(S_i - \frac{n+1}{2}\right)}{n(n^2-1)} \\ &= 1 - \frac{6}{n(n^2-1)}\sum_{i=1}^{n}(R_i - S_i)^2\end{aligned} \tag{6.6.3}$$

이다.

정의 6.6.1

$d_i = R_i - S_i$를 X_i의 순위와 Y_i의 순위의 차이라 할 때,

$$r_s = 1 - \frac{6}{n(n^2-1)}\sum_{i=1}^{n} {d_i}^2 \tag{6.6.4}$$

을 **스피어맨의 순위상관계수**라 한다.

예제 6.6.1 일란성 쌍둥이 12쌍에게 그들의 진취성을 측정하기 위해 심리학적인 검사를 했다. 같은 쌍인 두 쌍둥이 간에는 비슷한 수준의 검사를 했다. 다음 데이터는 진취성의 측정값이다.

i	1	2	3	4	5	6	7	8	9	10	11	12
첫째 (x_i)	86	71	77	68	91	72	77	91	70	71	88	87
둘째 (y_i)	88	77	76	64	96	72	65	90	65	80	81	72

먼저 첫째로 태어난 쌍둥이들 중에서 순위를 정하고, 둘째로 태어난 쌍둥이들 중에서도 역시 순위를 정하면 다음과 같다.

i	1	2	3	4	5	6	7	8	9	10	11	12
r_i	8	3.5	6.5	1	11.5	5	6.5	11.5	2	3.5	10	9
s_i	10	7	6	1	12	4.5	2.5	11	2.5	8	9	4.5
d_i^2	4	12.25	0.25	0	0.25	0.25	16	0.25	0.25	20.25	1	20.25

따라서 스피어맨의 순위상관계수는

$$\begin{aligned} r_s &= 1 - \frac{6}{n(n^2-1)}\sum_{i=1}^{12} d_i^2 \\ &= 1 - \frac{6}{12(144-1)}(75) \\ &\approx 0.7378 \end{aligned}$$

이다. 그러므로 쌍둥이 형제간에는 진취성이 어느 정도 높은 양의 상관이 있음을 말해준다. ……………●

이제 스피어맨의 순위상관계수를 이용한 독립성 검정에 대해 알아보자.

$$H_0 : \rho = 0$$

을 검정하기 위해 검정통계량으로 스피어맨의 순위상관계수를 이용한다. 만일

(i) $H_1 : \rho > 0$일 때, $r_s \geq r_s(\alpha, n)$이면 H_0를 기각한다.

(ii) $H_1 : \rho < 0$일 때, $r_s \leq -r_s(\alpha, n)$이면 H_0를 기각한다.

(iii) $H_1 : \rho \neq 0$일 때, $|r_s| \geq r_s(\alpha/2, n)$이면 H_0를 기각한다.

여기서 $r_s(\alpha, n)$ 값은 표 B.12에 주어져 있으며, $\alpha = P_{H_0}[r_s \geq r_s(\alpha, n)]$을 만족하는 값이다. 귀무가설하에서 r_s는 0에 관해 대칭이므로 위의 검정법이 성립된다. 물론 n이 크면 정규근사나 t-분포를 이용하여 근사적으로 크기 α인 검정을 할 수 있다. 귀무가설하에서

$$E(r_s) = 0,\ \mathrm{Var}(r_s) = \frac{1}{n-1} \tag{6.6.5}$$

이므로, n이 클 때

$$\sqrt{n-1}\, r_s \tag{6.6.6}$$

는 근사적으로 $\mathrm{N}(0, 1)$을 따른다. 또한

$$T = \frac{\sqrt{n-2}\, r_s}{\sqrt{1-r_s^2}} \tag{6.6.7}$$

은 근사적으로 자유도 $n-2$인 t-분포를 따른다. 이런 사실을 이용해 근사적인 p-값이나 기각역을 구할 수 있다. 예를 들어, $H_1: \rho > 0$에 대한 기각역은 $\sqrt{n-1}\, r_s \geq z_\alpha$ 또는 $t \geq t_\alpha(n-2)$이다. 여기서 t는 T의 관측값이다.

예제 6.6.2 다음 데이터는 연습문제 5.2.12번에서 언급한 수리통계학 과목의 중간시험성적(x)과 기말시험성적(y)이다.

x	8	0	16	18	10	25	15	16	19	23	5	14	10	11	27
y	10	11.5	18.5	21	16.5	22	21.5	26	21	27	17.5	18	21	13	28

먼저 스피어맨의 순위상관계수를 구하기 위해 순위를 생각하면

r_i	3	1	9.5	11	4.5	14	8	9.5	12	13	2	7	4.5	6	15
s_i	1	2	7	9	4	12	11	13	9	14	5	6	9	3	15
d_i^2	4	1	6.25	4	0.25	4	9	12.25	9	1	9	1	20.25	9	0

이므로

$$\begin{aligned} r_s &= 1 - \frac{6}{15(15^2-1)} \sum_{i=1}^{n} d_i^2 \\ &= 1 - \frac{6}{15(15^2-1)}(90) \end{aligned}$$

$$\approx 0.8393$$

이다. 즉, 높은 양의 상관관계가 있음을 알 수 있다. 이제 이 데이터에 근거하여

$$H_0 : \rho = 0 \ \text{대} \ H_1 : \rho > 0$$

을 유의수준 0.01로 검정해 보자. 표 B.12에 의해 기각역은 $r_s \geq 0.604$이다. 따라서 H_0를 기각한다. 즉, 중간시험성적과 기말시험성적 사이에는 양의 연관성이 있다. ……………●

예제 6.6.3 예제 6.6.1에서

$$H_0 : \rho = 0 \ \text{대} \ H_1 : \rho > 0$$

을 유의수준 0.01로 검정해 보자. 이 경우 $n = 12$이므로 표 B.12에 의해 기각역은 $r_s > r_s(0.01,\ 12) = 0.678$이다. 따라서 H_0를 기각한다. 이제

$$T = \frac{\sqrt{n-2}\, r_s}{\sqrt{1 - r_s^2}}$$

이 근사적으로 자유도 $n-2$인 t-분포를 따른다는 사실을 이용해 검정해 보자. $r_s \approx 0.7378$이므로

$$t = \frac{\sqrt{10}\,(0.7378)}{\sqrt{1 - 0.7378^2}} \approx 3.4564$$

이다. 이 검정의 기각역은 $t \geq t_\alpha(n-2) = t_{0.01}(10) = 2.764$이므로 H_0를 기각한다. ……………●

연습문제

6.6.1 다음은 태어난 지 48주 된 남자아이 9명의 키와 머리 둘레를 측정하여 얻은 데이터이다.

키	77.3	73.0	73.9	71.7	79.6	75.4	77.6	72.0	76.4
머리둘레	47.5	46.9	45.9	46.3	47.5	47.4	47.1	47.3	48.2

두 변수 사이에 양의 상관이 있는지 순위상관계수를 이용해 유의수준 0.05로 검정하라.

6.6.2 다음 데이터는 학생 10명의 중간시험성적과 기말시험성적을 나타낸 것이다.

중간시험	84	98	91	72	86	93	80 0	92	87
기말시험	73	63	87	66	78	78	91 0	88	77

(a) 순위상관계수 r_s를 계산하라.

(b) $H_0 : \rho = 0$ 대 $H_1 : \rho > 0$ 가설을 $\alpha = 0.025$로 검정하라.

6.6.3 남편과 부인 10쌍이 함께 볼링장에서 획득한 점수는 다음과 같다.

남편	147	158	131	142	183	151	196	129	155	158
부인	122	128	125	123	115	120	108	143	124	123

(a) 스피어맨의 순위상관계수 r_s를 계산하라.

(b) 부부의 볼링 점수 사이에 연관성이 있는지 r_s를 이용하여 유의수준 0.05로 검정하라.

6.6.4 다음은 10쌍의 확률표본으로부터 키(단위: 인치)를 측정하여 얻은 데이터이다.

남편	70	73	72	62	65	74	71	63	64	68
부인	60	76	62	63	46	68	71	61	65	66

(a) 스피어맨의 순위상관계수 r_s를 계산하라.

(b) 남편과 부인의 키 사이에 양의 연관성이 있는지 r_s를 이용해 유의수준 0.05로 검정하라.

6.6.5 연습문제 6.3.6번에서 계산기 A와 계산기 B의 작동시간은 서로 양의 상관관계가 있는지 유의수준 0.05로 검정하라.

6.6.6 예제 5.2.1의 판매된 담배의 수량과 폐암으로 사망한 사람의 수에 대해
(a) 스피어맨의 순위상관계수 r_s를 계산하라.
(b) 두 변수 사이에 양의 연관성이 있는지 r_s를 이용해 유의수준 0.05로 검정하라.

6.6.7 연습문제 5.2.11번의 발 크기와 손 크기에 관한 데이터에 대해
(a) 스피어맨의 순위상관계수 r_s를 계산하라.
(b) 발 크기와 손 크기가 양의 연관성이 있는지 r_s를 이용해 유의수준 0.05로 검정하라.

6.6.8 연습문제 5.2.13번의 연평균 온도와 여성의 유방 종양에 의한 사망지수에 대해
(a) 스피어맨의 순위상관계수 r_s를 계산하라.
(b) 두 변수 사이에 양의 연관성이 있는지 r_s를 이용해 유의수준 0.05로 검정하라.

6.6.9 예제 5.3.1의 데이터에서 1인당 쇠고기 소비량(x_1)과 쇠고기 가격(y)에 대해
(a) 스피어맨의 순위상관계수 r_s를 계산하라.
(b) 두 변수 사이에 음의 연관성이 있는지 r_s를 이용해 유의수준 0.05로 검정하라.

6.6.10 다음 데이터는 쇠고기 가격(x)과 돼지고기 가격(y)이다.

x	59.7	59.7	63.0	71.0	71.0	74.2	72.1	79.0	73.1	70.2
y	60.5	63.3	59.9	56.3	55.0	59.6	57.0	49.5	47.3	56.6

x	82.2	68.4	73.0	70.2	67.8	63.4	56.0
y	73.9	64.4	62.2	59.9	51.0	41.5	43.9

자료출처: DASL(The Data and Story Library), http://lib.stat.cmu.edu/DASL

(a) 두 변수의 스피어맨의 순위상관계수 r_s를 계산하라.
(b) 두 변수 사이에 연관성이 있는지 r_s를 이용해 유의수준 0.05로 검정하라.

Statistical Estimation & Hypothesis Testing

부록

부록 A 특별한 분포들의 기호와 특성

[표 A.1] 특별한 이산분포

기호와 모수	pmf $f(x)$	mgf $M_X(t)$	평균	분산
베르누이 분포 $X \sim \mathrm{Bin}(1, p)$ $0 < p < 1$ $q = 1 - p$	$p^x q^{1-x}$ $x = 0, 1$	$pe^t + q$	p	pq
이항분포 $X \sim \mathrm{Bin}(n, p)$ $0 < p < 1$ $q = 1 - p$	$\binom{n}{x} p^x q^{n-x}$ $x = 0, 1, \cdots, n$	$(pe^t + q)^n$	np	npq
초기하분포 $X \sim \mathrm{Hyp}(n, M, N)$ $n = 1, 2, \cdots, N$ $M = 0, 1, \cdots, N$	$\binom{M}{x}\binom{N-M}{n-x} / \binom{N}{n}$ $x = 0, 1, \cdots, n$	*	$\frac{nM}{N}$	$n\frac{M}{N}\left(1 - \frac{M}{N}\right)\frac{N-n}{N-1}$
푸아송 분포 $X \sim \mathrm{Poi}(\mu)$ $\mu > 0$	$\frac{e^{-\mu}\mu^x}{x!}$ $x = 0, 1, \cdots$	$e^{\mu(e^t - 1)}$	μ	μ
기하분포 $X \sim \mathrm{Geo}(p)$ $0 < p < 1$ $q = 1 - p$	pq^{x-1} $x = 1, 2, \cdots$	$\frac{pe^t}{1 - qe^t}$	$\frac{1}{p}$	$\frac{q}{p^2}$
음이항분포 $X \sim \mathrm{NB}(r, p)$ $0 < p < 1$ $q = 1 - p$ $r = 1, 2, \cdots$	$\binom{x-1}{r-1} p^r q^{x-r}$ $x = r, r+1, \cdots$	$\left(\frac{pe^t}{1 - qe^t}\right)^r$	$\frac{r}{p}$	$\frac{rq}{p^2}$
이산균일분포 $X \sim \mathrm{DU}(N)$ $N = 1, 2, \cdots$	$\frac{1}{N}$ $x = 1, 2, \cdots, n$	$\frac{1}{N}\frac{e^t - e^{(N+1)t}}{1 - e^t}$	$\frac{N+1}{2}$	$\frac{N^2 - 1}{12}$

* 다루기 어려움.

[표 A.2] 특별한 연속분포

기호와 모수	pdf $f(x)$	mgf $M_X(t)$	평균	분산
균일분포 $X \sim \text{U}(a, b)$ $b > a$	$\frac{1}{b-a}$ $a < x < b$	$\frac{e^{bt}-e^{at}}{(b-a)t}$	$\frac{a+b}{2}$	$\frac{(b-a)^2}{12}$
감마분포 $X \sim \text{Gam}(\alpha, \beta)$ $\alpha > 0$ $\beta > 0$	$\frac{1}{\beta^\alpha \Gamma(\alpha)} x^{\alpha-1} e^{-x/\beta}$ $x > 0$	$\left(\frac{1}{1-\beta t}\right)^\alpha$	$\alpha\beta$	$\alpha\beta^2$
지수분포 $X \sim \text{Exp}(\theta)$ $\theta > 0$	$\frac{1}{\theta} e^{-x/\theta}$ $x > 0$	$\frac{1}{1-\theta t}$	θ	θ^2
와이블 분포 $X \sim \text{Wei}(\alpha, \beta)$ $\alpha > 0$ $\beta > 0$	$\frac{\alpha}{\beta^\alpha} x^{\alpha-1} e^{-(x/\beta)^\alpha}$ $x > 0$	*	$\beta\Gamma\left(1+\frac{1}{\alpha}\right)$	$\beta^2\left[\Gamma\left(1+\frac{2}{\alpha}\right) - \left\{\Gamma\left(1+\frac{1}{\alpha}\right)\right\}^2\right]$
파레토 분포 $X \sim \text{Par}(\theta, \alpha)$ $\theta > 0$ $\alpha > 0$	$\frac{\alpha}{\theta(1+x/\theta)^{\alpha+1}}$ $x > 0$	**	$\frac{\theta}{\alpha-1}$ $\alpha > 1$	$\frac{\theta^2\alpha}{(\alpha-2)(\alpha-1)^2}$ $\alpha > 2$
정규분포 $X \sim \text{N}(\mu, \sigma^2)$ $\sigma^2 > 0$	$\frac{1}{\sqrt{2\pi}\,\sigma} e^{-(x-\mu)^2/2\sigma^2}$	$e^{\mu t+\sigma^2 t^2/2}$	μ	σ^2
2-모수 지수분포 $X \sim \text{Exp}(\theta, \eta)$ $\theta > 0$	$\frac{1}{\theta} e^{-(x-\eta)/\theta}$ $x > \eta$	$\frac{e^{\eta t}}{1-\theta t}$	$\eta+\theta$	θ^2
이중지수분포 $X \sim \text{DE}(\theta, \eta)$ $\theta > 0$	$\frac{1}{2\theta} e^{-\|x-\eta\|/\theta}$	$\frac{e^{\eta t}}{1-\theta^2 t^2}$	η	$2\theta^2$

[표 A.2] 특별한 연속분포(계속)

기호와 모수	pdf $f(x)$	mgf $M_X(t)$	평균	분산
극단값분포 $X \sim \mathrm{EV}(\theta, \eta)$ $\theta > 0$	$\frac{1}{\theta}\exp\left\{\frac{x-\eta}{\theta} - \exp\left(\frac{x-\eta}{\theta}\right)\right\}$	$e^{\eta t}\Gamma(1+\theta t)$	$\eta - \gamma\theta$ $\gamma \doteq 0.5772$ (Euler 상수)	$\frac{\pi^2\theta^2}{6}$
코시 분포 $X \sim \mathrm{Cau}(\theta, \eta)$ $\theta > 0$	$\frac{1}{\theta\pi\left\{1+\left(\frac{x-\eta}{\theta}\right)^2\right\}}$	**	**	**
카이제곱분포 $X \sim \chi^2(k)$ $k = 1, 2, \cdots$	$\frac{1}{2^{k/2}\Gamma(k/2)}$ $\times x^{k/2-1}e^{-x/2}$ $x > 0$	$\left(\frac{1}{1-2t}\right)^{k/2}$	k	$2k$
스튜던트 t-분포 $X \sim t(k)$ $k = 1, 2, \cdots$	$\frac{\Gamma\left(\frac{k+1}{2}\right)}{\Gamma\left(\frac{k}{2}\right)}\frac{1}{\sqrt{k\pi}}$ $\times \frac{1}{(1+x^2/k)^{(k+1)/2}}$	**	0 $k > 1$	$\frac{k}{k-2}$ $k > 2$
스네데커 F-분포 $X \sim F(k_1, k_2)$ $k_1 = 1, 2\cdots$ $k_2 = 1, 2\cdots$	$\frac{\Gamma\left(\frac{k_1+k_2}{2}\right)}{\Gamma\left(\frac{k_1}{2}\right)\Gamma\left(\frac{k_2}{2}\right)}\left(\frac{k_1}{k_2}\right)^{k_1/2}$ $\times \frac{x^{k_1/2-1}}{(1+k_1x/k_2)^{(k_1+k_2)/2}}$, $x > 0$	**	$\frac{k_2}{k_2-2}$ $k_2 > 2$	$\frac{2k_2^2(k_1+k_2-2)}{k_1(k_2-2)^2(k_2-4)}$ $k_2 > 4$
베타분포 $X \sim \mathrm{Beta}(a, b)$ $a > 0$ $b > 0$	$\frac{\Gamma(a+b)}{\Gamma(a)\Gamma(b)}x^{a-1}$ $\times (1-x)^{b-1}$ $0 < x < 1$	*	$\frac{a}{a+b}$	$\frac{ab}{(a+b+1)(a+b)^2}$

* 다루기 어려움.
** 존재하지 않음.

부록 B 분포표

[표 B.1] 이항 누적분포함수

$$B(x\,;\,n,p)=\sum_{k=0}^{x}\binom{n}{k}p^k(1-p)^{n-k}$$

		p																		
n	x	0.05	0.10	0.15	0.20	0.25	0.30	0.35	0.40	0.45	0.50	0.55	0.60	0.65	0.70	0.75	0.80	0.85	0.90	0.95
1	0	0.9500	0.9000	0.8500	0.8000	0.7500	0.7000	0.6500	0.6000	0.5500	0.5000	0.4500	0.4000	0.3500	0.3000	0.2500	0.2000	0.1500	0.1000	0.0500
2	0	0.9025	0.8100	0.7225	0.6400	0.5625	0.4900	0.4225	0.3600	0.3025	0.2500	0.2025	0.1600	0.1225	0.0900	0.0625	0.0400	0.0225	0.0100	0.0025
	1	0.9975	0.9900	0.9775	0.9600	0.9375	0.9100	0.8775	0.8400	0.7975	0.7500	0.6975	0.6400	0.5775	0.5100	0.4375	0.3600	0.2775	0.1900	0.0975
3	0	0.8574	0.7290	0.6141	0.5120	0.4219	0.3430	0.2746	0.2160	0.1664	0.1250	0.0911	0.0640	0.0429	0.0270	0.0156	0.0080	0.0034	0.0010	0.0001
	1	0.9928	0.9720	0.9393	0.8960	0.8438	0.7840	0.7182	0.6480	0.5748	0.5000	0.4252	0.3520	0.2818	0.2160	0.1406	0.1040	0.0608	0.0280	0.0072
	2	0.9999	0.9990	0.9967	0.9920	0.9844	0.9730	0.9571	0.9360	0.9089	0.8750	0.8336	0.7840	0.7254	0.6570	0.5625	0.4880	0.3859	0.2710	0.1426

n	x	p: 0.05	0.10	0.15	0.20	0.25	0.30	0.35	0.40	0.45	0.50	0.55	0.60	0.65	0.70	0.75	0.80	0.85	0.90	0.95
4	0	0.8145	0.6561	0.5220	0.4096	0.3164	0.2401	0.1785	0.1296	0.0915	0.0625	0.0410	0.0256	0.0150	0.0081	0.0039	0.0016	0.0005	0.0001	0.0000
	1	0.9860	0.9477	0.8905	0.8192	0.7383	0.6517	0.5630	0.4752	0.3910	0.3125	0.2415	0.1792	0.1265	0.0837	0.0508	0.0272	0.0120	0.0037	0.0005
	2	0.9995	0.9963	0.9880	0.9728	0.9492	0.9163	0.8735	0.8208	0.7585	0.6875	0.6090	0.5248	0.4370	0.3483	0.2617	0.1808	0.1095	0.0523	0.0140
	3	1.0000	0.9999	0.9995	0.9984	0.9961	0.9919	0.9850	0.9744	0.9590	0.9375	0.9085	0.8704	0.8215	0.7599	0.6836	0.5904	0.4780	0.3439	0.1855
5	0	0.7738	0.5905	0.4437	0.3277	0.2373	0.1681	0.1160	0.0778	0.0503	0.0312	0.0185	0.0102	0.0053	0.0024	0.0010	0.0003	0.0001	0.0000	0.0000
	1	0.9774	0.9185	0.8352	0.7373	0.6328	0.5282	0.4284	0.3370	0.2562	0.1875	0.1312	0.0870	0.0540	0.0308	0.0156	0.0067	0.0022	0.0005	0.0000
	2	0.9988	0.9914	0.9734	0.9421	0.8965	0.8369	0.7648	0.6826	0.5931	0.5000	0.4069	0.3174	0.2352	0.1631	0.1035	0.0579	0.0266	0.0086	0.0012
	3	1.0000	0.9995	0.9978	0.9933	0.9844	0.9692	0.9460	0.9130	0.8688	0.8125	0.7438	0.6630	0.5716	0.4718	0.3672	0.2627	0.1648	0.0815	0.0226
	4	1.0000	1.0000	0.9999	0.9997	0.9990	0.9976	0.9947	0.9898	0.9815	0.9688	0.9497	0.9222	0.8840	0.8319	0.7627	0.6723	0.5563	0.4095	0.2262
6	0	0.7351	0.5314	0.3771	0.2621	0.1780	0.1176	0.0754	0.0467	0.0277	0.0156	0.0083	0.0041	0.0018	0.0007	0.0002	0.0001	0.0000	0.0000	0.0000
	1	0.9672	0.8857	0.7765	0.6554	0.5339	0.4202	0.3191	0.2333	0.1636	0.1094	0.0692	0.0410	0.0223	0.0109	0.0046	0.0016	0.0004	0.0001	0.0000
	2	0.9978	0.9842	0.9527	0.9011	0.8306	0.7443	0.6471	0.5443	0.4415	0.3438	0.2553	0.1792	0.1174	0.0705	0.0376	0.0170	0.0059	0.0013	0.0001
	3	0.9999	0.9987	0.9941	0.9830	0.9624	0.9295	0.8826	0.8208	0.7447	0.6562	0.5585	0.4557	0.3529	0.2557	0.1694	0.0989	0.0473	0.0158	0.0022
	4	1.0000	0.9999	0.9996	0.9984	0.9954	0.9891	0.9777	0.9590	0.9308	0.8906	0.8364	0.7667	0.6809	0.5798	0.4661	0.3446	0.2235	0.1143	0.0328
	5	1.0000	1.0000	1.0000	0.9999	0.9998	0.9993	0.9982	0.9959	0.9917	0.9844	0.9723	0.9533	0.9246	0.8824	0.8220	0.7379	0.6229	0.4686	0.2649
7	0	0.6983	0.4783	0.3206	0.2097	0.1335	0.0824	0.0490	0.0280	0.0152	0.0078	0.0037	0.0016	0.0006	0.0002	0.0001	0.0000	0.0000	0.0000	0.0000
	1	0.9556	0.8503	0.7166	0.5767	0.4449	0.3294	0.2338	0.1586	0.1024	0.0625	0.0357	0.0188	0.0090	0.0038	0.0013	0.0004	0.0001	0.0000	0.0000
	2	0.9962	0.9743	0.9262	0.8520	0.7564	0.6471	0.5323	0.4199	0.3164	0.2266	0.1529	0.0963	0.0556	0.0288	0.0129	0.0047	0.0012	0.0002	0.0000
	3	0.9998	0.9973	0.9879	0.9667	0.9294	0.8740	0.8002	0.7102	0.6083	0.5000	0.3917	0.2898	0.1998	0.1260	0.0706	0.0333	0.0121	0.0027	0.0002
	4	1.0000	0.9998	0.9988	0.9953	0.9871	0.9712	0.9444	0.9037	0.8471	0.7734	0.6836	0.5801	0.4677	0.3529	0.2436	0.1480	0.0738	0.0257	0.0038
	5	1.0000	1.0000	0.9999	0.9996	0.9987	0.9962	0.9910	0.9812	0.9643	0.9375	0.8976	0.8414	0.7662	0.6706	0.5551	0.4233	0.2834	0.1497	0.0444
	6	1.0000	1.0000	1.0000	1.0000	0.9999	0.9998	0.9994	0.9984	0.9963	0.9922	0.9848	0.9720	0.9510	0.9176	0.8665	0.7903	0.6794	0.5217	0.3017

n	x	p																		
		0.05	0.10	0.15	0.20	0.25	0.30	0.35	0.40	0.45	0.50	0.55	0.60	0.65	0.70	0.75	0.80	0.85	0.90	0.95
8	0	0.6634	0.4305	0.2725	0.1678	0.1001	0.0576	0.0319	0.0168	0.0084	0.0039	0.0017	0.0007	0.0002	0.0001	0.0000	0.0000	0.0000	0.0000	0.0000
	1	0.9428	0.8131	0.6572	0.5033	0.3671	0.2553	0.1691	0.1064	0.0632	0.0352	0.0181	0.0085	0.0036	0.0013	0.0004	0.0001	0.0000	0.0000	0.0000
	2	0.9942	0.9619	0.8948	0.7969	0.6785	0.5518	0.4278	0.3154	0.2201	0.1445	0.0885	0.0498	0.0253	0.0113	0.0042	0.0012	0.0002	0.0000	0.0000
	3	0.9996	0.9950	0.9786	0.9437	0.8862	0.8059	0.7064	0.5941	0.4770	0.3633	0.2604	0.1737	0.1061	0.0580	0.0273	0.0104	0.0029	0.0004	0.0000
	4	1.0000	0.9996	0.9971	0.9896	0.9727	0.9420	0.8939	0.8263	0.7396	0.6367	0.5230	0.4059	0.2936	0.1941	0.1138	0.0563	0.0214	0.0050	0.0004
	5	1.0000	1.0000	0.9998	0.9988	0.9958	0.9887	0.9747	0.9502	0.9115	0.8555	0.7799	0.6846	0.5722	0.4482	0.3215	0.2031	0.1052	0.0381	0.0058
	6	1.0000	1.0000	1.0000	0.9999	0.9996	0.9987	0.9964	0.9915	0.9819	0.9648	0.9368	0.8936	0.8309	0.7447	0.6329	0.4967	0.3428	0.1869	0.0572
	7	1.0000	1.0000	1.0000	1.0000	1.0000	0.9999	0.9998	0.9993	0.9983	0.9961	0.9916	0.9832	0.9681	0.9424	0.8999	0.8322	0.7275	0.5695	0.3366
9	0	0.6302	0.3874	0.2316	0.1342	0.0751	0.0404	0.0207	0.0101	0.0046	0.0020	0.0008	0.0003	0.0001	0.0000	0.0000	0.0000	0.0000	0.0000	0.0000
	1	0.9288	0.7748	0.5995	0.4362	0.3003	0.1960	0.1211	0.0705	0.0385	0.0195	0.0091	0.0038	0.0014	0.0004	0.0001	0.0000	0.0000	0.0000	0.0000
	2	0.9916	0.9470	0.8591	0.7382	0.6007	0.4628	0.3373	0.2318	0.1495	0.0898	0.0498	0.0250	0.0112	0.0043	0.0013	0.0003	0.0000	0.0000	0.0000
	3	0.9994	0.9917	0.9661	0.9144	0.8343	0.7297	0.6089	0.4826	0.3614	0.2539	0.1658	0.0994	0.0536	0.0253	0.0100	0.0031	0.0006	0.0001	0.0000
	4	1.0000	0.9991	0.9944	0.9804	0.9511	0.9012	0.8283	0.7334	0.6214	0.5000	0.3786	0.2666	0.1717	0.0988	0.0489	0.0196	0.0056	0.0009	0.0000
	5	1.0000	0.9999	0.9994	0.9969	0.9900	0.9747	0.9464	0.9006	0.8342	0.7461	0.6386	0.5174	0.3911	0.2703	0.1657	0.0856	0.0339	0.0083	0.0006
	6	1.0000	1.0000	1.0000	0.9997	0.9987	0.9957	0.9888	0.9750	0.9502	0.9102	0.8505	0.7682	0.6627	0.5372	0.3993	0.2618	0.1409	0.0530	0.0084
	7	1.0000	1.0000	1.0000	1.0000	0.9999	0.9996	0.9986	0.9962	0.9909	0.9805	0.9615	0.9295	0.8789	0.8040	0.6997	0.5638	0.4005	0.2252	0.0712
	8	1.0000	1.0000	1.0000	1.0000	1.0000	1.0000	0.9999	0.9997	0.9992	0.9980	0.9954	0.9899	0.9793	0.9596	0.9249	0.8658	0.7684	0.6126	0.3698
10	0	0.5987	0.3487	0.1969	0.1074	0.0563	0.0282	0.0135	0.0060	0.0025	0.0010	0.0003	0.0001	0.0000	0.0000	0.0000	0.0000	0.0000	0.0000	0.0000
	1	0.9139	0.7361	0.5443	0.3758	0.2440	0.1493	0.0860	0.0464	0.0233	0.0107	0.0045	0.0017	0.0005	0.0001	0.0000	0.0000	0.0000	0.0000	0.0000
	2	0.9885	0.9298	0.8202	0.6778	0.5256	0.3828	0.2616	0.1673	0.0996	0.0547	0.0274	0.0123	0.0048	0.0016	0.0004	0.0001	0.0000	0.0000	0.0000
	3	0.9990	0.9872	0.9500	0.8791	0.7759	0.6496	0.5138	0.3823	0.2660	0.1719	0.1020	0.0548	0.0260	0.0106	0.0035	0.0009	0.0001	0.0000	0.0000
	4	0.9999	0.9984	0.9901	0.9672	0.9219	0.8497	0.7515	0.6331	0.5044	0.3770	0.2616	0.1662	0.0949	0.0473	0.0197	0.0064	0.0014	0.0001	0.0000
	5	1.0000	0.9999	0.9986	0.9936	0.9803	0.9527	0.9051	0.8338	0.7384	0.6230	0.4956	0.3669	0.2485	0.1503	0.0781	0.0328	0.0099	0.0016	0.0001
	6	1.0000	1.0000	0.9999	0.9991	0.9965	0.9894	0.9740	0.9452	0.8980	0.8281	0.7340	0.6177	0.4862	0.3504	0.2241	0.1209	0.0500	0.0128	0.0010
	7	1.0000	1.0000	1.0000	0.9999	0.9996	0.9984	0.9952	0.9877	0.9726	0.9453	0.9004	0.8327	0.7384	0.6172	0.4474	0.3222	0.1798	0.0702	0.0115
	8	1.0000	1.0000	1.0000	1.0000	1.0000	0.9999	0.9995	0.9983	0.9955	0.9893	0.9767	0.9536	0.9140	0.8507	0.7560	0.6242	0.4557	0.2639	0.0861
	9	1.0000	1.0000	1.0000	1.0000	1.0000	1.0000	1.0000	0.9999	0.9997	0.9990	0.9975	0.9940	0.9865	0.9718	0.9437	0.8926	0.8031	0.6513	0.4013

		p																		
n	x	0.05	0.10	0.15	0.20	0.25	0.30	0.35	0.40	0.45	0.50	0.55	0.60	0.65	0.70	0.75	0.80	0.85	0.90	0.95
15	0	0.4633	0.2059	0.0874	0.0352	0.0134	0.0047	0.0016	0.0005	0.0001	0.0000	0.0000	0.0000	0.0000	0.0000	0.0000	0.0000	0.0000	0.0000	0.0000
	1	0.8290	0.5490	0.3186	0.1671	0.0802	0.0353	0.0142	0.0052	0.0017	0.0005	0.0001	0.0000	0.0000	0.0000	0.0000	0.0000	0.0000	0.0000	0.0000
	2	0.9638	0.8159	0.6042	0.3980	0.2361	0.1268	0.0617	0.0271	0.0107	0.0037	0.0011	0.0003	0.0001	0.0000	0.0000	0.0000	0.0000	0.0000	0.0000
	3	0.9945	0.9444	0.8227	0.6482	0.4613	0.2969	0.1727	0.0905	0.0424	0.0176	0.0063	0.0019	0.0005	0.0001	0.0000	0.0000	0.0000	0.0000	0.0000
	4	0.9994	0.9873	0.9383	0.8358	0.6865	0.5155	0.3519	0.2173	0.1204	0.0592	0.0255	0.0093	0.0028	0.0007	0.0001	0.0000	0.0000	0.0000	0.0000
	5	0.9999	0.9978	0.9832	0.9389	0.8516	0.7216	0.5643	0.4032	0.2608	0.1509	0.0769	0.0338	0.0124	0.0037	0.0008	0.0001	0.0000	0.0000	0.0000
	6	1.0000	0.9997	0.9964	0.9819	0.9434	0.8689	0.7548	0.6098	0.4522	0.3036	0.1818	0.0950	0.0422	0.0152	0.0042	0.0008	0.0001	0.0000	0.0000
	7	1.0000	1.0000	0.9994	0.9958	0.9827	0.9500	0.8868	0.7869	0.6535	0.5000	0.3465	0.2131	0.1132	0.0500	0.0173	0.0042	0.0006	0.0000	0.0000
	8	1.0000	1.0000	0.9999	0.9992	0.9958	0.9848	0.9578	0.9050	0.8182	0.6964	0.5478	0.3902	0.2452	0.1311	0.0566	0.0181	0.0036	0.0003	0.0000
	9	1.0000	1.0000	1.0000	0.9999	0.9992	0.9963	0.9876	0.9662	0.9231	0.8491	0.7392	0.5968	0.4357	0.2784	0.1484	0.0611	0.0168	0.0022	0.0001
	10	1.0000	1.0000	1.0000	1.0000	0.9999	0.9993	0.9972	0.9907	0.9745	0.9408	0.8796	0.7827	0.6481	0.4845	0.3135	0.1642	0.0617	0.0127	0.0006
	11	1.0000	1.0000	1.0000	1.0000	1.0000	0.9999	0.9995	0.9981	0.9937	0.9824	0.9576	0.9095	0.8273	0.7031	0.5387	0.3518	0.1773	0.0556	0.0055
	12	1.0000	1.0000	1.0000	1.0000	1.0000	1.0000	0.9999	0.9997	0.9989	0.9963	0.9893	0.9729	0.9383	0.8732	0.7639	0.6020	0.3958	0.1841	0.0362
	13	1.0000	1.0000	1.0000	1.0000	1.0000	1.0000	1.0000	1.0000	0.9999	0.9995	0.9983	0.9948	0.9858	0.9647	0.9198	0.8329	0.6814	0.4510	0.1710
	14	1.0000	1.0000	1.0000	1.0000	1.0000	1.0000	1.0000	1.0000	1.0000	1.0000	0.9999	0.9995	0.9984	0.9953	0.9866	0.9648	0.9126	0.7941	0.5367
20	0	0.3585	0.1216	0.0388	0.0115	0.0032	0.0008	0.0002	0.0000	0.0000	0.0000	0.0000	0.0000	0.0000	0.0000	0.0000	0.0000	0.0000	0.0000	0.0000
	1	0.7358	0.3917	0.1756	0.0692	0.0243	0.0076	0.0021	0.0005	0.0001	0.0000	0.0000	0.0000	0.0000	0.0000	0.0000	0.0000	0.0000	0.0000	0.0000
	2	0.9245	0.6769	0.4049	0.2061	0.0913	0.0355	0.0121	0.0036	0.0009	0.0002	0.0000	0.0000	0.0000	0.0000	0.0000	0.0000	0.0000	0.0000	0.0000
	3	0.9841	0.8670	0.6477	0.4114	0.2252	0.1071	0.0444	0.0160	0.0049	0.0013	0.0003	0.0000	0.0000	0.0000	0.0000	0.0000	0.0000	0.0000	0.0000
	4	0.9974	0.9568	0.8298	0.6296	0.4148	0.2375	0.1182	0.0510	0.0189	0.0059	0.0015	0.0003	0.0000	0.0000	0.0000	0.0000	0.0000	0.0000	0.0000
	5	0.9997	0.9887	0.9327	0.8042	0.6172	0.4164	0.2454	0.1256	0.0553	0.0207	0.0064	0.0016	0.0003	0.0000	0.0000	0.0000	0.0000	0.0000	0.0000
	6	1.0000	0.9976	0.9781	0.9133	0.7858	0.6080	0.4166	0.2500	0.1299	0.0577	0.0214	0.0065	0.0015	0.0003	0.0000	0.0000	0.0000	0.0000	0.0000
	7	1.0000	0.9996	0.9941	0.9679	0.8982	0.7723	0.6010	0.4159	0.2520	0.1316	0.0580	0.0210	0.0060	0.0013	0.0002	0.0000	0.0000	0.0000	0.0000
	8	1.0000	0.9999	0.9987	0.9900	0.9591	0.8867	0.7624	0.5956	0.4143	0.2517	0.1308	0.0565	0.0196	0.0051	0.0009	0.0001	0.0000	0.0000	0.0000
	9	1.0000	1.0000	0.9998	0.9974	0.9861	0.9520	0.8782	0.7553	0.5914	0.4119	0.2493	0.1275	0.0532	0.0171	0.0039	0.0006	0.0000	0.0000	0.0000
	10	1.0000	1.0000	1.0000	0.9994	0.9961	0.9829	0.9468	0.8725	0.7507	0.5881	0.4086	0.2447	0.1218	0.0480	0.0139	0.0026	0.0002	0.0000	0.0000
	11	1.0000	1.0000	1.0000	0.9999	0.9991	0.9949	0.9804	0.9435	0.8692	0.7483	0.5857	0.4044	0.2376	0.1133	0.0409	0.0100	0.0013	0.0001	0.0000
	12	1.0000	1.0000	1.0000	1.0000	0.9998	0.9987	0.9940	0.9790	0.9420	0.8684	0.7480	0.5841	0.3990	0.2277	0.1018	0.0321	0.0059	0.0004	0.0000
	13	1.0000	1.0000	1.0000	1.0000	1.0000	0.9997	0.9985	0.9935	0.9786	0.9423	0.8701	0.7500	0.5834	0.3920	0.2142	0.0867	0.0219	0.0024	0.0000
	14	1.0000	1.0000	1.0000	1.0000	1.0000	1.0000	0.9997	0.9984	0.9936	0.9793	0.9447	0.8744	0.7546	0.5836	0.3828	0.1958	0.0673	0.0113	0.0003
	15	1.0000	1.0000	1.0000	1.0000	1.0000	1.0000	1.0000	0.9997	0.9985	0.9941	0.9811	0.9490	0.8818	0.7625	0.5852	0.3704	0.1702	0.0432	0.0026
	16	1.0000	1.0000	1.0000	1.0000	1.0000	1.0000	1.0000	1.0000	0.9997	0.9987	0.9951	0.9840	0.9556	0.8929	0.7748	0.5886	0.3523	0.1330	0.0159
	17	1.0000	1.0000	1.0000	1.0000	1.0000	1.0000	1.0000	1.0000	1.0000	0.9998	0.9991	0.9964	0.9879	0.9645	0.9087	0.7939	0.5951	0.3231	0.0755
	18	1.0000	1.0000	1.0000	1.0000	1.0000	1.0000	1.0000	1.0000	1.0000	1.0000	0.9999	0.9995	0.9979	0.9924	0.9757	0.9308	0.8244	0.6083	0.2642
	19	1.0000	1.0000	1.0000	1.0000	1.0000	1.0000	1.0000	1.0000	1.0000	1.0000	1.0000	1.0000	0.9998	0.9992	0.9968	0.9885	0.9612	0.8784	0.6415
	20	1.0000	1.0000	1.0000	1.0000	1.0000	1.0000	1.0000	1.0000	1.0000	1.0000	1.0000	1.0000	1.0000	1.0000	1.0000	1.0000	1.0000	1.0000	1.0000

[표 B.2] 푸아송 누적분포함수

$$F(x\,;\mu) = \sum_{k=0}^{x} \frac{e^{-\mu}\mu^k}{k!}$$

x	μ									
	0.1	0.2	0.3	0.4	0.5	0.6	0.7	0.8	0.9	1.0
0	0.9048	0.8187	0.7408	0.6730	0.6065	0.5488	0.4966	0.4493	0.4066	0.3679
1	0.9953	0.9825	0.9631	0.9384	0.9098	0.8781	0.8442	0.8088	0.7725	0.7358
2	0.9998	0.9989	0.9964	0.9921	0.9856	0.9769	0.9659	0.9526	0.9371	0.9197
3	1.0000	0.9999	0.9997	0.9992	0.9982	0.9966	0.9942	0.9909	0.9865	0.9810
4		1.0000	1.0000	0.9999	0.9998	0.9996	0.9992	0.9986	0.9977	0.9963
5				1.0000	1.0000	1.0000	0.9999	0.9998	0.0997	0.9994
6							1.0000	1.0000	1.0000	0.9999

x	μ									
	2.0	3.0	4.0	5.0	6.0	7.0	8.0	9.0	10.0	15.0
0	0.1353	0.0498	0.0183	0.0067	0.0025	0.0009	0.0003	0.0001	0.0000	
1	0.4060	0.1991	0.0916	0.0404	0.0174	0.0073	0.0030	0.0012	0.0005	
2	0.6767	0.4232	0.2381	0.1247	0.0620	0.0296	0.0138	0.0062	0.0028	0.0000
3	0.8571	0.6472	0.4335	0.2650	0.1512	0.0818	0.0424	0.0212	0.0103	0.0002
4	0.9473	0.8153	0.6288	0.4405	0.2851	0.1730	0.0996	0.0550	0.0293	0.0009
5	0.9834	0.9161	0.7851	0.6160	0.4457	0.3007	0.1912	0.1157	0.0671	0.0028
6	0.9955	0.9665	0.8893	0.7622	0.6063	0.4497	0.3134	0.2068	0.1301	0.0076
7	0.9989	0.9881	0.9489	0.8666	0.7440	0.5987	0.4530	0.3239	0.2202	0.0180
8	0.9998	0.9962	0.9786	0.9319	0.8472	0.7291	0.5925	0.4557	0.3328	0.0374
9	1.0000	0.9989	0.9919	0.9682	0.9161	0.8305	0.7166	0.5874	0.4579	0.0699
10		0.9997	0.9972	0.9863	0.9574	0.9015	0.8159	0.7060	0.5830	0.1185
11		0.9999	0.9991	0.9945	0.9799	0.9466	0.8881	0.8030	0.6968	0.1848
12		1.0000	0.9997	0.9980	0.9912	0.9730	0.9362	0.8758	0.7916	0.2676
13			0.9999	0.9993	0.9964	0.9872	0.9658	0.9261	0.8645	0.3632
14			1.0000	0.9998	0.9986	0.9943	0.9827	0.9585	0.9165	0.4657
15				0.9999	0.9995	0.9976	0.9918	0.9780	0.9513	0.5681
16				1.0000	0.9998	0.9990	0.9963	0.9889	0.9730	0.6641
17					0.9999	0.9996	0.9984	0.9947	0.9857	0.7489
18					1.0000	0.9999	0.9994	0.9976	0.9928	0.8195
19						1.0000	0.9997	0.9989	0.9965	0.8752
20							0.9999	0.9996	0.9984	0.9170
21							1.0000	0.9998	0.9993	0.9469
22								0.9999	0.9997	0.9673
23								1.0000	0.9999	0.9805
24									1.0000	0.9888
25										0.9938
26										0.9967
27										0.9983
28										0.9991
29										0.9996
30										0.9998
31										0.9999
32										1.0000

[표 B.3] 표준정규분포-오른쪽 꼬리 확률

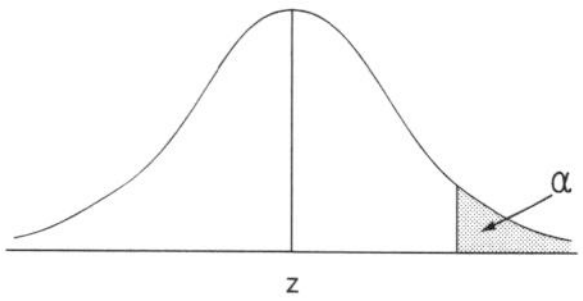

z	α									
	0.00	0.01	0.02	0.03	0.04	0.05	0.06	0.07	0.08	0.09
0.0	0.5000	0.4960	0.4920	0.4880	0.4840	0.4801	0.4761	0.4721	0.4681	0.4641
0.1	0.4602	0.4562	0.4522	0.4483	0.4443	0.4404	0.4364	0.4325	0.4286	0.4247
0.2	0.4207	0.4168	0.4129	0.4090	0.4052	0.4013	0.3974	0.3936	0.3897	0.3859
0.3	0.3821	0.3783	0.3745	0.3707	0.3669	0.3632	0.3594	0.3557	0.3520	0.3483
0.4	0.3446	0.3409	0.3372	0.3336	0.3300	0.3264	0.3228	0.3192	0.3156	0.3121
0.5	0.3085	0.3050	0.3015	0.2981	0.2946	0.2912	0.2877	0.2843	0.2810	0.2776
0.6	0.2743	0.2709	0.2676	0.2643	0.2611	0.2578	0.2546	0.2514	0.2483	0.2451
0.7	0.2420	0.2389	0.2358	0.2327	0.2296	0.2266	0.2236	0.2206	0.2177	0.2148
0.8	0.2119	0.2090	0.2061	0.2033	0.2005	0.1977	0.1949	0.1922	0.1894	0.1867
0.9	0.1841	0.1814	0.1788	0.1762	0.1736	0.1711	0.1685	0.1660	0.1635	0.1611
1.0	0.1587	0.1562	0.1539	0.1515	0.1492	0.1469	0.1446	0.1423	0.1401	0.1379
1.1	0.1357	0.1335	0.1314	0.1292	0.1271	0.1251	0.1230	0.1210	0.1190	0.1170
1.2	0.1151	0.1131	0.1112	0.1093	0.1075	0.1056	0.1038	0.1020	0.1003	0.0985
1.3	0.0968	0.0951	0.0934	0.0918	0.0901	0.0885	0.0869	0.0853	0.0838	0.0823
1.4	0.0808	0.0793	0.0778	0.0764	0.0749	0.0735	0.0721	0.0708	0.0694	0.0681
1.5	0.0668	0.0655	0.0643	0.0630	0.0618	0.0606	0.0594	0.0582	0.0571	0.0559
1.6	0.0548	0.0537	0.0526	0.0516	0.0505	0.0495	0.0485	0.0475	0.0465	0.0455
1.7	0.0446	0.0436	0.0427	0.0418	0.0409	0.0401	0.0392	0.0384	0.0375	0.0367
1.8	0.0359	0.0351	0.0344	0.0336	0.0329	0.0322	0.0314	0.0307	0.0301	0.0294
1.9	0.0287	0.0281	0.0274	0.0268	0.0262	0.0256	0.0250	0.0244	0.0239	0.0233
2.0	0.0228	0.0222	0.0217	0.0212	0.0207	0.0202	0.0197	0.0192	0.0188	0.0183
2.1	0.0179	0.0174	0.0170	0.0166	0.0162	0.0158	0.0154	0.0150	0.0146	0.0143
2.2	0.0139	0.0136	0.0132	0.0129	0.0125	0.0122	0.0119	0.0116	0.0113	0.0110
2.3	0.0107	0.0104	0.0102	0.0099	0.0096	0.0094	0.0091	0.0089	0.0087	0.0084
2.4	0.0082	0.0080	0.0078	0.0075	0.0073	0.0071	0.0069	0.0068	0.0066	0.0064
2.5	0.0062	0.0060	0.0059	0.0057	0.0055	0.0054	0.0052	0.0051	0.0049	0.0048
2.6	0.0047	0.0045	0.0044	0.0043	0.0041	0.0040	0.0039	0.0038	0.0037	0.0036
2.7	0.0035	0.0034	0.0033	0.0032	0.0031	0.0030	0.0029	0.0028	0.0027	0.0026
2.8	0.0026	0.0025	0.0024	0.0023	0.0023	0.0022	0.0021	0.0021	0.0020	0.0019
2.9	0.0019	0.0018	0.0018	0.0017	0.0016	0.0016	0.0015	0.0015	0.0014	0.0014
3.0	0.0013	0.0013	0.0013	0.0012	0.0012	0.0011	0.0011	0.0011	0.0010	0.0010
3.1	0.0010	0.0009	0.0009	0.0009	0.0008	0.0008	0.0008	0.0008	0.0007	0.0007
3.2	0.0007	0.0007	0.0006	0.0006	0.0006	0.0006	0.0006	0.0005	0.0005	0.0005
3.3	0.0005	0.0005	0.0005	0.0004	0.0004	0.0004	0.0004	0.0004	0.0004	0.0003
3.4	0.0003	0.0003	0.0003	0.0003	0.0003	0.0003	0.0003	0.0003	0.0003	0.0002

[표 B.4] 카이제곱분포-오른쪽 꼬리 확률

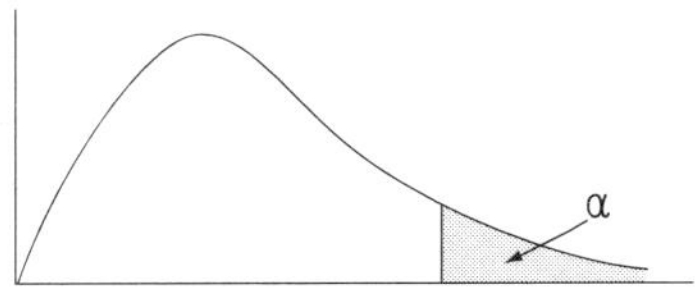

df	α									
	0.9995	0.999	0.9975	0.995	0.990	0.975	0.950	0.900	0.750	0.500
1	0.00	0.00	0.00	0.00	0.00	0.00	0.00	0.02	0.10	0.45
2	0.00	0.00	0.01	0.01	0.02	0.05	0.10	0.21	0.58	1.39
3	0.02	0.02	0.04	0.07	0.11	0.22	0.35	0.58	1.21	2.37
4	0.06	0.09	0.14	0.21	0.30	0.48	0.71	1.06	1.92	3.36
5	0.16	0.21	0.31	0.41	0.55	0.83	1.15	1.61	2.67	4.35
6	0.30	0.38	0.53	0.68	0.87	1.24	1.64	2.20	3.45	5.35
7	0.48	0.60	0.79	0.99	1.24	1.69	2.17	2.83	4.25	6.35
8	0.71	0.86	1.10	1.34	1.65	2.18	2.73	3.49	5.07	7.34
9	0.97	1.15	1.45	1.73	2.09	2.70	3.33	4.17	5.90	8.34
10	1.26	1.48	1.83	2.16	2.56	3.25	3.94	4.87	6.74	9.34
11	1.59	1.83	2.23	2.60	3.05	3.82	4.57	5.58	7.58	10.34
12	1.93	2.21	2.66	3.07	3.57	4.40	5.23	6.30	8.44	11.34
13	2.31	2.62	3.11	3.57	4.11	5.01	5.89	7.04	9.30	12.34
14	2.70	3.04	3.58	4.07	4.66	5.63	6.57	7.79	10.17	13.34
15	3.11	3.48	4.07	4.60	5.23	6.26	7.26	8.55	11.04	14.34
16	3.54	3.94	4.57	5.14	5.81	6.91	7.96	9.31	11.91	15.34
17	3.98	4.42	5.09	5.70	6.41	7.56	8.67	10.09	12.79	16.34
18	4.44	4.90	5.62	6.26	7.01	8.23	9.39	10.86	13.68	17.34
19	4.91	5.41	6.17	6.84	7.63	8.91	10.12	11.65	14.56	18.34
20	5.40	5.92	6.72	7.43	8.26	9.59	10.85	12.44	15.45	19.34
21	5.90	6.45	7.29	8.03	8.90	10.28	11.59	13.24	16.34	20.34
22	6.40	6.98	7.86	8.64	9.54	10.98	12.34	14.04	17.24	21.34
23	6.92	7.53	8.45	9.26	10.20	11.69	13.09	14.85	18.14	22.34
24	7.45	8.08	9.04	9.89	10.86	12.40	13.85	15.66	19.04	23.34
25	7.99	8.65	9.65	10.52	11.52	13.12	14.61	16.47	19.94	24.34
26	8.54	9.22	10.26	11.16	12.20	13.84	15.38	17.29	20.84	25.34
27	9.09	9.80	10.87	11.81	12.88	14.57	16.15	18.11	21.75	26.34
28	9.66	10.39	11.50	12.46	13.56	15.31	16.93	18.94	22.66	27.34
29	10.23	10.99	12.13	13.12	14.26	16.05	17.71	19.77	23.57	28.34
30	10.80	11.59	12.76	13.79	14.95	16.79	18.49	20.60	24.48	29.34
40	16.91	17.92	19.42	20.71	22.16	24.43	26.51	29.05	33.66	39.34
50	23.46	24.67	26.46	27.99	29.71	32.36	34.76	37.69	42.94	49.33
60	30.34	31.74	33.79	35.53	37.48	40.48	43.19	46.46	52.29	59.33
80	44.79	46.52	49.04	51.17	53.54	57.15	60.39	64.28	71.14	79.33
100	59.90	61.92	64.86	67.33	70.06	74.22	77.93	82.36	90.13	99.33

[표 B.4] 카이제곱분포-오른쪽 꼬리 확률(계속)

df	0.250	0.200	0.150	0.100	0.050	0.025	0.020	0.010	0.005	0.0025	0.001	0.0005
1	1.32	1.64	2.07	2.71	3.84	5.02	5.41	6.63	7.88	9.14	10.83	12.12
2	2.77	3.22	3.79	4.61	5.99	7.38	7.82	9.21	10.60	11.98	13.82	15.20
3	4.11	4.64	5.32	6.25	7.81	9.35	9.84	11.34	12.84	14.32	16.27	17.73
4	5.39	5.99	6.74	7.78	9.49	11.14	11.67	13.28	14.86	16.42	18.47	20.00
5	6.63	7.29	8.12	9.24	11.07	12.83	13.39	15.09	16.75	18.39	20.51	22.11
6	7.84	8.56	9.45	10.64	12.59	14.45	15.03	16.81	18.55	20.25	22.46	24.10
7	9.04	9.80	10.75	12.02	14.07	16.01	16.62	18.48	20.28	22.04	24.32	26.02
8	10.22	11.03	12.03	13.36	15.51	17.53	18.17	20.09	21.95	23.77	26.12	27.87
9	11.39	12.24	13.29	14.68	16.92	19.02	19.68	21.67	23.59	25.46	27.88	29.67
10	12.55	13.44	14.53	15.99	18.31	20.48	21.16	23.21	25.19	27.11	29.59	31.42
11	13.70	14.63	15.77	17.28	19.68	21.92	22.62	24.72	26.76	28.73	31.26	33.14
12	14.85	15.81	16.99	18.55	21.03	23.34	24.05	26.22	28.30	30.32	32.91	34.82
13	15.98	16.98	18.20	19.81	22.36	24.74	25.47	27.69	29.82	31.88	34.53	36.48
14	17.12	18.15	19.41	2.106	23.68	26.12	26.87	29.14	31.32	33.43	36.12	38.11
15	18.25	19.31	20.60	22.31	25.00	27.49	28.26	30.58	32.80	34.95	37.70	39.72
16	19.37	20.47	21.79	23.54	26.30	28.85	29.63	32.00	34.27	36.46	39.25	41.31
17	20.49	21.61	22.98	24.77	27.59	30.19	31.00	33.41	35.72	37.95	40.79	42.88
18	21.60	22.76	24.16	25.99	28.87	31.53	32.35	34.81	37.16	39.42	42.31	44.43
19	22.72	23.90	25.33	27.20	30.14	32.85	33.69	36.19	38.58	40.88	43.82	45.97
20	23.83	25.04	26.50	28.41	31.41	34.17	35.02	37.57	40.00	42.34	45.31	47.50
21	24.93	26.17	27.66	29.62	32.67	35.48	36.34	38.93	41.40	43.78	46.80	49.01
22	26.04	27.30	28.82	30.81	33.92	36.78	37.66	40.29	42.80	45.20	48.27	50.51
23	27.14	28.43	29.98	32.01	35.17	38.08	38.97	41.64	44.18	46.62	49.73	52.00
24	28.24	29.55	31.13	33.20	36.42	39.36	40.27	42.98	45.56	48.03	51.18	53.48
25	29.34	30.68	32.28	34.38	37.65	40.65	41.57	44.31	46.93	49.44	52.62	54.95
26	30.43	31.79	33.43	35.56	38.89	41.92	42.86	45.64	48.29	50.83	54.05	56.41
27	31.53	32.91	34.57	36.74	40.11	43.19	44.14	46.96	49.64	52.22	55.48	57.86
28	32.62	34.03	35.71	37.92	41.34	44.46	45.42	48.28	50.99	53.59	56.89	59.30
29	33.71	35.14	36.85	39.09	42.56	45.72	46.69	49.59	52.34	54.97	58.30	60.73
30	34.80	36.25	37.99	40.26	43.77	46.98	47.96	50.89	53.67	56.33	59.70	62.16
40	45.62	47.27	49.24	51.81	55.76	59.34	60.44	63.69	66.77	69.70	73.40	76.09
50	56.33	58.16	60.35	63.17	67.50	71.42	72.61	76.15	79.49	82.66	86.66	89.56
60	66.98	68.97	71.34	74.40	79.08	83.30	84.58	88.38	91.95	95.34	99.61	102.7
80	88.13	90.41	93.11	96.58	101.9	106.6	108.1	112.3	116.3	120.1	124.8	128.3
100	109.1	111.7	114.7	118.5	124.3	129.6	131.1	135.8	140.2	144.3	149.4	153.2

[표 B.5] 스튜던트 t 분포-오른쪽 꼬리 확률

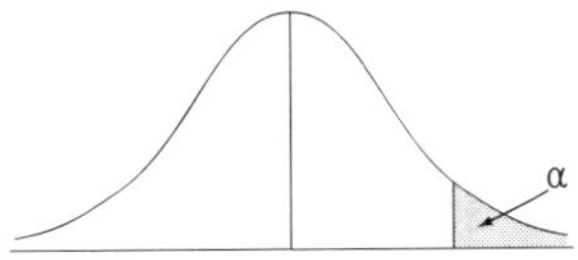

df	α											
	0.25	0.20	0.15	0.10	0.05	0.025	0.02	0.01	0.005	0.0025	0.001	0.0005
1	1.000	1.376	1.963	3.078	6.314	12.71	15.89	31.82	63.66	127.3	318.3	636.6
2	0.816	1.061	1.386	1.886	2.920	4.303	4.849	6.965	9.925	14.09	22.33	31.60
3	0.765	0.978	1.250	1.638	2.353	3.182	3.482	4.541	5.841	7.453	10.21	12.92
4	0.741	0.941	1.190	1.533	2.132	2.776	2.999	3.747	4.604	5.598	7.173	8.610
5	0.727	0.920	1.156	1.476	2.015	2.571	2.757	3.365	4.032	4.773	5.893	6.869
6	0.718	0.906	1.134	1.440	1.943	2.447	2.612	3.143	3.707	4.317	5.208	5.959
7	0.711	0.896	1.119	1.415	1.895	2.365	2.517	2.998	3.499	4.029	4.785	5.408
8	0.706	0.889	1.108	1.397	1.860	2.306	2.449	2.896	3.355	3.833	4.501	5.041
9	0.703	0.883	1.100	1.383	1.833	2.262	2.398	2.821	3.250	3.690	4.297	4.781
10	0.700	0.879	1.093	1.372	1.812	2.228	2.359	2.764	3.169	3.581	4.144	4.587
11	0.697	0.876	1.088	1.363	1.796	2.201	2.328	2.718	3.106	3.497	4.025	4.437
12	0.695	0.873	1.083	1.356	1.782	2.179	2.303	2.681	3.055	3.428	3.930	4.318
13	0.694	0.870	1.079	1.350	1.771	2.160	2.282	2.650	3.012	3.372	3.852	4.221
14	0.692	0.868	1.076	1.345	1.761	2.145	2.264	2.624	2.977	3.326	3.787	4.140
15	0.691	0.866	1.074	1.341	1.753	2.131	2.249	2.602	2.947	3.286	3.733	4.073
16	0.690	0.865	1.071	1.337	1.746	2.120	2.235	2.583	2.921	3.252	3.686	4.015
17	0.689	0.863	1.069	1.333	1.740	2.110	2.224	2.567	2.898	3.222	3.646	3.965
18	0.688	0.862	1.067	1.330	1.734	2.101	2.214	2.552	2.878	3.197	3.611	3.922
19	0.688	0.861	1.066	1.328	1.729	2.093	2.205	2.539	2.861	3.174	3.579	3.883
20	0.687	0.860	1.064	1.325	1.725	2.086	2.197	2.528	2.845	3.153	3.552	3.850
21	0.686	0.859	1.063	1.323	1.721	2.080	2.189	2.518	2.831	3.135	3.527	3.819
22	0.686	0.858	1.061	1.321	1.717	2.074	2.183	2.508	2.819	3.119	3.505	3.792
23	0.685	0.858	1.060	1.319	1.714	2.069	2.177	2.500	2.807	3.104	3.485	3.768
24	0.685	0.857	1.059	1.318	1.711	2.064	2.172	2.492	2.797	3.091	3.467	3.745
25	0.684	0.856	1.058	1.316	1.708	2.060	2.167	2.485	2.787	3.078	3.450	3.725
26	0.684	0.856	1.058	1.315	1.706	2.056	2.162	2.479	2.779	3.067	3.435	3.707
27	0.684	0.855	1.057	1.314	1.703	2.052	2.158	2.473	2.771	3.057	3.421	3.690
28	0.683	0.855	1.056	1.313	1.701	2.048	2.154	2.467	2.763	3.047	3.408	3.674
29	0.683	0.854	1.055	1.311	1.699	2.045	2.150	2.462	2.756	3.038	3.396	3.659
30	0.683	0.854	1.055	1.310	1.697	2.042	2.147	2.457	2.750	3.030	3.385	3.646
40	0.681	0.851	1.050	1.303	1.684	2.021	2.123	2.423	2.704	2.971	3.307	3.551
50	0.679	0.849	1.047	1.299	1.676	2.009	2.109	2.403	2.678	2.937	3.261	3.496
60	0.679	0.848	1.045	1.296	1.671	2.000	2.099	2.390	2.660	2.915	3.232	3.460
80	0.678	0.846	1.043	1.292	1.664	1.990	2.088	2.374	2.639	2.887	3.195	3.416
100	0.677	0.845	1.042	1.290	1.660	1.984	2.081	2.364	2.626	2.871	3.174	3.390
1,000	0.675	0.842	1.037	1.282	1.646	1.962	2.056	2.330	2.581	2.813	3.098	3.300
∞	0.674	0.841	1.036	1.282	1.645	1.960	2.054	2.326	2.576	2.807	3.091	3.291

[표 B.6] F 분포-오른쪽 꼬리 확률

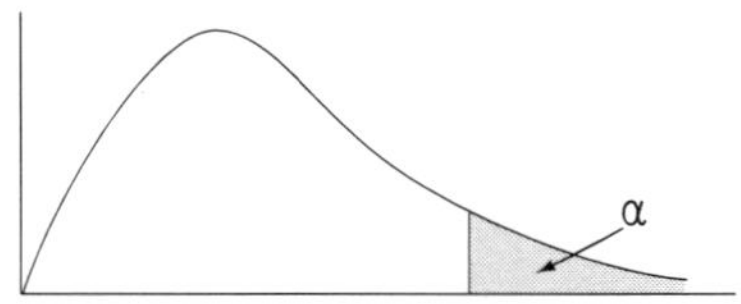

분모의 자유도	α	분자의 자유도 1	2	3	4	5	6	7	8	9	10
	0.100	39.86	49.50	53.59	55.83	57.24	58.20	58.91	59.44	59.86	60.19
	0.050	161.45	199.50	215.71	224.58	230.10	233.99	236.77	238.88	240.54	241.88
1	0.025	647.79	799.50	864.16	899.58	921.85	937.11	948.22	956.66	963.28	968.63
	0.010	4052.2	4999.5	5403.4	5624.6	5763.6	5859.0	5928.4	5981.1	6022.5	6055.8
	0.001	405284	500000	540379	562500	576405	585937	592873	598144	602284	605621
	0.100	8.53	9.00	9.16	9.24	9.29	9.33	9.35	9.37	9.38	9.39
	0.050	18.51	19.00	19.16	19.25	19.30	19.33	19.35	19.37	19.38	19.40
2	0.025	38.51	39.00	39.17	39.25	39.30	39.33	39.36	39.37	39.39	39.40
	0.010	98.50	99.00	99.17	99.25	99.30	99.33	99.36	99.37	99.39	99.40
	0.001	998.50	999.00	999.17	999.25	999.30	999.33	999.36	999.37	999.39	999.40
	0.100	5.54	5.46	5.39	5.34	5.31	5.28	5.27	5.25	5.24	5.23
	0.050	10.13	9.55	9.28	9.12	9.01	8.94	8.89	8.85	8.81	8.79
3	0.025	17.44	16.04	15.44	15.10	14.88	14.73	14.62	14.54	14.47	14.42
	0.010	34.12	30.82	29.46	28.71	28.24	27.91	27.67	27.49	27.35	27.23
	0.001	167.03	148.50	141.11	137.10	134.58	132.85	131.58	130.62	129.86	129.25
	0.100	4.54	4.32	4.19	4.11	4.05	4.01	3.98	3.95	3.94	3.92
	0.050	7.71	6.94	6.59	6.39	6.26	6.16	6.09	6.04	6.00	5.96
4	0.025	12.22	10.65	9.98	9.60	9.36	9.20	9.07	8.98	8.90	8.84
	0.010	21.20	18.00	16.69	15.98	15.52	15.21	14.98	14.80	14.66	14.55
	0.001	74.14	61.25	56.18	53.44	51.71	50.53	49.66	49.00	48.47	48.05
	0.100	4.06	3.78	3.62	3.52	3.45	3.40	3.37	3.34	3.32	3.30
	0.050	6.61	5.79	5.41	5.19	5.05	4.95	4.88	4.82	4.77	4.74
5	0.025	10.01	8.43	7.76	7.39	7.15	6.98	6.85	6.76	6.68	6.62
	0.010	16.26	13.27	12.06	11.39	10.97	10.67	10.46	10.29	10.16	10.05
	0.001	47.18	37.12	33.20	31.09	29.75	28.83	28.16	27.65	27.24	26.92
	0.100	3.78	3.46	3.29	3.18	3.11	3.05	3.01	2.98	2.96	2.94
	0.050	5.99	5.14	4.76	4.53	4.39	4.28	4.21	4.15	4.10	4.06
6	0.025	8.81	7.26	6.60	6.23	5.99	5.82	5.70	5.60	5.52	5.46
	0.010	13.75	10.92	9.78	9.15	8.75	8.47	8.26	8.10	7.98	7.87
	0.001	35.51	27.00	23.70	21.92	20.80	20.03	19.46	19.03	18.69	18.41

[표 B.6] F 분포-오른쪽 꼬리 확률(계속)

분모의 자유도	α	분자의 자유도 12	15	20	25	30	40	50	60	120	1,000
1	0.100	60.71	61.22	61.74	62.05	62.26	62.53	62.69	62.79	63.06	63.30
	0.050	243.91	245.95	248.01	249.26	250.10	251.14	251.77	252.20	253.25	254.11
	0.025	976.71	984.87	993.10	998.08	1001.4	1005.6	1008.1	1009.8	1014.0	1017.7
	0.010	6106.3	6157.3	6208.7	6239.8	6260.6	6286.8	6302.5	6313.0	6339.4	6362.7
	0.001	610668	615764	620908	624017	626099	628712	630285	631337	633972	636301
2	0.100	9.41	9.42	9.44	9.45	9.46	9.47	9.47	9.47	9.48	9.49
	0.050	19.41	19.43	19.45	19.46	19.46	19.47	19.48	19.48	19.49	19.49
	0.025	39.41	39.43	39.45	39.46	39.46	39.47	39.48	39.48	39.49	39.50
	0.010	99.42	99.43	99.45	99.46	99.47	99.47	99.48	99.48	99.49	99.50
	0.001	999.42	999.43	999.45	999.46	999.47	999.47	999.48	999.48	999.49	999.50
3	0.100	5.22	5.20	5.18	5.17	5.17	5.16	5.15	5.15	5.14	5.13
	0.050	8.74	8.70	8.66	8.63	8.62	8.59	8.58	8.57	8.55	8.53
	0.025	14.34	14.25	14.17	14.12	14.08	14.04	14.01	13.99	13.95	13.91
	0.010	27.05	26.87	26.69	26.58	26.50	26.41	26.35	26.32	26.22	26.14
	0.001	128.32	127.37	126.42	125.84	125.45	124.96	124.66	124.47	123.97	123.53
4	0.100	3.90	3.87	3.84	3.83	3.82	3.80	3.80	3.79	3.78	3.76
	0.050	5.91	5.86	5.80	5.77	5.75	5.72	5.70	5.69	5.66	5.63
	0.025	8.75	8.66	8.56	8.50	8.46	8.41	8.38	8.36	8.31	8.26
	0.010	14.37	14.20	14.02	13.91	13.84	13.75	13.69	13.65	13.56	13.47
	0.001	47.41	46.76	46.10	45.70	45.43	45.09	44.88	44.75	44.40	44.09
5	0.100	3.27	3.24	3.21	3.19	3.17	3.16	3.15	3.14	3.12	3.11
	0.050	4.68	4.62	4.56	4.52	4.50	4.46	4.44	4.43	4.40	4.37
	0.025	6.52	6.43	6.33	6.27	6.23	6.18	6.14	6.12	6.07	6.02
	0.010	9.89	9.72	9.55	9.45	9.38	9.29	9.24	9.20	9.11	9.03
	0.001	26.42	25.91	25.39	25.08	24.87	24.60	24.44	24.33	24.06	23.82
6	0.100	2.90	2.87	2.84	2.81	2.80	2.78	2.77	2.76	2.74	2.72
	0.050	4.00	3.94	3.87	3.83	3.81	3.77	3.75	3.74	3.70	3.67
	0.025	5.37	5.27	5.17	5.11	5.07	5.01	4.98	4.96	4.90	4.86
	0.010	7.72	7.56	7.40	7.30	7.23	7.14	7.09	7.06	6.97	6.89
	0.001	17.99	17.56	17.12	16.85	16.67	16.44	16.31	16.21	15.98	15.77

[표 B.6] F 분포-오른쪽 꼬리 확률(계속)

분모의 자유도	α	분자의 자유도									
		1	2	3	4	5	6	7	8	9	10
	0.100	3.59	3.26	3.07	2.96	2.88	2.83	2.78	2.75	2.72	2.70
	0.050	5.59	4.74	4.35	4.12	3.97	3.87	3.79	3.73	3.68	3.64
7	0.025	8.07	6.54	5.89	5.52	5.29	5.12	4.99	4.90	4.82	4.76
	0.010	12.25	9.55	8.45	7.85	7.46	7.19	6.99	6.84	6.72	6.62
	0.001	29.25	21.69	18.77	17.20	16.21	15.52	15.02	14.63	14.33	14.08
	0.100	3.46	3.11	2.92	2.81	2.73	2.67	2.62	2.59	2.56	2.54
	0.050	5.32	4.46	4.07	3.84	3.69	3.58	3.50	3.44	3.39	3.35
8	0.025	7.57	6.06	5.42	5.05	4.82	4.65	4.53	4.43	4.36	4.30
	0.010	11.26	8.65	7.59	7.01	6.63	6.37	6.18	6.03	5.91	5.81
	0.001	25.41	18.49	15.83	14.39	13.48	12.86	12.40	12.05	11.77	11.54
	0.100	3.36	3.01	2.81	2.69	2.61	2.55	2.51	2.47	2.44	2.42
	0.050	5.12	4.26	3.86	3.63	3.48	3.37	3.29	3.23	3.18	3.14
9	0.025	7.21	5.71	5.08	4.72	4.48	4.32	4.20	4.10	4.03	3.96
	0.010	10.56	8.02	6.99	6.42	6.06	5.80	5.61	5.47	5.35	5.26
	0.001	22.86	16.39	13.90	12.56	11.71	11.13	10.70	10.37	10.11	9.89
	0.100	3.29	2.92	2.73	2.61	2.52	2.46	2.41	2.38	2.35	2.32
	0.050	4.96	4.10	3.71	3.48	3.33	3.22	3.14	3.07	3.02	2.98
10	0.025	6.94	5.46	4.83	4.47	4.24	4.07	3.95	3.85	3.78	3.72
	0.010	10.04	7.56	6.55	5.99	5.64	5.39	5.20	5.06	4.94	4.85
	0.001	21.04	14.91	12.55	11.28	10.48	9.93	9.52	9.20	8.96	8.75
	0.100	3.23	2.86	2.66	2.54	2.45	2.39	2.34	2.30	2.27	2.25
	0.050	4.84	3.98	3.59	3.36	3.20	3.09	3.01	2.95	2.90	2.85
11	0.025	6.72	5.26	4.63	4.28	4.04	3.88	3.76	3.66	3.59	3.53
	0.010	9.65	7.21	6.22	5.67	5.32	5.07	4.89	4.74	4.63	4.54
	0.001	19.69	13.81	11.56	10.35	9.58	9.05	8.66	8.35	8.12	7.92
	0.100	3.18	2.81	2.61	2.48	2.39	2.33	2.28	2.24	2.21	2.19
	0.050	4.75	3.89	3.49	3.26	3.11	3.00	2.91	2.85	2.80	2.75
12	0.025	6.55	5.10	4.47	4.12	3.89	3.73	3.61	3.51	3.44	3.37
	0.010	9.33	6.93	5.95	5.41	5.06	4.82	4.64	4.50	4.39	4.30
	0.001	18.64	12.97	10.80	9.63	8.89	8.38	8.00	7.71	7.48	7.29
	0.100	3.14	2.76	2.56	2.43	2.35	2.28	2.23	2.20	2.16	2.14
	0.050	4.67	3.81	3.41	3.18	3.03	2.92	2.83	2.77	2.71	2.67
13	0.025	6.41	4.97	4.35	4.00	3.77	3.60	3.48	3.39	3.31	3.25
	0.010	9.07	6.70	5.74	5.21	4.86	4.62	4.44	4.30	4.19	4.10
	0.001	17.82	12.31	10.21	9.07	8.35	7.86	7.49	7.21	6.98	6.80

[표 B.6] F 분포-오른쪽 꼬리 확률(계속)

분모의 자유도	α	12	15	20	25	30	40	50	60	120	1,000
		분자의 자유도									
	0.100	2.67	2.63	2.59	2.57	2.56	2.54	2.52	2.51	2.49	2.47
	0.050	3.57	3.51	3.44	3.40	3.38	3.34	3.32	3.30	3.27	3.23
7	0.025	4.67	4.57	4.47	4.40	4.36	4.31	4.28	4.25	4.20	4.15
	0.010	6.47	6.31	6.16	6.06	5.99	5.91	5.86	5.82	5.74	5.66
	0.001	13.71	13.32	12.93	12.69	12.53	12.33	12.20	12.12	11.91	11.72
	0.100	2.50	2.46	2.42	2.40	2.38	2.36	2.35	2.34	2.32	2.30
	0.050	3.28	3.22	3.15	3.11	3.08	3.04	3.02	3.01	2.97	2.93
8	0.025	4.20	4.10	4.00	3.94	3.89	3.84	3.81	3.78	3.73	3.68
	0.010	5.67	5.52	5.36	5.26	5.20	5.12	5.07	5.03	4.95	4.87
	0.001	11.19	10.84	10.48	10.26	10.11	9.92	9.80	9.73	9.53	9.36
	0.100	2.38	2.34	2.30	2.27	2.25	2.23	2.22	2.21	2.18	2.16
	0.050	3.07	3.01	2.94	2.89	2.86	2.83	2.80	2.79	2.75	2.71
9	0.025	3.87	3.77	3.67	3.60	3.56	3.51	3.47	3.45	3.39	3.34
	0.010	5.11	4.96	4.81	4.71	4.65	4.57	4.52	4.48	4.40	4.32
	0.001	9.57	9.24	8.90	8.69	8.55	8.37	8.26	8.19	8.00	7.84
	0.100	2.28	2.24	2.20	2.17	2.16	2.13	2.12	2.11	2.08	2.06
	0.050	2.91	2.85	2.77	2.73	2.70	2.66	2.64	2.62	2.58	2.54
10	0.025	3.62	3.52	3.42	3.35	3.31	3.26	3.22	3.20	3.14	3.09
	0.010	4.71	4.56	4.41	4.31	4.25	4.17	4.12	4.08	4.00	3.92
	0.001	8.45	8.13	7.80	7.60	7.47	7.30	7.19	7.12	6.94	6.78
	0.100	2.21	2.17	2.12	2.10	2.08	2.05	2.04	2.03	2.00	1.98
	0.050	2.79	2.72	2.65	2.60	2.57	2.53	2.51	2.49	2.45	2.41
11	0.025	3.43	3.33	3.23	3.16	3.12	3.06	3.03	3.00	2.94	2.89
	0.010	4.40	4.25	4.10	4.01	3.94	3.86	3.81	3.78	3.69	3.61
	0.001	7.63	7.32	7.01	6.81	6.68	6.52	6.42	6.35	6.18	6.02
	0.100	2.15	2.10	2.06	2.03	2.01	1.99	1.97	1.96	1.93	1.91
	0.050	2.69	2.62	2.54	2.50	2.47	2.43	2.40	2.38	2.34	2.30
12	0.025	3.28	3.18	3.07	3.01	2.96	2.91	2.87	2.85	2.79	2.73
	0.010	4.16	4.01	3.86	3.76	3.70	3.62	3.57	3.54	3.45	3.37
	0.001	7.00	6.71	6.40	6.22	6.09	5.93	5.83	5.76	5.59	5.44
	0.100	2.10	2.05	2.01	1.98	1.96	1.93	1.92	1.90	1.88	1.85
	0.050	2.60	2.53	2.46	2.41	2.38	2.34	2.31	2.30	2.25	2.21
13	0.025	3.15	3.05	2.95	2.88	2.84	2.78	2.74	2.72	2.66	2.60
	0.010	3.96	3.82	3.66	3.57	3.51	3.43	3.38	3.34	3.25	3.18
	0.001	6.52	6.23	5.93	5.75	5.63	5.47	5.37	5.30	5.14	4.99

[표 B.6] F 분포-오른쪽 꼬리 확률(계속)

분모의 자유도	α	분자의 자유도 1	2	3	4	5	6	7	8	9	10
	0.100	3.10	2.73	2.52	2.39	2.31	2.24	2.19	2.15	2.12	2.10
	0.050	4.60	3.74	3.34	3.11	2.96	2.85	2.76	2.70	2.65	2.60
14	0.025	6.30	4.86	4.24	3.89	3.66	3.50	3.38	3.29	3.21	3.15
	0.010	8.86	6.51	5.56	5.04	4.69	4.46	4.28	4.14	4.03	3.94
	0.001	17.14	11.78	9.73	8.62	7.92	7.44	7.08	6.80	6.58	6.40
	0.100	3.07	2.70	2.49	2.36	2.27	2.21	2.16	2.12	2.09	2.06
	0.050	4.54	3.68	3.29	3.06	2.90	2.79	2.71	2.64	2.59	2.54
15	0.025	6.20	4.77	4.15	3.80	3.58	3.41	3.29	3.20	3.12	3.06
	0.010	8.68	6.36	5.42	4.89	4.56	4.32	4.14	4.00	3.89	3.80
	0.001	16.59	11.34	9.34	8.25	7.57	7.09	6.74	6.47	6.26	6.08
	0.100	3.05	2.67	2.46	2.33	2.24	2.18	2.13	2.09	2.06	2.03
	0.050	4.49	3.63	3.24	3.01	2.85	2.74	2.66	2.59	2.54	2.49
16	0.025	6.12	4.69	4.08	3.73	3.50	3.34	3.22	3.12	3.05	2.99
	0.010	8.53	6.23	5.29	4.77	4.44	4.20	4.03	3.89	3.78	3.69
	0.001	16.12	10.97	9.01	7.94	7.27	6.80	6.46	6.19	5.98	5.81
	0.100	3.03	2.64	2.44	2.31	2.22	2.15	2.10	2.06	2.03	2.00
	0.050	4.45	3.59	3.20	2.96	2.81	2.70	2.61	2.55	2.49	2.45
17	0.025	6.04	4.62	4.01	3.66	3.44	3.28	3.16	3.06	2.98	2.92
	0.010	8.40	6.11	5.19	4.67	4.34	4.10	3.93	3.79	3.68	3.59
	0.001	15.72	10.66	8.73	7.68	7.02	6.56	6.22	5.96	5.75	5.58
	0.100	3.01	2.62	2.42	2.29	2.20	2.13	2.08	2.04	2.00	1.98
	0.050	4.41	3.55	3.16	2.93	2.77	2.66	2.58	2.51	2.46	2.41
18	0.025	5.98	4.56	3.95	3.61	3.38	3.22	3.10	3.01	2.93	2.87
	0.010	8.29	6.01	5.09	4.58	4.25	4.01	3.84	3.71	3.60	3.51
	0.001	15.38	10.39	8.49	7.46	6.81	6.35	6.02	5.76	5.56	5.39
	0.100	2.99	2.61	2.40	2.27	2.18	2.11	2.06	2.02	1.98	1.96
	0.050	4.38	3.52	3.13	2.90	2.74	2.63	2.54	2.48	2.42	2.38
19	0.025	5.92	4.51	3.90	3.56	3.33	3.17	3.05	2.96	2.88	2.82
	0.010	8.18	5.93	5.01	4.50	4.17	3.94	3.77	3.63	3.52	3.43
	0.001	15.08	10.16	8.28	7.27	6.62	6.18	5.85	5.59	5.39	5.22
	0.100	2.97	2.59	2.38	2.25	2.16	2.09	2.04	2.00	1.96	1.94
	0.050	4.35	3.49	3.10	2.87	2.71	2.60	2.51	2.45	2.39	2.35
20	0.025	5.87	4.46	3.86	3.51	3.29	3.13	3.01	2.91	2.84	2.77
	0.010	8.10	5.85	4.94	4.43	4.10	3.87	3.70	3.56	3.46	3.37
	0.001	14.82	9.95	8.10	7.10	6.46	6.02	5.69	5.44	5.24	5.08

[표 B.6] F 분포-오른쪽 꼬리 확률(계속)

분모의 자유도	α	분자의 자유도 12	15	20	25	30	40	50	60	120	1,000
14	0.100	2.05	2.01	1.96	1.93	1.91	1.89	1.87	1.86	1.83	1.80
	0.050	2.53	2.46	2.39	2.34	2.31	2.27	2.24	2.22	2.18	2.14
	0.025	3.05	2.95	2.84	2.78	2.73	2.67	2.64	2.61	2.55	2.50
	0.010	3.80	3.66	3.51	3.41	3.35	3.27	3.22	3.18	3.09	3.02
	0.001	6.13	5.85	5.56	5.38	5.25	5.10	5.00	4.94	4.77	4.62
15	0.100	2.02	1.97	1.92	1.89	1.87	1.85	1.83	1.82	1.79	1.76
	0.050	2.48	2.40	2.33	2.28	2.25	2.20	2.18	2.16	2.11	2.07
	0.025	2.96	2.86	2.76	2.69	2.64	2.59	2.55	2.52	2.46	2.40
	0.010	3.67	3.52	3.37	3.28	3.21	3.13	3.08	3.05	2.96	2.88
	0.001	5.81	5.54	5.25	5.07	4.95	4.80	4.70	4.64	4,47	4.33
16	0.100	1.99	1.94	1.89	1.86	1.84	1.81	1.79	1.78	1.75	1.72
	0.050	2.42	2.35	2.28	2.23	2.19	2.15	2.12	2.11	2.06	2.02
	0.025	2.89	2.79	2.68	2.61	2.57	2.51	2.47	2.45	2.38	2.32
	0.010	3.55	3.41	3.26	3.16	3.10	3.02	2.97	2.93	2.84	2.76
	0.001	5.55	5.27	4.99	4.82	4.70	4.54	4.45	4.39	4.23	4.08
17	0.100	1.96	1.91	1.86	1.83	1.81	1.78	1.76	1.75	1.72	1.69
	0.050	2.38	2.31	2.23	2.18	2.15	2.10	2.08	2.06	2.01	1.97
	0.025	2.82	2.72	2.62	2.55	2.50	2.44	2.41	2.38	2.32	2.26
	0.010	3.46	3.31	3.16	3.07	3.00	2.92	2.87	2.83	2.75	2.66
	0.001	5.32	5.05	4.78	4.60	4.48	4.33	4.24	4.18	4.02	3.87
18	0.100	1.93	1.89	1.84	1.80	1.78	1.75	1.74	1.72	1.69	1.66
	0.050	2.34	2.27	2.19	2.14	2.11	2.06	2.04	2.02	1.97	1.92
	0.025	2.77	2.67	2.56	2.49	2.44	2.38	2.35	2.32	2.26	2.20
	0.010	3.37	3.23	3.08	2.98	2.92	2.84	2.78	2.75	2.66	2.58
	0.001	5.13	4.87	4.59	4.42	4.30	4.15	4.06	4.00	3.84	3.69
19	0.100	1.91	1.86	1.81	1.78	1.76	1.73	1.71	1.70	1.67	1.64
	0.050	2.31	2.23	2.16	2.11	2.07	2.03	2.00	1.98	1.93	1.88
	0.025	2.72	2.62	2.51	2.44	2.39	2.33	2.30	2.27	2.20	2.14
	0.010	3.30	3.15	3.00	2.91	2.84	2.76	2.71	2.67	2.58	2.50
	0.001	4.97	4.70	4.43	4.26	4.14	3.99	3.90	3.84	3.68	3.53
20	0.100	1.89	1.84	1.79	1.76	1.74	1.71	1.69	1.68	1.64	1.61
	0.050	2.28	2.20	2.12	2.07	2.04	1.99	1.97	1.95	1.90	1.85
	0.025	2.68	2.57	2.46	2.40	2.35	2.29	2.25	2.22	2.16	2.09
	0.010	3.23	3.09	2.94	2.84	2.78	2.69	2.64	2.61	2.52	2.43
	0.001	4.82	4.56	4.29	4.12	4.00	3.86	3.77	3.70	3.54	3.40

[표 B.6] F 분포-오른쪽 꼬리 확률(계속)

분모의 자유도	α	1	2	3	4	5	6	7	8	9	10
		분자의 자유도									
21	0.100	2.96	2.57	2.36	2.23	2.14	2.08	2.02	1.98	1.95	1.92
	0.050	4.32	3.47	3.07	2.84	2.68	2.57	2.49	2.42	2.37	2.32
	0.025	5.83	4.42	3.82	3.48	3.25	3.09	2.97	2.87	2.80	2.73
	0.010	8.02	5.78	4.87	4.37	4.04	3.81	3.64	3.51	3.40	3.31
	0.001	14.59	9.77	7.94	6.95	6.32	5.88	5.56	5.31	5.11	4.95
22	0.100	2.95	2.56	2.35	2.22	2.13	2.06	2.01	1.97	1.93	1.90
	0.050	4.30	3.44	3.05	2.82	2.66	2.55	2.46	2.40	2.34	2.30
	0.025	5.79	4.38	3.78	3.44	3.22	3.05	2.93	2.84	2.76	2.70
	0.010	7.95	5.72	4.82	4.31	3.99	3.76	3.59	3.45	3.35	3.26
	0.001	14.38	9.61	7.80	6.81	6.19	5.76	5.44	5.19	4.99	4.83
23	0.100	2.94	2.55	2.34	2.21	2.11	2.05	1.99	1.95	1.92	1.89
	0.050	4.28	3.42	3.03	2.80	2.64	2.53	2.44	2.37	2.32	2.27
	0.025	5.75	4.35	3.75	3.41	3.18	3.02	2.90	2.81	2.73	2.67
	0.010	7.88	5.66	4.76	4.26	3.94	3.71	3.54	3.41	3.30	3.21
	0.001	14.20	9.47	7.67	6.70	6.08	5.65	5.33	5.09	4.89	4.73
24	0.100	2.93	2.54	2.33	2.19	2.10	2.04	1.98	1.94	1.91	1.88
	0.050	4.26	3.40	3.01	2.78	2.62	2.51	2.42	2.36	2.30	2.25
	0.025	5.72	4.32	3.72	3.38	3.15	2.99	2.87	2.78	2.70	2.64
	0.010	7.82	5.61	4.72	4.22	3.90	3.67	3.50	3.36	3.26	3.17
	0.001	14.03	9.34	7.55	6.59	5.98	5.55	5.23	4.99	4.80	4.64
25	0.100	2.92	2.53	2.32	2.18	2.09	2.02	1.97	1.93	1.89	1.87
	0.050	4.24	3.39	2.99	2.76	2.60	2.49	2.40	2.34	2.28	2.24
	0.025	5.69	4.29	3.69	3.35	3.13	2.97	2.85	2.75	2.68	2.61
	0.010	7.77	5.57	4.68	4.18	3.85	3.63	3.46	3.32	3.22	3.13
	0.001	13.88	9.22	7.45	6.49	5.89	5.46	5.15	4.91	4.71	4.56
26	0.100	2.91	2.52	2.31	2.17	2.08	2.01	1.96	1.92	1.88	1.86
	0.050	4.23	3.37	2.98	2.74	2.59	2.47	2.39	2.32	2.27	2.22
	0.025	5.66	4.27	3.67	3.33	3.10	2.94	2.82	2.73	2.65	2.59
	0.010	7.72	5.53	4.64	4.14	3.82	3.59	3.42	3.29	3.18	3.09
	0.001	13.74	9.12	7.36	6.41	5.80	5.38	5.07	4.83	4.64	4.48
27	0.100	2.90	2.51	2.30	2.17	2.07	2.00	1.95	1.91	1.87	1.85
	0.050	4.21	3.35	2.96	2.73	2.57	2.46	2.37	2.31	2.25	2.20
	0.025	5.63	4.24	3.65	3.31	3.08	2.92	2.80	2.71	2.63	2.57
	0.010	7.68	5.49	4.60	4.11	3.78	3.56	3.39	3.26	3.15	3.06
	0.001	13.61	9.02	7.27	6.33	5.73	5.31	5.00	4.76	4.57	4.41

[표 B.6] F 분포-오른쪽 꼬리 확률(계속)

분모의 자유도	α	분자의 자유도 12	15	20	25	30	40	50	60	120	1,000
	0.100	1.87	1.83	1.78	1.74	1.72	1.69	1.67	1.66	1.62	1.59
	0.050	2.25	2.18	2.10	2.05	2.01	1.96	1.94	1.92	1.87	1.82
21	0.025	2.64	2.53	2.42	2.36	2.31	2.25	2.21	2.18	2.11	2.05
	0.010	3.17	3.03	2.88	2.79	2.72	2.64	2.58	2.55	2.46	2.37
	0.001	4.70	4.44	4.17	4.00	3.88	3.74	3.64	3.58	3.42	3.28
	0.100	1.86	1.81	1.76	1.73	1.70	1.67	1.65	1.64	1.60	1.57
	0.050	2.23	2.15	2.07	2.02	1.98	1.94	1.91	1.89	1.84	1.79
22	0.025	2.60	2.50	2.39	2.32	2.27	2.21	2.17	2.14	2.08	2.01
	0.010	3.12	2.98	2.83	2.73	2.67	2.58	2.53	2.50	2.40	2.32
	0.001	4.58	4.33	4.06	3.89	3.78	3.63	3.54	3.48	3.32	3.17
	0.100	1.84	1.80	1.74	1.71	1.69	1.66	1.64	1.62	1.59	1.55
	0.050	2.20	2.13	2.05	2.00	1.96	1.91	1.88	1.86	1.81	1.76
23	0.025	2.57	2.47	2.36	2.29	2.24	2.18	2.14	2.11	2.04	1.98
	0.010	3.07	2.93	2.78	2.69	2.62	2.54	2.48	2.45	2.35	2.27
	0.001	4.48	4.23	3.96	3.79	3.68	3.53	3.44	3.38	3.22	3.08
	0.100	1.83	1.78	1.73	1.70	1.67	1.64	1.62	1.61	1.57	1.54
	0.050	2.18	2.11	2.03	1.97	1.94	1.89	1.86	1.84	1.79	1.74
24	0.025	2.54	2.44	2.33	2.26	2.21	2.15	2.11	2.08	2.01	1.94
	0.010	3.03	2.89	2.74	2.64	2.58	2.49	2.44	2.40	2.31	2.22
	0.001	4.39	4.14	3.87	3.71	3.59	3.45	3.36	3.29	3.14	2.99
	0.100	1.82	1.77	1.72	1.68	1.66	1.63	1.61	1.59	1.56	1.52
	0.050	2.16	2.09	2.01	1.96	1.92	1.87	1.84	1.82	1.77	1.72
25	0.025	2.51	2.41	2.30	2.23	2.18	2.12	2.08	2.05	1.98	1.91
	0.010	2.99	2.85	2.70	2.60	2.54	2.45	2.40	2.36	2.27	2.18
	0.001	4.31	4.06	3.79	3.63	3.52	3.37	3.28	3.22	3.06	2.91
	0.100	1.81	1.76	1.71	1.67	1.65	1.61	1.59	1.58	1.54	1.51
	0.050	2.15	2.07	1.99	1.94	1.90	1.85	1.82	1.80	1.75	1.70
26	0.025	2.49	2.39	2.28	2.21	2.16	2.09	2.05	2.03	1.95	1.89
	0.010	2.96	2.81	2.66	2.57	2.50	2.42	2.36	2.33	2.23	2.14
	0.001	4.24	3.99	3.72	3.56	3.44	3.30	3.21	3.15	2.99	2.84
	0.100	1.80	1.75	1.70	1.66	1.64	1.60	1.58	1.57	1.53	1.50
	0.050	2.13	2.06	1.97	1.92	1.88	1.84	1.81	1.79	1.73	1.68
27	0.025	2.47	2.36	2.25	2.18	2.13	2.07	2.03	2.00	1.93	1.86
	0.010	2.93	2.78	2.63	2.54	2.47	2.38	2.33	2.29	2.20	2.11
	0.001	4.17	3.92	3.66	3.49	3.38	3.23	3.14	3.08	2.92	2.78

[표 B.6] F 분포-오른쪽 꼬리 확률(계속)

분모의 자유도	α	분자의 자유도 1	2	3	4	5	6	7	8	9	10
	0.100	2.89	2.50	2.29	2.16	2.06	2.00	1.94	1.90	1.87	1.84
	0.050	4.20	3.34	2.95	2.71	2.56	2.45	2.36	2.29	2.24	2.19
28	0.025	5.61	4.22	3.63	3.29	3.06	2.90	2.78	2.69	2.61	2.55
	0.010	7.64	5.45	4.57	4.07	3.75	3.53	3.36	3.23	3.12	3.03
	0.001	13.50	8.93	7.19	6.25	5.66	5.24	4.93	4.69	4.50	4.35
	0.100	2.89	2.50	2.28	2.15	2.06	1.99	1.93	1.89	1.86	1.83
	0.050	4.18	3.33	2.93	2.70	2.55	2.43	2.35	2.28	2.22	2.18
29	0.025	5.59	4.20	3.61	3.27	3.04	2.88	2.76	2.67	2.59	2.53
	0.010	7.60	5.42	4.54	4.04	3.73	3.50	3.33	3.20	3.09	3.00
	0.001	13.39	8.85	7.12	6.19	5.59	5.18	4.87	4.64	4.45	4.29
	0.100	2.88	2.49	2.28	2.14	2.05	1.98	1.93	1.88	1.85	1.82
	0.050	4.17	3.32	2.92	2.69	2.53	2.42	2.33	2.27	2.21	2.16
30	0.025	5.57	4.18	3.59	3.25	3.03	2.87	2.75	2.65	2.57	2.51
	0.010	7.56	5.39	4.51	4.02	3.70	3.47	3.30	3.17	3.07	2.98
	0.001	13.29	8.77	7.05	6.12	5.53	5.12	4.82	4.58	4.39	4.24
	0.100	2.84	2.44	2.23	2.09	2.00	1.93	1.87	1.83	1.79	1.76
	0.050	4.08	3.23	2.84	2.61	2.45	2.34	2.25	2.18	2.12	2.08
40	0.025	5.42	4.05	3.46	3.13	2.90	2.74	2.62	2.53	2.45	2.39
	0.010	7.31	5.18	4.31	3.83	3.51	3.29	3.12	2.99	2.89	2.80
	0.001	12.61	8.25	6.59	5.70	5.13	4.73	4.44	4.21	4.02	3.87
	0.100	2.81	2.41	2.20	2.06	1.97	1.90	1.84	1.80	1.76	1.73
	0.050	4.03	3.18	2.79	2.56	2.40	2.29	2.20	2.13	2.07	2.03
50	0.025	5.34	3.97	3.39	3.05	2.83	2.67	2.55	2.46	2.38	2.32
	0.010	7.17	5.06	4.20	3.72	3.41	3.19	3.02	2.89	2.78	2.70
	0.001	12.22	7.96	6.34	5.46	4.90	4.51	4.22	4.00	3.82	3.67
	0.100	2.79	2.39	2.18	2.04	1.95	1.87	1.82	1.77	1.74	1.71
	0.050	4.00	3.15	2.76	2.53	2.37	2.25	2.17	2.10	2.04	1.99
60	0.025	5.29	3.93	3.34	3.01	2.79	2.63	2.51	2.41	2.33	2.27
	0.010	7.08	4.98	4.13	3.65	3.34	3.12	2.95	2.82	2.72	2.63
	0.001	11.97	7.77	6.17	5.31	4.76	4.37	4.09	3.86	3.69	3.54
	0.100	2.76	2.36	2.14	2.00	1.91	1.83	1.78	1.73	1.69	1.66
	0.050	3.94	3.09	2.70	2.46	2.31	2.19	2.10	2.03	1.97	1.93
100	0.025	5.18	3.83	3.25	2.92	2.70	2.54	2.42	2.32	2.24	2.18
	0.010	6.90	4.82	3.98	3.51	3.21	2.99	2.82	2.69	2.59	2.50
	0.001	11.50	7.41	5.86	5.02	4.48	4.11	3.83	3.61	3.44	3.30

[표 B.6] F 분포-오른쪽 꼬리 확률(계속)

분모의 자유도	α	분자의 자유도 12	15	20	25	30	40	50	60	120	1,000
28	0.100	1.79	1.74	1.69	1.65	1.63	1.59	1.57	1.56	1.52	1.48
	0.050	2.12	2.04	1.96	1.91	1.87	1.82	1.79	1.77	1.71	1.66
	0.025	2.45	2.34	2.23	2.16	2.11	2.05	2.01	1.98	1.91	1.84
	0.010	2.90	2.75	2.60	2.51	2.44	2.35	2.30	2.26	2.17	2.08
	0.001	4.11	3.86	3.60	3.43	3.32	3.18	3.09	3.02	2.86	2.72
29	0.100	1.78	1.73	1.68	1.64	1.62	1.58	1.56	1.55	1.51	1.47
	0.050	2.10	2.03	1.94	1.89	1.85	1.81	1.77	1.75	1.70	1.65
	0.025	2.43	2.32	2.21	2.14	2.09	2.03	1.99	1.96	1.89	1.82
	0.010	2.87	2.73	2.57	2.48	2.41	2.33	2.27	2.23	2.14	2.05
	0.001	4.05	3.80	3.54	3.38	3.27	3.12	3.03	2.97	2.81	2.66
30	0.100	1.77	1.72	1.67	1.63	1.61	1.57	1.55	1.54	1.50	1.46
	0.050	2.09	2.01	1.93	1.88	1.84	1.79	1.76	1.74	1.68	1.63
	0.025	2.41	2.31	2.20	2.12	2.07	2.01	1.97	1.94	1.87	1.80
	0.010	2.84	2.70	2.55	2.45	2.39	2.30	2.25	2.21	2.11	2.02
	0.001	4.00	3.75	3.49	3.33	3.22	3.07	2.98	2.92	2.76	2.61
40	0.100	1.71	1.66	1.61	1.57	1.54	1.51	1.48	1.47	1.42	1.38
	0.050	2.00	1.92	1.84	1.78	1.74	1.69	1.66	1.64	1.58	1.52
	0.025	2.29	2.18	2.07	1.99	1.94	1.88	1.83	1.80	1.72	1.65
	0.010	2.66	2.52	2.37	2.27	2.20	2.11	2.06	2.02	1.92	1.82
	0.001	3.64	3.40	3.14	2.98	2.87	2.73	2.64	2.57	2.41	2.25
50	0.100	1.68	1.63	1.57	1.53	1.50	1.46	1.44	1.42	1.38	1.33
	0.050	1.95	1.87	1.78	1.73	1.69	1.63	1.60	1.58	1.51	1.45
	0.025	2.22	2.11	1.99	1.92	1.87	1.80	1.75	1.72	1.64	1.56
	0.010	2.56	2.42	2.27	2.17	2.10	2.01	1.95	1.91	1.80	1.70
	0.001	3.44	3.20	2.95	2.79	2.68	2.53	2.44	2.38	2.21	2.05
60	0.100	1.66	1.60	1.54	1.50	1.48	1.44	1.41	1.40	1.35	1.30
	0.050	1.92	1.84	1.75	1.69	1.65	1.59	1.56	1.53	1.47	1.40
	0.025	2.17	2.06	1.94	1.87	1.82	1.74	1.70	1.67	1.58	1.49
	0.010	2.50	2.35	2.20	2.10	2.03	1.94	1.88	1.84	1.73	1.62
	0.001	3.32	3.08	2.83	2.67	2.55	2.41	2.32	2.25	2.08	1.92
100	0.100	1.61	1.56	1.49	1.45	1.42	1.38	1.35	1.34	1.28	1.22
	0.050	1.85	1.77	1.68	1.62	1.57	1.52	1.48	1.45	1.38	1.30
	0.025	2.08	1.97	1.85	1.77	1.71	1.64	1.59	1.56	1.46	1.36
	0.010	2.37	2.22	2.07	1.97	1.89	1.80	1.74	1.69	1.57	1.45
	0.001	3.07	2.84	2.59	2.43	2.32	2.17	2.08	2.01	1.83	1.64

[표 B.7] 이항분포의 $100(1-\alpha)$백분위수

$T \sim \text{Bin}(n, 1/2)$일 때, $P[T \geq b(\alpha, n, 1/2)] = \alpha$인 $b = b(\alpha, n, 1/2)$의 값

$p = 0.50$

	n							
b	10	11	12	13	14	15	16	17
5	0.6230							
6	0.3770	0.5000	0.6128					
7	0.1719	0.2744	0.3872	0.5000	0.6047			
8	0.0547	0.1133	0.1938	0.2905	0.3953	0.5000	0.5982	
9	0.0107	0.0327	0.0730	0.1334	0.2120	0.3036	0.4018	0.5000
10	0.0010	0.0059	0.0193	0.0461	0.0898	0.1509	0.2272	0.3145
11		0.0005	0.0032	0.0112	0.0287	0.0592	0.1051	0.1662
12			0.0002	0.0017	0.0065	0.0176	0.0384	0.0717
13				0.0001	0.0009	0.0037	0.0106	0.0245
14					0.0001	0.0005	0.0021	0.0064
15						0.0000	0.0003	0.0012
16							0.0000	0.0001
17								0.0000

$p = 0.50$

	n							
b	18	19	20	21	22	23	24	25
9	0.5927							
10	0.4073	0.5000	0.5881					
11	0.2403	0.3238	0.4119	0.5000	0.5841			
12	0.1189	0.1796	0.2517	0.3318	0.4159	0.5000	0.5806	
13	0.0481	0.0835	0.1316	0.1917	0.2617	0.3388	0.4194	0.5000
14	0.0154	0.0318	0.0577	0.0946	0.1431	0.2024	0.2706	0.3450
15	0.0038	0.0096	0.0207	0.0392	0.0669	0.1050	0.1537	0.2122
16	0.0007	0.0022	0.0059	0.0133	0.0262	0.0466	0.0758	0.1148
17	0.0001	0.0004	0.0013	0.0036	0.0085	0.0173	0.0320	0.0539
18	0.0000	0.0000	0.0002	0.0007	0.0022	0.0053	0.0113	0.0216
19		0.0000	0.0000	0.0001	0.0004	0.0013	0.0033	0.0073
20			0.0000	0.0000	0.0001	0.0002	0.0008	0.0020
21				0.0000	0.0000	0.0000	0.0001	0.0005
22					0.0000	0.0000	0.0000	0.0001
23						0.0000	0.0000	0.0000
24							0.0000	0.0000
25								0.0000

[표 B.8] 윌콕슨 부호순위검정 통계량 T^+의 오른쪽 꼬리 확률

$P_{H_0}[T^+ \geq t(\alpha, n)] = \alpha$ 인 $x = t(\alpha, n)$ 값

	n						
x	3	4	5	6	7	8	9
3	0.625						
4	0.375						
5	0.250	0.562					
6	0.125	0.438					
7		0.312					
8		0.188	0.500				
9		0.125	0.406				
10		0.062	0.312				
11			0.219	0.500			
12			0.156	0.422			
13			0.094	0.344			
14			0.062	0.281	0.531		
15			0.031	0.219	0.469		
16				0.156	0.406		
17				0.109	0.344		
18				0.078	0.289	0.527	
19				0.047	0.234	0.473	
20				0.031	0.188	0.422	
21				0.016	0.148	0.371	
22					0.109	0.320	
23					0.078	0.273	0.500
24					0.055	0.230	0.455
25					0.039	0.191	0.410
26					0.023	0.156	0.367
27					0.016	0.125	0.326
28					0.008	0.098	0.285
29						0.074	0.248
30						0.055	0.213
31						0.039	0.180
32						0.027	0.150
33						0.020	0.125
34						0.012	0.102
35						0.008	0.082
36						0.004	0.064
37							0.049
38							0.037
39							0.027
40							0.020
41							0.014
42							0.010
43							0.006
44							0.004
45							0.002

[표 B.8] 윌콕슨 부호순위검정 통계량 T^+의 오른쪽 꼬리 확률(계속)

x	n = 10	11	12	13	14	15
28	0.500					
29	0.461					
30	0.423					
31	0.385					
32	0.348					
33	0.312	0.517				
34	0.278	0.483				
35	0.246	0.449				
36	0.216	0.416				
37	0.188	0.382				
38	0.161	0.350				
39	0.138	0.319	0.515			
40	0.116	0.289	0.485			
41	0.097	0.260	0.455			
42	0.080	0.232	0.425			
43	0.065	0.207	0.396			
44	0.053	0.183	0.367			
45	0.042	0.160	0.339			
46	0.032	0.139	0.311	0.500		
47	0.024	0.120	0.285	0.473		
48	0.019	0.103	0.259	0.446		
49	0.014	0.087	0.235	0.420		
50	0.010	0.074	0.212	0.393		
51	0.007	0.062	0.190	0.368		
52	0.005	0.051	0.170	0.342		
53	0.003	0.042	0.151	0.318	0.500	
54	0.002	0.034	0.133	0.294	0.476	
55	0.001	0.027	0.117	0.271	0.452	
56		0.021	0.102	0.249	0.428	
57		0.016	0.088	0.227	0.404	
58		0.012	0.076	0.207	0.380	
59		0.009	0.065	0.188	0.357	
60		0.007	0.055	0.170	0.335	0.511
61		0.005	0.046	0.153	0.313	0.489
62		0.003	0.039	0.137	0.292	0.467
63		0.002	0.032	0.122	0.271	0.445
64		0.001	0.026	0.108	0.251	0.423
65		0.001	0.021	0.095	0.232	0.402
66		0.000	0.017	0.084	0.213	0.381
67			0.013	0.073	0.196	0.360
68			0.010	0.064	0.179	0.339
69			0.008	0.055	0.163	0.319
70			0.006	0.047	0.148	0.300
71			0.005	0.040	0.134	0.281
72			0.003	0.034	0.121	0.262
73			0.002	0.029	0.108	0.244
74			0.002	0.024	0.097	0.227
75			0.001	0.020	0.086	0.211
76			0.001	0.016	0.077	0.195
77			0.000	0.013	0.068	0.180

[표 B.8] 윌콕슨 부호순위검정 통계량 T^+의 오른쪽 꼬리 확률(계속)

x	n = 10	11	12	13	14	15
78			0.000	0.011	0.059	0.165
79				0.009	0.052	0.151
80				0.007	0.045	0.138
81				0.005	0.039	0.126
82				0.004	0.034	0.115
83				0.003	0.029	0.104
84				0.002	0.025	0.094
85				0.002	0.021	0.084
86				0.001	0.018	0.076
87				0.001	0.015	0.068
88				0.001	0.012	0.060
89				0.000	0.010	0.053
90				0.000	0.008	0.047
91				0.000	0.007	0.042
92					0.005	0.036
93					0.004	0.032
94					0.003	0.028
95					0.003	0.024
96					0.002	0.021
97					0.002	0.018
98					0.001	0.015
99					0.001	0.013
100					0.001	0.011
101					0.000	0.009
102					0.000	0.008
103					0.000	0.006
104					0.000	0.005
105					0.000	0.004
106						0.003
107						0.003
108						0.002
109						0.002
110						0.001
111						0.001
112						0.001
113						0.001
114						0.000
115						0.000
116						0.000
117						0.000
118						0.000
119						0.000
120						0.000

[표 B.9] 맨-위트니 검정통계량 U의 기각값

$u_{0.001}(n_1, n_2)$

n_1 \ n_2	6	7	8	9	10	11	12	13	14	15	16	17	18	19	20
1															
2															
3												0	0	0	0
4					0	0	0	1	1	1	2	2	3	3	3
5		0	0	1	1	2	2	3	3	4	5	5	6	7	7
6	0	1	2	2	3	4	4	5	6	7	8	9	10	11	12
7		2	3	3	5	6	7	8	9	10	11	13	14	15	16
8			5	5	6	8	9	11	12	14	15	17	18	20	21
9				7	8	10	12	14	15	17	19	21	23	25	26
10					10	12	14	17	19	21	23	25	27	29	32
11						15	17	20	22	24	27	29	32	34	37
12							20	23	25	28	31	34	37	40	42
13								26	29	32	35	38	42	45	48
14									32	36	39	43	46	50	54
15										40	43	47	51	55	59
16											48	52	56	60	65
17												57	61	66	70
18													66	71	76
19														77	82
20															88

$u_{0.01}(n_1, n_2)$

n_1 \ n_2	5	6	7	8	9	10	11	12	13	14	15	16	17	18	19	20
1																
2									0	0	0	0	0	0	1	1
3			0	0	1	1	1	2	2	2	3	3	4	4	4	5
4	0	1	1	2	3	3	4	5	5	6	7	7	8	9	9	10
5	1	2	3	4	5	6	7	8	9	10	11	12	13	14	15	16
6		3	4	6	7	8	9	11	12	13	15	16	18	19	20	22
7			6	8	9	11	12	14	16	17	19	21	23	24	26	28
8				10	11	13	15	17	20	22	24	26	28	30	32	34
9					14	16	18	21	23	26	28	31	33	36	38	40
10						19	22	24	27	30	33	36	38	41	44	47
11							25	28	31	34	37	41	44	47	50	53
12								31	35	38	42	46	49	53	56	60
13									39	43	47	51	55	59	63	67
14										47	51	56	60	65	69	73
15											56	61	66	70	75	80
16												66	71	76	82	87
17													77	82	88	93
18														88	94	100
19															101	107
20																114

[표 B.9] 맨-위트니 검정통계량 U의 기각값(계속)

$u_{0.025}(n_1, n_2)$

	n_2																
n_1	4	5	6	7	8	9	10	11	12	13	14	15	16	17	18	19	20
1																	
2					0	0	0	0	1	1	1	1	1	2	2	2	2
3		0	1	1	2	2	3	3	4	4	5	5	6	6	7	7	8
4	0	1	2	3	4	4	5	6	7	8	9	10	11	11	12	13	13
5		2	3	5	6	7	8	9	11	12	13	14	15	17	18	19	20
6			5	6	8	10	11	13	14	16	17	19	21	22	24	25	27
7				8	10	12	14	16	18	20	22	24	26	28	30	32	34
8					13	15	17	19	22	24	26	29	31	34	36	38	41
9						17	20	23	26	28	31	34	37	39	42	45	48
10							23	26	29	33	36	39	42	45	48	52	55
11								30	33	37	40	44	47	51	55	58	62
12									37	41	45	49	53	57	61	65	69
13										45	50	54	59	63	67	72	76
14											55	59	64	67	74	78	83
15												64	70	75	80	85	90
16													75	81	86	92	98
17														87	93	99	105
18															99	106	112
19																113	119
20																	127

$u_{0.05}(n_1, n_2)$

	n_2																	
n_1	3	4	5	6	7	8	9	10	11	12	13	14	15	16	17	18	19	20
1																	0	0
2			0	0	0	1	1	1	1	2	2	3	3	3	3	4	4	4
3	0	0	1	2	2	3	4	4	5	5	6	7	7	8	9	9	10	11
4		1	2	3	4	5	6	7	8	9	10	11	12	14	15	16	17	18
5			4	5	6	8	9	11	12	13	15	16	18	19	20	22	23	25
6				7	8	10	12	14	16	17	19	21	23	25	26	28	30	32
7					11	13	15	17	19	21	24	26	28	30	33	35	37	39
8						15	18	20	23	26	28	31	33	36	39	41	44	47
9							21	24	27	30	33	36	39	42	45	48	51	54
10								27	31	34	37	41	44	48	51	55	58	62
11									34	38	42	46	50	54	57	61	65	69
12										42	47	51	55	60	64	68	72	77
13											51	56	61	65	70	75	80	84
14												61	66	71	77	82	87	92
15													72	77	83	88	94	100
16														83	89	95	101	107
17															96	102	109	115
18																109	116	123
19																	123	130
20																		138

[표 B.10] 런검정 통계량 V의 기각값

$v_{0.05}'(n_1, n_2)$

n_1	n_2 = 2	3	4	5	6	7	8	9	10	11	12	13	14	15
2											2	2	2	2
3					2	2	2	2	2	2	2	2	2	3
4				2	2	2	3	3	3	3	3	3	3	3
5			2	2	3	3	3	3	3	4	4	4	4	4
6		2	2	3	3	3	3	4	4	4	4	5	5	5
7		2	2	3	3	3	4	4	5	5	5	5	5	6
8		2	3	3	3	4	4	5	5	5	6	6	6	6
9		2	3	3	4	4	5	5	5	6	6	6	7	7
10		2	3	3	4	5	5	5	6	6	7	7	7	7
11		2	3	4	4	5	5	6	6	7	7	7	8	8
12	2	2	3	4	4	5	6	6	7	7	7	8	8	8
13	2	2	3	4	5	5	6	6	7	7	8	8	9	9
14	2	2	3	4	5	5	6	7	7	8	8	9	9	9
15	2	3	3	4	5	6	6	7	7	8	8	9	9	10

$v_{0.05}(n_1, n_2)$

n_1	n_2 = 4	5	6	7	8	9	10	11	12	13	14	15
4		9	9									
5	9	10	10	11	11							
6	9	10	11	12	12	13	13	13	13			
7		11	12	13	13	14	14	14	14	15	15	15
8		11	12	13	14	14	15	15	16	16	16	16
9			13	14	14	15	16	16	16	17	17	18
10			13	14	15	16	16	17	17	18	18	18
11			13	14	15	16	17	17	18	19	19	19
12			13	14	16	16	17	18	19	19	20	20
13				15	16	17	18	19	19	20	20	21
14				15	16	17	18	19	20	20	21	22
15				15	16	18	18	19	20	21	22	22

[표 B.10] 런검정 통계량 V의 기각값(계속)

$v_{0.01}'(n_1, n_2)$

n_1	n_2												
	3	4	5	6	7	8	9	10	11	12	13	14	15
3										2	2	2	2
4						2	2	2	2	2	2	2	3
5				2	2	2	2	3	3	3	3	3	3
6			2	2	2	3	3	3	3	3	3	4	4
7			2	2	3	3	3	3	4	4	4	4	4
8		2	2	3	3	3	3	4	4	4	5	5	5
9		2	2	3	3	3	4	4	5	5	5	5	6
10		2	3	3	3	4	4	5	5	5	5	6	6
11		2	3	3	4	4	5	5	5	6	6	6	7
12	2	2	3	3	4	4	5	5	6	6	6	7	7
13	2	2	3	3	4	5	5	5	6	6	7	7	7
14	2	2	3	4	4	5	5	6	6	7	7	7	8
15	2	3	3	4	4	5	6	6	7	7	7	8	8

$v_{0.01}(n_1, n_2)$

n_1	n_2										
	5	6	7	8	9	10	11	12	13	14	15
5		11									
6	11	12	13	13							
7		13	13	14	15	15	15				
8		13	14	15	15	16	16	17	17	17	
9			15	15	16	17	17	18	18	18	19
10			15	16	17	17	18	19	19	19	20
11			15	16	17	18	19	19	20	20	21
12				17	18	19	19	20	21	21	22
13				17	18	19	20	21	21	22	22
14				17	18	19	20	21	22	23	23
15					19	20	21	22	22	23	24

[표 B.11] 런검정에서 $P[V \leq v | H_0$ 가 참] 값

(n_1, n_2)	v 2	3	4	5	6	7	8	9	10
(2, 3)	0.200	0.500	0.900	1.000					
(2, 4)	0.133	0.400	0.800	1.000					
(2, 5)	0.095	0.333	0.714	1.000					
(2, 6)	0.071	0.286	0.643	1.000					
(2, 7)	0.056	0.250	0.583	1.000					
(2, 8)	0.044	0.222	0.533	1.000					
(2, 9)	0.036	0.200	0.491	1.000					
(2, 10)	0.030	0.182	0.455	1.000					
(3, 3)	0.100	0.300	0.700	0.900	1.000				
(3, 4)	0.057	0.200	0.543	0.800	0.971	1.000			
(3, 5)	0.036	0.143	0.429	0.714	0.929	1.000			
(3, 6)	0.024	0.107	0.345	0.643	0.881	1.000			
(3, 7)	0.017	0.083	0.283	0.583	0.833	1.000			
(3, 8)	0.012	0.067	0.236	0.533	0.788	1.000			
(3, 9)	0.009	0.055	0.200	0.491	0.745	1.000			
(3, 10)	0.007	0.045	0.171	0.455	0.706	1.000			
(4, 4)	0.029	0.114	0.371	0.629	0.886	0.971	1.000		
(4, 5)	0.016	0.071	0.262	0.500	0.786	0.929	0.992	1.000	
(4, 6)	0.010	0.048	0.190	0.405	0.690	0.881	0.976	1.000	
(4, 7)	0.006	0.033	0.142	0.333	0.606	0.833	0.954	1.000	
(4, 8)	0.004	0.024	0.109	0.279	0.533	0.788	0.929	1.000	
(4, 9)	0.003	0.018	0.085	0.236	0.471	0.745	0.902	1.000	
(4, 10)	0.002	0.014	0.068	0.203	0.419	0.706	0.874	1.000	
(5, 5)	0.008	0.040	0.167	0.357	0.643	0.833	0.960	0.992	1.000
(5, 6)	0.004	0.024	0.110	0.262	0.522	0.738	0.911	0.976	0.998
(5, 7)	0.003	0.015	0.076	0.197	0.424	0.652	0.854	0.955	0.992
(5, 8)	0.002	0.010	0.054	0.152	0.347	0.576	0.793	0.929	0.984
(5, 9)	0.001	0.007	0.039	0.119	0.287	0.510	0.734	0.902	0.972
(5, 10)	0.001	0.005	0.029	0.095	0.239	0.455	0.678	0.874	0.958
(6, 6)	0.002	0.013	0.067	0.175	0.392	0.608	0.825	0.933	0.987
(6, 7)	0.001	0.008	0.043	0.121	0.296	0.500	0.733	0.879	0.966
(6, 8)	0.001	0.005	0.028	0.086	0.226	0.413	0.646	0.821	0.937
(6, 9)	0.000	0.003	0.019	0.063	0.175	0.343	0.566	0.762	0.902
(6, 10)	0.000	0.002	0.013	0.047	0.137	0.288	0.497	0.706	0.864
(7, 7)	0.001	0.004	0.025	0.078	0.209	0.383	0.617	0.791	0.922
(7, 8)	0.000	0.002	0.015	0.051	0.149	0.296	0.514	0.704	0.867
(7, 9)	0.000	0.001	0.010	0.035	0.108	0.231	0.427	0.622	0.806
(7, 10)	0.000	0.001	0.006	0.024	0.080	0.182	0.355	0.549	0.743
(8, 8)	0.000	0.001	0.009	0.032	0.100	0.214	0.405	0.595	0.786
(8, 9)	0.000	0.001	0.005	0.020	0.069	0.157	0.319	0.500	0.702
(8, 10)	0.000	0.000	0.003	0.013	0.048	0.117	0.251	0.419	0.621
(9, 9)	0.000	0.000	0.003	0.012	0.044	0.109	0.238	0.399	0.601
(9, 10)	0.000	0.000	0.002	0.008	0.029	0.077	0.179	0.319	0.510
(10, 10)	0.000	0.000	0.001	0.004	0.019	0.051	0.128	0.242	0.414

[표 B.11] 런검정에서 $P[V \le v | H_0$가 참] 값 (계속)

(n_1, n_2)	11	12	13	14	15	16	17	18	19	20
(2, 3)										
(2, 4)										
(2, 5)										
(2, 6)										
(2, 7)										
(2, 8)										
(2, 9)										
(2, 10)										
(3, 3)										
(3, 4)										
(3, 5)										
(3, 6)										
(3, 7)										
(3, 8)										
(3, 9)										
(3, 10)										
(4, 4)										
(4, 5)										
(4, 6)										
(4, 7)										
(4, 8)										
(4, 9)										
(4, 10)										
(5, 5)										
(5, 6)	1.000									
(5, 7)	1.000									
(5, 8)	1.000									
(5, 9)	1.000									
(5, 10)	1.000									
(6, 6)	0.998	1.000								
(6, 7)	0.992	0.999	1.000							
(6, 8)	0.984	0.998	1.000							
(6, 9)	0.972	0.994	1.000							
(6, 10)	0.958	0.990	1.000							
(7, 7)	0.975	0.996	0.999	1.000						
(7, 8)	0.949	0.988	0.998	1.000	1.000					
(7, 9)	0.916	0.975	0.994	0.999	1.000					
(7, 10)	0.879	0.957	0.990	0.998	1.000					
(8, 8)	0.900	0.968	0.991	0.999	1.000	1.000				
(8, 9)	0.843	0.939	0.980	0.996	0.999	1.000	1.000			
(8, 10)	0.782	0.903	0.964	0.990	0.998	1.000	1.000			
(9, 9)	0.762	0.891	0.956	0.988	0.997	1.000	1.000	1.000		
(9, 10)	0.681	0.834	0.923	0.974	0.992	0.999	1.000	1.000	1.000	
(10, 10)	0.586	0.758	0.872	0.949	0.981	0.996	0.999	1.000	1.000	1.000

[표 B.12] 스피어맨의 순위상관계수 r_s의 기각값

$P_{H_0}[r_s \geq r_s(\alpha, n)] = \alpha$인 $r_s(\alpha, n)$의 값

n	α 0.10	0.05	0.025	0.01	0.005	0.0025
4	1.000	1.000				
5	0.800	0.900	1.000	1.000		
6	0.657	0.829	0.886	0.943	1.000	1.000
7	0.571	0.714	0.786	0.893	0.929	0.964
8	0.524	0.643	0.738	0.833	0.881	0.905
9	0.483	0.600	0.700	0.783	0.833	0.867
10	0.455	0.564	0.648	0.745	0.794	0.830
11	0.427	0.536	0.618	0.709	0.755	0.800
12	0.406	0.503	0.587	0.678	0.727	0.769
13	0.385	0.484	0.560	0.648	0.703	0.747
14	0.367	0.464	0.538	0.626	0.679	0.723
15	0.354	0.446	0.521	0.604	0.654	0.700
16	0.341	0.429	0.503	0.582	0.635	0.679
17	0.328	0.414	0.485	0.566	0.615	0.662
18	0.317	0.401	0.472	0.550	0.600	0.643
19	0.309	0.391	0.460	0.535	0.584	0.628
20	0.299	0.380	0.447	0.520	0.570	0.612
21	0.292	0.370	0.435	0.508	0.556	0.599
22	0.284	0.361	0.425	0.496	0.544	0.586
23	0.278	0.353	0.415	0.486	0.532	0.573
24	0.271	0.344	0.406	0.476	0.521	0.562
25	0.265	0.337	0.398	0.466	0.511	0.551
26	0.259	0.331	0.390	0.457	0.501	0.541
27	0.255	0.324	0.382	0.448	0.491	0.531
28	0.250	0.317	0.375	0.440	0.483	0.522
29	0.245	0.312	0.368	0.433	0.475	0.513
30	0.240	0.306	0.362	0.425	0.467	0.504
31	0.236	0.301	0.356	0.418	0.459	0.496
32	0.232	0.296	0.350	0.412	0.452	0.489
33	0.229	0.291	0.345	0.405	0.446	0.482
34	0.225	0.287	0.340	0.399	0.439	0.475
35	0.222	0.283	0.335	0.394	0.433	0.468
36	0.219	0.279	0.330	0.388	0.427	0.462
37	0.216	0.275	0.325	0.383	0.421	0.456
38	0.212	0.271	0.321	0.378	0.415	0.450
39	0.210	0.267	0.317	0.373	0.410	0.444
40	0.207	0.264	0.313	0.368	0.405	0.439
41	0.204	0.261	0.309	0.364	0.400	0.433
42	0.202	0.257	0.305	0.359	0.395	0.428
43	0.199	0.254	0.301	0.355	0.391	0.423
44	0.197	0.251	0.298	0.351	0.386	0.419
45	0.194	0.248	0.294	0.347	0.382	0.414
46	0.192	0.246	0.291	0.343	0.378	0.410
47	0.190	0.243	0.288	0.340	0.374	0.405
48	0.188	0.240	0.285	0.336	0.370	0.401
49	0.186	0.238	0.282	0.333	0.366	0.397
50	0.184	0.235	0.279	0.329	0.363	0.393

참고문헌

1. 강석복, 우정수. (2012). 《통계이론과 연습》, 경문사.
2. 강석복, 우정수. (2015). 《통계적 확률분포이론 제2판》, 경문사.
3. 김충락, 강근석. (2010). 《회귀분석 제2판》, 교우사.
4. 송문섭, 박창순, 이정진. (2012). 《비모수통계학개론》, 자유아카데미.
5. Agresti, A. (2012). *Categorical Data Analysis* (3rd ed), John Wiley & Sons, Inc., New York.
6. Arnold, B. C., Balakrishnan, N., and Nagaraja, H. N. (2008). *A First Course in Order Statistics*. Society for Industrial and Applied Mathematics, New York.
7. Bain, L. J. and Engelhardt, M. (2000). *Introduction to Probability and Mathematical Statistics* (2nd ed.), Cengage Learning.
8. Balakrishnan, N. and Cohen, A. C. (1991). *Order Statistics and Inference: Estimation Methods*. Academic Press, Inc.
9. Barnett, V. (1999). *Comparative Statistical Inference* (3rd ed.), John Wiley & Sons, Ltd, England.
10. Bartoszynski, R. and Niewiadomska-Bugaj, M. (2008). *Probability and Statistical Inference* (2nd ed), John Wiley & Sons, Inc., New York.
11. Bickel, P. J. and Doksum, K. A. (2000). *Mathematical Statistics: Basic Ideas and Selected Topics, Vol I* (2nd ed.), Prentice-Hall Inc., New Jersey.
12. Casella, G. and Berger, R. L. (2002). *Statistical Inference* (2nd ed.), Duxbury Press, Wadsworth, Inc., Belmont, California.
13. Conover, W. J. (1999). *Practical Nonparametric Statistics* (3rd ed.), John Wiley & Sons, Inc., New York.
14. Daniel, W. W. (2000). *Applied Nonparametric Statistics* (2nd ed.), Cengage
15. David, H. A. (2003). *Order Statistics* (3rd ed.), John Wiley & Sons, Inc., New York. Learning.
16. Devore, J. L. (2016). *Probability and Statistics for Engineering and the Sciences* (9th ed.), Cengage Learning.

17. Dudewicz, E. J. and Mishra, S. N. (1988). *Modern Mathematical Statistics*, John Wiley & Sons, Inc., New York.
18. Freund, J. E. (1992). *Mathematical Statistics* (5th ed.), Prentice-Hall, Inc., New Jersey.
19. Greenwood, P. E. and Nikulin, M. S. (1996). *A Guide to Chi-Squared Testing*, John Wiley & Sons, Inc., New York.
20. Groeneveld, R. A. (1988). *Introductory Statistical Methods: An Integrated Approach Using Minitab*, PWS-KENT Publishing Company.
21. Gross, A. J. and Clark, V. A. (1975). *Survival Distributions: Reliability Applications in the Biomedical Sciences*, John Wiley & Sons, Inc., New York.
22. Hogg, R. V., Mckean, J., and Craig, A. T. (2014). *Introduction to Mathematical Statistics* (7th ed.), Pearson Education Limited.
23. Hogg, R. V., Tanis, E. A., and Zimmerman, D. L. (2015). *Probability and Statistical Inference* (9th ed.), Pearson Education Limited.
24. Hollander, M., Wolfe, D. A., and Chicken, E. (2014). *Nonparametric Statistical Methods* (3rd ed.). John Wiley & Sons, Inc., New Jersey.
25. Kiser, C. V. and Schaefer, N. L. (1949). Demographic characteristics of women in Who's Who, *Milbank Memorial Fund Quarterly,* 27, 422.
26. Knight, K. (2000). *Mathematical Statistics*, Chapman & Hall/CRC, New York.
27. Kreyszig, E. (1970). *Introductory Mathematical Statistics Principal and Methods*, John Wiley & Sons, Inc., New York.
28. Kutner, M. H., Nachtschiem, C. J., Wasserman, W., and Neter, J. (2013). *Applied Linear Statistical Models* (5th ed.), McGraw-Hill India.
29. Larsen, R. J. and Marx, M. L. (2017). *An Introduction to Mathematical Statistics and its Applications* (6th ed.), Pearson Education Limited.
30. Larson, M. J. (1982). *Introduction to Probability Theory and Statistical Inference*, John Wiley & Sons, Inc., New York.
31. Lehmann, E. L. (2006). *Nonparametrics: Statistical Methods Based on Ranks*, Springer.
32. Lehmann, E. L. and Casella, G. (2014). *Theory of Point Estimation* (2nd ed.), Springer.
33. Lehmann, E. L. and Romano, J. P. (2010). *Testing Statistical Hypotheses* (3rd ed.), Springer.

34. Manoukian, E. B. (1986). *Modern Concepts and Theorems of Mathematical Statistics,* Springer-Verlag, New York, Inc.

35. Montgomery, D. C., Peck, E. A., and Vining, G. G. (2012). *Introduction to Linear Regression Analysis* (2nd ed.), John Wiley & Sons, Inc., New York.

36. Mood, A. M., Graybill, F. A., and Boes, D. C. (2007) *Introduction to the Theory of Statistics* (3rd ed.), McGraw-Hill Book Company, New York.

37. Pestman, W. R. (1998). *Mathematical Statistics: An Introduction*, Walter de Gruyter GmbH & Co., Berlin.

38. Proschan, F. (1963). Theoretical explanation of observed decreasing failure rate. *Technometrics*, 5, 375.

39. Rice, J. A. (2009). *Mathematical Statistics and Data Analysis* (3rd ed.), Cengage Learning.

40. Rohatgi, V. K. (1984). *Statistical Inference*, John Wiley & Sons, Inc. New York.

41. Rohatgi, V. K. and Saleh, A. K. Md. E. (2015). *An Introduction to Probability and Statistics* (3rd ed.), John Wiley & Sons, Inc., New Jersey.

42. Roussas, G. G. (1997). *A Course in Mathematical Statistics* (2nd ed.), Academic Press, California.

43. Seber, G. A. F. and Lee, A. J. (2014). *Linear Regression Analysis* (2nd ed), John Wiley & Sons, Inc., New York.

44. Sen, A. and Srivastava, M. (1990). *Regression Analysis: Theory, Methods, and Applications*, Springer-Verlag New York Inc.

45. Shao, J. (2007). *Mathematical Statistics* (2nd ed.), Springer, New York, Inc.

46. Siegel, S. and Castellan, N. J. Jr. (1988). *Nonparametric Statistics for the Behavioral Sciences* (2nd ed.), McGraw-Hill, Inc., New York.

47. Tate, R. F. and Klett, G. W. (1959). Optimum confidence intervals for the variance of a normal distribution. *Journal of the American Statistical Association*, 54, 674-682.

48. Terrell, G. K. (1999). *Mathematical Statistics: A Unified Introduction*, Springer- Verlag New York, Inc.

49. Wackerly, D. D., Mendenhall, W., and Scheaffer, R. L. (2008). *Mathematical Statistics with Applications* (7th ed.), Cengage Learning.

50. Walpole, R. E., Myers, R. H., Myers, S. L., and Ye K. (2016). *Probability and*

Statistics for Engineers and Scientists (9th ed.), Pearson Education Limited.

51. Woolf, B. (1955). On estimating the relation between blood group and disease. *Annals of Hum. Genetics*, 19, 251-253.

연습문제 해답

제1장

1.2.1.1 $\overline{X}^2 - \frac{1}{n}$

1.2.1.2 (a) $b_\lambda(\hat{\lambda}) = \frac{1}{n-1}\lambda$

(b) $\frac{n-1}{n}\hat{\lambda}$

1.2.1.3 (b) $\frac{n}{n-1}\overline{X}(1-\overline{X})$

1.2.1.4 $\frac{\overline{X}(n\overline{X}-1)}{n-1}$

1.2.1.5 $a+b=1$

1.2.1.6 (c) $\text{Var}\left(\sum_{i=1}^{n} Y_i \Big/ \sum_{i=1}^{n} x_i\right) = \frac{n\sigma^2}{\left(\sum_{i=1}^{n} x_i\right)^2}$

$\text{Var}\left(\sum_{i=1}^{n}(Y_i/nx_i)\right) = \frac{\sigma^2}{n^2}\sum_{i=1}^{n}\frac{1}{x_i^2}$

1.2.1.7 (b) $a_i = \frac{1}{n},\ i=1,\cdots,n$

1.2.1.8 $M_2' = \frac{1}{n}\sum_{i=1}^{n} X_i^2$

1.2.1.11 (a) $b_\theta(T_1) = -\frac{\theta}{n+1}$

$b_\theta(T_2) = b_\theta(T_3) = b_\theta(T_4)$
$= b_\theta(T_5) = 0$

1.2.1.12 (b) T_1과 T_2의 편의는 0이다.

1.2.2.1 (a) $\text{MSE}(S^2) = \frac{2\sigma^4}{n-1}$,

$\text{MSE}(S_1^2) = \frac{2n-1}{n^2}\sigma^4$

$\text{MSE}(S_2^2) = \frac{2\sigma^4}{n+1}$

S_2^2이 MSE면에서 더 좋은 추정량이다.

(b) $k = \frac{1}{n+1}$

1.2.2.2 (a) $b_\theta(T_1) = b_\theta(T_2) = b_\theta(T_3) = 0$

(b) $\text{MSE}(T_1) = \frac{1}{2}\theta^2$

$\text{MSE}(T_2) = \frac{5}{9}\theta^2$

$\text{MSE}(T_3) = \frac{1}{3}\theta^2$

1.2.2.3 (a) 비편향추정량이다.

(b) $\text{MSE}(T) = \frac{n+8}{(n+2)^2}\sigma^2$

(c) $\text{MSE}(\overline{X}) < \text{MSE}(T),\ n \ge 2$

1.2.2.4 $a = \frac{\sigma_2^2}{\sigma_1^2+\sigma_2^2},\ b = \frac{\sigma_1^2}{\sigma_1^2+\sigma_2^2}$

1.2.2.5 $\text{MSE}(T_1) = \frac{2\theta^2}{(n+1)(n+2)}$,

$\text{MSE}(T_2) = \frac{\theta^2}{n(n+2)}$

$\text{MSE}(T_3) = \frac{2\theta^2}{(n+1)(n+2)}$

$\text{MSE}(T_4) = \frac{n}{n+2}\theta^2$

$\text{MSE}(T_5) = \frac{\theta^2}{3n}$

1.2.3.1 (a) $I(p) = \frac{1}{p^2(1-p)}$

(b) $\frac{p^2(1-p)}{n}$

(c) $\frac{1-p}{np^2}$ (d) $\overline{X}$

1.2.3.2 (a) $I(\theta) = \frac{1}{\theta^2}$ (b) $\frac{1}{n\theta^2}$

1.2.3.3 (a) 만족하지 않는다.

(b) $\frac{2\sigma^4}{n}$ (c) $\frac{\sigma^2}{2n}$

1.2.3.4 $\frac{4\theta^2}{n}$

1.2.3.5 (a) $\frac{\mu e^{-2\mu}}{n}$

(b) 비편향추정량이다.

(c) $\text{Var}(T) = e^{-2\mu}(e^{\mu/n} - 1)$

1.2.3.6 $\frac{4\theta^4}{n}$

1.2.4.1 (a) $\text{MSE}(T_1) = \frac{1}{n}(2\theta^2 + 4\theta^3)$

$\text{MSE}(T_2) = \frac{\theta}{n^3} + \frac{7\theta^2}{n^2} + \frac{4\theta^3}{n}$

(b) $\dfrac{\frac{\theta}{n^2} + \frac{7\theta^2}{n} + 4\theta^3}{2\theta^2 + 4\theta^3}$

1.2.4.2 (a) $\frac{2}{3}$ (b) $\frac{3}{5}$

1.2.4.3 (a) $\frac{2}{n}$ (b) $\frac{8(n-2)}{n^2}$

1.2.4.4 $\frac{[n/2]}{n}$

1.2.4.5 $\frac{3(n+1)}{2(2n+1)}$

1.2.4.6 $\overline{X}$, $E(\overline{X}) = \theta$, $\text{Var}(\overline{X}) = \frac{\theta(1-\theta)}{n}$

1.2.4.7 (a) $\frac{n+1}{2n}$ (b) $\frac{n+1}{2n}$

(c) $\frac{1}{n^2}$

1.3.1 (a) $T_1 T_2$

(b) $T_1(T_2 - 1)$ 또는 $(T_1 - 1)T_2$

(c) 모두 일치추정량이다.

1.3.2 $T_3 = \overline{X}$

1.3.5 $\overline{X} - b$

1.3.6 $3\overline{X}$

1.3.7 (b) MSE 일치추정량이 아니다.

1.3.8 (a) 점근적 비편향추정량이다.

(c) 일치추정량이다.

1.4.2.1 $X_{1:n}$

1.4.2.2 $\sum_{i=1}^{n} X_i^2$

1.4.2.3 $\sum_{i=1}^{n} X_i$

1.4.2.4 $\sum_{i=1}^{n} X_i^2$

1.4.2.5 $\left(\sum_{i=1}^{n} X_i, \sum_{i=1}^{n} X_i^2\right)$

1.4.2.6 $\sum_{i=1}^{n} |X_i|$

1.4.2.7 $\prod_{i=1}^{n} X_i$

1.4.2.8 $\left(\sum_{i=1}^{n} x_i Y_i, \sum_{i=1}^{n} Y_i^2\right)$

1.4.2.12 $(X_{1:n}, X_{n:n})$

1.4.3.1 $\sum_{i=1}^{n} X_i$

1.4.3.2 $\sum_{i=1}^{n} X_i^2$

1.4.3.3 $\prod_{i=1}^{n} (1 + X_i)$

1.4.3.4 $(X_{1:n}, X_{n:n})$

1.4.3.5 $\left(\prod_{i=1}^{n} X_i, \prod_{i=1}^{n} (1 - X_i)\right)$

1.4.3.6 (c) $\sum_{i=1}^{n} X_i$

1.4.4.1 (b) $\sum_{i=1}^{n} X_i$

(c) $\overline{X}$는 UMVUE이다.

1.4.4.3 (d) $a = \dfrac{c^2-1}{\dfrac{1}{n}+c^2-1}$

1.4.4.4 (a) $\sum_{i=1}^{n} X_i$

(b) $\sum_{i=1}^{n} X_i$

1.4.4.5 $\dfrac{n^2\overline{X}(1-\overline{X})}{n-1}$

1.4.4.6 (a) $\sum_{i=1}^{n} X_i$ (b) $\overline{X}$

1.4.4.7 $-\dfrac{1}{n}\sum_{i=1}^{n} \ln X_i$

1.4.4.8 (d) UMVUE이다.

(e) UMVUE이다.

1.4.4.9 $\dfrac{n+1}{n} X_{n:n}$

1.4.4.10 (a) $\overline{X}$ (b) $\left(\dfrac{n-1}{n}\right)^{\sum_{i=1}^{n} X_i}$

1.4.4.11 $\dfrac{n}{n+1}\overline{X}^2$

1.4.4.12 (c) $\dfrac{(n-3)\overline{X}}{(n-1)S^2}$

(d) $\dfrac{(n-3)\overline{X}^2}{(n-1)S^2}-\dfrac{1}{n}$

(e) $\dfrac{\sqrt{2}\,\Gamma\left(\dfrac{n-1}{2}\right)}{\Gamma\left(\dfrac{n-2}{2}\right)}\dfrac{1}{\sqrt{n-1}\,S}$

1.4.4.13 (b) $\overline{X}$ (c) $\prod_{i=1}^{n} X_i$

1.4.4.14 (a) $\sum_{i=1}^{n} \ln(1+X_i)$

(b) $\dfrac{1}{n\theta^2}$

(c) $\dfrac{1}{n}\sum_{i=1}^{n} \ln(1+X_i)$

(d) $\dfrac{n-1}{\sum_{i=1}^{n} \ln(1+X_i)}$

1.5.1.1 $\hat{\theta} = \dfrac{2\overline{X}-1}{1-\overline{X}} = \dfrac{1}{1-\overline{X}}-2$

1.5.1.2 (a) $\hat{p} = \dfrac{n\overline{X}}{\sum_{i=1}^{n}(X_i-\overline{X})^2+n\overline{X}}$

$\hat{r} = \hat{p}\,\overline{X} = \dfrac{n\overline{X}^2}{\sum_{i=1}^{n}(X_i-\overline{X})^2+n\overline{X}}$

(b) $\hat{p} = \dfrac{1}{\overline{X}}$

(c) $\hat{\theta} = \dfrac{1+\overline{X}}{\overline{X}} = 1+\dfrac{1}{\overline{X}}$

(d) $\hat{\theta} = \sqrt{\dfrac{1}{n}\sum_{i=1}^{n}(X_i-\overline{X})^2}$

$\hat{\eta} = \overline{X}-\hat{\theta} = \overline{X}-\sqrt{\dfrac{1}{n}\sum_{i=1}^{n}(X_i-\overline{X})^2}$

1.5.1.3 $\hat{\theta} = \dfrac{\overline{X}}{\overline{X}-5}$

1.5.1.4 $\hat{\beta} = \dfrac{\overline{X}}{2}$

1.5.1.5 $\widehat{\sigma^2} = \ln\left(\sum_{i=1}^{n} X_i^2 \Big/ n\overline{X}^2\right)$

$\hat{\mu} = \ln\overline{X} - \dfrac{1}{2}\ln\left(\sum_{i=1}^{n} X_i^2 \Big/ n\overline{X}^2\right)$

1.5.1.6 $\hat{\alpha} = \dfrac{n-2\sum_{i=1}^{n} X_i^2}{4\sum_{i=1}^{n} X_i^2-n}$

$= \dfrac{n}{8\sum_{i=1}^{n} X_i^2-2n}-\dfrac{1}{2}$

1.5.2.1 $\hat{\theta} = -\dfrac{n}{\sum_{i=1}^{n}\ln X_i} - 1$

1.5.2.2 (a) $\hat{p} = \dfrac{r}{\overline{X}}$

(c) $\hat{\theta} = \dfrac{n}{\sum_{i=1}^{n}\ln(1+X_i)}$

1.5.2.3 $\hat{p} = \dfrac{\sum_{i=1}^{k} X_i}{\sum_{i=1}^{k} n_i}$

1.5.2.4 (a) $\hat{p} = \begin{cases} \frac{1}{2}, & \overline{X} < \frac{1}{2} \\ \overline{X}, & \frac{1}{2} \le \overline{X} \le \frac{3}{4} \\ \frac{3}{4}, & \overline{X} > \frac{3}{4} \end{cases}$

(b) $\hat{\theta} = \dfrac{1}{2n}\left[-\sum_{i=1}^{n} X_i \pm \sqrt{\left(\sum_{i=1}^{n} X_i\right)^2 + 4n\sum_{i=1}^{n} X_i^2}\right]$

(c) $\hat{\theta} = \dfrac{1}{2n}\left[-n + \sqrt{n^2 + 4n\sum_{i=1}^{n} X_i^2}\right]$

1.5.2.5 (a) $\hat{\theta} = Z_{1/2}$인 표본중앙값이다.

(b) $\hat{\theta} = \dfrac{n}{\sum_{i=1}^{n} X_i^{\alpha}}$

(c) $\hat{\theta} = \dfrac{-n}{\sum_{i=1}^{n}\ln(1-X_i)}$

(d) $\hat{\theta} = X_{1:n}$

1.5.2.6 $\hat{\theta} = X_{1:n}$

1.5.2.7 $\hat{\theta}_1 = X_{1:n},\ \hat{\theta}_2 = X_{n:n}$

1.5.2.8 $\exp\left(-\dfrac{1-X_{1:n}}{\overline{X}-X_{1:n}}\right)$

1.5.2.9 $\hat{\mu} = \dfrac{\sum_{i=1}^{n}\ln X_i}{n}$,

$\widehat{\sigma^2} = \dfrac{\sum_{i=1}^{n}(\ln X_i - \hat{\mu})^2}{n}$

1.5.2.10 $\hat{\theta} = \sqrt{\sum_{i=1}^{n} X_i^2 \Big/ 2n}$

1.5.2.11 $\hat{\theta} = \dfrac{n}{\sum_{i=1}^{n}\ln X_i - n\ln 5}$

1.5.2.12 $e^{-\overline{X}}$

1.5.2.13 (a) $\hat{\theta} = \dfrac{\overline{X}}{1-\overline{X}}$

(b) $\hat{\theta} = -n\Big/\sum_{i=1}^{n}\ln X_i$

1.5.2.14 (a) $\hat{\beta} = \dfrac{\overline{X}}{\alpha}$

(b) $\dfrac{\Gamma'(\hat{\alpha})}{\Gamma(\hat{\alpha})} = \dfrac{1}{n}\sum_{i=1}^{n}\ln X_i - \ln\beta$

(c) $\hat{\mu} = \hat{\alpha}\hat{\beta} = \overline{X}$

1.5.2.15 (a) $\hat{\sigma} = \sqrt{\sum_{i=1}^{n}(X_i-\mu)^2 \Big/ n}$

(b) $1-\Phi\left(\dfrac{c-\overline{X}}{\sqrt{\sum_{i=1}^{n}(X_i-\overline{X})^2/n}}\right)$

1.5.2.16 (a) $\hat{\beta} = \dfrac{\sum_{i=1}^{n} x_i Y_i}{\sum_{i=1}^{n} x_i^2}$

(b) $\hat{\beta} \sim \mathrm{N}\left(\beta, \sigma^2 \Big/ \sum_{i=1}^{n} x_i^2\right)$

(c) $\mathrm{Var}\left(\sum_{i=1}^{n} Y_i \Big/ \sum_{i=1}^{n} x_i\right) = \dfrac{n\sigma^2}{\left(\sum_{i=1}^{n} x_i\right)^2}$

1.5.2.17 $\widehat{\sigma_1^2} = \dfrac{1}{m}\sum_{i=1}^{m}(X_i - \hat{\mu})^2$,

$\widehat{\sigma_2^2} = \dfrac{1}{n}\sum_{j=1}^{n}(Y_j - \hat{\mu})^2$

$\hat{\mu} = \dfrac{\widehat{\sigma_2^2}\overline{X}/n + \widehat{\sigma_1^2}\overline{Y}/m}{\widehat{\sigma_2^2}/n + \widehat{\sigma_1^2}/m}$

1.5.2.18 (a) $\hat{\lambda}_1 = \overline{X}$, $\hat{\lambda}_2 = \overline{Y}$

(b) $\overline{X} - \overline{Y}$

1.5.3.1 $\pi(\theta|\boldsymbol{x}) = h_1(\boldsymbol{x})\theta^{\alpha-n-1}$

$\times \exp\left(-\frac{\theta}{\beta} - \frac{1}{2\theta^2}\sum_{i=1}^n x_i^2\right), \ \theta > 0$

1.5.3.2 $\pi(\theta|\boldsymbol{x})$

$= \frac{(n-1)x_{n:n}^{n-1}\theta^{-n}}{1-x_{n:n}^{n-1}}, \ x_{n:n} < \theta < 1$

1.5.3.3 $R(\theta;\hat{\theta}) = \left(\frac{1}{n+1}\right)^2\left(n + \frac{\theta}{\theta+1}\right)$

$R(\theta;\overline{X}) = \frac{1}{n}$

1.5.3.4 $R(\pi, \overline{X}) = \frac{2}{n}$

1.5.3.5 (b) $\frac{\beta}{\beta+1}(X+\alpha)$

1.5.3.6 $\frac{1}{n+1}\left(\sum_{i=1}^n X_i + 1\right)$

1.5.3.7 (a) $\theta|\boldsymbol{x} \sim \text{Gam}\,(n+\gamma,$

$(1/\beta - \sum_{i=1}^n \ln x_i)^{-1})$

(b) $\frac{n+\gamma}{\frac{1}{\beta} - \sum_{i=1}^n \ln X_i}$

1.5.3.8 (b) $\frac{n+1}{\sum_{i=1}^n X_i + \frac{1}{\beta}}$

(c) $\frac{1}{n}\left(\sum_{i=1}^n X_i + \frac{1}{\beta}\right)$

1.5.3.9 (a) $\frac{\sum_{i=1}^n X_i + 1}{n+2}$

(b) $\frac{\Sigma_{i=1}^n X_i + 1}{n+2}\left(1 - \frac{\Sigma_{i=1}^n X_i + 2}{n+3}\right)$

1.5.3.10 $\frac{2X + \sqrt{n}}{2(n+\sqrt{n})}$

제2장

2.2.1 (a) 복합가설 (b) 복합가설

(c) 단순가설

2.2.2 (a) 단순가설 (b) 복합가설

(c) 복합가설 (d) 단순가설

(e) 단순가설

2.2.3 P[제1종 오류]$= (1-p_0)^{k-1}$

P[제2종 오류]$= 1-(1-p_1)^{k-1}$

2.2.4 (a) $C = \{x \mid x \le 1\}$

(b) 0.5248

2.2.5 (a) 0.1509

(b) 0.2784

2.2.6 (a) $\frac{1}{45}$

(b) $\beta_C(k) = \frac{k(k-1)}{90}, \ k = 2, 3, ..., 10$

2.2.7 (a) 0.0511

(b) $\beta_C(\lambda) = 1 - \sum_{y=0}^{7} \frac{(10\lambda)^y e^{-10\lambda}}{y!}$

2.2.8 (a) 알 수 없다(기각될 수도 있으나 항상 기각된다고 할 수 없다).

(b) 기각된다.

2.2.9 $\beta_C(2) = \frac{7}{16} + \frac{9}{8}\ln\left(\frac{3}{4}\right) \approx 0.1139$

2.2.10 (a) $C = \left\{\boldsymbol{x} \,\middle|\, x_{1:n} \ge \eta_0 - \frac{1}{n}\ln\alpha\right\}$ 또는

$C = \left\{\boldsymbol{x} \,\middle|\, x_{1:n} \ge \eta_0 + \frac{\chi_\alpha^2(2)}{2n}\right\}$

(b) $\beta_C(\eta) = \alpha\exp[-n(\eta_0 - \eta)]$

2.2.11 $C = \{x \mid x > 0.95\}$

$\beta_C(\theta) = 1 - \frac{0.95}{\theta}$

2.2.12 (a) $a = 2 - \sqrt{0.1} \approx 1.684$

(b) $\beta_{C_1}(\theta) = \begin{cases} 0, & \theta < -0.05 \\ \theta + 0.05, & -0.05 \le \theta < 0.95 \\ 1, & \theta \ge 0.95 \end{cases}$

$$\beta_{C_2}(\theta)=\begin{cases}0, & \theta<-0.158\\ \frac{1}{2}(2\theta+0.316)^2, & -0.158\le\theta\le 0.342\\ 1-\frac{1}{2}(2\theta-1.684)^2, & 0.342<\theta<0.842\\ 1, & \theta\ge 0.842\end{cases}$$

2.2.13 (a) 0.1719 (b) 0.0803
(c) 0.0038

2.2.14 (a) $\beta_C(\mu)=\Phi\left(\frac{346.08-\mu}{2}\right)$

(b) $\frac{1}{2}$

(c) (i) p-값$=0.0655$
(ii) p-값$=0.0150$

2.2.15 (a) $\beta_C(\theta)=\frac{1}{2\theta^3}\int_0^2 x^2e^{-x/\theta}dx$

(b) $\beta_C(\theta)=1-\frac{1}{\theta^2}(\theta^2+2\theta+2)e^{-2/\theta}$

2.3.1 기각역은 $C^*=\left\{\boldsymbol{x}\,\middle|\,\prod_{i=1}^n x_i\ge k_1\right\}=\left\{\boldsymbol{x}\,\middle|\,-2\sum_{i=1}^n \ln x_i\le k_2\right\}$

이다. 여기서 $k_2=\chi^2_{0.95}(2n)$이다.

2.3.2 최강력검정의 기각역은

$$C^*=\{x\mid x\le k_1\}$$

이다. 여기서 k_1은

$$\alpha=\frac{1}{\theta_0^2}[\theta_0^2-(\theta_0-k_1)^2]$$

을 만족하는 값이다.

2.3.3 기각역:

$C^*=\left\{\boldsymbol{x}\,\middle|\,x_{1:n}\ge\theta_0-\frac{1}{n}\ln\alpha\right\}$ 또는

$C^*=\left\{\boldsymbol{x}\,\middle|\,x_{1:n}\ge\theta_0+\frac{\chi^2_\alpha(2)}{2n}\right\}$

2.3.4 기각역: $C^*=\left\{\boldsymbol{x}\,\middle|\,x_{1:n}\ge\frac{\theta_0}{\alpha^{1/n}}\right\}$

2.3.5 기각역: $C^*=\left\{\boldsymbol{x}\,\middle|\,\bar{x}\ge\mu_0+z_\alpha\frac{\sigma_0}{\sqrt{n}}\right\}$

2.3.6 기각역: $C^*=\left\{\boldsymbol{x}\,\middle|\,\sum_{i=1}^{20}x_i\ge 56.15\right\}$

2.3.7 (a) 기각역:

$$C^*=\left\{(x_1,\cdots,x_{10})\,\middle|\,\sum_{i=1}^{10}x_i\le 1\right\}$$

(b) $\beta_{C^*}(0.2)=0.3758$

2.3.8 (a) $\alpha=P\left[\sum_{i=1}^n X_i\ge k_1\,\middle|\,\mu=\mu_0\right]=1-\sum_{x=0}^{k_1-1}\frac{(n\mu_0)^x e^{-n\mu_0}}{x!}$

기각역: $C^*=\left\{\boldsymbol{x}\,\middle|\,\sum_{i=1}^n x_i\ge k_1\right\}$

(b) 기각역: $C^*=\left\{\boldsymbol{x}\,\middle|\,\sum_{i=1}^{10}x_i\ge 9\right\}$

(c) $\beta_{C^*}(0.9)=0.5443$

2.3.9 (a) 기각역: $C^*=\{x\mid x\le 1\}$
(b) 0.7725

2.3.11 기각역: $C^*=\{x\mid x\ge 1-\alpha\}$

2.3.12 (a) 기각역:

$C^*=\left\{x\,\middle|\,0<x<\frac{1}{2}\text{이면 } x\le\sqrt{\frac{\alpha}{2}}\right.$ 또는 $\left.\frac{1}{2}\le x<1\text{이면 } x\ge 1-\sqrt{\frac{\alpha}{2}}\right\}$

(b) $\sqrt{2\alpha}$

2.4.1 (a) $T(\boldsymbol{x})=\sum_{i=1}^n x_i$에서 MLR 성질을 갖는다.

(b) $T(\boldsymbol{x})=\sum_{i=1}^n x_i$에서 MLR 성질을 갖는다.

(c) $T(\boldsymbol{x})=\sum_{i=1}^n \ln x_i$에서 MLR 성질을 갖는다.

2.4.2 (a) $x\ge k$일 때 H_0를 기각한다. 여기서 k는 $\alpha=P[X\ge k\mid p=p_0]$를 만

족하는 값이다.

(b) $x \ge 10$일 때 $H_0 : p \le 0.3$을 기각한다.

2.4.3 기각역은 $C^* = \left\{ \boldsymbol{x} \,\middle|\, \sum_{i=1}^{n} x_i \ge k \right\}$이다. 여기서

$$\alpha = P\left[\sum_{i=1}^{n} X_i \ge k \,\middle|\, \mu = \mu_0 \right] = 1 - \sum_{t=0}^{k-1} \frac{e^{-n\mu_0}(n\mu_0)^t}{t!}$$

이다.

2.4.4 기각역은 $C^* = \left\{ \boldsymbol{x} \,\middle|\, \sum_{i=1}^{n} x_i \le k \right\}$이다. 여기서

$$\alpha = P\left[\sum_{i=1}^{n} X_i \le k \,\middle|\, \theta = \theta_0 \right]$$

를 만족하는 값이다.

2.4.5 기각역: $C^* = \{ \boldsymbol{x} \mid x_{n:n} \le \theta_0 \alpha^{1/n} \}$

2.4.6 기각역:

$$C^* = \left\{ \boldsymbol{x} \,\middle|\, \sum_{i=1}^{n} x_i \le \theta_0 \chi^2_{1-\alpha}(2n)/2 \right\}$$

2.4.7 (a) 기각역:

$$C^* = \left\{ \boldsymbol{x} \,\middle|\, \sum_{i=1}^{n} x_i \ge \beta_0 \chi^2_{\alpha}(4n)/2 \right\}$$

(b) $\beta_{C^*}(\beta)$

$$= P\left[\chi^2(4n) \ge \frac{\beta_0}{\beta} \chi^2_{\alpha}(4n) \right]$$

2.4.8 기각역: $C^* = \{ \boldsymbol{x} \mid x_{n:n} \ge \theta_0 (1-\alpha)^{1/n} \}$

2.4.9 기각역: $C^* = \left\{ \boldsymbol{x} \,\middle|\, x_{1:n} \ge \eta_0 - \frac{1}{n} \ln\alpha \right\}$

2.4.10 기각역:

$$C^* = \left\{ \boldsymbol{x} \,\middle|\, \sum_{i=1}^{n} x_i^4 \ge \frac{\theta_0}{2} \chi^2_{\alpha}(2n) \right\}$$

2.4.11 (b) 기각역: $C = \left\{ x \,\middle|\, x \ge \ln\left(\frac{1}{\alpha} - 1 \right) \right\}$

2.4.12 (a) 기각역: $C^* = \left\{ \boldsymbol{x} \,\middle|\, \sum_{i=1}^{n} \ln x_i \ge k \right\}$

여기서 k는

$$\alpha = P\left[\sum_{i=1}^{n} \ln X_i \ge k \,\middle|\, \theta = \theta_0 \right]$$

를 만족하는 값이다.

(b) 기각역: $C^* = \left\{ \boldsymbol{x} \,\middle|\, \sum_{i=1}^{n} \ln x_i \ge k \right\}$

여기서 k는

$$\alpha = P\left[\sum_{i=1}^{n} \ln X_i \ge k \,\middle|\, \theta = \theta_0 \right]$$

를 만족하는 값이다.

2.5.1 (a) $\alpha = 0.05$이면 GLR검정은 $\lambda(x) \le 0.01$일 때 H_0를 기각한다. 즉, 기각역이 $C_1 = \{ x \mid x = c \}$이다. $\alpha = 0.1$이면 $\lambda(x) \le 0.25$일 때 H_0를 기각한다. 즉, 기각역이 $C_2 = \{ x \mid x = a, c \}$이다.

(b) $\beta_{C_1}(\theta) = 0.5$

$\beta_{C_2}(\theta) = 0.2\theta + 0.5$

(c) $\alpha = 0.05$, $\beta = 0.5$

2.5.2 $\alpha = P[X \ge c_1 | p = p_0] + P[X \le c_2 | p = p_0]$일 때, 기각역은 $C = \{ x \mid x \ge c_1$ 또는 $x \le c_2 \}$이다.

2.5.3 (a) $\lambda(\boldsymbol{x})$

$$= \left(\frac{0.8}{\bar{x}} \right)^{\sum_{i=1}^{n} x_i} \left(\frac{0.2}{1-\bar{x}} \right)^{n - \sum_{i=1}^{n} x_i}$$

(b) $C = \{ \boldsymbol{x} \mid -2\ln\lambda(\boldsymbol{x}) \ge \chi^2_{0.01}(1) = 6.63 \}$이고 $-2\ln\lambda(\boldsymbol{x}) \approx 2.9524$이므로 H_0을 기각할 수 없다.

2.5.4 (a) 기각역은

$$C = \{ \boldsymbol{x} \mid \bar{x} \le c_1 \text{ 또는 } \bar{x} \ge c_2 \}$$

이다. 여기서 c_1과 c_2는

$$\alpha = P[\bar{X} \le c_1 | \mu = \mu_0] + P[\bar{X} \ge c_2 | \mu = \mu_0]$$

를 만족하는 상수이다.

(b) 기각역이 $C=\{\boldsymbol{x} \mid \bar{x} \le c_1\}$이다.

여기서 c_1은 $\alpha = P[\bar{X} \le c_1 \mid \mu=\mu_0]$를 만족하는 상수이다.

2.5.5 기각역은

$$C=\left\{\boldsymbol{x} \,\middle|\, \sum_{i=1}^{n}(x_i-\bar{x})^2 \le c_1 \text{ 또는 } \sum_{i=1}^{n}(x_i-\bar{x})^2 \ge c_2\right\}$$

이다. 여기서 c_1과 c_2는

$$\alpha = P\left[\chi^2(n-1) \le \frac{c_1}{\sigma_0^2}\right] + P\left[\chi^2(n-1) \ge \frac{c_2}{\sigma_0^2}\right]$$

를 만족하는 상수이다.

2.5.6 기각역: $C=\left\{\boldsymbol{x} \,\middle|\, \dfrac{|\bar{x}-\mu_0|}{\sigma/\sqrt{n}} \ge z_{\alpha/2}\right\}$

2.5.7 기각역은 $C=\{x \mid 0 < x \le c_1$ 또는 $c_2 \le x < \theta_0\}$이다. 여기서

$$\alpha = 1-\frac{(\theta_0-c_1)^2}{\theta_0^2}+\frac{c_1^2}{\theta_0^2}$$

이다.

2.5.8 기각역: $C=\left\{\boldsymbol{x} \,\middle|\, \bar{x} \ge \dfrac{\theta_0}{2n}\chi^2_\alpha(2n)\right\}$

2.5.9 H_0를 기각한다.

2.5.10 기각역:

$$C=\left\{\boldsymbol{x} \,\middle|\, x_{1:n} \ge \eta_0 - \frac{1}{n}\ln\alpha\right\}$$

2.5.11 (a)

$$\lambda(\boldsymbol{x}) = \begin{cases} 1, & \bar{x}-x_{1:n} \le \theta_0 \\ \left(\dfrac{\bar{x}-x_{1:n}}{\theta_0}\right)^n \times \exp\left[-\dfrac{\sum_{i=1}^{n}(x_i-x_{1:n})}{\theta_0}+n\right], & \bar{x}-x_{1:n} > \theta_0 \end{cases}$$

(b)

$$\lambda(\boldsymbol{x}) = \begin{cases} 1, & x_{1:n} \le \eta_0 \\ \left(\dfrac{\bar{x}-x_{1:n}}{\bar{x}-\eta_0}\right)^n, & x_{1:n} > \eta_0 \end{cases}$$

2.5.12 (a) $\hat{\theta}_0 = \dfrac{1}{2n}\left(-n+\sqrt{n^2+4n\sum_{i=1}^{n}x_i^2}\right)$

$$\lambda(\boldsymbol{x}) = n^{-n/2}\hat{\theta}_0^{-n/2}\exp\left[\sum_{i=1}^{n}(x_i-\hat{\theta}_0)\right] \times \left[\sum_{i=1}^{n}(x_i-\bar{x})^2+n(\bar{x}-\max(\bar{x},0))^2\right]^{n/2}$$

(b)

$$\hat{\theta}_0 = \frac{1}{2n}\left[-\sum_{i=1}^{n}x_i+\sqrt{\left(\sum_{i=1}^{n}x_i\right)^2+4n\sum_{i=1}^{n}x_i^2}\right]$$

$$\lambda(\boldsymbol{x}) = n^{-n/2}\hat{\theta}_0^{-n}\exp\left[\frac{1}{2\hat{\theta}_0}\sum_{i=1}^{n}(x_i-\hat{\theta}_0)\right] \times \left[\sum_{i=1}^{n}(x_i-\bar{x})^2+n(\bar{x}-\max(\bar{x},0))^2\right]^{n/2}$$

2.5.13 기각역: $C=\{\boldsymbol{x} \mid x_{n:n} \le \theta_0\alpha^{1/n}\}$

2.5.14 $C=\{\boldsymbol{x} \mid -2\ln\lambda(\boldsymbol{x}) \ge \chi^2_\alpha(1)\}$

2.5.15 기각역:

$$C=\left\{(\boldsymbol{x},\boldsymbol{y}) \,\middle|\, \frac{1}{\sigma_0^2}[(n_1-1)s_1^2+(n_2-1)s_2^2] \ge \chi^2_\alpha(n_1+n_2-2)\right\}$$

2.5.16 기각역: $C=\{(\boldsymbol{x},\boldsymbol{y}) \mid \bar{x}/\bar{y} \le c_1$ 또는 $\bar{x}/\bar{y} \ge c_2\}$

2.6.1 (a) $z_{0.05}=1.645$이므로, H_0를 기각하지 못한다.

(b) $z_{0.10}=1.282$이므로, H_0를 기각한다.

(c) p-값$=0.0548$

2.6.2 (a) $\hat{\mu}=7.465$, $\hat{\sigma} \approx 0.06258$

(b) $t_0 \approx -1.7686$이고 $t_{0.025}(9)=2.262$이므로, H_0를 기각할 수 없다.

2.6.3 (a) $C=\{\boldsymbol{x} \mid t_0 \le -1.699\}$. 여기서

$t_0 = \dfrac{\bar{x}-3315}{s/\sqrt{30}}$ 이다.

(b) $t_0 \approx -2.150$이므로, H_0를 기각한다.

(c) p-값$=0.02$

2.6.4 (a) $z_0 = -1.25$이므로, H_0를 기각할 수 없다.

(b) $\beta \approx 0.1963$

(c) $n = 44$

(d) $t_0 \approx -1.021$이므로, H_0를 기각할 수 없다.

(e) $\chi_0^2 = 28.8$이므로, H_0를 기각할 수 없다.

2.6.5 $n = 21$

2.6.6 $\chi_0^2 = 18$이므로, H_0를 기각할 수 없다.

2.6.7 (a) $\chi_0^2 \approx 57.15$이므로, H_0를 기각한다.

(b) p-값$=0.025$

2.6.8 $\chi_0^2 = 17.4$이므로, H_0를 기각할 수 없다.

2.6.9 (a) $\bar{x} = 273.04,\ s^2 = 3155.54$

(b) $\chi_0^2 \approx 37.866$이므로, H_0를 기각한다.

2.6.10 H_0를 기각한다.

2.6.11 $z_0 \approx -1.6166$이므로, H_0를 기각할 수 없다.

2.6.12 H_0를 기각할 수 없다.

2.6.13 (a) $f_0 \approx 0.84$이므로, H_0를 기각할 수 없다.

(b) $t_0 \approx -3.467$이며 $t_{0.01}(55) \approx 2.3965$이므로, H_0를 기각한다.

2.6.14 (a) $t_0 \approx 3.82$이므로, H_0를 기각한다.

(b) $t_0 \approx 1.491$이므로, H_0를 기각할 수 없다.

(c) $f_0 \approx 0.735$이므로, H_0를 기각할 수 없다.

2.6.15 (a) $t_0 = -2.0$이며 $t_{0.05}(16) = 1.746$이므로, H_0를 기각한다.

(b) $t_0 = -2.0$이며 $t_{0.05}(8) = 1.86$이므로, H_0를 기각한다.

(c) $f_0 = 0.8$이고 $F_{0.05}(8, 8) = 3.44$이므로, H_0를 기각할 수 없다.

2.6.16 H_0을 기각할 수 없다.

2.6.17 (a) $\hat{\mu}_D = 0.45$

(b) H_0를 기각할 수 없다. 즉, 몸무게를 줄이는데 효과가 있다고 말할 수 없다.

2.6.18 $z_0 \approx 1.924$이므로, H_0를 기각할 수 없다.

2.6.19 $z_0 \approx 6.4450$이므로, H_0를 기각한다.

제3장

3.2.3 $\left(\dfrac{2n\bar{X}}{\chi^2_{\alpha/2}(2nk)},\ \dfrac{2n\bar{X}}{\chi^2_{1-\alpha/2}(2nk)}\right)$

3.2.4 $\left(\exp\left[-\dfrac{x\chi^2_{\alpha/2}(2n)}{2n\bar{X}}\right],\ \exp\left[-\dfrac{x\chi^2_{1-\alpha/2}(2n)}{2n\bar{X}}\right]\right)$

3.2.5 $(20.73,\ 86.5)$

3.2.6 (a) $1-\left(\dfrac{2}{3}\right)^n$ (b) $c = \alpha^{-1/n}$

3.2.7 $(10.97,\ 12.41)$

3.3.1 $1.3168\sqrt{\pi}\,\sigma$

3.3.2 σ^2을 아는 경우: $E(L_1) = \dfrac{(b-a)\sigma}{\sqrt{n}}$

σ^2을 모르는 경우:

$$E(L_2) = E(L_1)\left[\frac{\sqrt{\dfrac{2}{n-1}}\,\Gamma\left(\dfrac{n}{2}\right)}{\Gamma\left(\dfrac{n-1}{2}\right)}\right]$$

3.3.3 (a) $a^2 f_{n-1}(a) = b^2 f_{n-1}(b)$와

$$\int_a^b f_{n-1}(t)\,dt = 1-\alpha$$

를 만족하는 값이다.

(b) $e^{-a/2} - e^{-b/2} = 0.9$와

$a^2 e^{-a/2} = b^2 e^{-b/2}$

3.3.4 $n\left(\dfrac{1}{\chi^2_{1-\alpha/2}(n)} - \dfrac{1}{\chi^2_{\alpha/2}(n)}\right)\sigma^2$

3.3.5 $F_{n-1}(b) - F_{n-1}(a) = 1-\alpha$와

$f_{n+2}(a) = f_{n+2}(b)$.

3.3.6 $\left(X_{1:n} + \dfrac{1}{n}\ln\alpha,\ X_{1:n}\right)$

3.3.7 $\left(X_{n:n},\ \dfrac{X_{n:n}}{\alpha^{1/n}}\right)$

3.3.8 $\left(\dfrac{2}{b}\sum_{i=1}^n X_i,\ \dfrac{2}{a}\sum_{i=1}^n X_i\right)$. a와 b는 $a^2 f_{2nk}(a)$ $= b^2 f_{2nk}(b)$이고 $\int_a^b f_{2nk}(t)dt = 1-\alpha$를 만족하는 값이다. 여기서 $f_{2nk}(x)$는 자유도가 $2nk$인 카이제곱분포의 pdf이다.

3.3.9 $\left(-\dfrac{a}{2\sum_{i=1}^n \ln X_i},\ -\dfrac{b}{2\sum_{i=1}^n \ln X_i}\right)$,

여기서 a와 b는 $f_{2n}(a) = f_{2n}(b)$이고 $\int_a^b f_{2n}(t)dt = 1-\alpha$를 만족하는 값이다.

3.4.1 $U(\boldsymbol{X}) = \overline{X} + z_\alpha \dfrac{\sigma}{\sqrt{n}}$

3.4.2 $U(\boldsymbol{X}) = X_{n:n}\,\alpha^{-1/n}$

3.4.3 $L(\boldsymbol{X}) = 2\sum_{i=1}^n X_i / \chi^2_\alpha(4n)$

3.4.4 $L(\boldsymbol{X}) = X_{1:n} + \dfrac{1}{n}\ln\alpha$

3.4.5 $L(\boldsymbol{X}) = 2\sum_{i=1}^n X_i^4 / \chi^2_\alpha(2n)$

3.4.6 $L(X) = X - \ln\left(\dfrac{1}{\alpha} - 1\right)$

3.4.7 $U(\boldsymbol{X}) = 2\sum_{i=1}^n X_i / \chi^2_{1-\alpha}(2n)$

3.4.8 $L(\boldsymbol{X}) = \dfrac{2n\overline{X}}{\chi^2_\alpha(2n)}$

3.4.9 $(0,\ X_{n:n}\alpha^{-1/n})$

3.4.10 (a) 기각역은 $C = \{(\boldsymbol{x}, \boldsymbol{y}) | T(\boldsymbol{x}, \boldsymbol{y}) \le c_1$ 또는 $T(\boldsymbol{x}, \boldsymbol{y}) \ge c_2\}$이다. 여기서

$$\alpha = P\left[T(\boldsymbol{X}, \boldsymbol{Y}) \le c_1 \text{ 또는 } T(\boldsymbol{X}, \boldsymbol{Y}) \ge c_2 \,\middle|\, \frac{\sigma_2^2}{\sigma_1^2} = \theta_0\right]$$

이고 $T(\boldsymbol{x}, \boldsymbol{y}) = \theta_0 \dfrac{\sum_{i=1}^{n_1} x_i^2}{\sum_{j=1}^{n_2} y_j^2}$이다.

(b) $C = \left\{(\boldsymbol{x}, \boldsymbol{y}) | T(\boldsymbol{x}, \boldsymbol{y}) \le \dfrac{n_1}{n_2} F_{1-\alpha/2}(n_1, n_2) \text{ 또는 } T(\boldsymbol{x}, \boldsymbol{y}) \ge \dfrac{n_1}{n_2} F_{\alpha/2}(n_1, n_2)\right\}$

(c) $\left(\dfrac{n_1}{n_2} F_{1-\alpha/2}(n_1, n_2) \dfrac{\sum_{j=1}^{n_2} y_j^2}{\sum_{i=1}^{n_1} x_i^2},\ \dfrac{n_1}{n_2} F_{\alpha/2}(n_1, n_2) \dfrac{\sum_{j=1}^{n_2} y_j^2}{\sum_{i=1}^{n_1} x_i^2}\right)$

3.5.1 $\left(\dfrac{\chi^2_{1-\alpha/2}(2n)}{-2\sum_{i=1}^n \ln(1-X_i)},\ \dfrac{\chi^2_{\alpha/2}(2n)}{-2\sum_{i=1}^n \ln(1-X_i)}\right)$

3.5.2 λ의 근사적인 $100(1-\alpha)\%$ 신뢰구간은

$$\left(\frac{\hat\lambda}{1+z_{\alpha/2}/\sqrt{n}},\ \frac{\hat\lambda}{1-z_{\alpha/2}/\sqrt{n}}\right)$$

이고, λ의 $100(1-\alpha)\%$ 신뢰구간은

$$\left(\frac{\chi^2_{1-\alpha/2}(2n)}{2n\overline{X}},\ \frac{\chi^2_{\alpha/2}(2n)}{2n\overline{X}}\right)$$

이다.

3.5.3 (a) $\left(\dfrac{X_{1:n}}{b},\ \dfrac{X_{1:n}}{a}\right)$, 여기서 a와 b는

$$\int_a^b ne^{-nt}\,dt = e^{-na} - e^{-nb} = 1-\alpha$$

를 만족하는 값이다.

(b) $\left(\dfrac{2n\overline{X}}{\chi^2_{\alpha/2}(2n)}, \dfrac{2n\overline{X}}{\chi^2_{1-\alpha/2}(2n)}\right)$

3.5.4 (b) $\left(\dfrac{2\sum_{i=1}^{n}(X_i-10)}{\chi^2_{0.025}(2n)}, \dfrac{2\sum_{i=1}^{n}(X_i-10)}{\chi^2_{0.975}(2n)}\right)$

3.5.5 (b) $\left(\sqrt{\dfrac{2\Sigma_{i=1}^n X_i^2}{\chi^2_{\alpha/2}(2n)}}, \sqrt{\dfrac{2\Sigma_{i=1}^n X_i^2}{\chi^2_{1-\alpha/2}(2n)}}\right)$

(c) $\exp\left(\dfrac{-t^2}{L(\boldsymbol{X})}\right)$이다. 여기서

$$L(\boldsymbol{X}) = \frac{2\sum_{i=1}^{n}X_i^2}{\chi^2_{\alpha/2}(2n)}$$ 이다.

(d) $\sqrt{-\dfrac{2\ln(1-p)\Sigma_{i=1}^n X_i^2}{\chi^2_{1-\alpha/2}(2n)}}$

3.5.6 $\left(\left(\sqrt{\overline{X}+\dfrac{z^2_{\alpha/2}}{4n}}-\dfrac{z_{\alpha/2}}{2\sqrt{n}}\right)^2, \left(\sqrt{\overline{X}+\dfrac{z^2_{\alpha/2}}{4n}}+\dfrac{z_{\alpha/2}}{2\sqrt{n}}\right)^2\right)$

3.5.7 (a) $e^{-1/2}-e^{-1}\approx 0.2387$

(b) $(0.4791Y, 0.9659Y)$

(c) (b)에서 구한 신뢰구간의 길이가 (a)에서 구한 신뢰구간의 길이보다 약간 짧다.

3.5.8 (a) $\left(\sqrt{\overline{X}+\dfrac{1.645^2}{4n}}-\dfrac{1.645}{2\sqrt{n}}\right)^2$

(b) $\overline{X}-1.645\sqrt{\dfrac{\overline{X}}{n}}$

3.5.9 $\dfrac{n_2}{n_1}\beta\dfrac{\sum_{i=1}^{n_1}X_i}{\sum_{j=1}^{n_2}Y_j}\sim F(2n_1, 2n_2)$

3.6.1 $\left(T\left[-\dfrac{1}{n}\ln\left(\dfrac{\alpha}{2}\right)\right]^{-1/\theta}, T\left[-\dfrac{1}{n}\ln\left(1-\dfrac{\alpha}{2}\right)\right]^{-1/\theta}\right)$

3.6.2 $\theta_U(T) = \dfrac{2T}{\chi^2_{1-\alpha}(2n)}$

3.6.3 $\left(\dfrac{1}{-2\sum_{i=1}^{n}\ln X_i}\chi^2_{1-\alpha/2}(2n), \dfrac{1}{-2\sum_{i=1}^{n}\ln X_i}\chi^2_{\alpha/2}(2n)\right)$

3.6.4 $\left(\dfrac{X_{n:n}}{(1-\alpha_2)^{1/n}}, \dfrac{X_{n:n}}{\alpha_1^{1/n}}\right)$.

여기서 $\alpha=\alpha_1+\alpha_2$이다.

3.6.5 $\left(T+\dfrac{1}{n}\ln\left(\dfrac{\alpha}{2}\right), T+\dfrac{1}{n}\ln\left(1-\dfrac{\alpha}{2}\right)\right)$

3.6.6 $\left(\dfrac{1}{2n}\chi^2_{1-\alpha_2}(2T), \dfrac{1}{2n}\chi^2_{\alpha_1}(2(T+1))\right)$.

여기서 $\alpha_1+\alpha_2=\alpha$이다.

3.6.7 $p_L(X)=1-(1-\alpha)^{1/X}$

3.7.1 (a) $\left(\dfrac{\overline{X}}{1+z_{\alpha/2}/\sqrt{n}}, \dfrac{\overline{X}}{1-z_{\alpha/2}/\sqrt{n}}\right)$

(b)

$$\left(\left(\frac{\overline{X}}{1+z_{\alpha/2}/\sqrt{n}}\right)^2, \left(\frac{\overline{X}}{1-z_{\alpha/2}/\sqrt{n}}\right)^2\right)$$

3.7.2 $(7.42024, 7.50976)$

3.7.3 (a) $U(\boldsymbol{x})=12.158$

(d) $U(\boldsymbol{x})=12.3382$

3.7.4 (a) $\hat{\mu}=46.42$

(b) $(40.2643, 52.5757)$

3.7.5 (a) $\bar{x}=14.72$, $\hat{\sigma}=1.381$

(b) $(14.2916, 15.1484)$

3.7.6 $(0.3626, 1.6853)$

3.7.7 $(3.072, 10.5785)$

3.7.8 $(0.0298, 0.1582)$

3.7.9 (a) $(2079.4333, 5468.0838)$

(b) $(45.6008, 73.9465)$

3.7.10 $(0.0563, 0.1837)$

3.7.11 $(0.0811, 0.2789)$

3.7.12 $(0.1900, 0.3100)$

3.7.13 $(0.2478,\ 0.2722)$

3.7.14 (d) $$\frac{\overline{Y}-\overline{X}-(\mu_2-\mu_1)}{S_c\sqrt{\dfrac{d}{n_1}+\dfrac{1}{n_2}}} \sim t(n_1+n_2-2)$$

이다. 여기서

$$S_c^2=\frac{\dfrac{(n_1-1)S_1^2}{d}+(n_2-1)S_2^2}{n_1+n_2-2}.$$

$\mu_2-\mu_1$의 $100(1-\alpha)\%$ 신뢰구간은

$$\left(\overline{Y}-\overline{X}-t_{\alpha/2}(n_1+n_2-2)S_c\sqrt{\frac{d}{n_1}+\frac{1}{n_2}},\ \overline{Y}-\overline{X}+t_{\alpha/2}(n_1+n_2-2)S_c\sqrt{\frac{d}{n_1}+\frac{1}{n_2}}\right)$$

이다.

3.7.15 (a) $$\left(\frac{(n_1-1)S_1^2+(n_2-1)S_2^2}{\chi^2_{\alpha/2}(n_1+n_2-2)},\ \frac{(n_1-1)S_1^2+(n_2-1)S_2^2}{\chi^2_{1-\alpha/2}(n_1+n_2-2)}\right)$$

(b) $(7.3656,\ 21.9368)$

3.7.16 $(0.1513,\ 1.7792)$

3.7.17 $(0.3428,\ 2.1334)$

3.7.18 $(-1.9004,\ 3.5004)$

3.7.19 $(0.0948,\ 5.1052)$

3.7.20 $(-0.4938,\ 1.3938)$

3.7.21 $(-0.2576,\ 0.0176)$

3.7.22 $(0.2041,\ 0.3719)$

3.7.23 (a) $\hat{p}_1=0.15$

(b) $(0.1005,\ 0.1995)$

(c) $\hat{p}_2-\hat{p}_1=-0.08125$

(d) $(-0.1444, -0.0181)$

3.8.1 $$\left(B_{1-\alpha/2}\left(n+a,\ \sum_{i=1}^{n}X_i-n+b\right),\ B_{\alpha/2}\left(n+a,\ \sum_{i=1}^{n}X_i-n+b\right)\right)$$

여기서

$$B_\alpha(a,b)=\frac{aF_\alpha(2a,\,2b)}{b+aF_\alpha(2a,\,2b)}$$

이다.

3.8.2 $$\left(\frac{\chi^2_{1-\alpha/2}(2(n+\gamma))}{2\left(\dfrac{1}{\beta}-\sum_{i=1}^{n}\ln X_i\right)},\ \frac{\chi^2_{\alpha/2}(2(n+\gamma))}{2\left(\dfrac{1}{\beta}-\sum_{i=1}^{n}\ln X_i\right)}\right)$$

3.8.3 $$\left(\frac{\chi^2_{1-\alpha/2}(2(n+1))}{2\left(\sum_{i=1}^{n}X_i+\dfrac{1}{\beta}\right)},\ \frac{\chi^2_{\alpha/2}(2(n+1))}{2\left(\sum_{i=1}^{n}X_i+\dfrac{1}{\beta}\right)}\right)$$

3.8.4 $$\left(B_{1-\alpha/2}\left(\sum_{i=1}^{n}X_i+1,\ n-\sum_{i=1}^{n}X_i+1\right),\ B_{\alpha/2}\left(\sum_{i=1}^{n}X_i+1,\ n-\sum_{i=1}^{n}X_i+1\right)\right)$$

3.8.5 $$(B_{1-\alpha/2}(X+a,\ n-X+b),\ B_{\alpha/2}(X+a,\ n-X+b))$$

3.8.6 $$\left(\frac{\chi^2_{1-\alpha/2}(2(n+\gamma))}{2\left(\dfrac{1}{\beta}-\sum_{i=1}^{n}\ln(1-X_i)\right)},\ \frac{\chi^2_{\alpha/2}(2(n+\gamma))}{2\left(\dfrac{1}{\beta}-\sum_{i=1}^{n}\ln(1-X_i)\right)}\right)$$

제4장

4.2.1 $\chi_0^2\approx 4.7619$이고 연속성 수정을 하면 $\chi_0^2\approx 4.2976>\chi^2_{0.05}(1)=3.84$이므로 H_0를 기각한다.

4.2.2 $\chi_0^2\approx 2.1333$이고 연속성 수정을 하면 $\chi_0^2\approx 1.6333$이며 $\chi^2_{0.05}(1)=3.84$이므로, H_0를 기각할 수 없다. 즉, 공정한 동전이라 할 수 있다.

4.2.3 $\chi_0^2\approx 2.4706<\chi^2_{0.05}(5)=11.07$이므로, H_0를 기각할 수 없다. 즉, 공정한 주사위라 할 수 있다.

4.2.4 $\chi_0^2=14.90>\chi^2_{0.05}(4)=9.49$이므로, H_0를 기각한다. 즉, 학점분포는 균일하지 않다.

4.2.5 $\chi_0^2 = 3.0 < \chi_{0.05}^2(3) = 7.81$이므로, H_0를 기각할 수 없다. 즉, 각 모양의 카드가 추출될 가능성이 동일하다고 할 수 있다.

4.2.6 (a) $\chi_0^2 \approx 10.1333$이고 $\chi_{0.05}^2(4) = 9.49$이므로, H_0를 기각한다. 즉, 모든 요일에 결근할 가능성이 동일하지 않다.

(b) $\chi_0^2 = 3.020$이므로 H_0를 기각할 수 없다. 즉, 사장의 생각이 타당하다고 할 수 있다.

4.2.7 $\chi_0^2 \approx 16.9096 < \chi_{0.05}^2(9) = 16.92$이므로, H_0를 기각할 수 없다. 즉, 박사학위 취득율이 매년 다르다고 말할 수 없다.

4.2.8 $\chi_0^2 \approx 36.3333 > \chi_{0.05}^2(4) = 9.49$이므로, H_0를 기각한다. 즉, 국민의 여론과 법률가들의 견해에는 차이가 있다.

4.2.9 $\chi_0^2 = 4.32 < \chi_{0.05}^2(2) = 5.99$이므로, H_0를 기각할 수 없다. 즉, 이론적 모형이 적합하다고 할 수 있다.

4.2.10 $\chi_0^2 > \chi_{0.05}^2(11) = 19.68$이므로, H_0를 기각한다. 즉, 이혼률이 매월 균등하지 않다.

4.3.1 (a) $\chi_0^2 \approx 4.1836 < \chi_{0.05}^2(3) = 7.81$이므로, H_0를 기각할 수 없다.

(b) $\chi_0^2 \approx 32.1767$이므로, H_0를 기각한다.

4.3.2 $\chi_0^2 \approx 12.7619 > \chi_{0.05}^2(2) = 5.99$이므로, H_0는 기각된다. 즉, 심하게 손상된 잎의 비율이 다르다.

4.3.3 $\chi_0^2 \approx 3.1689 < \chi_{0.10}^2(4) = 7.78$이므로, H_0를 기각할 수 없다. 즉, 동일한 품질의 생산품을 선적했다고 할 수 있다.

4.3.4 $\chi_0^2 = 2.1 < \chi_{0.05}^2(4) = 9.49$이므로, H_0를 기각할 수 없다. 즉, 세 가지 약의 효과에 차이가 있다고 할 수 없다.

4.3.5 $\chi_0^2 \approx 1.6362 < \chi_{0.05}^2(4) = 9.49$이므로, H_0를 기각할 수 없다. 즉, 소작형태의 비율이 동일하다고 할 수 있다.

4.3.6 $\chi_0^2 \approx 13.7459 > \chi_{0.05}^2(4) = 9.49$이므로, H_0를 기각한다. 따라서 토양의 형태에 따라 성장이 다르다.

4.3.7 $\chi_0^2 \approx 1.9043 < \chi_{0.05}^2(4) = 9.49$이므로, H_0를 기각할 수 없다. 즉, 이혼 사유별 비율이 도시간에 차이가 있다고 할 수 없다.

4.4.1 $\chi_0^2 \approx 15.9803 > \chi_{0.05}^2(1) = 3.84$이므로, H_0를 기각한다. 즉, 교육수준과 결혼형태 사이에는 연관성이 있다.

4.4.2 $\chi_0^2 \approx 42.23 > \chi_{0.01}^2(4) = 13.28$이므로, H_0를 기각한다. 즉, 무선통신기기의 정확성과 선택성은 독립이 아니다.

4.4.3 $\chi_0^2 \approx 1.1656 < \chi_{0.05}^2(4) = 9.49$이므로, H_0를 기각할 수 없다. 즉, 전공과 시험성적은 독립이다.

4.4.4 $\chi_0^2 \approx 42.4041 > \chi_{0.05}^2(1) = 3.84$이므로, H_0를 기각한다. 즉, 혈액형과 위궤양 상태는 연관이 있다.

4.4.5 $\chi_0^2 \approx 157.8868 > \chi_{0.10}^2(4) = 7.78$이므로, H_0를 기각한다. 즉, 신체형태와 소득수준은 독립이 아니다.

4.4.6 $\chi_0^2 \approx 5.9452 < \chi_{0.05}^2(6) = 12.59$이므로, H_0를 기각할 수 없다. 자녀의 수와 아버지의 교육수준은 독립이다.

4.4.7 $\chi_0^2 \approx 3.8952 < \chi_{0.05}^2(2) = 5.99$이므로, H_0를 기각할 수 없다. 즉, 금연에 관한 의견과 성별은 독립이다.

p-값 $= P[\chi^2(2) \geq 3.8952] \approx 0.142$

4.4.8 $\chi_0^2 \approx 15.6595 > \chi_{0.01}^2(2) = 9.21$이므로, H_0를 기각한다. 즉, 콜레스테롤 수준과

나이는 연관이 있다.

4.5.1 $\chi_0^2 \approx 7.5192 < \chi_{0.05}^2(8) = 15.51$이므로, H_0를 기각할 수 없다.

4.5.2 (a) $\chi_0^2 \approx 1.4503 < \chi_{0.05}^2(5) = 11.07$이므로, H_0를 기각할 수 없다.

(b) $\chi_0^2 \approx 1.4089 < \chi_{0.05}^2(4) = 9.49$이므로, H_0를 기각할 수 없다.

4.5.3 $\chi_0^2 \approx 10.3203 > \chi_{0.10}^2(1) = 2.71$이므로, H_0를 기각한다. 즉, 손전등 수명의 분포는 정규분포가 아니다.

4.5.4 $\chi_0^2 \approx 5.2419 < \chi_{0.05}^2(3) = 7.81$이므로, H_0를 기각할 수 없다.

4.5.5 (a) H_0를 기각할 수 없다.

(b) H_0를 기각할 수 없다.

4.5.6 H_0를 기각한다. 즉, X의 분포는 지수분포가 아니다.

제5장

5.2.11 (a) $\hat{\beta}_1 \approx 0.601003$, $\hat{\beta}_0 \approx 33.1027$

$\hat{y} = 33.1027 + 0.601003x$

(b) $\hat{y} \approx 165.32$

(c) $\text{MSE} \approx 48.5203$

(d) $t_0 \approx 0.7388 < t_{0.025}(8) = 2.306$이므로, H_0를 기각할 수 없다.

(e) $t_1 \approx 3.1777 > t_{0.025}(8) = 2.306$이므로, H_0를 기각한다.

(f) $\chi_0^2 \approx 7.0575$이고 $\chi_{0.025}^2(8) = 17.53$, $\chi_{0.975}^2(8) = 2.18$이므로, H_0를 기각할 수 없다.

(g) $(-70.2133,\ 136.4187)$

(h) $(0.16486,\ 1.03714)$

(i) $R^2 \approx 0.5580$

5.2.12 (a) $\hat{\beta}_0 = 11.168$, $\hat{\beta}_1 = 0.576$이고, $\hat{y} = 11.168 + 0.576x$.

(b) $\hat{y} = 22.688$

(c) $\text{MSE} = 11.114$

(d) $t_0 \approx 1.1187 < t_{0.05}(13) = 1.771$이므로, H_0를 기각할 수 없다.

(e) $t_1 = 4.800$이며 p-값은 0.000이다. 따라서 H_0를 기각한다.

(f) $\chi_0^2 = 14.4479 < \chi_{0.05}^2(13) = 22.36$이므로, H_0를 기각할 수 없다.

(g) $(6.981,\ 15.354)$

(h) $(0.317,\ 0.835)$

(i) $R^2 = 0.639$

5.2.13 (a) $\hat{\beta}_0 \approx -21.79469$, $\hat{\beta}_1 \approx 2.35769$이므로 $\hat{y} = -21.79469 + 2.35769x$.

(b) $\hat{y} \approx 93.73212$

(c) $\text{MSE} \approx 56.92184$

(d) $t_0 \approx -1.39$이고 p-값이 0.1860이므로, H_0를 기각할 수 없다.

(e) $t_1 \approx 6.76$이고 $t_{0.05}(14) = 1.761$이므로, H_0를 기각한다.

(f) $\chi_0^2 \approx 19.9226 < \chi_{0.05}^2(14) = 23.68$이므로, H_0를 기각할 수 없다.

(g) $(-55.40757,\ 11.81819)$

(h) $(1.60942,\ 3.10597)$

(i) $(30.5094,\ 141.5463)$

(j) $R^2 \approx 0.7654$

(k) $F \approx 45.67$이고 p-값은 0.0001보다 작다. 따라서 H_0를 기각한다.

5.2.14 (a) $t \approx 3.178 > t_{0.025}(8) = 2.306$이므로, H_0를 기각한다.

(b) $z_0 \approx 1.10278 < z_{0.05} = 1.645$이므로,

H_0를 기각할 수 없다.

5.2.15 $z_0 \approx 2.3339 > z_{0.05} = 1.645$이므로, H_0를 기각한다.

5.2.16 (a) $t \approx 6.7584 > t_{0.05}(14) = 1.761$ 이므로, H_0가 기각된다.

(b) $z_0 \approx 2.8995 > z_{0.05} = 1.645$이므로, H_0를 기각한다.

5.3.3 (a) $\hat{\beta} = \begin{pmatrix} 23.815313494 \\ 0.4511340798 \\ 0.3754574384 \end{pmatrix}$

$\hat{y} = 23.81531 + 0.45113x_1 + 0.37546x_2$

(b) MSE ≈ 11327.9477

(c) $t_0 \approx 0.3027 < t_{0.025}(22) = 2.074$ 이므로, H_0를 기각할 수 없다.

(d) $t_2 \approx 0.5303 < t_{0.05}(22) = 1.717$ 이므로, H_0를 기각할 수 없다.

(e) $\chi_0^2 \approx 49.843 > \chi_{0.05}^2(22) = 33.92$ 이므로, H_0를 기각한다.

(f) $(-139.382,\ 187.012)$

(g) $(0.2488,\ 0.65345)$

(h) $(0.0803,\ 0.6706)$

(i) $(6775.825,\ 22697.1631)$

(j) $R^2 \approx 0.9158$

(k) $F_0 \approx 119.716 > F_{0.05}(2,22) = 3.44$ 이므로, H_0를 기각한다.

5.3.4 (a) $\hat{\beta}_0 = -6457.26273$, $\hat{\beta}_1 = 0.37792$, $\hat{\beta}_2 = 4.73274$

$\hat{y} = -6457.26273 + 0.37792x_1 + 4.73274x_2$

(b) $\hat{y} = -6457.26273 + 0.37792 \times 17000 + 4.73274(3120) \approx 14733.53$

(c) $t_1 = 4.05$이고 p-값이 0.0004이므로, H_0를 기각한다.

(d) $t_2 = 8.00$이고 p-값이 0.0001보다 작으므로, H_0를 기각한다.

(e) $\chi_0^2 = 1775.9411 > \chi_{0.05}^2(26) = 38.89$ 이므로, H_0를 기각한다.

(f) $(-8433.49,\ -4481.04)$

(g) $(0.18624,\ 0.56961)$

(h) $(3.51685,\ 5.94862)$

(i) $R^2 = 0.9401$

(j) $F_0 = 204.03$이고 p-값이 0.0001보다 작으므로, H_0를 기각한다.

제6장

6.2.1 (a) p-값이 0.0730이다. 따라서 $\alpha = 0.05$에서 H_0를 기각할 수 없다.

(b) $t^+ = 65.5$이므로, H_0를 기각한다.

6.2.2 $z_0 \approx -1.3868$이므로, H_0를 기각할 수 없다.

6.2.3 $z_0 \approx 2.5019 > z_{0.01} = 2.326$이므로, H_0를 기각한다.

6.2.4 (a) $t = 6$이므로, H_0를 기각할 수 없다.

(b) $t^+ = 44$이므로, H_0를 기각한다.

6.2.5 (a) $t = 7$이므로, H_0를 기각할 수 없다.

(b) $t^+ = 48$이므로, H_0를 기각한다.

6.2.6 $t = 16$이므로, H_0를 기각할 수 없다.

6.2.7 $t^+ = 52$이므로, H_0를 기각할 수 없다.

6.2.8 $t^+ = 23$이고 p-값이 0.273이므로, H_0를 기각할 수 없다.

6.2.9 (a) $t = 11$이므로, H_0를 기각할 수 없다.

(b) $z^+ \approx 0.4829 < z_{0.05} = 1.645$이므로, H_0을 기각할 수 없다.

6.2.10 $z_t \approx 2.0426 > z_{0.05} = 1.645$이므로, H_0를 기각한다.

6.2.11 $t = 2$이므로, H_0를 기각할 수 없다.

6.3.1 $u_x = 1$이므로, H_0를 기각한다.

6.3.4 $u_x = 40.5$이고 $u_y = 15.5$이므로, H_0를 기각할 수 없다.

6.3.5 $u_x = 29$이고 $u_y = 114$이므로

$$u = \min(u_x, u_y) = u_x = 29$$

이다. $u_{0.025}(11, 13) = 37$이므로, H_0를 기각한다.

6.3.6 $u_x = 76$이고 $u_y = 5$이다. $u_{0.01}(9, 9) = 14$이므로, H_0를 기각한다.

6.3.7 $u_x = 6$이고 $u_y = 19$이다. $u_{0.025}(5, 5) = 2$이므로, H_0를 기각할 수 없다.

6.3.8 $u_x = 73$이고 $u_y = 37$이다. $u_{0.01}(10, 11) = 22$이므로, H_0를 기각할 수 없다.

6.3.9 $u_x = 67$이고 $u_y = 158$이다. $u_{0.025}(15, 15) = 64$이므로, H_0를 기각할 수 없다.

6.3.10 $u_x = 56.5$이고 $u_y = 43.5$이다. $u_{0.05}(10, 10) = 27$이므로, H_0를 기각할 수 없다.

6.3.11 $u_x = 50$이고 $u_y = 100$이다. $u_{0.025}(10, 15) = 39$이므로, H_0를 기각할 수 없다.

6.4.2 $v \le 3$ 또는 $v \ge 15$

6.4.3 $v = 21$이다. 기각역이 $v \le 7$ 또는 $v \ge 22$이므로 H_0를 기각할 수 없다.

6.4.4 $v = 7$이다. 기각역이 $v \le 3$ 또는 $v \ge 12$이므로, H_0를 기각할 수 없다.

6.4.5 $v = 4$이고 기각역이 $v \le 2$ 또는 $v \ge 10$이므로, H_0를 기각할 수 없다.

6.4.6 $z_V \approx -0.9673$이고 기각역이 $|z_V| \ge z_{\alpha/2} = z_{0.025} = 1.96$이므로, H_0를 기각할 수 없다.

6.4.7 $v = 17$이고 기각역이 $v \le 7$ 또는 $v \ge 19$이므로, H_0를 기각할 수 없다.

6.4.8 $v = 8$이고 기각역이 $v \le 6$ 또는 $v \ge 16$이므로, H_0를 기각할 수 없다.

6.4.9 $v = 10$이고 기각역이 $v \le 6$ 또는 $v \ge 20$이므로, H_0를 기각할 수 없다.

6.5.1 $h \approx 10.4737$이고

$$h' \approx 10.4845 > \chi^2_{0.01}(2) = 9.21$$

이므로, H_0를 기각한다.

6.5.2 $h \approx 2.3701 < \chi^2_{0.05}(3) = 7.81$이므로, H_0를 기각할 수 없다.

6.5.3 $h \approx 2.6092 < \chi^2_{0.05}(2) = 5.99$이므로, H_0를 기각할 수 없다.

6.5.4 $h \approx 7.3052$이고

$$h' \approx 7.3193 < \chi^2_{0.05}(4) = 9.49$$

이므로, H_0를 기각할 수 없다.

6.5.5 $h \approx 20.7672$이고,

$$h' \approx 20.8527 > \chi^2_{0.05}(3) = 7.81$$

이므로, H_0를 기각한다.

6.6. 1 $r_s \approx 0.6042$이고 기각역이

$$r_s > r_s(0.05, 9) = 0.6$$

이므로, H_0를 기각한다.

6.6. 2 (a) $r_s \approx 0.2394$

(b) 기각역이 $r_s > r_s(0.025, 10) = 0.648$이므로, H_0를 기각할 수 없다.

6.6.3 (a) $r_s \approx 0.6030$

(b) 기각역이 $|r_s| > r_s(0.025, 10) = 0.648$이므로, H_0를 기각할 수 없다.

6.6.4 (a) $r_s \approx 0.5152$

(b) 기각역이 $r_s > r_s(0.05, 10) = 0.564$이므로, H_0를 기각할 수 없다.

6.6.5 $r_s \approx 0.1458 < r_s(0.05, 9) = 0.6$이므로, H_0를 기각할 수 없다.

6.6.6 (a) $r_s \approx 0.9323$

(b) 기각역이 $r_s > r_s(0.05, 20) = 0.380$이므로, H_0를 기각한다.

6.6.7 (a) $r_s \approx 0.7364$

(b) 기각역이 $r_s > r_s(0.05, 10) = 0.564$ 이므로, H_0를 기각한다.

6.6.8 (a) $r_s \approx 0.9029$

(b) 기각역이 $r_s > r_s(0.05, 16) = 0.429$ 이므로, H_0를 기각한다.

6.6.9 (a) $r_s \approx -0.7384$

(b) 기각역이 $r_s < -r_s(0.05, 17) = -0.414$이므로, H_0를 기각한다.

6.6.10 (a) $r_s \approx 0.0643$

(b) 기각역이 $|r_s| > r_s(0.025, 17) = 0.485$이므로, H_0를 기각할 수 없다.

찾아보기